国家重点研发计划“铁路客货运效益与服务水平提升技术”（2018YFB1201402）课题成果

铁路服务“一带一路”倡议丛书

中欧班列实务

崔艳萍　魏玉光　编著

中国铁道出版社有限公司

2019年·北京

内 容 简 介

本书以实用性为原则,从宏观和微观角度翔实地阐述了中欧班列运营组织中的重点问题。全书分为"中欧班列发展概述与宏观分析""中欧班列基础设施与配套支撑"和"中欧班列国际运输与操作实务"三篇。第一篇从发展概况、市场分析、平台公司经营、中欧班列与国际物流四方面对中欧班列进行总体分析;第二篇从设备设施与技术标准、运输协定、内陆铁路口岸建设、海关监管与保税物流四方面阐述中欧班列开行的配套支撑条件;第三篇从作业流程分析、集装箱运输管理、集装箱货运安全风险与损失处理、集装箱货物装载加固四方面详细梳理了中欧班列的实际操作流程。

本书适合作为高等院校物流管理、交通运输、港口管理、国际贸易等相关专业的教材,也可作为物流行业的培训资料,还可作为交通运输、物流、国际贸易及其相关企业机构从业人员日常工作使用的工具书。

图书在版编目(CIP)数据

中欧班列实务/崔艳萍,魏玉光编著.—北京:中国铁道出版社有限公司,2019.11
(铁路服务"一带一路"倡议丛书)
ISBN 978-7-113-26291-4

Ⅰ.①中… Ⅱ.①崔…②魏… Ⅲ.①铁路运输-国际联合运输-研究-中国、欧洲 Ⅳ.①F530.85

中国版本图书馆 CIP 数据核字(2019)第 213639 号

书　　名:铁路服务"一带一路"倡议丛书
中欧班列实务
作　　者:崔艳萍　魏玉光

责任编辑:聂宏伟　秦绪涛　　**编辑部电话:**010-51873024
封面设计:尚明龙
责任校对:焦桂荣
责任印制:高春晓

出版发行:中国铁道出版社有限公司(100054,北京市西城区右安门西街 8 号)
网　　址:http://www.tdpress.com
印　　刷:北京柏力行彩印有限公司
版　　次:2019 年 11 月第 1 版　2019 年 11 月第 1 次印刷
开　　本:710 mm×1 000 mm　1/16　印张:23.25　字数:386 千
书　　号:ISBN 978-7-113-26291-4
定　　价:78.00 元

前言

中欧班列是推进"一带一路"建设的旗舰项目和重要抓手。经过8年多的迅速发展,中欧班列不仅在运营规模、覆盖范围、开行数量、货物品类等方面实现了重大突破,而且形成了相对清晰的运营模式和相对稳定的运营格局,尤其在各地深入融入"一带一路"建设、加快开发开放步伐、促进外贸发展和产业结构升级、打造区域国际物流枢纽等方面发挥了重要作用。2019年,中欧班列进入高质量发展阶段,政府、企业着力从安全、质量、效率、效益四方面下大力气予以提升。然而,中欧班列作为从国际集装箱运输衍生出来的新货运产品,既具有集装箱运输的通用特性,也因为承载了更多的历史使命而具有个性化特性。为了帮助地方政府、铁路企业及国际货代行业的从业人员释疑解惑,我们编写了《中欧班列实务》一书。

本书广泛参阅了国内外有关文献资料,并结合我们多年工作经验,以实用性为原则,从宏观和微观角度翔实地阐述了中欧班列运营组织中的重点问题。本书从总体结构上分为三篇,包括中欧班列发展概述与宏观分析篇、中欧班列基础设施与配套支撑篇、中欧班列国际运输与操作实务篇。第一篇从发展概况、市场分析、平台公司经营、中欧班列与国际物流四方面对中欧班列进行总体分析;第二篇从设备设施与技术标准、运输协定、内陆铁路口岸建设、海关监管与保税物流四方面阐述中欧班列开行的配套支撑条件;第三篇从作业流程分析、集装箱运输管理、集装箱货运安全风险与损失处理、集装箱货物装载加固四个方面详细梳理了中欧班列的实际操作流程。通过对以上内容的介绍,能够使读者系统了解中欧班列各个环节间的相互关系,以便熟悉其工作程序,准确、迅速、安全、经济地把货物运至目的地。

本书是国家重点研发计划“铁路客货运效益与服务水平提升技术”(2018YFB1201402)课题的研究成果,可作为高等院校物流管理、交通运输、港口管理、国际航运、国际贸易及其他相关专业的教材,也可作为物流行业培训的资料,还可作为供交通运输、物流、国际贸易及其相关企业机构的从业人员在工作时使用的工具书。本书在编写过程中,参考、吸收、采用了有关专家和学者的研究成果,在此向这些专家和学者表示衷心的感谢。本书得到了国家铁路局外事司王嘉彧、高弘等同志的大力支持,赵凤枝、陈变宁、韩兆洋、马欣然、权诗琦等同志协助查阅资料并参与部分章节的编写和文字校核工作,在此,对以上同志一并表示衷心感谢。

我国“一带一路”倡议正逐步趋于成熟,中欧班列实践还在不断丰富。本书在这个过程中出版,不足之处在所难免,希望得到各界人士的持续关注和指导,更希望广大读者多提批评意见,以利修改完善,相关建议请发至邮箱:cuiyanp@ sina. com。

编　者

2019 年 8 月

目录

第一篇　中欧班列发展概述与宏观分析

第二篇　中欧班列基础设施与配套支撑

第三篇　中欧班列国际运输与操作实务

第一篇　中欧班列发展概述与宏观分析

第一章　中欧班列发展概况

中欧班列从2011年起开行，是实现“丝绸之路经济带”上中欧互联互通的重要载体，成为“一带一路”建设的重要早期收获之一。中欧班列的顺利开行，得益于国家顶层建设发展规划，得益于国内外合作机制的建立，得益于铁路周密的运输组织保障。

第一节　中欧班列运营现状

自2011年首次开行以来，中欧班列发展迅速，辐射范围快速扩大，货物品类逐步拓展，在开行数量增加的同时，中欧班列服务质量也不断提升。中欧班列全程服务平台组建运行，全程服务能力稳步提升。

1. 班列开行列数

自2011年3月19日从重庆首发的中欧班列开行后，中欧班列实现了快速发展，成都、郑州、武汉、苏州等城市陆续开行了去往德国杜伊斯堡、汉堡和西班牙马德里等欧洲城市的集装箱班列。2017年全年开行3 673列，同比增长116%，超过过去6年的总和。2018年继续保持快速增长势头，8月26日，随着X8044次中欧班列(汉堡—武汉)顺利到达武汉吴家山铁路集装箱中心站，中欧班列累计开行数量达到10 000列，成为“一带一路”建设的标志性成果。2018年，中欧班列共开行6 300列，比2017年增长72%。其中返程班列开行3 610列，同比增长111%，数量已超去程班列。2011—2018年，中欧班列累计开行12 937列，国内开行城市达到56个，通达欧洲15个国家49个城市，呈现出良好的国际品牌效应和发展前景。中欧班列历年开行列数见表1-1。

表1-1　中欧班列开行列数

年份	开行列数	去程列数	回程列数	回程占去程比例(%)
2011	17	17	0	0
2012	42	42	0	0

续上表

年份	开行列数	去程列数	回程列数	回程占去程比例(%)
2013	80	80	0	0
2014	308	280	28	10
2015	815	550	265	48.18
2016	1 702	1 130	572	50.62
2017	3 673	2 397	1 276	53.23
2018	6 300	3 610	2 690	74.52
累计	12 937	8 106	4 831	59.59

在2018年开行中欧班列的56个城市中，稳定运行的有17个，包括重庆、成都、郑州、武汉、苏州、义乌、沈阳、长沙、哈尔滨、合肥、广州、营口、大连、天津、东莞、赤峰、西安。

2. 班列运量

2014年至2017年上半年，中欧班列累计完成运量36.85万TEU，其中2014年为2.61万TEU、2015年为6.89万TEU、2016年为14.58万TEU，2014—2016年年均增长136.4%，2017年上半年完成12.77万TEU。2014、2015、2016、2017年上半年，中欧班列运量最大的前6位(重庆、成都、郑州、武汉、苏州、义乌)集装箱运量之和分别占总箱运量的91.3%、95.1%、92.6%和77.6%，平均占比达87.8%。

运量前4位城市中，重庆从2011年的1 394 TEU增长到2016年的36 410 TEU，年均增长率为92.1%；成都从2013年的2 542 TEU增长到2016年的23 854 TEU，年均增长率为110.9%；郑州从2013年的1 066 TEU增长到2016年的21 128 TEU，年均增长率为170.6%；武汉从2014年的2 142 TEU增长到2016年的21 630 TEU，年均增长率为217.8%。

3. 通道运量

中欧班列自运行以来，按照出境口岸的不同形成西、中、东三条国际通道。西部通道，从阿拉山口/霍尔果斯出入境，主要吸引中国中西部地区与欧洲间进出口货源，国内主要经陇海、兰新线运行，国外途经哈萨克斯坦、俄罗斯、白俄罗斯。中部通道，从二连浩特出入境，主要吸引中国华北、华中地区与欧洲间进出口货源，国内主要经京广、京包、集二线运行，国外途经蒙古、俄罗斯、白俄罗斯。东部通道，从满洲里出入境，主要吸引中国华东和华南沿海、东北地区与欧洲间进出口货源，国内主要经京沪、京哈、滨洲线运行，国外途经俄罗斯、白俄罗斯。根据运行径路、到达区域和线路通过能力，西、中、东三条通道班列开行数量比约为 7∶1∶2。

在 2019 年 1 月执行的运行图中，中欧班列共有 68 条运行线，中亚班列 33 条，见附件 2。中欧班列运行线中，去程班列 41 条运行线（其中西、中、东通道分别为 21 条、8 条和 12 条），返程班列 27 条运行线（其中西、中、东通道分别为 13 条、6 条和 8 条）。

4. 运送品类

成都铁路集装箱中心站发送的货物以化工类产品（袋装无水硫酸钠等）为主，约占发送量的 40%；中欧班列发送的货物以电子产品为主，包括笔记本电脑（惠普、联想）、台式机（联想、戴尔）、显示器（长虹、TCL）等，还包括汽车配件、机械零配件等。到达的货运品类以矿建类货物、食品类货物为主；中欧班列到达的主要货物有：汽车整车、汽车配件、机械设备、日用品等。

重庆铁路集装箱中心站从 2011 年中欧班列开行之初单一的笔记本电脑等电子产品出口，发展到 2018 年的化工品、食品、服装、家具、机电、日用品、奶粉、化妆品、啤酒等。中欧班列的去程货源中本地货源和外地货源各占 50%。本地货源中，笔记本电脑等电子类产品占 80%，汽车零部件、服装、机械设备占 20%。外地货源为华东、华南等地区的机械设备、日用品、家具、数码产品等。中欧班列的回程货物主要有：汽车整车、汽车零部件、奶粉、红酒、啤酒、精密仪器等。

郑州铁路集装箱中心站中欧班列去程的主要货物品类为电器产品（如显示器）、机械设备及机械零配件、汽车模具、服装等轻纺货物；回程货物主要品类为汽车整车、汽车零配件、整套设备、机械零配件、橱柜等。

可见，集装箱运输的货物种类包罗万象，但基本没有危险品。

5. 班列平台境外经营情况

郑州、武汉、义乌等班列平台公司已经在海外设置分拨中心或集疏中心，哈尔滨、长春等班列平台公司规划在海外设置分拨中心，部分班列平台公司采取委托方式与境外分拨中心开展合作。截至 2018 年底，主要中欧班列设置分拨中心的基本情况见表 1-2。

表 1-2　中欧班列境外分拨中心基本情况

序号	班列所属城市	分拨中心运营情况
1	重庆	未设立分拨中心，仅在德国杜伊斯堡有分公司/办公室
2	成都	在德国马拉、汉堡，意大利米兰，哈萨克斯坦多斯特克，匈牙利布达佩斯设立分拨中心

续上表

序号	班列所属城市	分拨中心运营情况
3	郑州	德国汉堡设分公司，德国汉堡、慕尼黑建设海外仓，波兰华沙、俄罗斯莫斯科、芬兰科沃拉、卢森堡首都卢森堡市设境外集疏中心，白俄罗斯明斯克建设铁路集装箱中心站
4	武汉	在白俄罗斯布列斯特以及俄罗斯、法国、波兰、匈牙利等国家的多个城市都设立分拨中心
5	义乌	西拔牙马德里、德国杜伊斯堡、英国伦敦设立分拨中心
6	营口	未设立分拨中心
7	哈尔滨	比利时布鲁日设立分拨中心

6. 班列补贴情况

各地中欧班列补贴情况千差万别。补贴标准不同，有的以开行列数为单位补贴，有的以箱数为单位补贴，有的以海运差价补贴；补贴主体不同，有的省级财政补贴，有的市级财政补贴，有的区级财政补贴，有的是省、市、区按比例补贴；补贴方式不同，有的直接补贴，有的间接补贴，其中间接补贴中又可分为产能转移、基础设施补贴等。中欧班列补贴基本情况根据 2017 年调研情况整理，见表 1-3。

(1)补贴标准

从调研情况看，不对中欧班列进行补贴的城市有营口、大连、深圳、广州。在提供补贴的城市中，郑州以列数为补贴单位，2013 年时 250 万/列，2016 年 31 万/列；大多数城市以箱数为单位进行补贴，包括成都、长沙、苏州、东莞、沈阳、长春、哈尔滨、乌鲁木齐、合肥等，2016 年补贴金额为每箱 0.86 万～3 万元人民币不等；义乌以铁路与海运差价对集装箱进行补贴。

(2)补贴主体

省和市按一定比例补贴的班列有：郑州中欧班列(2016 年补贴 31 万元/列，其中河南省 5 万元/列、郑州市 26 万元/列)、长沙中欧班列(湖南省和长沙市的比例为 4∶6)、东莞中欧班列(2017 年约补贴 1.1 亿元，其中广东省和东莞市的补贴比例为 1∶1)、苏州中欧班列(2016 年江苏省补贴 1 900 万元、苏州市 3 000 万元)；哈尔滨和太原中欧班列分别由黑龙江省和山西省补贴，本市财政未出资；重庆、长春、义乌、沈阳中欧班列只由所开行城市单独补贴。

(3)补贴方式

地方政府对中欧班列的补贴方式包括直接补贴和间接补贴。直接补贴是指补贴直接参与中欧班列运营管理的主体，如班列平台公司；间接补贴是指通过提供土地、减免税费、支持产业转移等间接方式增加中欧班列的潜在货源。采用直接补贴方式的城市有：重庆、成都、长沙、苏州、东莞、沈阳、长春、哈尔滨、乌鲁木齐、合肥、义乌等。采用间接补贴方式的城市有重庆、成都、长春、乌鲁木齐、郑州等，其中，重庆补贴西部物流园 8 亿元；成都以支持产业转移方式进行补贴；长春以运费差价进行补贴；乌鲁木齐以铁路站场免费方式进行补贴；郑州以土地支持，通过土地内化进行补贴。

（4）补贴对象

重庆、成都、长沙、苏州、东莞、沈阳、长春、哈尔滨、乌鲁木齐、义乌等城市直接补贴给平台运营公司，合肥等城市直接补贴给货代公司，西安等城市直接补贴给铁路局集团公司。

表 1-3　中欧班列补贴基本情况

序号	城市	年度	补贴金额（万元）	补贴标准	补贴方式直接/间接	其他政策支持
1	成都	2016	58 000	2.3 万元/40 英尺箱	直接	产业转移支持
		2017 年 1～4 月	13 000	1.3 万元/40 英尺箱	直接	产业转移支持
2	郑州	2013	3 600	250 万元/列	直接	
		2014	17 700	200 万元/列	直接	
		2015	28 825	150 万元/列	直接	
		2016	31 425	31 万元/列	直接	
3	长沙	2014		3 万元/40 英尺箱	直接	宣传推介
		2015		3 万元/40 英尺箱	直接	宣传推介
		2016		9 月前 3 万元，9 月后 2.4 万元	直接	宣传推介
		2017 年 1～4 月	10 468	2.4 万元/40 英尺箱	直接	宣传推介
4	义乌	2015	11 000	补贴铁路运输与海路运输的差价	直接	
		2016	20 300	按原政策预拨，新政策待通过	直接	
		2017 年 1～4 月	7 240		直接	
5	苏州	2014	1 003.5	0.9 万元/40 英尺箱	直接	宣传推介
		2015	1 798.72	0.61 万元/40 英尺箱	直接	宣传推介
		2016	4 876.46	0.86 万元/40 英尺箱	直接	宣传推介
		2017 年 1～4 月	3 429.3	0.86 万元/40 英尺箱	直接	宣传推介
6	合肥	2015	1 143.64	7 500 美元	间接补贴，发放给货代企业	
		2016	6 316	上半年 4.06 万元，下半年 4 万元		
		2017 年 1～4 月	2 553	3.7 万元/40 英尺箱		

7. 口岸资质

从中欧班列回程货物看，汽车及零部件、木材、肉类及冰鲜产品、水果等需要进口口岸资质的品类占较大比重，各城市具备各类进口口岸资质的情况见表 1-4。

表 1-4　中欧班列所在城市具备的进口口岸资质

序号	城市	汽车整车	汽车零部件	木材	肉类	冰鲜水产品	水果	其他
1	重庆	√	√					
2	成都	√	√	√	√			
3	郑州	√	√	√	√		√	
4	武汉		√					
5	义乌				√	√	√	
6	苏州		√		√			
7	营口		√	√	√		√	√
8	广州							√
9	深圳			√				
10	沈阳		√	√	√		√	√
11	大连	√	√	√	√		√	
12	长春		√		√			
13	西安	√	√		√			√

第二节　中欧班列规划与合作

一、规划层面

2013 年，我国《共建“一带一路”的愿景和行动》发布。由于“一带一路”倡议是一项宏大系统工程，涉及面广、跨越时间长、建设任务重，需要加强组织和领导，统筹做好对内、对外两方面工作。为此，中国政府成立了推进“一带一路”倡议建设工作领导小组，指导和协调推进“一带一路”建设。领导小组办公室设在国家发展改革委，具体承担领导小组日常工作。

《中欧班列建设发展规划(2016—2020 年)》作为中欧班列首个顶层设计，全面部署了 5 年中欧班列建设发展任务，明确了三大布局七大任务。提出到 2020 年，基本形成布局合理、设施完善、运量稳定、便捷高效、安全畅通的中欧班列综合服务体系。中欧铁路运输通道基本完善，中欧班列枢纽节点基本建成，货运集聚效应初显；中欧班列班列年开行 5 000 列左右，回程班列运量明显提高，国际邮件业务常态化开展；全程物流服务平台基本建成，品牌影响力大幅提升；通关便利化水平大幅提升，“单一窗口”模式基本实现全线覆盖。

二、国际合作层面

2017 年 4 月 20 日，中国、白俄罗斯、德国、哈萨克斯坦、蒙古、波兰、俄罗斯等七国铁路部门正式签署《关于深化中欧班列合作协议》。这是中国铁路第一次与“一带一路”沿线主要国家铁路签署有关中欧班列开行方面的合作协议，标志着中国与沿线主要国家铁路的合作关系更加紧密，既为中欧班列的开行提供了更加有力的机制保障，也对进一步密切中国与上述六国的经贸交流合作，助推“一带一路”建设，具有重要意义。

《关于深化中欧班列合作协议》以提高亚欧间铁路货运市场份额、带动沿线国家经济发展和经贸合作为目标，合力打造中欧班列国际物流品牌，努力为中欧班列深化发展提供机制保障。主要内容包括：一是推动铁路基础设施发展规划衔接，打造中欧铁路运输大通道，共同组织安全、畅通、快速、便利和有竞争力的中欧铁路运输；二是加强全程运输组织，加快集装箱作业，采用信息技术，提高班列在各自国家境内的旅行速度；三是推动服务标准统一、信息平台统一，实现全程信息追踪，建立突发情况通报和处理合作机制，保障货物运输安全；四是加强中欧班列营销宣传，扩大班列服务地域，开发新的运输物流产品，推进跨境电商货物、国际邮包、冷链运输，促进中欧班列运量持续增长；五是协调沿线国家海关等联检部门，简化班列货物通关手续，优化铁路口岸站作业，压缩通关时间；六是成立中欧班列运输联合工作组及专家工作组，及时协商解决班列运输过程中的问题。中欧班列联合工作组成立后，2017—2018 年期间先后在中国、白俄罗斯和德国召开三次会议。

三、内部合作层面

1. 国内运输协调会

中国铁路总公司 2014 年 8 月 14 日在重庆举行了首届中欧班列国内运输协调会议。来自重庆、成都、郑州、武汉、苏州、义乌等地政府和各地中欧班列平台公司负责人参加了会议。会议颁发了《中欧班列组织管理暂行办法》，签署了《关于建立中欧班列国内运输协调会备忘录》。具体内容涉及各地中欧班列未来统一品牌标志、统一运输组织、统一全程价格、统一服务标准、统一经营团队，统一协调平台，强化机制和装备保障等。2014 年 12 月 16

日，由中铁集装箱运输有限责任公司(简称“中铁集装箱公司”)主办的中欧班列第二次国内运输协调会在郑州召开，来自重庆、郑州、成都、武汉、苏州、义乌等6地代表就中欧班列的开通运行、量价捆绑、中转集结等问题展开深入探讨。

2. 中欧班列运输协调委员会

(1)第一次会议

2017年5月26日，由中国铁路总公司倡议，与重庆、成都、郑州、武汉、苏州、义乌、西安等7家班列平台公司共同发起，成立了由各地中欧班列经营管理相关企业和单位及研究机构广泛参与的议事协调组织——中欧班列运输协调委员会，国家发展和改革委员会、外交部、财政部、交通运输部、商务部、海关总署、质检总局、国家邮政局及国家铁路局等相关部委，开行中欧班列的地方政府主管部门和平台公司及研究机构出席成立大会。作为企业层面的协调机构，委员会坚持“共商、共建、共享”原则，搭建统一运输协调平台，共同协调解决中欧班列发展中面临的问题，进一步降低物流成本，提高运行品质，推动中欧班列优质可持续发展，让更多地区人民、更多企业客户共享中欧班列发展成果，如图1-1和图1-2所示。

图1-1 中欧班列运输协调委员会成立

图1-2 中欧班列运输协调委员会职能

委员会将重点协调推进 10 项工作：一是实施中欧班列中转集结组织；二是开通 95306 国际联运信息平台；三是搭建中欧班列冷藏箱信息共享平台；四是推出全程铁路保险服务；五是推进中欧班列提单研究和使用，进一步适应国际贸易多式联运的单证需求；六是探索开展宽轨集并组织，进一步降低班列全程运输成本；七是加强对外价格谈判；八是共同构建班列境外运营能力；九是共同推进编制全程运行图；十是开辟新的运输通道。

(2)第二次会议

2017 年 12 月 26 日，中欧班列运输协调委员会第二次全体会议在重庆召开，全国 38 个中欧班列经营管理相关企业和单位及研究机构代表参加会议，审议《中欧班列运输协调委员会议事规则》《中欧班列运输协调委员会秘书处工作细则》和 2018 年委员会工作计划，研究吸纳新成员加入，着重讨论开辟新的运输径路、统一对外议价、宽轨段集并运输、完善境外还箱点、建立冷藏箱共享机制、推广班列全程保险、加强回程货源组织等方面工作。

(3)第三次会议

2018 年 12 月 11 日，中欧班列运输协调委员会第三次全体会议在成都召开，推进"一带一路"建设工作领导小组办公室、中国铁路总公司、全国 44 个中欧班列经营管理相关企业及研究机构代表共计 110 余人参加会议，总结本年度工作，研究下年度工作安排，研讨交流中欧班列发展中的重大事项和问题。

为进一步推进中欧班列运行高质量发展，本次会议研究通过了《中欧班列运输协调委员会成员管理办法》《中欧班列高质量发展评价指标》等制度文件，确定了建立中欧班列高质量发展评价指标、统一对外议价、开展宽轨段"三列并两列"集并运输、加强安全防范保障、建立完善班列信息通报制度等 2019 年委员会重点工作，同时还吸纳了 7 个新成员，进一步扩大了委员会的范围。

第三节　中欧班列铁路运输组织

一、中欧班列组织方案

中欧班列和中亚班列，按货源地不同，分为去程班列(出口货物)、回程班列(进口货物)和过境班列(过境货物)；按组织方式，分为直达班列、中转基础班列、中转集结班列。

直达班列，是指在中国与欧洲、亚洲国家间点对点开行，沿途不进行甩挂作业的中欧班列、中亚班列。中转基础班列，是指由集装箱公司作为境外代理，可加挂到达欧洲、亚洲国家集装箱的中欧班列、中亚班列。中转集结班列，是指多个发站装车的成组集装箱，通过在中转集结站编组成整列，或加挂中转基础班列运输的中欧班列、中亚班列。各集装箱办理站均可办理中欧班列、中亚班列中转集结货物发运。

中转集结站是指基础班列国内运行径路上具备编组、加挂作业条件的始发站、技术作业站，分为一级中转集结站和二级中转集结站，一级中转集结站为乌西站（西部通道）、丰台西站（中部通道）、三间房站（东部通道），二级中转集结站由中国国家铁路集团有限公司（简称国铁集团）另行公布。

二、职责分工

国铁集团负责建设中欧铁路大通道，具体职责包括：班列政策制定、通道建设、境内外协调、方案编制、调度指挥；境外价格谈判、全程运行图铺画、全程服务平台建设；班列运营、价格、服务质量及品牌管理；监督指导铁路局集团公司、中铁集装箱公司开展班列组织、物流经营等。

国铁集团下属18个铁路局集团公司负责国内运输组织与市场营销，具体职责包括：出口货物市场开发、营销组织、货运代理及国内物流服务；班列货运作业、列车运行、箱车保障等运输组织工作。

国铁集团下属的中铁集装箱公司负责国外营销揽货和全程客户服务，具体职责包括：出口货物境外代理及境外物流服务；进口、过境货物的市场开发、营销组织、货运代理、代理报关、制单等物流服务；班列全程物流服务平台管理等相关工作，组建班列客户服务中心和单证中心。

三、运输组织保障措施

1. 优化运输组织

（1）适时优化国内运行图。时速120 km中欧班列专用运行线，2015年共计26条，2016年增至39条。2017年4月16日新图中班列线总数达到51条，西部33条、中部5条、东部13条，2018年班列线总数为68条。对能开行“天天班”的城市，单独铺画全程运行线，充分满足新增班列需要。

（2）推进跨境运行图贯通。协调俄白哈等沿线国家铁路，共同铺画中欧班列运行图，实现国内段与境外宽轨段运行图贯通，使中欧班列到达德国的全程运行时间由开行初期 20 天左右压缩到 14 天左右。

(3)压缩口岸交接时间。协调建立中哈、中俄间信息交换机制，通过提前录入随附单据信息，实现电子预报关和单据预审，口岸转关时间进一步压缩。

(4)加强运输组织盯控。国铁集团调度部门设专人盯控中欧班列运到时限，达到日行 1 300 km 水平，较境外段多 300～400 km/日，除大风影响等特殊情况外，无一列晚点。重庆至杜伊斯堡班列全程最快 12 天可达，运输时间是海运的 1/4。

2. 增强能力建设

(1)建设 95306 国际联运平台。在铁路 95306 平台上开发了国际联运板块，搭建中欧班列宣传和营销平台，实现业务办理、全程追踪、信息资讯、商务订舱、电子支付等服务功能，引导各平台公司和客户在平台集中办理国际联运综合业务，掌握货源信息，发挥铁路统筹作用。

(2)加强境外经营合作。2016 年 8 月 25 日，中铁集装箱哈萨克斯坦国际物流有限公司揭牌暨市场推介会在哈萨克斯坦阿拉木图举行，这是中铁集装箱公司在境外成立的第一家经营企业，也是中国铁路在境外的第一家从事运输经营的企业，中铁集装箱公司境外经营能力如图 1-3 所示。

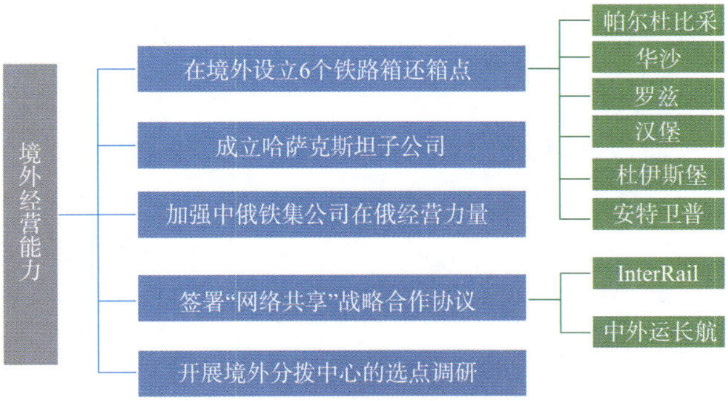

图 1-3 中铁集装箱公司境外经营能力

3. 降低成本

与境外 10 家运输代理企业建立了中欧班列价格合作关系，分境外段全程采购和宽轨、欧洲段分开采购两种报价模式，形成了经东、中、西三个通道分别到达欧洲 42 个城市的往返班列价格数据库。

在原宽轨段箱公里单价 0.55 美元、回程 0.5 美元的基础上，中部通道与欧西公司达成去程 40 英尺箱公里单价 0.43 美元、回程 0.35 美元，东部通道与远东路桥公司达成去程 40 英尺箱公里单价 0.41 美元、回程 0.36 美元。

欧洲段分别与英特瑞尔(Interrail)、白俄罗斯铁路集装箱(RTSB)、呼帕克(HUPAC)、跨亚欧国际物流(TEL)进行了价格磋商，40 英尺重箱由 1.28 美元/箱公里降至单程 1.05 美元/箱公里，往返 0.80 美元/箱公里。

4. 树立品牌

(1)启用统一品牌

2016 年 6 月 8 日正式启用中欧班列品牌标识，同步组织了统一品牌中欧班列从国内重庆、成都、郑州、武汉、长沙、苏州、东莞、义乌八个城市首发和欧洲首达仪式。2016 年 6 月 20 日，习近平主席在波兰华沙亲自出席统一品牌中欧班列首达欧洲仪式。

(2)启动商标注册和规范品牌使用

在国内申请注册全部 45 个类别；向德国、波兰等 7 国申请注册相关 10 个类别；组织铁路局协调各地规范使用中欧班列名称和标识，停用全国各地"××欧"等不规范的称谓，为统一品牌奠定了基础；集中购置涂打统一标识的专用集装箱 5 800 只，已投用 1 600 只，市场反映良好。

第四节　案例——中欧国际铁路运邮合作

中欧班列开通以来，以比海运时间短、比空运价格低、不受天气限制、准点率高等巨大优势，赢得了邮政、物流等行业的青睐。"由于中欧班列运输模式与邮件运输匹配度较高，邮政企业参与的积极性很高。"国家邮政局相关负责人表示，2013 年以来，国家邮政局逐步推进"一带一路"建设在邮政业的落实，以中欧班列为主要抓手，积极推动中欧班列运邮测试以及运邮机制的建设。

国际铁路运邮合作，已初具国际物流品牌影响力。从 2013 年到 2016 年，中国邮政集团公司在邮政、海关、铁路等部门及地方政府支持下，共开展了 9 次国际铁路运邮测试，其中 5 次利用中欧班列进行，4 次利用国际客运列车进行。尤其值得一提的是，2015 年 9 月，在中国国家主席习近平和俄罗斯总统普京共同见证下，中国邮政与俄罗斯联邦邮政签署《关于响应"一带一路"倡议加强合作推进跨境电商市场发展的协议》，开启了中俄间铁路运邮合作。此后，中俄两国海关、铁路、邮政部门多次举行会谈，并进行了中俄间客运列车运邮测试。

2016 年 10 月，在重庆—杜伊斯堡中欧班列运邮测试中，搭乘中欧班列（重庆）的 26 袋邮包，共计 139 件邮件，顺利抵达德国杜伊斯堡。此次运邮测试成功，标志着利用中欧班列运输国际邮件常态化运作的基础已经夯实。2018 年 11 月 26 日，中欧班列（重庆）首次较大规模邮件进口测试（返程班列）圆满成功。

通过这些测试，国际铁路运邮模式得以确定，为制定国际铁路邮件运输规则和安全便利化措施提供了宝贵的数据和经验。

一、搭建协作机制，建立国际铁路运邮规则

2015 年，在多方共同努力下，国际铁路货协取消了国际铁路禁止运邮规定，清除了建立国际铁路邮件运输规则的主要法律障碍。推动中欧班列运邮，需要更多部门沟通合作。2016 年 1 月，国家邮政局牵头成立中欧班列运邮（快）件领导小组和联合工作组（简称“工作组”），成员单位包括外交部、交通运输部、海关总署、质检总局、国家铁路局、中国铁路总公司和中国邮政集团公司。

在各方努力推进下，国际铁路运邮工作次第展开——2016 年 4 月，中国跨境电商邮政高层论坛在重庆召开，法国、俄罗斯、德国等 15 国邮政高管参会，就铁路运邮进行了深入交流。论坛发布的《重庆宣言》指出：“积极探索利用中欧铁路开展多渠道业务合作的可能性，提供与跨境电商相适应的陆路运输选择。”

2016 年 5 月，万国邮联、世界海关组织、国际铁路组织在莫斯科召开国际邮寄物品铁路运输项目研讨会，中国、德国、俄罗斯等国家邮政、海关及铁路代表参会，会议通过《莫斯科宣言》，旨在推进国际组织层面共同努力，利用国际铁路运输国际邮件。

2016 年 8 月，万国邮联在瑞士伯尔尼再次组织国际铁路运邮协调工作组会议，通过了简化国际铁路运邮流程、减少处理环节、实现邮件运输效率最大化的原则。工作组在 2016 年先后完成铁路离境地满洲里互换局（交换站）和阿拉山口交换站的设立审批工作；成功推动万国邮联将我国提出的“关于建立国际铁路运邮机制”提案纳入 2017—2020 年工作计划，并获得第 26 届万国邮联大会批准。

2017 年 3 月，万国邮联邮政经营理事会成立了铁路运邮特设工作组，中国担任主席国，该工作组与世界海关组织、相关铁路组织及中欧班列沿线国

家共同开展国际铁路运邮规则和标准的研究工作。

2018年9月，中国与万国邮联签署了“一带一路”框架下共同推进铁路运邮的合作意向书。

通过这些努力，世界海关组织、国际铁路组织及有关国家海关、铁路、邮政部门建立了紧密联系，积极推动运邮工作的紧密开展。

自2016年9月至2017年10月，经过9次测试，中国邮政形成了一套被各方认可的国际货运列车常态化运邮的标准流程。中欧班列运邮工作已经由测试期逐渐迈入标准化和常态化运邮阶段。依托中欧班列，中国邮政推出了国际小包业务，让国际邮件在一个月内直抵欧洲腹地，实现欧洲23国“自由行”，满足了跨境电商客户的寄递需求。

2017年10月起，中欧班列（重庆）由测试阶段过渡到出口常态化运作阶段，从2017年至2018年11月底，中国邮政集团公司通过中欧班列（重庆）累计发运48个邮包集装箱，铁路小包79万件，总重量约240 t，货值约1 150万美元。

二、寻求破题良策，构筑跨境电商服务平台

在中欧班列运邮（快）件推进过程中，仍有一些难题亟待突破。比如，相关国际规则尚未完全建立，邮件海关监管模式尚存难题，快件监管模式难以适应跨境电子商务的碎片化报关需要等。

下一步应持续推进中欧班列邮件和快件运输机制常态化，把中欧班列国际铁路联运大通道打造为中国邮政国际水陆路邮件出口新通道，跨境电商的主渠道，连接欧亚大陆、造福沿线国家、服务大众、促进经济发展的大通道。

国家邮政局继续加强部际协调机制，支持中国邮政集团公司开展德国—重庆的进口向运邮测试，研究增加境内国际班列发运站点和境外中欧班列目的站的可行性，适时推出适用中欧班列的专线寄递产品，推动沿线国家海外仓和铁路口岸建设，打造全功能国际邮件铁路口岸，设立铁路国际邮件集散中心，以中欧班列常态化运邮为基础，推动建设全流程、全功能、全方位的“三全”跨境电商综合服务平台，为中小微跨境电商提供高效、快捷的全套解决方案。

万国邮联2017—2020年周期，我国担任邮联国际铁路运邮、实物业务和电子商务、万国邮联改革三个工作机构的主席国，有助于积极推动万国邮联建立国际铁路运邮的统一规则和技术标准，推动跨境物品寄递服务便利化。

第二章　中欧班列市场分析

贸易畅通是“一带一路”建设的重要内容。自“一带一路”倡议提出以来，中国与“一带一路”沿线国家贸易合作取得丰硕成果，贸易领域逐步拓宽，贸易结构进一步优化，贸易新增长点不断涌现。

商通五洲、贸达四海是世界人民的共同愿望。古代丝绸之路就是因东西方之间商品流通交换而产生的，大漠斜阳中清脆的驼铃和串串蹄印延绵千年，交换了商品，交融了民心，交汇了文明，留下一段段传世佳话。古老的丝绸之路见证了不同文明交流互鉴的历史，“一带一路”倡议正在继续谱写沿线国家共商共建共享、携手发展共赢的新篇章。

第一节　中欧国家贸易总体情况

按照传统的全球大洲和次区域划分方法，“一带一路”沿线 64 个国家（不含中国）可划分为东亚（1 国，蒙古）、东南亚（11 国，新加坡、泰国、越南、马来西亚、印度尼西亚、菲律宾、缅甸、柬埔寨、文莱、老挝、东帝汶）、南亚（8 国，印度、孟加拉国、巴基斯坦、斯里兰卡、尼泊尔、阿富汗、马尔代夫、不丹）、中亚（5 国，哈萨克斯坦、乌兹别克斯坦、土库曼斯坦、吉尔吉斯斯坦、塔吉克斯坦）、西亚北非（19 国，阿联酋、沙特阿拉伯、土耳其、以色列、卡塔尔、埃及、科威特、伊拉克、伊朗、阿曼、巴林、约旦、阿塞拜疆、黎巴嫩、格鲁吉亚、也门、亚美尼亚、叙利亚、巴勒斯坦）和东欧（20 国，俄罗斯、波兰、捷克、匈牙利、斯洛伐克、罗马尼亚、乌克兰、斯洛文尼亚、立陶宛、白俄罗斯、保加利亚、塞尔维亚、克罗地亚、爱沙尼亚、拉脱维亚、波黑、马其顿、阿尔巴尼亚、摩尔多瓦、黑山）六个区域。

一、“一带一路”沿线国家与全球贸易合作总体格局

1.“一带一路”沿线国家在全球贸易合作中的总体格局

（1）从总体看，“一带一路”沿线国家贸易额占全球比重约为 21.7%

2016年，"一带一路"沿线64个国家GDP之和约为12.0万亿美元，占全球GDP的16.0%；人口总数为32.1亿人，占全球总人口的43.4%；对外贸易总额为71 885.5亿美元，占全球贸易总额的21.7%，份额相比2015年降低0.4个百分点。如图2-1～图2-4所示。

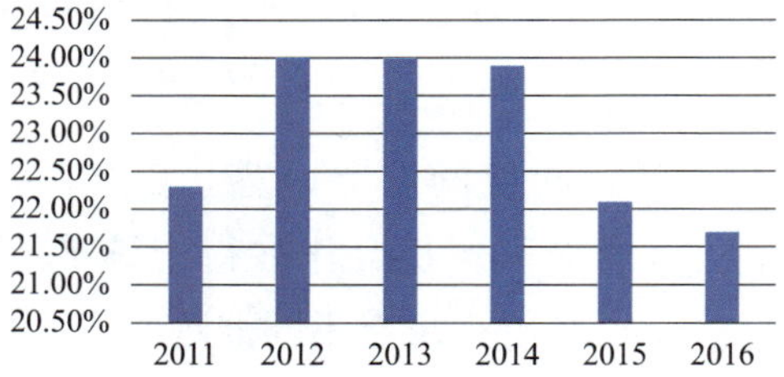

图2-1 "一带一路"沿线国家贸易份额

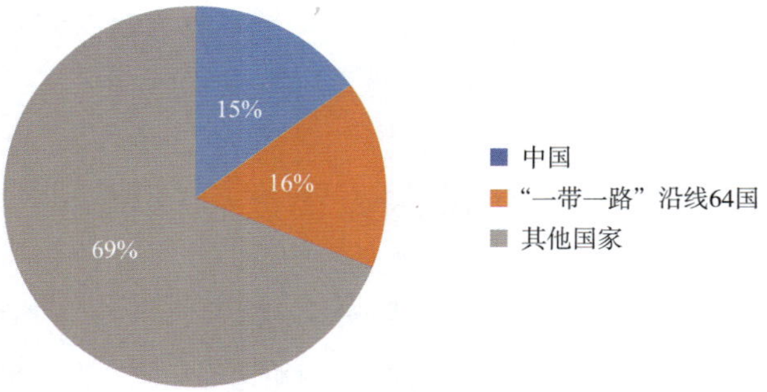

图2-2 GDP全球占比

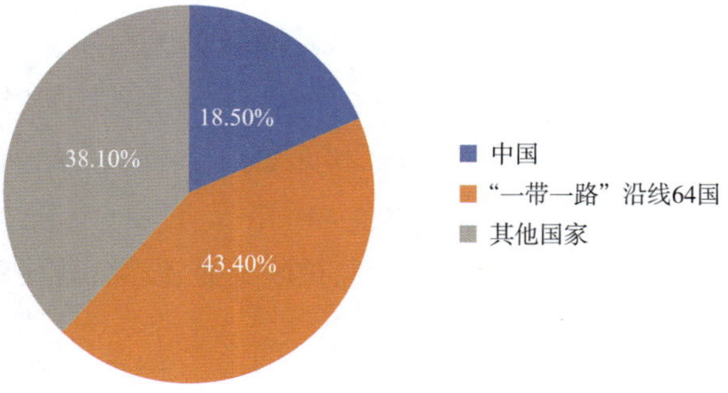

图2-3 人口全球占比

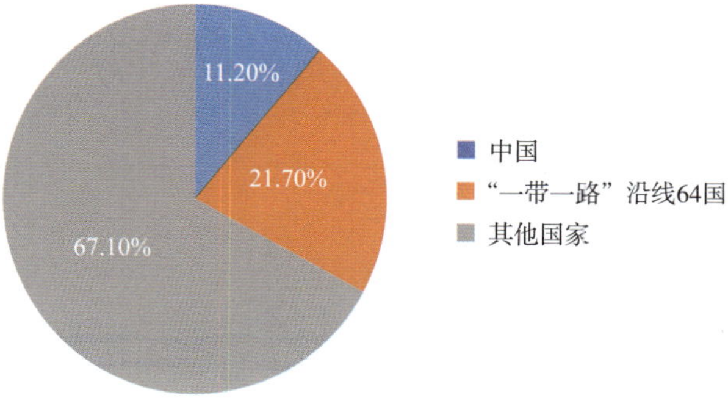

图 2-4　贸易全球占比

（2）从区域看，东南亚、东欧、西亚北非地区的贸易比重相对较大

在贸易总额方面，2016 年，东南亚地区贸易额为 23 065.8 亿美元，占沿线 64 个国家贸易总额的 32.1%；其次为东欧地区，贸易额为 21 163.9 亿美元，占比为 29.4%；第三为西亚北非地区，贸易额为 18 526.1 亿美元，占比为 25.8%。

在出口额方面，2016 年，东南亚地区最多，为 11 798.6 亿美元，其次为东欧和西亚北非地区，分别为 11 388.4 亿美元和 8 850.7 亿美元。在进口额方面，东南亚地区最多，为 11 267.2 亿美元，其次为东欧和西亚北非地区，分别为 9 775.5 亿美元和 9 675.5 亿美元。

（3）从国别看，新加坡、印度、俄罗斯、泰国、波兰外贸总量在沿线国家中居前五名

从“一带一路”沿线各个国家与全球贸易额看，2016 年，新加坡进出口贸易额最高，达到 6 436.9 亿美元；其次为印度，贸易额为 6 176.9 亿美元；俄罗斯排名第三，贸易额为 5 266.9 亿美元；另外泰国、波兰、越南等国，均小于 5 000 亿美元。

从出口看，新加坡、俄罗斯对外出口额最高，分别为 3 468.1 亿美元和 3 439.1 亿美元，其次为印度、泰国、沙特阿拉伯，出口额均超过 2 000 亿美元。从进口看，印度进口额最高，为 3 566.8 亿美元，其次为新加坡、阿联酋，进口额均超过 2 000 亿美元。表 2-1 中国家为所有进出口额合计大于 1 000 亿美元的沿线国家。

表 2-1 2016 年“一带一路”沿线国家贸易额排名(以进出口总额排序)

序号	国家	进口额(亿美元)	出口额(亿美元)	进出口总额(亿美元)
1	新加坡	2 968.9	3 468.1	6 437
2	印度	3 566.8	2 610.1	6 176.9
3	俄罗斯	1 827.8	3 439.1	5 266.9
4	泰国	1 957.4	2 136.1	4 093.5
5	波兰	1 885.2	1 964.6	3 849.8
6	越南	1 909.5	1 865.0	3 774.5
7	阿联酋	2 221.8	1 533.8	3 755.6
8	沙特阿拉伯	1 638.2	2 014.9	3 653.1
9	马来西亚	1 685.4	1 895.7	3 581.1
10	土耳其	1 986.0	1 426.1	3 412.1
11	捷克	1 422.0	1 628.3	3 050.3
12	印度尼西亚	1 426.9	1 502.8	2 929.7
13	匈牙利	877.9	961.0	1 838.9
14	斯洛伐克	702.1	726.8	1 428.9
15	菲律宾	859.4	563.1	1 422.5
16	罗马尼亚	698.5	598.5	1 297
17	以色列	620.7	640.6	1 261.3
18	卡塔尔	326.1	779.7	1 105.8

(4)从商品类型看,矿物燃料和电机电气设备是沿线国家主要外贸产品

从出口看,“矿物燃料、矿物油及其蒸馏产品等”是沿线国家出口额最大的产品。2015 年出口额为 9 487.0 亿美元,占当年沿线国家对外出口总额的 26.2%,但下降幅度较大,降幅达 39.9%;其次为电机、电气设备及其零件,占比为 12.7%,出现小幅下降,降幅为 5.2%。贸易额排名前 10 位产品中,仅有针织或钩编的服装及衣着附件、非针织非钩编服装及衣着附件的出口额出现增长,但增速都较低。

从进口看,“电机、电气设备及其零件等”是沿线国家自全球进口额最大的产品,2015 年进口额为 5 315.4 亿美元,占沿线国家进口总额的 14.6%;其次为“锅炉、机器、机械器具及零件”和“矿物燃料、矿物油及其蒸馏产品等”,进口额分别为 4 665.6 亿美元和 4 516.0 亿美元,占比分别为 12.8%和 12.4%。贸易额排名前 10 位产品均出现不同幅度的下降,其中“矿物燃料、矿物油及其蒸馏产品等”降幅最大,达到 37.9%,其他产品降幅在 20%以内。2015 年不同品类货物进出口额见表 2-2。

表 2-2　2015 年不同品类货物进出口额

出口前十名的国家			进口前十名的国家		
序号	品　类	出口额（亿美元）	序号	品　类	进口额（亿美元）
1	矿物燃料、矿物油及其蒸馏产品等	9 487.0	1	电机、电气设备及其零件等	5 315.4
2	电机、电气设备及其零件等	4 609.4	2	锅炉、机器、机械器具及零件	4 665.6
3	锅炉、机器、机械器具及零件	2 897.9	3	矿物燃料、矿物油及其蒸馏产品等	4 516.0
4	车辆及其零附件	1 950.7	4	车辆及其零附件	2 415.1
5	珍珠、宝石、贵金属及其制品等	1 408.5	5	珍珠、宝石、贵金属及其制品等	1 495.9
6	塑料及其制品	1 117.3	6	塑料及其制品	1 416.2
7	针织或钩编的服装及衣着附件	726.9	7	钢铁	1 167.3
8	非针织非钩编服装及衣着附件	697.2	8	光学、计量、检验、医疗用仪器及设备等	826.8
9	钢铁	675.4	9	钢铁制品	820.0
10	有机化学品	650.1	10	药品	743.9

2. 中国在全球贸易合作中的总体格局

(1)从总体看，中国进出口贸易总体逐步回稳

2016 年，受全球经济改善迟缓、主要国家需求低迷、国际市场大宗商品价格下降等因素影响，中国与全球的贸易总额、进口额、出口额均有所下降。其中，贸易总额为 37 021.6 亿美元，下降 6.4%，降幅较 2015 年的 8.1%有所收窄；出口额为 21 138.4 亿美元，下降 7.0%，降幅较 2015 年的 2.9%进一步扩大；进口额为 15 883.1 亿美元，降幅较 2015 年的 14.3%大幅收窄。但根据商务部的信息显示，2016 年四个季度进出口总额分别为下降 8.1%、下降 1.1%、增长 0.8%和增长 3.8%，其中第四季度进口和出口呈现“双升”的局面。

(2)从贸易主体看，民营和外资企业是进出口主力军

从出口企业性质看，2016 年民营和外资企业出口额占中国对外出口总额的比重分别为 46.3%和 43.4%，合计达到 89.7%；民营和外资企业的出口额分别为 9 792.3 亿美元和 9 184.2 亿美元，较 2015 年分别下降 4.5%和 8.6%，双双跌破万亿门槛；国有企业出口额为 2 144.4 亿美元，同比下降 11.5%，占比仅为 10.1%。

从进口企业性质看，外资企业进口额最高，为 7 708.1 亿美元，占全部进口额的 48.5%，但较 2015 年下降了 7.0%；其次为民营和国有企业，进口额分别为 4 450.0 亿美元和 3 597.5 亿美元，分别比 2015 年上升了 2.1%和下降了 11.6%，占比分别为 28.0%和 22.6%。

（3）从贸易方式看，一般贸易是主要进出口贸易方式

贸易方式是指根据实际对外贸易情况，按海关规定的《监管方式代码表》选择填报相应的监管方式，包括一般贸易，加工贸易，边境小额贸易，海关特殊监管区域，对外承包工程出口货物，国家间、国际组织无偿援助和赠送的物资等。其中，一般贸易指我国境内有进出口经营权的企业单边进口或者单边出口的贸易。

从出口贸易方式看，2016 年一般贸易出口额最高，达到 11 429.6 亿美元，较 2015 年下降 5.9%，占比为 54%；其次为加工贸易，出口额为 7 161.8 亿美元，下降 10.2%，占比为 33.9%；海关特殊监管区域为 1 348.1 亿美元，下降 15.0%，降幅较大。从进口贸易方式看，一般贸易进口额最高，达到 8 984.7 亿美元，同比下降 2.6%，降幅较 2015 年的 17.0%大幅收窄，占比为 56.6%；其次为加工贸易，进口额为 3 969.6 亿美元，下降 11.1%，占比为 25.0%；海关特殊监管区域为 2 619.1 亿美元，下降 5.4%，占比 16.5%。图 2-5、图 2-6 为各出口、进口贸易方式占比情况。

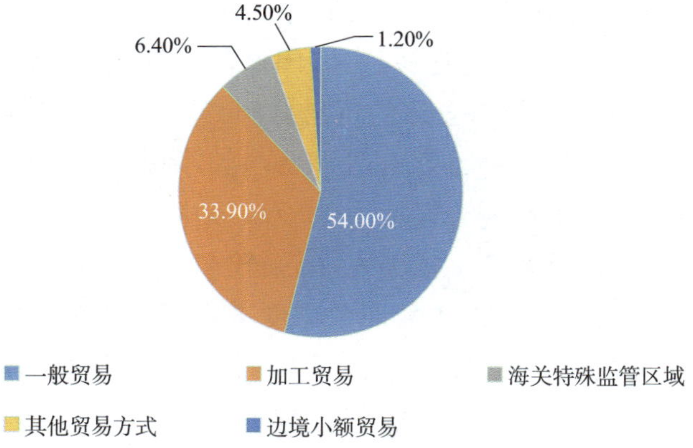

图 2-5　2016 年各出口贸易方式占比

（4）从商品类型看，电机电气设备同时成为进口和出口的主要产品

从出口产品看，“电机、电气设备及其零件等”出口额最高，达 5 559.9 亿美元，占出口额的 26.3%；其次为“锅炉、机器、机械器具及零件”，出口额达 3 448.0 亿美元，占比为 16.3%；其他产品出口额均小于 1 000 亿美元。从增速看，排名前 10 位的产品均出现同程度下降，钢铁制品降幅最大，达

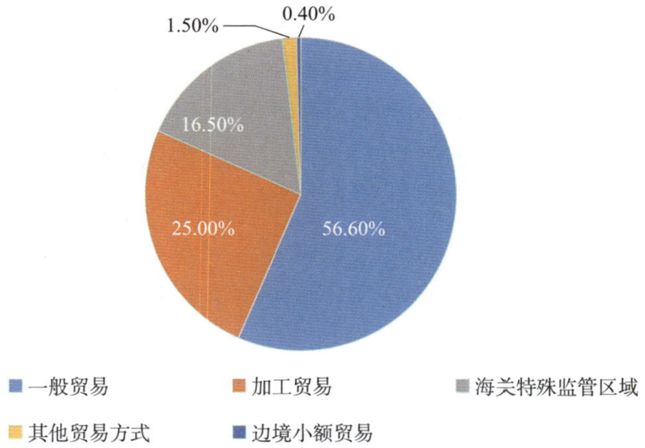

图 2-6　2016 年各进口贸易方式占比

12.8%；其次为鞋靴等类似品及零件，下降 10.9%；针织或钩编的服装及衣着附件下降 10.6%；其他产品降幅在 10%以内。

从进口产品看，“电机、电气设备及其零件”进口额仍为最高，达 4 137.8 亿美元，占进口额的 26.0%；其次为“矿物燃料、矿物油及其蒸馏产品等”、“锅炉、机器、机械器具及零件”，进口额分别为 1 761.1 亿美元、1 479.5 亿美元，占比分别为 11.1%、9.3%；其他产品进口额均小于 1 000 亿美元。从增速看，在排名前 10 位的产品中，车辆及其零附件增长 2.7%；其他产品均出现一定程度下降，其中“珍珠、宝石、贵金属及其制品等”下降最大，降幅达到 16.9%，“矿物燃料、矿物油及其蒸馏产品等”的降幅达到 11.3%。

二、中国与“一带一路”沿线国家贸易合作总体格局

1. 从贸易总量看，中国与沿线国家贸易比重有所上升且保持较大顺差额

2016 年，中国与沿线国家贸易总额为 9 535.0 亿美元，占中国与全球贸易额的比重为 25.7%，较 2015 年的 25.4%上升 0.3 个百分点。但受全球经济改善迟缓、全球贸易发展徘徊低迷、国际市场大宗商品价格下降等因素影响，中国与沿线国家的贸易额较 2015 年下降了 4.9%，见表 2-3。

表 2-3　2011—2016 年中国与“一带一路”沿线国家出口额和进口额(亿美元)

	2011 年	2012 年	2013 年	2014 年	2015 年	2016 年
进口额	4 399.1	4 584.9	4 714.1	4 833.6	3 883.4	3 661.1
出口额	4 542.0	5 013.5	5 690.9	6 370.4	6 145.8	5 874.8
合计	8 941.1	9 598.4	10 405	11 204	10 029.2	9 535.9

从出口看，2016 年中国向沿线国家出口 5 874.8 亿美元，较 2015 年下降 4.4%。中国向沿线国家出口占中国总出口额的比重逐年上升，2016 年为 27.8%，比 2015 年增加了 0.9 个百分点。从进口看，2016 年中国自沿线国家进口 3 661.1 亿美元，较 2015 年下降 5.7%。中国自沿线国家进口占中国总进口额的比重为 25.0%，比 2015 年下降了 0.1 个百分点，2011 年以来这一比重整体呈持续下降的态势。

从进出口结构看，2011—2015 年，中国与沿线国家的贸易顺差额逐渐扩大，2015 年为 2 262.4 亿美元，较 2014 年增加 47.2%，是 2011 年的 16 倍；2016 年顺差额为 2 213.7 亿美元，较 2015 年少 48.7 亿美元，为近年来的首次下降。2016 年，中国与 52 个国家贸易顺差，其中与印度的顺差额最大，达 470.7 亿美元；与 12 个国家贸易逆差，其中与马来西亚的逆差额最大，达 109.0 亿美元。

2. 从贸易市场看，中国是沿线主要贸易国家的主要进口和出口市场

在“一带一路”沿线主要贸易伙伴国中，中国是新加坡的第一出口目的国，是马来西亚、越南、泰国、俄罗斯、沙特阿拉伯的第二出口目的国，是印度、印度尼西亚、阿联酋、菲律宾的第三出口目的国。新加坡、越南、马来西亚、泰国、菲律宾、印度尼西亚 6 个国家对中国出口额比重均超过 10%。除印度、菲律宾以外，中国在以上其他 8 个国家中的出口额比重都有所上升。

中国是沿线主要贸易伙伴国的第一进口市场。在以上前 10 大贸易伙伴中，越南自中国进口占其总进口额的比重最高，达到 34.7%；其次为印度尼西亚和泰国。除越南同比下降 0.9 个百分点以外，其他 9 个国家自中国进口的比重都有所上升。

3. 从贸易产品看，电机电气设备、矿物燃料等分别是出口、进口最多的产品

从中国对沿线国家出口看，2016 年出口额最高的产品为“电机、电气设备及其零件”，达 1 165.9 亿美元，较 2015 年微降 0.4%。出口额排名前 10 位产品较 2015 年全部出现下降，“电机、电气设备及其零件”的下降幅度最小。出口额第二位的产品是“锅炉、机器、机械器具及零件”，出口额为 920.0 亿美元，微降 0.6%；其次为“钢铁”和“塑料及其制品”，出口额分别为 237.2 亿美元和 200.7 亿美元；“钢铁制品”“针织或钩编的服装及衣着附件”“光学、计量、检验、医疗用仪器及设备等”“非针织非钩编服装及衣着附件”，出口额均小于 200 亿美元。前 10 位产品中，“家具、寝具”下降最快，降幅达到 18.2%；其次为“针织或钩编的服装及衣着附件”，下降 15.6%；“非针织非钩

编服装及衣着附件”下降 13.8%；其他产品降幅均在 10%以内。

从中国自沿线国家进口看，2016 年进口额最高的产品为“矿物燃料、矿物油及其蒸馏产品等”，为 1 109.9 亿美元，下降 15.1%；其次为“电机、电气设备及其零件”，进口额为 772.0 亿美元，增长 1.7%；“锅炉、机器、机械器具及零件”进口额为 232.9 亿美元，下降 1.4%；其他产品进口额均小于 200 亿美元。前 10 位产品中，除“矿物燃料、矿物油及其蒸馏产品等”下降 15.1%外，有机化学品降幅也很大，达到 15.2%；特殊交易品及未分类商品增幅最大，达到 60.3%；“光学、计量、检验、医疗用仪器及设备等”增长 26.6%；其他产品增减波动在 10%以内。

4. 从贸易方式看，一般贸易方式在进口和出口均处于绝对优势

从出口看，2011 年以来中国对沿线国家出口始终以一般贸易为主，占比逐年上升，由 2011 年的 61.5%上升至 2016 年的 63.5%；加工贸易占比呈现下降趋势，由 2011 年的 26.0%降至 2016 年的 20.1%；边境小额贸易、海关特殊监管区域等占比较低。见表 2-4。

表 2-4　2011—2016 年中国对“一带一路”沿线国家出口贸易方式占比(%)

	2011	2012	2013	2014	2015	2016
一般贸易	61.5	62.1	63.2	63.8	64.3	63.5
加工贸易	26.0	24.8	22.7	21.0	19.8	20.1
边境小额贸易	4.3	4.7	5.3	5.7	4.8	4.4
海关特殊监管区域	3.4	3.8	4.2	4.6	4.5	3.9
其他贸易方式	4.8	4.6	4.6	4.9	6.6	8.1

从进口看，一般贸易也是中国自沿线国家进口的主要贸易方式，但是占比总体呈现下降趋势，由 2011 年的 61.7%下降至 2016 年的 55.7%；加工贸易总体呈现上升趋势，由 18.7%上升到 21.2%；海关特殊监管区贸易比重也较高，2016 年达 18.1%。见表 2-5。

表 2-5　2011—2016 年中国自“一带一路”沿线国家进口贸易方式占比(%)

	2011	2012	2013	2014	2015	2016
一般贸易	61.7	61.5	62.4	61.0	56.2	55.7
加工贸易	18.7	16.9	18.0	20.4	21.6	21.2
海关特殊监管区域	16.2	18.1	16.6	16.5	18.5	18.1
边境小额贸易	3.2	3.2	2.9	2.0	1.8	1.8
其他贸易方式	0.2	0.3	0.1	0.1	1.9	3.2

5. 从合作模式看，中国与沿线国家贸易合作呈现四种类型

从国家层面看，中国整体与沿线国家贸易合作呈现四种类型（表 2-6）：

一是贸易“全面合作型”国家，其与中国的贸易规模大、贸易商品广、贸易历史久，如越南、马来西亚、泰国、新加坡、印度、印度尼西亚、菲律宾等。

二是贸易“潜力增长型”国家，其与中国的贸易规模较大，且贸易额增长较快，在全球贸易疲软的背景下表现特别突出，如吉尔吉斯斯坦、匈牙利、罗马尼亚、柬埔寨、斯洛伐克、孟加拉国、波兰等。

三是贸易“结构单一型”国家，其与中国的贸易产品中，能源或原材料产品贸易额特别大，通常超过或接近 50%，如俄罗斯、沙特阿拉伯、阿联酋、阿曼、蒙古、黎巴嫩、缅甸等。

四是贸易“有待加强型”国家，其与中国的贸易合作体量还不够大，且出现不同程度下滑，如土耳其、哈萨克斯坦、乌克兰、约旦、老挝等。

表 2-6 “一带一路”沿线各国与中国贸易合作模式分类

序号	合作模式分类		国　　家
	合作类型	细分类型	
1	全面合作型（7 个）	贸易额增长	越南、泰国、菲律宾
		贸易额下降	马来西亚、新加坡、印度、印度尼西亚
2	潜力增长型（19 个）	贸易额大于 100 亿美元	巴基斯坦、波兰、孟加拉国、以色列、捷克
		贸易额小于 100 亿美元	匈牙利、吉尔吉斯斯坦、斯洛伐克、罗马尼亚、柬埔寨、斯里兰卡、斯洛文尼亚、立陶宛、克罗地亚、尼泊尔、塞尔维亚、阿富汗、马尔代夫、东帝汶
3	结构单一型（22 个）	能源为主	俄罗斯、沙特阿拉伯、阿联酋、伊朗、伊拉克、阿曼、埃及、科威特、土库曼斯坦、卡塔尔、也门、阿塞拜疆、文莱
		矿砂为主	蒙古、阿尔巴尼亚、亚美尼亚、黑山
		铜为主	黎巴嫩、保加利亚
		珠宝为主	缅甸
		棉花为主	乌兹别克斯坦
		木材为主	拉脱维亚
4	有待加强型（16 个）	贸易额大于 100 亿美元	土耳其、哈萨克斯坦
		贸易额小于 100 亿美元	乌克兰、约旦、老挝、塔吉克斯坦、白俄罗斯、爱沙尼亚、叙利亚、巴林、格鲁吉亚、马其顿、波黑、摩尔多瓦、巴勒斯坦、不丹

从各省市层面看，各省市与沿线国家贸易合作也呈现四种类型（表 2-7）：

一是“全面合作型”地区，其与沿线国家贸易规模大、贸易商品广，如广

东、江苏、浙江、北京、上海等5个省市。

二是“实力增长型”地区，其与沿线国家贸易额保持增长，如山西、河南、宁夏、吉林、山东、新疆等6个省区。

三是“优化调整型”地区，其与沿线国家贸易合作体量还不够大，处于中游，且出现下降，如福建、广西、辽宁、天津、重庆、河北、云南、安徽、江西、黑龙江、湖北、四川等12个省市。

四是“有待加强型”地区，其与沿线国家的贸易额贸易规模较小，占全国的比重均小于1%，且均出现下降，如内蒙古、湖南、海南、陕西、甘肃、贵州、青海、西藏等8个省区。

表 2-7　中国各省级行政单位与沿线国家整体贸易合作模式分类

序号	合作类型	省、市、自治区
1	全面合作型(5个)	广东、江苏、浙江、北京、上海
2	实力增长型(6个)	山西、河南、宁夏、吉林、山东、新疆
3	优化调整型(12个)	福建、广西、辽宁、天津、重庆、河北、云南、安徽、江西、黑龙江、湖北、四川
4	有待加强型(8个)	内蒙古、湖南、海南、陕西、甘肃、贵州、青海、西藏

三、中国与“一带一路”沿线主要区域贸易合作

1. 贸易额

从中国对“一带一路”沿线各国的贸易额(表2-8)看，越南、马来西亚、泰国、新加坡、印度、俄罗斯是主要合作伙伴，从区域看：

(1)东南亚、西亚北非是我国与沿线国家开展贸易合作的主要区域。

2016年，中国与东南亚地区贸易额为4 554.4亿美元，占中国与沿线国家贸易总额的47.8%；其次为西亚北非(北非仅涉及埃及)地区，贸易额为2 152.0亿美元，占比为22.6%；东欧、南亚、中亚贸易额分别为1 368.2亿美元、1 115.0亿美元、300.5亿美元，占比分别为14.3%、11.7%、3.2%；东亚只涉及1个国家蒙古，为45.9亿美元，占比为0.5%。

(2)中国与东欧的贸易增长最快，其次是南亚地区。

在全球贸易整体低迷的背景下，中国与“一带一路”沿线各区域的贸易波动也较大，有增有降，以降为主。2016年，中国与东欧贸易额增长最快，增速为2.7%；其次为南亚，增长0.3%；其他区域均出现不同程度下降，与东亚(蒙古)贸易额降幅最大，达14.3%；其次为西亚北非、中亚和东南亚，降幅分别为13.3%、7.9%和3.5%。

(3)东南亚是最大的出口目的地,东欧出口增速最快。

从出口看,中国向东南亚出口额最大,达 2 591.5 亿美元,占比为 44.1%,但出口额较 2015 年下降 6.6%;其次为西亚北非,出口额为 1 259.3 亿美元,占比为 21.4%,下降 11.5%;向南亚出口位列第三位,达 966.8 亿美元,增长 2.6%;向东欧出口 868.0 亿美元,增长 6.8%,是增速最快的地区;向中亚出口达 179.6 亿美元,增长 2.3%;向东亚(蒙古)出口的降幅最大。

(4)东南亚是中国最大的进口来源地,也是唯一进口额增加的地区。

从进口看,中国自东南亚进口额最大,达 1 962.8 亿美元,占比为 53.6%,进口额较 2015 年上升 0.9%;其次为西亚北非,进口额为 892.9 亿美元,占比为 24.4%,下降 15.7%;自东欧进口 500.4 亿美元,下降 3.6%;其次为南亚、中亚、东亚,进口额分别为 148.3 亿美元、120.7 亿美元、36.0 亿美元,均呈现下降趋势。

表 2-8　2016 年中国与"一带一路"沿线国家贸易情况(亿美元)

排序	国　家	所属区域	进口额	出口额	进出口总额
1	越　南	东南亚	371.8	615.0	986.8
2	马来西亚	东南亚	492.2	383.2	875.4
3	泰　国	东南亚	387.0	374.9	761.9
4	新加坡	东南亚	259.4	453.8	713.2
5	印　度	南　亚	117.6	588.3	705.9
6	俄罗斯	东　欧	322.0	374.9	696.9
7	印度尼西亚	东南亚	213.7	324.6	538.3
8	菲律宾	东南亚	173.8	300.7	474.5
9	沙特阿拉伯	西　亚	236.1	191.4	427.5
10	阿联酋	西　亚	99.8	304.0	403.8
11	伊　朗	西　亚	149.5	165.4	314.9
12	土耳其	西　亚	27.8	167.9	195.7
13	巴基斯坦	南　亚	19.1	174.4	193.5
14	伊拉克	西　亚	106.5	76.3	182.8
15	波　兰	东　欧	25.3	151.7	177.0
16	孟加拉国	南　亚	8.7	144.3	153.0
17	阿　曼	西　亚	120.1	21.7	141.8
18	哈萨克斯坦	中　亚	48.0	82.5	130.5
19	缅　甸	东南亚	41.1	82.4	123.5

续上表

排序	国 家	所属区域	进口额	出口额	进出口总额
20	以色列	西 亚	31.8	82.5	114.3
21	埃 及	北 非	5.5	105.6	111.1
22	捷 克	东 欧	29.5	80.6	110.1
23	科威特	西 亚	63.6	30.5	94.1
24	匈牙利	东 欧	34.6	54.3	88.9
25	乌克兰	东 欧	24.7	42.4	67.1
26	土库曼斯坦	中 亚	55.6	3.4	59.0
27	吉尔吉斯斯坦	中 亚	0.7	56.4	57.1
28	卡塔尔	西 亚	40.0	15.4	55.4
29	斯洛伐克	东 欧	24.1	28.6	52.7
30	罗马尼亚	东 欧	14.4	34.6	49.0
31	柬埔寨	东南亚	8.3	39.6	47.9
32	斯里兰卡	南 亚	2.7	43.3	46.0
33	蒙 古	东 亚	36.0	9.9	45.9
34	乌兹别克斯坦	中 亚	16.1	20.3	36.4
35	约 旦	西 亚	2.1	30.0	32.1
36	斯洛文尼亚	东 欧	4.4	22.8	27.2
37	老 挝	东南亚	13.5	10.7	23.5
38	黎巴嫩	西 亚	0.2	21.4	21.6
39	也 门	西 亚	1.7	17.0	18.7
40	塔吉克斯坦	中 亚	0.3	17.1	17.4
41	保加利亚	东 欧	5.8	10.6	16.5
42	白俄罗斯	东 欧	4.4	10.9	15.3
43	立陶宛	东 欧	1.6	13.0	14.6
44	拉脱维亚	东 欧	1.3	10.7	12.0
45	克罗地亚	东 欧	1.6	10.2	11.8
46	爱沙尼亚	东 欧	2.1	9.7	11.8
47	叙利亚	西 亚	0.0	9.4	9.4
48	尼泊尔	南 亚	0.2	8.7	8.9
49	巴 林	西 亚	0.6	8.1	8.7
50	格鲁吉亚	西 亚	0.5	7.5	8.0
51	阿塞拜疆	西 亚	4.1	3.5	7.6
52	文 莱	东南亚	2.1	5.5	7.6

续上表

排序	国　家	所属区域	进口额	出口额	进出口总额
53	阿尔巴尼亚	东　欧	1.3	5.1	6.4
54	塞尔维亚	东　欧	1.6	4.4	6.0
55	阿富汗	南　亚	0.0	4.4	4.4
56	亚美尼亚	西　亚	2.8	1.1	3.9
57	马尔代夫	南　亚	0.0	3.3	3.3
58	东帝汶	东南亚	0.0	1.7	1.7
59	黑　山	东　欧	0.3	1.1	1.4
60	马其顿	东　欧	0.5	0.9	1.4
61	波　黑	东　欧	0.4	0.6	1.0
62	摩尔多瓦	东　欧	0.2	0.8	1.0
63	巴勒斯坦	西　亚	0.0	0.6	0.6
64	不　丹	南　亚	0.0	0.1	0.1
总　计			3 660.7	5 875.2	9 535.9

2. 贸易产品

(1)中国对东亚(蒙古)出口以锅炉、机器机械为主,进口以资源能源产品为主

东亚地区涉及蒙古1个国家。2016年,中国对蒙古出口额最高的产品是“锅炉、机器、机械器具及零件”,为1.3亿美元,占中国对蒙古出口额的13.5%;其次为“矿物燃料、矿物油及其蒸馏产品等”,出口额为1.2亿美元,占比为12.4%。

中国对蒙古出口额排名前10位的产品较2015年均出现下降,其中“针织或钩编的服装及衣着附件”降幅最大,为71.4%,其次为“锅炉、机器、机械器具及零件”“钢铁制品”“矿物燃料、矿物油及其蒸馏产品等”“电机、电气设备及其零件等”,降幅依次为49.6%、48.1%、16.1%、12.9%。

中国自蒙古进口额最高的产品是“矿砂、矿渣及矿灰”,为19.8亿美元,较2015年下降23.9%,占中国自东亚进口总额的55.1%;其次为“矿物燃料、矿物油及其蒸馏产品等”,进口额为12.7亿美元,上升39.8%,占比为35.1%;“羊毛、动物细毛或粗毛等”进口额为1.5亿美元,增长3.7%;其他产品进口额均小于1亿美元。

(2)中国对东南亚进口、出口产品均以机电产品为主

中国对东南亚出口额最高的产品是“电机、电气设备及其零件”,达

519.3 亿美元，占中国对东南亚出口总额的 20.0%；其次为“锅炉、机器、机械器具及零件”，出口额为 359.6 亿美元，占比为 13.9%；钢铁的出口额为 143.9 亿美元；其他产品均小于 100 亿美元。

在中国对东南亚出口额排名前 10 的产品中，“矿物燃料、矿物油及其蒸馏产品等”增速最快，同比增长 11.5%；其次为“针织物及钩编织物”，同比增长 6.2%；“钢铁制品”“塑料及其制品”出口额有所增长；其他产品均出现不同程度的下降，其中“家具、寝具”下降最快，降幅达 21.0%。

中国自东南亚进口额最高的产品也是“电机、电气设备及其零件”，进口额达 723.0 亿美元，同比增长 0.5%，占中国自东南亚进口总额的 36.8%；其次为“锅炉、机器、机械器具及零件”“矿物燃料、矿物油及其蒸馏产品等”和“特殊交易品及未分类商品”，进口额分别为 193.9 亿美元、190.5 亿美元和 110.0 亿美元；其他产品均小于 100 亿美元。

在中国自东南亚进口额排名前 10 的产品中，特殊交易品及未分类商品增长 60.8%，“光学、计量、检验、医疗用仪器及设备等”增长 29.4%，“珍珠、宝石、贵金属及其制品等”“电机、电气设备及其零件等”有所增长，增速分别为 1.3%、0.5%；其他产品均出现不同程度下降，其中“塑料及其制品”降幅最为明显，达 14.1%。

(3)中国对南亚出口以机电产品为主，进口以贵金属、棉花为主

中国对南亚出口额最高的产品是“电机、电气设备及其零件”，达 226.7 亿美元，占中国对南亚出口总额的 23.5%；其次为“锅炉、机器、机械器具及零件”，出口额为 160.9 亿美元，占比为 16.6%；其他产品均小于 70 亿美元。

在中国对南亚出口额排名前 10 的产品中，钢铁、“家具、寝具”、有机化学品、棉花较 2015 年分别下降 20.7%、16.1%、3.2%、2.8%；其他产品均出现增长，其中，“光学、计量、检验、医疗用仪器及设备等”增速最快，达 10.9%。

中国自南亚进口额最高的产品是“珍珠、宝石、贵金属及其制品等”，为 25.1 亿美元，占中国自南亚进口总额的 16.9%；其次为棉花、“矿砂、矿渣及矿灰”、铜及其制品，进口额分别为 23.1 亿美元、13.7 亿美元、11.0 亿美元，占比分别为 15.6%、9.2%、7.4%；其他产品均小于 10 亿美元。

在中国自南亚进口额排名前 10 的产品中，“电机、电气设备及其零件等”“珍珠、宝石、贵金属及其制品等”进口增长最快，增速分别为 29.7%、25.7%；“非针织非钩编服装及衣着附件”也出现增长；其他产品均出现下降，其中棉花、铜及其制品下降最明显，降幅接近 40%。

(4)中国对中亚出口以鞋靴服装为主,进口以资源能源型产品为主

中国对中亚出口额最高的产品是“鞋靴等类似品及零件”,达22.8亿美元,占中国对中亚出口总额的12.7%;其次为“非针织非钩编服装及衣着附件”,出口额为22.3亿美元,占比为12.4%;“针织或钩编的服装及衣着附件”“锅炉、机器、机械器具及零件”“电机、电气设备及其零件等”出口额分别为20.4亿美元、19.4亿美元、14.8亿美元;其他产品均小于10亿美元。

中国对中亚出口额排名前10的产品中,增速最快的为“非针织非钩编服装及衣着附件”,增幅达93.5%,将近翻番;钢铁制品下降最为明显,降幅达34.2%。

中国自中亚进口额最高的产品为“矿物燃料、矿物油及其蒸馏产品等”,为71.5亿美元,占中国自中亚进口总额的59.2%;其次为无机化学品等、铜及其制品,进口额为13.5亿美元、10.9亿美元,占比分别为11.1%、9.0%;其他产品均小于10亿美元。

在中国自中亚进口额排名前8的产品中,“塑料及其制品”异军突起,较2015年增长了26倍;“矿砂、矿渣及矿灰”、钢铁、铜及其制品也出现增长,增速分别为74.7%、54.9%、11.5%;其他产品均不同程度下降,其中,“盐、硫磺、石料、水泥等”下降最明显,降幅为60.4%;棉花下降35.8%。

(5)中国对西亚北非出口以机械机电产品为主,进口以能源型产品为主

西亚北非地区以西亚国家为主,北非地区仅涉及埃及1个国家。中国对西亚北非出口额排在前两位的产品是“电机、电气设备及其零件”和“锅炉、机器、机械器具及零件”,分别为209.8亿美元和201.9亿美元,分别占中国对西亚北非出口总额的16.7%和16.0%;其他产品均小于100亿美元。

在中国对西亚北非出口额排名前10的产品中,各类产品均出现下降,其中,降幅最大的是“鞋靴等类似品及零件”“家具、寝具”,降幅分别为23.7%、23.2%。

中国自西亚北非进口额最高的产品为“矿物燃料、矿物油及其蒸馏产品等”,为643.0亿美元,占中国自西亚北非进口总额的72.0%;其次为“塑料及其制品”“有机化学品”,进口额分别为79.1亿美元、67.1亿美元;其他产品均小于50亿美元。

在中国自西亚北非进口额排名前10的产品中,“电机、电气设备及其零件等”“锅炉、机器、机械器具及零件”“矿砂、矿渣及矿灰”“光学、计量、检验、医疗用仪器及设备等”较2015年有所增长,增速分别为27.2%、19.4%、16.4%、15.8%;其他产品均出现下降,其中“有机化学品”下降最明显,降幅

达到 19.0%。

(6)中国对东欧出口以机电机械产品为主，进口以能源型产品为主

中国对东欧出口额排名前两位的产品是“电机、电气设备及其零件”“锅炉、机器、机械器具及零件”，分别为 194.0 亿美元、176.8 亿美元，分别占中国对东欧出口总额的 22.4%、20.4%；其他产品均小于 60 亿美元。

中国对东欧出口额排名前 10 的产品中，“非针织非钩编服装及衣着附件”“针织或钩编的服装及衣着附件”有所下降，降幅分别为 18.4%、12.9%，其余产品均有增长。其中涨幅最大的为“毛皮、人造毛皮及其制品”，涨幅达 28.8%。

中国自东欧进口额最高的产品为“矿物燃料、矿物油及其蒸馏产品等”，为 190.4 亿美元，占中国自东欧进口总额的 38.1%；其他产品均小于 50 亿美元。

在中国自东欧进口额排名前 10 的产品中，铜及其制品、“矿砂、矿渣及矿灰”、镍及其制品、“矿物燃料、矿物油及其蒸馏产品等”“锅炉、机器、机械器具及零件”较 2015 年出现下降，铜及其制品、“矿砂、矿渣及矿灰”降幅较大，分别达到 32.6%、21.0%；其他产品均出现增长，其中，“车辆及其零附件”增幅最大，为 25.7%。

3. 贸易方式

(1)从出口看，除中亚以边境小额贸易为主，其他地区均以一般贸易为主

从中国向“一带一路”沿线国家出口的贸易方式来看，一般贸易占比达到 63.5%(较上年下降 0.8 个百分点)，为最重要的出口方式；其次为加工贸易，占比为 20.1%(较上年微增 0.3 个百分点)，边境小额贸易和海关特殊监管区占比均小于 5.0%。从区域来看，中亚地区边境小额贸易占比超过 50%，其他各区域出口均以一般贸易为主。

(2)从进口看，各区域主要以一般贸易为主，占比超过一半

从中国自“一带一路”沿线国家进口的贸易方式来看，一般贸易占比超过一半，为 55.7%；加工贸易、海关特殊监管区域各占 21.2%和 18.1%；三种贸易方式占总进口额的 94.9%。从区域来看，一般贸易在中亚、东欧、西亚北非、南亚地区的进口比重最高，均超过 60%；中国自东亚(蒙古)进口贸易中，一般贸易和海关特殊监管区域贸易并重，占比都超过 30%。

四、中国各省市与“一带一路”沿线国家贸易合作

1. 贸易额

从国内各省市对“一带一路”沿线国家的贸易额看，广东、江苏、浙江、北京、上海与沿线国家贸易额位居前五位，见表2-9，从区域看：

(1)华东、华南、华北是与沿线国家开展贸易合作的主要地区。

从中国各主要区域与“一带一路”沿线国家整体贸易额(表2-10)来看，2016年，华东地区最高，达3 616.2亿美元，占比为37.9%；华南地区为2 842.8亿美元，占比为29.8%；华北地区为1 408.4亿美元，占比为14.8%；中部地区、西南地区、东北地区、西北地区贸易额较小，均在600亿美元以下。华东地区、华南地区和华北地区合计占比达82.5%，是我国与“一带一路”沿线国家开展贸易合作最重要的地区。

(2)华东、华南是向沿线国家出口的主要地区。

从出口看，华东地区和华南地区占据我国向“一带一路”沿线国家出口额的前两位，合计占比达72.1%，其中华东地区为2 430.9亿美元，占比为41.4%，华南地区为1 803.7亿美元，占比为30.7%。7个区域出口较2015年均出现了下降，其中西南地区向沿线国家出口下降了31.4%，东北地区下降了23.5%；其他地区降幅在6%以内。

(3)华东、华南、华北是自沿线国家进口的主要地区。

从进口看，华东地区、华南地区和华北地区占据了我国自“一带一路”沿线国家进口额的前三位，合计占比达85.2%。其中，华东地区为1 185.3亿美元，占比为32.4%；华南地区为1 039.1亿美元，占比为28.4%；华北地区为893.8亿美元，占比为24.4%。西南地区自沿线国家进口大幅增加20.0%；西北地区维持不变；华北、中部、东北下降明显，降幅超过10%；其他地区降幅较小。

(4)贸易区域集中度进一步提高，呈现“强者愈强、弱者愈弱”的态势。

中国与“一带一路”沿线国家贸易额有所减少，由2014年的11 204.6亿美元降至9 539.9亿美元。与此同时，从7个区域来看，集中度进一步提高，呈现“强者愈强、弱者愈弱”的态势。例如，在进出口贸易额占比上，华东地区2014年的34.1%提升至2016年的37.9%，提高3.8个百分点；华南地区由25.7%提升至29.8%，提高4.1个百分点；而华北地区则出现大幅度收缩，由19.0%下降至14.8%，西南地区由6.4%下降至4.8%，东北地区由6.1%下降至4.2%，西北地区由3.1%下降至2.4%；中部地区小幅提升，由

5.6%上升至6.1%。

表2-9　2016年中国各省市自治区与“一带一路”沿线国家贸易情况(亿美元)

	进出口		出口		进口	
	贸易额	排名	贸易额	排名	贸易额	排名
广东省	1 995.6	1	1 294.9	1	700.7	2
江苏省	1 098.6	2	774.1	3	324.5	4
浙江省	1 052.0	3	876.5	2	175.5	6
北京市	958.5	4	197.5	7	761.0	1
上海市	842.0	5	402.5	4	439.5	3
山东省	623.6	6	377.8	5	245.8	5
福建省	490.1	7	336.3	6	153.8	7
广西壮族自治区	304.2	8	159.0	9	145.2	8
辽宁省	240.1	9	132.2	11	107.9	9
天津市	232.9	10	164.1	8	68.8	12
重庆市	181.0	11	109.3	13	71.7	11
新疆维吾尔自治区	146.9	12	134.8	10	12.1	23
河北省	144.5	13	128.7	12	15.8	21
云南省	134.3	14	73.2	19	61.1	13
安徽省	123.0	15	97.4	15	25.6	19
河南省	121.7	16	91.8	17	29.9	18
江西省	119.8	17	104.7	14	15.1	22
黑龙江省	116.9	18	31.9	21	85.0	10
湖北省	115.8	19	97.3	16	18.5	20
四川省	113.9	20	77.7	18	36.2	16
内蒙古自治区	72.5	21	24.4	24	48.1	14
湖南省	63.2	22	52.0	20	11.1	26
海南省	53.0	23	13.6	28	39.4	15
吉林省	46.3	24	13.9	27	32.4	17
山西省	36.7	25	25.4	23	11.3	25
陕西省	34.7	26	28.0	22	6.7	27
甘肃省	27.9	27	16.5	26	11.4	24
贵州省	23.6	28	20.3	25	3.3	28
宁夏回族自治区	11.0	29	8.3	29	2.7	29
青海省	7.0	30	6.4	30	0.6	30
西藏自治区	4.8	31	4.6	31	0.2	31

表 2-10　2016 年中国七大区域与“一带一路”沿线国家贸易额比重(%)

序号	区域	总贸易额比重	省份	各省比重	出口贸易额比重	省份	各省比重	进口贸易额比重	省份	各省比重
1	华东	37.9	江苏	11.5	41.4	江苏	13.2	32.4	江苏	8.9
			浙江	11.0		浙江	14.9		浙江	4.8
			上海	8.8		上海	6.9		上海	12.0
			山东	6.5		山东	6.4		山东	6.7
2	华南	29.8	广东	20.9	30.7	广东	22.1	28.4	广东	19.1
			福建	5.1		福建	5.7		福建	4.2
			广西	3.2		广西	2.7		广西	4.0
			海南	0.6		海南	0.2		海南	1.1
3	中部	6.1	安徽	1.3	8.0	安徽	1.6	3.0	安徽	0.7
			河南	1.3		河南	1.6		河南	0.8
			江西	1.3		江西	1.8		江西	0.4
			湖北	1.2		湖北	1.7		湖北	0.5
			湖南	0.7		湖南	0.9		湖南	0.3
			山西	0.4		山西	0.4		山西	0.3
4	华北	14.8	北京	10.1	8.8	北京	3.4	24.4	北京	20.8
			天津	2.4		天津	2.8		天津	1.9
			河北	1.5		河北	2.2		河北	0.4
			内蒙	0.8		内蒙	0.4		内蒙	1.3
5	西南	4.8	重庆	1.9	4.8	重庆	1.9	4.8	重庆	2.0
			云南	1.4		云南	1.2		云南	1.7
			四川	1.2		四川	1.3		四川	1.0
			其他	0.3		其他	0.4		其他	0.1
6	东北	4.2	辽宁	2.5	3.0	辽宁	2.3	6.1	辽宁	2.9
			黑龙江	1.2		黑龙江	0.5		黑龙江	2.3
			吉林	0.5		吉林	0.2		吉林	0.9
7	西北	2.4	新疆	1.5	3.3	新疆	2.3	0.9	新疆	0.3
			陕西	0.4		陕西	0.5		陕西	0.2
			甘肃	0.3		甘肃	0.3		甘肃	0.3
			其他	0.2		其他	0.2		其他	0.1

2. 贸易国家

(1)华东地区主要贸易国有印度、马来西亚等，各国贸易额有增有减，但

幅度不大

华东地区的第一大出口目的国是印度，2016 年出口额为 276.4 亿美元，同比增长 0.2%；越南为第二大出口目的国，出口额为 190.0 亿美元，增长 7.3%；其次为俄罗斯、泰国、新加坡、印度尼西亚、马来西亚、阿联酋等国。主要国家中，俄罗斯增长最快，增速为 15.2%；菲律宾、越南、泰国、印度尼西亚也有一定程度增幅；新加坡 2016 年出现明显下降，降幅达到 14.6%，由 2015 年的第 2 大出口国滑落至 2016 年的第 5 大出口国；阿联酋、土耳其、马来西亚也出现不同程度的下降，降幅分别为 14.5%、9.7%、3.1%。见表 2-11。

表 2-11　2015—2016 年华东地区主要出口国家(单位:亿美元)

国家	印度	越南	俄罗斯	泰国	新加坡	印度尼西亚	马来西亚	阿联酋	菲律宾	土耳其
2015 年	275.9	177.0	145.4	158.1	190.9	145.9	153.5	151.5	90.1	92.8
2016 年	276.4	190.0	167.5	165.8	163.0	152.4	148.7	129.5	98.7	83.8

华东地区主要进口来源国是马来西亚、泰国、新加坡，印度尼西亚、越南、俄罗斯、菲律宾等国比重也较大。其中，马来西亚进口额为 218.3 亿美元，占比 18.4%，但较 2015 年下降 13.4%；泰国、新加坡进口额分别为 153.3 亿美元、119.9 亿美元，较 2015 年分别下降 3.2%、12.7%；印度尼西亚、越南、俄罗斯出现明显增加；其他主要国家出现不同程度下滑。见表 2-12。

表 2-12　2015—2016 年华东地区主要进口国家(单位:亿美元)

国家	马来西亚	泰国	新加坡	印度尼西亚	越南	俄罗斯	菲律宾	印度	沙特阿拉伯	阿联酋
2015 年	252.2	158.3	137.3	89.1	86.6	68.6	70.3	65.8	61.4	34.2
2016 年	218.3	153.3	119.9	99.3	96.3	82.4	67.3	55.6	49.5	32.9

(2)华南地区与东南亚国家贸易联系紧密，越南、马来西亚、泰国表现突出

华南地区第一大出口目的国是越南，2016 年出口额为 264.5 亿美元，占比达 14.7%，较 2015 年下降 11.7%；印度为第二大出口国，出口额为 167.1 亿美元，虽然较越南差距较大，但增速很快，增幅达到 20.4%；第三位为新加坡，出口额为 154.1 亿美元，小幅下降 0.7%；菲律宾位列第四位，出口额为 139.8 亿美元，增速达到 19.4%，近年来华南地区向菲律宾出口增长迅速，2016 年是 2014 年的 1.6 倍；马来西亚、泰国、阿联酋出口额均超过 100 亿美元，但均较 2015 年出现下降，降幅分别为 4.9%、5.3%、17.3%。见表 2-13。

表 2-13　2015—2016 年华南地区主要出口国家(单位:亿美元)

国家	越南	印度	新加坡	菲律宾	马来西亚	泰国	阿联酋	印度尼西亚	沙特阿拉伯	俄罗斯
2015 年	299.4	138.8	155.2	117.1	145.0	119.0	124.3	88.3	73.9	66.1
2016 年	264.5	167.1	154.1	139.8	137.9	112.7	102.8	92.2	73.8	65.6

华南地区主要进口国是马来西亚、越南和泰国,3 个国家合计占到前 10 位国家整体的 53.5%。马来西亚是第一大进口国,进口额为 194.5 亿美元,占比达到 18.7%,较 2015 年增长 2.4%;越南进口额为 187.2 亿美元,占比达到 18.0%,近年来华南地区自越南进口增长迅速,2016 年进口额较 2015 年增长 23.9%,是 2014 年的 2.5 倍,大有超过马来西亚成为华南地区最大进口来源国的趋势;泰国进口额为 174.3 亿美元,占比达到 16.8%,较 2015 年增长 6.1%;其他国家进口额均未超过 80 亿美元,除新加坡微增 0.4%之外,其他均出现不同程度下降。马来西亚、越南、泰国无论在体量上还是在增幅上,都成为华南地区最重要的进口国家。见表 2-14。

表 2-14　2015—2016 年华南地区主要进口国家(单位:亿美元)

国家	马来西亚	越南	泰国	新加坡	菲律宾	印度尼西亚	沙特阿拉伯	印度	阿联酋	伊朗
2015 年	189.9	151.1	164.3	79.4	80.0	69.2	70.7	36.2	35.9	50.9
2016 年	194.5	187.2	174.3	79.7	76.0	67.6	55.6	33.1	29.0	29.0

(3)华北地区出口以俄罗斯及东南亚国家为主,进口以全球主要产油国为主

华北地区第一大出口目的国是俄罗斯,2016 年出口额为 59.2 亿美元,较 2015 年大幅增加 21.8%,取代越南成为最大的出口目的国;第二为越南,出口额 56.8 亿美元,较 2015 年出现较大下降,降幅达到 17.8%;其次为新加坡、印度、印度尼西亚等国,均小于 40 亿美元。出口额排名前 10 位国家中,俄罗斯、菲律宾、巴基斯坦、泰国都有显著增长,阿联酋、越南、印度、印度尼西亚下降明显,新加坡、马来西亚小幅增加。见表 2-15。

表 2-15　2015—2016 年华北地区主要出口国家(单位:亿美元)

国家	俄罗斯	越南	新加坡	印度	印度尼西亚	菲律宾	巴基斯坦	泰国	马来西亚	阿联酋
2015 年	48.6	69.1	37.9	44.5	32.8	21.6	21.7	24.7	22.8	30.5
2016 年	59.2	56.8	38.8	36.9	29.9	28.6	28.6	27.5	22.9	22.0

华北地区前 10 位进口来源国中有 8 个能源、矿产生产国,分别是俄罗斯、沙特阿拉伯、伊拉克、伊朗、阿曼、土库曼斯坦、科威特、蒙古;8 国中除伊朗增

加 23.2%之外，均出现不同程度的下降，降幅较大的有阿曼下降 31.4%、土库曼斯坦下降 29.0%、沙特阿拉伯下降 26.8%。除 8 国之外，新加坡、越南进口额也较大，分别为 34.6 亿美元、29.0 亿美元，其中越南大幅增加 66.7%，新加坡小幅增加 2.1%。见表 2-16。

表 2-16　2015—2016 年华北地区主要进口国家（单位：亿美元）

国家	俄罗斯	沙特阿拉伯	伊拉克	伊朗	阿曼	土库曼斯坦	科威特	新加坡	越南	蒙古
2015 年	134.7	149.5	117.3	60.3	89.0	77.3	54.3	33.9	17.4	30.4
2016 年	113.5	109.5	94.8	74.3	61.0	54.9	43.8	34.6	29.0	28.4

(4)中部地区主要出口国和进口国集中度不高，各国贸易增减不一

中部地区最大的出口目的国是印度，2016 年出口额为 56.8 亿美元，占比 12.1%；第二为越南，出口额为 41.3 亿美元，占比 8.8%；其次为新加坡、马来西亚、俄罗斯、泰国等国家，均小于 40 亿美元，且国家间差距不大。主要出口目的国中，俄罗斯增长最快，增速达到 22.3%；阿联酋、沙特阿拉伯、伊朗有小幅增长，增幅分别为 2.7%、3.2%、2.2%；其他国家均出现下降，其中新加坡下降 17.1%、马来西亚下降 14.3%、印度尼西亚下降 10.6%、泰国下降 8.3%，印度、越南降幅在 1%以内。见表 2-17。

表 2-17　2015—2016 年中部地区主要出口国家（单位：亿美元）

国家	印度	越南	新加坡	马来西亚	俄罗斯	泰国	阿联酋	印度尼西亚	沙特阿拉伯	伊朗
2015 年	57.2	41.7	43.8	39.8	24.2	30.0	26.1	28.2	18.7	18.2
2016 年	56.8	41.3	36.3	34.1	29.6	27.5	26.8	25.2	19.3	18.6

中部地区主要进口来源国是越南，2016 年进口额为 18.7 亿美元，占比 16.7%；第二为马来西亚，进口额为 12.4 亿美元，占比 11.1%；其次为泰国、新加坡、印度尼西亚等国家，均大于 10 亿美元。主要进口来源国中，印度尼西亚、俄罗斯呈现爆发式增长，增速分别达到 56.5%、47.1%；马来西亚、菲律宾跌幅较大，分别下降 32.0%、28.2%。见表 2-18。

表 2-18　2015—2016 年中部地区主要进口国家（单位：亿美元）

国家	越南	马来西亚	泰国	新加坡	印度尼西亚	印度	菲律宾	俄罗斯	伊朗	哈萨克斯坦
2015 年	17.5	18.2	12.5	10.4	6.9	6.7	7.8	3.4	4.3	4.0
2016 年	18.7	12.4	11.2	11.0	10.8	6.7	5.6	5.0	4.9	3.6

(5)西南地区与东南亚各国出口下降显著、进口增长显著

西南地区第一大出口目的国是越南，2016 年出口额为 33.0 亿美元，占

比11.6%;第二为缅甸,出口额为30.4亿美元,占比10.7%;其次为泰国、印度、马来西亚、新加坡、印度尼西亚等国家,均小于30亿美元,且国家间差距不大。主要出口目的国中,较2015年缅甸微增1.7%,其他国家均出现较大程度的下滑,其中,越南下降7.6%、马来西亚下降54.1%、印度尼西亚下降51.4%、阿联酋下降45.9%、新加坡下降38.9%,出口形势十分严峻。见表2-19。

表2-19　2015—2016年西南地区主要出口国家(单位:亿美元)

国家	越南	缅甸	泰国	印度	马来西亚	新加坡	印度尼西亚	阿联酋	俄罗斯	菲律宾
2015年	35.7	29.9	35.4	35.7	53.4	38.3	31.7	25.5	16.5	11.5
2016年	33.0	30.4	27.2	26.4	24.5	23.4	15.4	13.8	11.9	9.4

西南地区的主要进口来源国是越南、马来西亚、缅甸、泰国,进口额分别为37.1亿美元、36.6亿美元、35.8亿美元、17.7亿美元,其他国家均小于10亿美元。与出口目的国的出口额纷纷大幅度下滑相反,主要进口来源国中,大部分国家进口额较2015年有所增加,且多数国家增幅明显。其中,泰国增长90.3%,接近翻番;以色列增长71.1%;越南增长67.9%;伊朗、沙特阿拉伯两个产油国分别增长42.9%、28.6%,出现2015年大幅度下降后的补偿性反弹;老挝增长17.9%;缅甸、新加坡增长较为缓和,增速分别为6.5%、5.7%;菲律宾、马来西亚分别下降9.9%、5.8%,跌幅也较2015年明显收窄。见表2-20。

表2-20　2015—2016年西南地区主要进口国家(单位:亿美元)

国家	越南	马来西亚	缅甸	泰国	菲律宾	老挝	以色列	新加坡	沙特阿拉伯	伊朗
2015年	22.1	38.9	33.6	9.3	10.8	5.6	3.8	5.3	2.8	1.4
2016年	37.1	36.6	35.8	17.7	9.8	6.6	6.5	5.6	3.6	2.0

(6)东北地区主要出口国为俄罗斯和东南亚国家,进口国以俄罗斯等产油国为主

东北地区主要出口目的国为新加坡、俄罗斯、越南、印度,出口额分别为30.6亿美元、26.6亿美元、26.1亿美元、17.7亿美元;其他国家均小于10亿美元。主要出口目的国中,除巴基斯坦较2015年增加23.4%、泰国增加4.2%之外,其他国家均出现大幅度下滑,其中马来西亚下降44.9%、印度尼西亚下降41.9%,俄罗斯、巴基斯坦、新加坡、伊朗、越南的降幅都超过20%,出口形势十分严峻。见表2-21。

表 2-21 2015—2016 年东北地区主要出口国家(单位:亿美元)

国家	新加坡	俄罗斯	越南	印度	泰国	马来西亚	菲律宾	印度尼西亚	巴基斯坦	伊朗
2015 年	40.4	35.3	33.0	22.7	9.5	16.7	9.1	12.9	4.7	6.4
2016 年	30.6	26.6	26.1	17.7	9.9	9.2	7.8	7.5	5.8	4.9

东北地区主要进口国家中能源型国家占据重要位置,最大进口国为俄罗斯,2016 年进口额为 15.2 亿美元,占比达到 45.4%;其次为沙特阿拉伯,进口额为 10.6 亿美元;斯洛伐克为 10.3 亿美元;其他国家均小于 10 亿美元。主要进口国家中,阿曼、阿联酋、伊朗、俄罗斯等石油国家进口额出现下降,其他国家进口额呈现不同程度增长,其中新加坡增长 33.8%、捷克增长 27.6%、泰国增长 9.1%、沙特阿拉伯增长 7.1%。见表 2-22。

表 2-22 2015—2016 年东北地区主要进口国家(单位:亿美元)

国家	俄罗斯	沙特阿拉伯	斯洛伐克	阿联酋	阿曼	伊朗	匈牙利	捷克	新加坡	泰国
2015 年	14.0	9.9	14.2	19.1	12.5	8.2	8.2	5.8	4.6	5.5
2016 年	15.2	10.6	10.3	9.8	9.4	8.7	8.7	7.4	6.2	6.0

(7)西北地区主要与中亚和俄罗斯等邻近地区国家合作

西北地区主要出口目的国为中亚国家和俄罗斯,其中哈萨克斯坦出口额为 57.8 亿美元,其次为吉尔吉斯斯坦 40.9 亿美元、俄罗斯 14.5 亿美元、塔吉克斯坦 13.0 亿美元,其他国家均小于 8 亿美元。与 2015 年相比,中亚国家和俄罗斯普遍出现增长,其中,吉尔吉斯斯坦增长 27.4%、俄罗斯增长 26.1%、哈萨克斯坦增长 8.2%、巴基斯坦增长 7.3%;东南亚国家则普遍出现下降,下滑幅度最大的依次是新加坡、马来西亚、泰国,降幅分别为 41.9%、33.3%、30.6%。从出口国家增速看,西北地区与邻近的中亚国家和俄罗斯的联系进一步增强,但与远端的东南亚国家联系明显减弱。见表 2-23。

表 2-23 2015—2016 年西北地区主要出口国家(单位:亿美元)

国家	哈萨克斯坦	吉尔吉斯斯坦	俄罗斯	塔吉克斯坦	新加坡	印度	巴基斯坦	马来西亚	阿联酋	泰国
2015 年	53.4	32.1	11.5	14.1	12.9	7.4	5.5	8.7	6.0	6.2
2016 年	57.8	40.9	14.5	13.0	7.5	7.0	5.9	5.8	5.7	4.3

西北地区主要进口来源国为哈萨克斯坦,为 10.9 亿美元;其次为俄罗斯、蒙古等国家,均小于 5 亿美元。主要进口国家中,同时出现大幅增加和大幅下降两个阵营。与西北地区邻近的俄罗斯、哈萨克斯坦、吉尔吉斯斯坦的涨

幅分别达到78.3%、58.0%、50.0%，而新加坡、菲律宾、印度、马来西亚等东南亚和南亚国家的降幅分别达到50.0%、44.7%、43.8%、16.1%。从进口国家增速看，呈现与出口类似的态势，即与邻近地区国家的贸易合作进一步增强，与东南亚、南亚国家联系明显减弱。见表2-24。

表2-24　2015—2016年西北地区主要进口国家（单位：亿美元）

国家	哈萨克斯坦	俄罗斯	蒙古	马来西亚	新加坡	印度尼西亚	乌兹别克斯坦	印度	菲律宾	吉尔吉斯斯坦
2015年	6.9	2.3	3.7	3.1	4.8	2.0	1.8	1.6	1.5	0.4
2016年	10.9	4.1	3.2	2.6	2.4	2.0	1.6	0.9	0.8	0.6

3. 贸易产品

(1)华东地区出口最多的是机器机械，进口最多的是电机、电气设备产品

华东地区对"一带一路"沿线国家出口的主要产品是"锅炉、机器、机械器具及零件"（占比19.0%）和"电机、电气设备及其零件"（16.4%），其他产品占比均小于5%。2016年，"锅炉、机器、机械器具及零件"出口额为461.2亿美元，同比增长4.0%；"电机、电气设备及其零件"出口额为397.5亿美元，下降1.2%。出口额排名前10位产品中，出口额有增有降，整体波动不大。

华东地区自"一带一路"沿线国家进口的主要产品是"电机、电气设备及其零件"（23.7%）和"矿物燃料、矿物油及其蒸馏产品等"（15.6%），其次为"塑料及其制品""有机化学品""锅炉、机器、机械器具及零件"，其他产品占比均小于5%。进口额排名前10位产品中，"矿物燃料、矿物油及其蒸馏产品等"同比增长12.9%，"光学、计量、检验、医疗用仪器及设备等"增长31.9%，"珍珠、宝石、贵金属及其制品等"增长18.7%，"动、植物油、脂及其分解产品等"增长14.3%，其他产品进口额出现下降，其中有机化学品下降最大，同比降幅为24.6%。见表2-25。

表2-25　2016年华东地区与"一带一路"沿线国家出口额、进口额前10位产品（亿美元）

序号	出口额前10位产品	出口	同比(%)	占比(%)	进口额前10位产品	进口	同比(%)	占比(%)
1	锅炉、机器、机械器具及零件	461.2	4.0	19.0	电机、电气设备及其零件等	280.8	−2.6	23.7
2	电机、电气设备及其零件等	397.5	−1.2	16.4	矿物燃料、矿物油及其蒸馏产品等	184.5	12.9	15.6

续上表

序号	出口额前10位产品	出口	同比（%）	占比（%）	进口额前10位产品	进口	同比（%）	占比（%）
3	塑料及其制品	110.9	－0.2	4.6	塑料及其制品	89.0	－8.1	7.5
4	钢铁	95.1	2.4	3.9	有机化学品	82.0	－24.6	6.9
5	有机化学品	93.5	－1.4	3.8	锅炉、机器、机械器具及零件	82.0	－2.4	6.9
6	钢铁制品	80.7	－6.9	3.3	橡胶及其制品	45.7	－11.4	3.9
7	化学纤维长丝	73.9	1.9	3.0	光学、计量、检验、医疗用仪器及设备	44.4	31.9	3.7
8	车辆及其零附件	71.3	－2.3	2.9	矿砂、矿渣及矿灰	35.9	－13.8	3.0
9	光学、计量、检验、医疗用仪器及设备	69.3	－1.9	2.8	珍珠、宝石、贵金属及其制品等	33.6	18.7	2.8
10	针织物及钩编织物	60.2	6.1	2.5	动、植物油、脂及其分解产品等	27.9	14.3	2.4

(2)华南地区出口和进口最多的均为机电产品，能源产品进口比重也较大

华南地区对“一带一路”沿线国家出口的主要产品是“电机、电气设备及其零件”（占比27.8%）和“锅炉、机器、机械器具及零件”（12.5%），日用消费品比重很大。2016年，“电机、电气设备及其零件”出口额为501.9亿美元，较2015年上升3.1%；“锅炉、机器、机械器具及零件”出口额为224.9亿美元，上升2.8%；“家具、寝具”出口额为101.6亿美元，下降0.6%；其他均小于100亿美元。

华南地区自“一带一路”沿线国家进口的主要产品为“电机、电气设备及其零件”（占比32.2%）和“矿物燃料、矿物油及其蒸馏产品等”（占比16.8%），其他产品比重均小于10%。进口额排名前10位的产品中，“电机、电气设备及其零件”进口额为334.7亿美元，较2015年上升6.4%；“矿物燃料、矿物油及其蒸馏产品等”的进口额为174.6亿美元，下降最大，同比降幅达19.4%。见表2-26。

表2-26　2016年华南地区与“一带一路”沿线国家出口额、进口额前10位产品（亿美元）

序号	出口额前10位产品	出口	同比（%）	占比（%）	进口额前10位产品	进口	同比（%）	占比（%）
1	电机、电气设备及其零件等	501.9	3.1	27.8	电机、电气设备及其零件等	334.7	6.4	32.2
2	锅炉、机器、机械器具及零件	224.9	2.8	12.5	矿物燃料、矿物油及其蒸馏产品等	174.6	－19.4	16.8

续上表

序号	出口额前 10 位产品	出口	同比（%）	占比（%）	进口额前 10 位产品	进口	同比（%）	占比（%）
3	家具、寝具	101.6	−0.6	5.6	锅炉、机器、机械器具及零件	92.5	−4.0	8.9
4	针织或钩编的服装及衣着附件	75.3	−25.5	4.2	特殊交易品及未分类商品	89.3	62.3	8.6
5	非针织非钩编服装及衣着附件	73.9	−8.8	4.1	塑料及其制品	55.5	−10.9	5.3
6	光学、计量、检验、医疗用仪器及设备	64.4	5.5	3.6	珍珠、宝石、贵金属及其制品等	41.2	39.5	4.0
7	鞋靴等类似品及零件	59.4	−9.1	3.3	木及木制品、木炭	25.1	7.8	2.4
8	塑料及其制品	54.4	11.4	3.0	有机化学品	23.8	5.5	2.3
9	陶瓷产品	48.5	−13.6	2.7	光学、计量、检验、医疗用仪器及设备	18.2	28.4	1.8
10	车辆及其零附件	403	−12.4	2.2	矿砂、矿渣及矿灰	16.9	−6.5	1.6

(3)华北地区出口最多的是机电产品，进口最多的是能源产品

华北地区对“一带一路”沿线国家出口的主要产品为“电机、电气设备及其零件”（占比 17.0%）、钢铁（14.1%）和“锅炉、机器、机械器具及零件”（13.5%）。2016 年，出口额排名前 10 位产品中，“矿物燃料、矿物油及其蒸馏产品等”同比增长最快，增幅达 53.1%，“毛皮、人造毛皮及其制品”增加 21.5%；其他产品均出现不同程度下降，降幅最大产品为“船舶及浮动结构体”，同比下降 47.7%；其次为“光学、计量、检验、医疗用仪器及设备”，同比降幅为 21.9%；“电机、电气设备及其零件等”同比降幅为 17.2%。

华北地区自“一带一路”沿线国家进口的主要产品为“矿物燃料、矿物油及其蒸馏产品等”，2016 年进口额为 595.4 亿美元，较 2015 年下降 19.1%，占比为 66.6%，正好占到前 10 位进口产品的三分之二；其他产品进口额均小于 50 亿美元，占比均小于 5%。进口额排名前 10 位产品中，“车辆及其零附件”“铜及其制品”增长很快，增速分别达到 58.0%、55.9%，“木及木制品、木炭”增长 10.9%，其他产品均出现不同程度下降，其中“无机化学品”等下降 32.9%。见表 2-27。

表 2-27　2016 年华北地区与“一带一路”沿线国家出口额、进口额前 10 位产品（亿美元）

序号	出口额前 10 位产品	出口	同比（%）	占比（%）	进口额前 10 位产品	进口	同比（%）	占比（%）
1	电机、电气设备及其零件等	87.5	−17.2	17.0	矿物燃料、矿物油及其蒸馏产品等	595.4	−19.1	66.6

续上表

序号	出口额前10位产品	出口	同比（%）	占比（%）	进口额前10位产品	进口	同比（%）	占比（%）
2	钢铁	72.4	−9.7	14.1	电机、电气设备及其零件等	43.1	−6.8	4.8
3	锅炉、机器、机械器具及零件	69.5	−3.8	13.5	矿砂、矿渣及矿灰	31.7	−21.6	3.5
4	矿物燃料、矿物油及其蒸馏产品等	56.4	53.1	11.0	锅炉、机器、机械器具及零件	21.7	−1.2	2.4
5	钢铁制品	30.8	−4.9	6.0	车辆及其零附件	20.0	58.0	2.2
6	车辆及其零附件	21.0	−2.5	4.1	铜及其制品	19.1	55.9	2.1
7	毛皮、人造毛皮及其制品	16.3	21.5	3.2	木及木制品、木炭	18.7	10.9	2.1
8	有机化学品	15.5	−7.2	3.0	无机化学品等	16.2	−32.9	1.8
9	光学、计量、检验、医疗用仪器及设备	15.5	−21.9	3.0	动、植物油、脂及其分解产品等	15.0	−16.9	1.7
10	船舶及浮动结构体	11.5	−47.7	2.2	塑料及其制品	14.4	−1.5	1.6

（4）中部地区出口和进口最多的均为机电产品

中部地区对“一带一路”沿线国家主要出口产品是“电机、电气设备及其零件”（占比22.0%）和“锅炉、机器、机械器具及零件”（13.1%），其他产品占比均小于6%。2016年，“电机、电气设备及零件”的出口额为103.0亿美元，同比上升24.9%，也是同比增幅最大的产品；“锅炉、机器、机械器具及零件”的出口额为61.3亿美元，同比下降5.8%；其他产品的出口额均小于30亿美元。出口额排名前10位产品中，“家具、寝具”降幅最大，下降了37.4%。

中部地区自“一带一路”沿线国家主要进口产品为“电机、电气设备及其零件”（占比33.1%）、“矿砂、矿渣及矿灰”（17.9%），2016年进口额分别为37.0亿美元、20.0亿美元，其他产品均小于7亿美元。进口额排名前10位的产品中，“光学、计量、检验、医疗用仪器及设备”增幅最大，增长49.8%，“矿砂、矿渣及矿灰”增长23.8%；钢铁降幅最大，下降29.0%；橡胶及其制品下降18.9%。见表2-28。

表2-28　2016年中部地区与“一带一路”沿线国家出口额、进口额前10位产品（亿美元）

序号	出口额前10位产品	出口	同比（%）	占比（%）	进口额前10位产品	进口	同比（%）	占比（%）
1	电机、电气设备及其零件等	103.0	24.9	22.0	电机、电气设备及其零件等	37.0	−7.3	33.1

续上表

序号	出口额前10位产品	出口	同比(%)	占比(%)	进口额前10位产品	进口	同比(%)	占比(%)
2	锅炉、机器、机械器具及零件	61.3	−5.8	13.1	矿砂、矿渣及矿灰	20.0	23.8	17.9
3	车辆及其零附件	27.4	−1.8	5.8	锅炉、机器、机械器具及零件	6.4	7.8	5.8
4	钢铁制品	19.5	−4.8	4.2	矿物燃料、矿物油及其蒸馏产品等	4.6	15.7	4.1
5	钢铁	19.0	−7.7	4.1	钢铁	4.5	−29.0	4.0
6	有机化学品	17.7	3.5	3.8	光学、计量、检验、医疗用仪器及设备	4.2	49.8	3.7
7	家具、寝具	13.8	−37.4	3.0	塑料及其制品	3.8	−5.9	3.4
8	光学、计量、检验、医疗用仪器及设备	11.4	1.2	2.4	橡胶及其制品	3.6	−18.9	3.2
9	针织或钩编的服装及衣着附件	11.4	5.0	2.4	棉花	3.4	−9.8	3.1
10	塑料及其制品	11.4	−5.9	2.4	木浆及其他纤维状纤维素浆	2.5	6.6	2.3

(5)西南地区出口最多的是锅炉、机器,进口最多的是电机、电气设备

西南地区对“一带一路”沿线国家主要出口产品是“锅炉、机器、机械器具及零件”(占比22.5%)和“电机、电气设备及其零件”(17.1%),但较2015年均出现下降。“锅炉、机器、机械器具及零件”的出口额为64.3亿美元,同比下降17.3%;“电机、电气设备及其零件”的出口额为48.9亿美元,同比下降16.9%。出口额排名前10位产品中只有“食用水果及坚果等”出现微弱增长,增幅0.5%,其他产品均出现下降,部分产品降幅达到40%以上、甚至70%。

西南地区自“一带一路”沿线国家主要进口产品为“电机、电气设备及其零件”,2016年进口额为63.4亿美元,占比为36.7%,其次为“特殊交易品及未分类商品”“锅炉、机器、机械器具及零件”“矿物燃料、矿物油及其蒸馏产品等”,进口额分别为20.7亿美元、18.4亿美元、15.4亿美元;其他产品均小于15亿美元。进口额排名前10位产品中,“咖啡、茶、马黛茶及调味香料”增长了5倍,“橡胶及其制品”“有机化学品”增速超过一倍,“矿砂、矿渣及矿灰”增速达83.5%,多个进口产品都出现大幅度的增长,与出口产品普遍大幅度下降,形成了鲜明的对比。见表2-29。

表 2-29　2016 年西南地区与“一带一路”沿线国家出口额、进口额前 10 位产品(亿美元)

序号	出口额前 10 位产品	出口	同比	占比	进口额前 10 位产品	进口	同比	占比
1	锅炉、机器、机械器具及零件	64.3	−17.3	22.5	电机、电气设备机器零件等	63.4	11.9	36.7
2	电机、电气设备机器零件等	48.9	−16.9	17.1	特殊交易品及未分类商品	20.7	52.6	12.0
3	车辆及其零附件	17.2	−10.8	6.0	锅炉、机器、机械器具及零件	18.4	17.5	10.7
4	食用水果及坚果等	16.3	0.5	5.7	矿物燃料、矿物油及其蒸馏产品等	15.4	−7.9	9.0
5	肥料	14.4	−33.6	5.1	矿砂、矿渣及矿灰	12.7	83.5	7.4
6	家具、寝具	9.2	−70.1	3.2	橡胶及其制品	12.3	140.6	7.1
7	钢铁制品	8.5	−48.3	3.0	盐、硫磺、石料、水泥等	3.5	−29.6	2.0
8	无机化学品等	6.5	−9.2	2.3	有机化学品	3.3	136.5	1.9
9	鞋靴等类似品及零件	6.2	−45.2	2.2	咖啡、茶、马黛茶及调味香料	3.0	497.6	1.7
10	塑料及其制品	5.7	−50.7	2.0	木及木制品、木炭	2.7	−13.0	1.5

(6)东北地区主要出口产品有金属、能源、机械等,进口产品主要为能源产品

东北地区对“一带一路”沿线国家主要出口产品为钢铁、“矿物燃料、矿物油及其蒸馏产品等”“锅炉、机器、机械器具及零件”“铝及其制品”“船舶及浮动结构体等”,主要为金属、能源、机械、船舶类产品。出口额排名前 10 位产品中,“船舶及浮动结构体”同比增长 4.8%,“车辆及其零附件”微增 0.9%,其他产品均出现下降,多数产品降幅在 20%以上。

东北地区自“一带一路”沿线国家主要进口产品为“矿物燃料、矿物油及其蒸馏产品”,2016 年进口额为 130.1 亿美元,较 2015 年下降 21.0%,但仍然占据很大比重,占比为 57.8%;其次为“车辆及其零附件”“木及木制品、木炭”“电机、电气设备及其零件”“锅炉、机器、机械器具及零件”等,均小于 20 亿美元。进口额排名前 10 位产品中有增有减,其中“鱼、甲壳动物等水生无脊椎动物”增速最快,增幅达到 31.9%;“矿物燃料、矿物油及其蒸馏产品”下降最快,降幅达到 21.0%。见表 2-30。

表 2-30 2016 年东北地区与“一带一路”沿线国家出口额、进口额前 10 位产品(亿美元)

序号	出口额前 10 位产品	出口	同比(%)	占比(%)	进口额前 10 位产品	进口	同比(%)	占比(%)
1	钢铁	22.7	−12.0	12.7	矿物燃料、矿物油及其蒸馏产品等	130.1	−21.0	57.8
2	矿物燃料、矿物油及其蒸馏产品等	19.6	−34.7	11.0	车辆及其零附件	18.2	20.3	8.1
3	锅炉、机器、机械器具及零件	19.1	−31.9	10.7	木及木制品、木炭	13.3	21.9	5.9
4	铝及其制品	17.0	−29.5	9.6	电机、电气设备及其零件等	11.5	15.5	5.1
5	船舶及浮动结构体	15.0	4.8	8.5	锅炉、机器、机械器具及零件	9.9	9.4	4.4
6	电机、电气设备及其零件等	11.4	−20.5	6.4	鱼、甲壳动物等水生无脊椎动物	7.3	31.9	3.2
7	有机化学品	6.1	−0.7	3.4	有机化学品	5.1	−13.2	2.3
8	车辆及其零附件	5.4	0.9	3.0	光学、计量、检验、医疗用仪器及设备	3.4	18.1	1.5
9	针织或钩编的服装及衣着附件	4.6	−21.0	2.6	塑料及其制品	2.9	−12.5	1.3
10	钢铁制品	4.5	−35.6	2.5	食用水果及坚果等	2.8	−13.9	1.2

(7)西北地区主要出口产品为靴鞋、服装等,主要进口产品为矿产原料、能源和金属

西北地区对“一带一路”沿线国家主要出口产品为“鞋靴等类似品及零件”,2016 年出口额为 24.8 亿美元,占比为 12.8%;其次为“非针织非钩编服装及衣着附件”“针织或钩编的服装及衣着附件”“锅炉、机器、机械器具及零件”“电机、电气设备及其零件”,其他产品均小于 10 亿美元,占比均小于 4%。出口额排名前 10 位产品中,“非针织非钩编服装及衣着附件”上涨 47.7%,“皮革制品、手提包及类似容器等”上涨 20.2%,“塑料及其制品”上涨 1.0%,其他均出现不同程度的下降。

西北地区自“一带一路”沿线国家主要进口产品为“矿砂、矿渣及矿灰”,2016 年进口额 9.0 亿美元,较 2015 年上升 21.6%,占比为 26.8%;其次为“矿物燃料、矿物油及其蒸馏产品等”,进口额 5.2 亿美元,上升 10.7%,占比为 15.5%;其他产品均小于 3 亿美元。进口额排名前 10 位产品中,钢铁同比增长明显,增幅为 150.7%;其次为“光学、计量、检验、医疗用仪器及设备”,增幅为 46.1%;部分产品下降幅度较大,“电机、电气设备及其零件等”

下降59.2%，棉花下降49.4%，“锅炉、机器、机械器具及零件”下降38.7%。见表2-31。

表2-31 2016年西北地区与“一带一路”沿线国家出口额、进口额前10位产品(亿美元)

序号	出口额前10位产品	出口	同比(%)	占比(%)	进口额前1C位产品	进口	同比(%)	占比(%)
1	鞋靴等类似品及零件	24.8	−3.8	12.8	矿砂、矿渣及矿灰	9.0	21.6	26.8
2	非针织非钩编服装及衣着附件	21.7	47.7	11.2	矿物燃料、矿物油及其蒸馏产品等	5.2	10.7	15.5
3	针织或钩编的服装及衣着附件	20.6	−3.0	10.6	铜及其制品	2.3	−20.6	6.8
4	锅炉、机器、机械器具及零件	19.7	−4.0	10.2	钢铁	2.0	150.7	6.1
5	电机、电气设备及其零件等	15.6	−22.2	8.1	锅炉、机器、机械器具及零件	2.0	−38.7	5.9
6	塑料及其制品	7.5	1.0	3.9	电机、电气设备及其零件等	1.6	−59.2	4.8
7	车辆及其零附件	7.2	−19.7	3.7	光学、计量、检验、医疗用仪器及设备	1.2	46.1	3.6
8	钢铁制品	5.8	−17.2	3.0	木浆及其他纤维状纤维素浆	0.9	32.5	2.6
9	皮革制品、手提包及类似容器等	5.8	20.2	3.0	棉花	0.8	−49.4	2.3
10	其他纺织制成品等	5.4	−13.3	2.8	锌及其制品	0.8	8.2	2.3

4. 贸易方式

(1)从出口看，一般贸易方式为主体，其次是加工贸易

从中国对“一带一路”沿线国家出口的贸易方式来看，一般贸易方式出口额占比达到63.5%，其次为加工贸易，占比20.1%，第三为其他方式，占比8.2%。除西北地区边境小额贸易方式出口额占比最高外，一般贸易方式在各区域的占比均为最高；在华北、东北、华东、华南、中部、西南地区的出口中，加工贸易方式出口额占比也较高。

(2)从进口看，一般贸易方式为主体，其次是加工贸易和海关特殊监管区域方式

从中国自“一带一路”沿线国家进口的贸易方式来看，一般贸易方式进口额占比为55.7%，其次为加工贸易，占比21.2%，第三为海关特殊监管区域，占比18.1%。除西南地区一般贸易占比为28.1%之外，一般贸易方式

在其他地区的比重均超过45%。西南地区的海关特殊监管区域方式进口额比重最高，华东地区这种进口方式的比重也比较高。

第二节 中欧班列适箱货源总体需求分析

一、东南沿海主要省市与俄蒙、中东欧、北欧、中西亚地区贸易量分析

1. 东南沿海主要省市(苏浙沪闽粤)与俄罗斯的经贸情况

东南沿海苏浙沪闽粤五省市是我国对俄罗斯进出口贸易的主要地区。2014、2015年，东南沿海五省市对俄罗斯进出口贸易额是316.58亿美元、264.36亿美元，分别占比35.8%、38.8%。

2015年苏浙沪闽粤五省市与俄罗斯的进出口总额为264.36亿美元，同比下降16.5%，其中进口总额为101.45亿美元，同比上升91.4%。整体来看，近年来东南沿海地区与俄罗斯进出口贸易额稳中有升，双方进出口贸易额概况如图2-7所示。

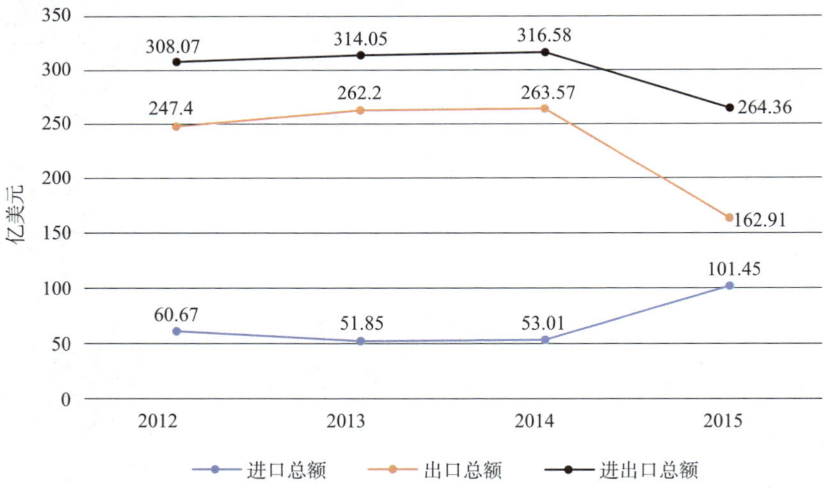

图2-7 2012—2015年中国东南五省市对俄罗斯的进出口贸易状况

2012—2015年中国东南地区省市与俄罗斯贸易往来的货类有小家电、轻工产品、机电产品、汽车零配件、冷藏品等。2012—2014年汽车零配件的双边贸易量呈下降趋势，而机电产品、冷藏品的双边贸易量均呈上升趋势。受世界经济形势的影响，2015年汽车零部件、机电产品、冷藏货物的双边贸易额分别为5.6亿美元、25.8亿美元、2.77亿美元，同比下降51.7%、

34.5%、12.6%，具体情况见表 2-32。

表 2-32　2012—2015 年中国东南五省市与俄罗斯之间三类货物贸易状况(亿美元)

年　份	中国东南五省市—俄罗斯		
	汽车零部件	机电产品	冷藏货物
2012	14.5	20.1	2.94
2013	13.4	28.8	3.02
2014	11.6	39.4	3.17
2015	5.6	25.8	2.77

2. 东南沿海主要省市与中东欧、北欧主要国家经济贸易发展状况

近年来港口辐射的东南沿海地区与中东欧、北欧的进出口贸易波动起伏。受世界经济形势影响，2015 年苏浙沪闽粤五省市与中东欧、北欧的进出口总额为 1767.12 亿美元，同比下降 6.1%。双方进出口贸易额概况如图 2-8所示。

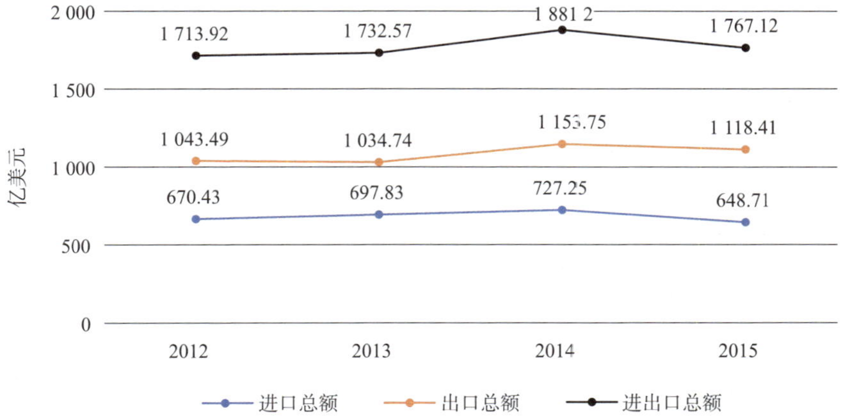

图 2-8　2012—2015 年中国东南五省市对中东欧、北欧的进出口贸易状况

2012—2015 年中国东南五省市与俄罗斯贸易往来的货类有机电产品、汽车零配件、医药品、冷藏品等。2012—2014 年汽车零配件的双边贸易量呈下降趋势，而机电产品、冷藏品的双边贸易量均呈上升趋势。受世界经济形势的影响，2015 年汽车零部件、机电产品、冷藏货物的双边贸易额分别为 188.5 亿美元、274.9 亿美元、21.4 亿美元，同比下降 25.9%、1.3%、9.7%，具体情况见表 2-33。

表 2-33　2012—2015 年中国东南五省市与中东欧、北欧之间三类货物贸易状况(亿美元)

年　份	中国东南五省市—中东欧、北欧		
	汽车零部件	机 电 产 品	冷 藏 货 物
2012	207.4	241.3	20.0
2013	202.9	257.6	23.8
2014	254.5	278.6	23.7
2015	188.5	274.9	21.4

3. 东南沿海主要省市与中西亚国家贸易发展情况

近几年来东南沿海地区与沙特、阿联酋等中西亚主要国家之间的经贸合作发展迅速,双方贸易总额实现连续三年的高速增长。受世界经济形势影响,2015 年双方贸易额为 381.22 亿美元,同比下降 3.1%,其中中国出口 315.34 亿美元,同比增长 6.4%,进口 65.88 亿美元,同比下降 32%。2012—2015 年中国东南地区省市与中西亚主要国家之间的进出口贸易额概况如图 2-9 所示。

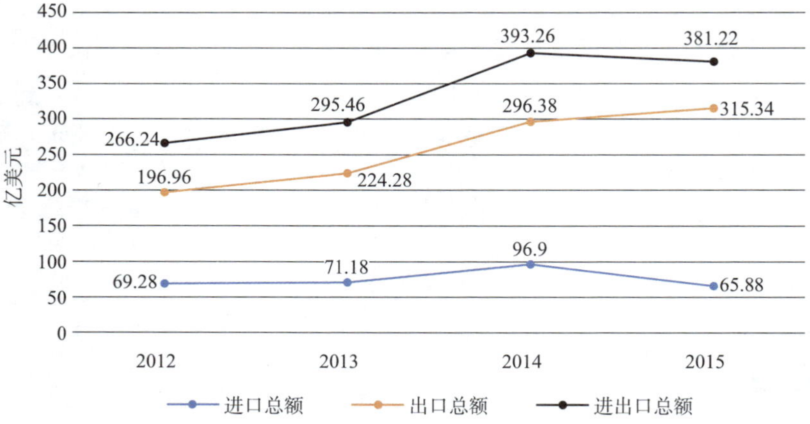

图 2-9　2012—2015 年中国东南五省市对中西亚主要国家的进出口贸易状况

2012—2015 年苏浙沪闽粤五省市与中西亚国家贸易往来的货物主要有汽车零部件、机械机电产品、生鲜瓜果、珠宝、化工品、铝制品、塑料品、动植物油等。其中汽车零部件、机械机电产品、冷藏货物的双边贸易状况不同,贸易趋势波动较大。2015 年汽车零部件、机电产品、冷藏货物的双边贸易额分别下降至 20.5 亿美元、96.47 亿美元、5.08 亿美元,同比下降 2%、0.8%、4%,具体情况见表 2-34。

表 2-34　2012—2015 年中国东南五省市与中西亚之间三类货品的贸易状况(亿美元)

年　份	中国东南五省市—中西亚		
	汽车零部件	机电产品	冷藏货物
2012	14.4	72.94	5.3
2013	15.6	77.45	6.68
2014	20.9	97.25	5.29
2015	20.5	96.47	5.08

随着“一带一路”建设和欧亚经济联盟建设相对接,中俄发展契合点将不断增加,中欧经贸关系将继续深化,中国与中西亚在经济上的互补性将充分发挥,进一步加深中国东南地区省市与俄罗斯、中西亚、欧洲之间的双边经贸合作水平,加大双方货物进出口贸易量。

二、日韩与俄罗斯、中东欧、北欧、中西亚地区的贸易量分析

1. 日韩与俄罗斯的贸易发展状况

近年来日韩与俄罗斯之间贸易额整体水平呈现上升趋势,进出口总额由 2012 年的 562.4 亿美元增长至 2014 年的 602.4 亿美元,2015 年度受国际经济形势影响,进出口总额下降至 409 亿美元,同比下降 32%,具体情况如图 2-10 所示。

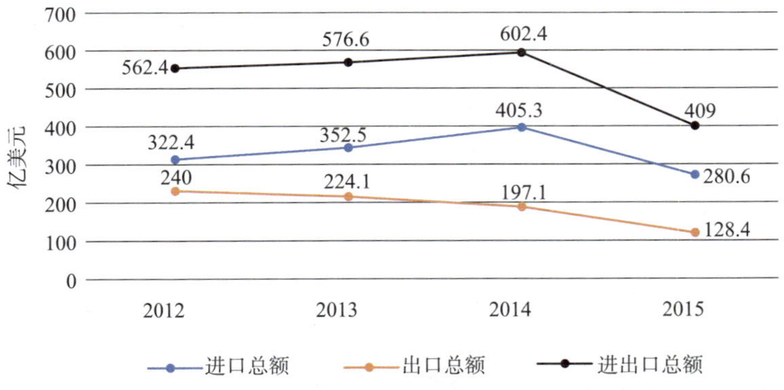

图 2-10　2012—2015 年日韩对俄罗斯进出口贸易状况

日韩两国对俄罗斯的出口货类主要为汽车零配件、机械产品及电器机械设备等,过去 10 年内,日本对俄罗斯的汽车零配件出口贸易额达 653.5 亿美元。日韩从俄罗斯的进口货类主要为矿物燃料、铝及其制品及木制品等,其中,过去 10 年日、韩两国从俄罗斯进口矿物燃料贸易额达 1 054.8 亿美元、443.6 亿美元,双方贸易的具体情况见表 2-35。

表 2-35　近十年日韩与俄罗斯进出口贸易主要货类及贸易额(亿美元)

国家	排序	货　　类	出口贸易额	货　　类	进口贸易额
日本	1	汽车零配件	653.5	矿物燃料	1 054.8
	2	机械产品	122.1	铝及其制品	131.9
	3	电器机械设备	38.4	鱼类产品	118.6
	4	橡胶及其制品	35.2	木及木制品	70.0
	5	钢铁制品	18.6	珍珠、宝石、贵金属	54.2
韩国	1	汽车零配件	31.8	矿物燃料	443.6
	2	机械产品	8.5	钢铁	92.8
	3	电器机械设备	8.3	铝及其制品	60.3
	4	塑料及其制品	6.0	鱼类产品	42.5
	5	船舶	3.1	贵金属化合物	19.1

2012—2015 年日韩两国出口俄罗斯的汽车零配件、机电产品与冷藏品的运量总体均呈下降趋势，2015 年汽车、机电产品以及冷藏货物的贸易量分别为 27.9 万 t、16.3 万 t 及 5.5 万 t，同比下降 54.1%、49.8%、17.9%，具体情况见表 2-36。

表 2-36　2012—2015 年日韩与俄罗斯之间三类货品的贸易状况

年　份	汽车零配件		机 电 产 品		冷 藏 货 物	
	贸易额(亿美元)	贸易量(万 t)	贸易额(亿美元)	贸易量(万 t)	贸易额(亿美元)	贸易量(万 t)
2012	104.9	89.8	122.1	45.6	23.1	7.6
2013	90.1	71.4	170.1	67.4	19.6	6.9
2014	71.2	60.8	86.7	32.5	19.4	6.7
2015	36.8	27.9	45	16.3	17.9	5.5

2. 日韩与中东欧、北欧主要国家经济贸易发展状况

日韩与中东欧、北欧主要贸易的国家有德国、法国、波兰、丹麦等国，2012—2015 年日韩在中东欧、北欧国家中的进出口总额分布概况如图 2-11 所示。

2012—2015 年日韩与中东欧、北欧国家中德国、法国、波兰、丹麦四国的进出口贸易总额稳中有升。2015 年日韩对上述四国的进出口总额为 1 153.23 亿美元，同比增长 2.6%。日韩与中东欧、北欧主要经济国家之间的进出口贸易额概况如图 2-12 所示。

日韩两国对中东欧、北欧主要国家的出口货类主要为机械产品、电器机

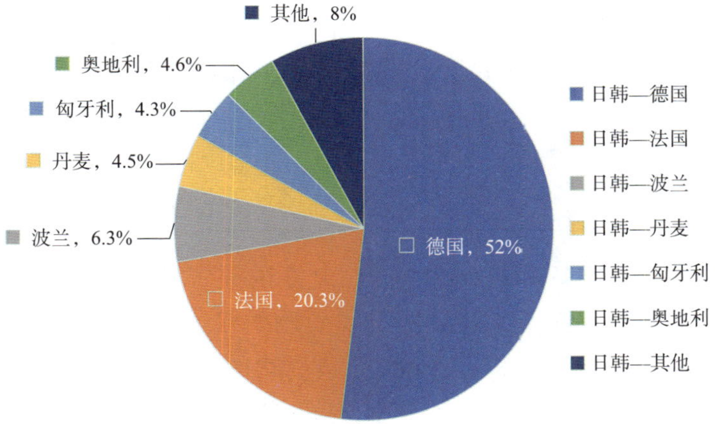

图 2-11　日韩与中东欧、北欧主要国家的贸易分布状况

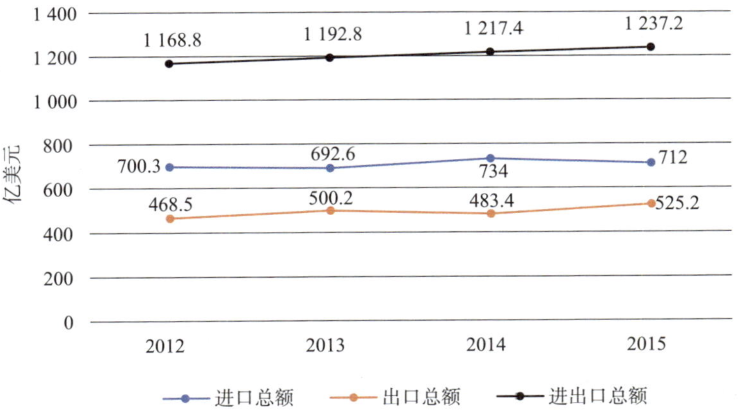

图 2-12　2012—2015 年日韩与中东欧、北欧主要国家之间的进出口状况

械设备、化工产品、食品烟草等。其中 2015 年日韩两国与中东欧、北欧主要国家的汽车零配件双边贸易额达 186.05 亿美元。日韩两国从中东欧、北欧的进口货类主要为机械和运输设备品及化工产品等，具体情况见表 2-37。

表 2-37　2012—2015 年日韩与中东欧、北欧主要国家进出口额及主要货类（亿美元）

国家	主 要 货 类	2012 年		2013 年		2014 年		2015 年	
		进口额	出口额	进口额	出口额	进口额	出口额	进口额	出口额
日韩	食品	11.38	53.7	11.2	0.6	10.8	0.5	9.2	0.35
	饮料和烟草	21.8	13.0	18.4	0.14	16.5	0.19	18.3	0.3
	化学成品及有关产品	125.9	23.1	110.1	22.7	104.5	22.6	98.5	18.2
	按原料分类的制成品	21.8	19.6	18.8	17.5	21.3	14.2	20.1	12.7

续上表

国家	主 要 货 类	2012 年		2013 年		2014 年		2015 年	
		进口额	出口额	进口额	出口额	进口额	出口额	进口额	出口额
日韩	机械和运输设备	149.0	184.6	156.6	168.5	162.2	166.2	158.3	162.6
	杂项制品	46.3	41.3	43.238	37.1	50.9	37.6	53.5	41.2
总　计		376.2	335.3	358.3	246.5	366.2	241.3	357.9	235.4

2012—2015 年日韩两国与中东欧、北欧国家贸易往来的主要货物有汽车零配件、机电产品及冷藏货物，且三类货物的双边贸易量总体均呈上升趋势。2015 年汽车零部件、机电产品、冷藏货物的双边贸易额已分别上升至 186.05 亿美元、457.6 亿美元、22.2 亿美元，贸易量分别上升至 131.61 万 t、310 万 t、7.5 万 t。其中汽车零部件与德国的双边贸易额多达 164.1 亿美元，贸易量多达 114.4 万 t，具体情况见表 2-38。

表 2-38　2012—2015 年日韩与中东欧、北欧主要国家三类货品的贸易状况

年　份	汽车零配件		机 电 产 品		冷 藏 货 物	
	贸易额（亿美元）	贸易量（万 t）	贸易额（亿美元）	贸易量（万 t）	贸易额（亿美元）	贸易量（万 t）
2012	141.24	112.42	290.1	254.2	20.9	7.2
2013	146.34	116.71	361.6	290.2	18.45	6.8
2014	157.00	120.49	387.8	278	20.6	7.1
2015	186.05	131.61	457.6	310	22.2	7.5

3. 日韩与中西亚主要国家经济贸易发展状况

日韩与中西亚主要贸易的国家有伊朗、沙特阿拉伯、阿拉伯联合酋长国、土耳其、哈萨克斯坦等国，2012—2015 年日韩在中西亚国家中的进出口总额分布概况如图 2-13 所示。

近几年来日韩与伊朗、沙特阿拉伯、土耳其三国的进出口总额总体呈下降趋势，但出口总额总体保持平稳。2015 年日韩对上述三国的出口总额为 471.7 亿美元，同比下降 0.5%。2012—2015 年日韩与中西亚主要经济国家之间的进出口贸易额概况如图 2-14 所示。

2012—2015 年日韩两国对中西亚主要国家出口的三类主要货物情况不一。其中汽车零配件的出口量总体呈平稳状态，2015 年的出口额为 111.6 亿美元，出口量为 92.2 万 t，分别同比降低 3.3%、4.2%；机电产品的出口量呈下降趋势，2015 年的出口额为 249.2 亿美元，出口量为 38.8 万 t，分别同比降低 9.7%、15.7%；冷藏货物运输量呈平稳上升趋势，2015 年的出口额

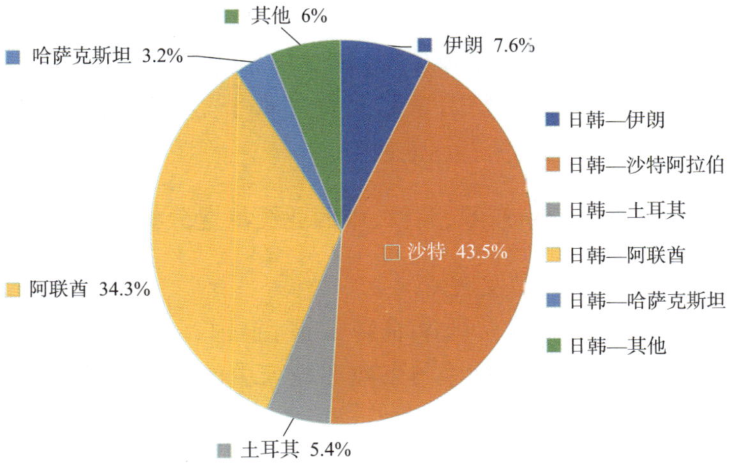

图 2-13　2012—2015 年日韩在中西亚国家的贸易分布状况

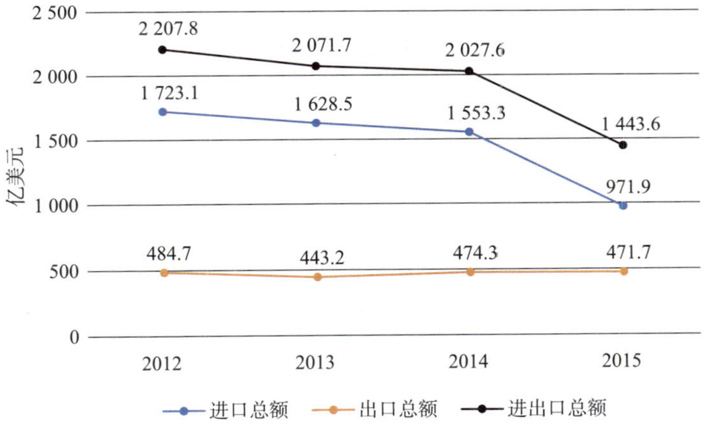

图 2-14　2012—2015 年日韩与中西亚主要国家的进出口贸易状况

为 6.24 亿美元，出口量为 2.06 万 t，分别同比增长 20.5%、27.2%。日韩对中西亚国家出口的具体情况见表 2-39。

表 2-39　2012—2015 年日韩对中西亚主要国家出口三类货物状况

年　份	汽车零部件		机 电 产 品		冷 藏 货 物	
	贸易额（亿美元）	贸易量（万 t）	贸易额（亿美元）	贸易量（万 t）	贸易额（亿美元）	贸易量（万 t）
2012	113.6	95.6	381.2	78.4	4.5	1.5
2013	109.2	90.4	303.6	66	4.14	1.38
2014	115.4	96.2	276	46	5.18	1.62
2015	111.6	92.2	249.2	38.8	6.24	2.06

随着未来中西亚国家不断调整产业结构，优化产业布局，以及俄罗斯不断加大远东经济开发，预计未来日韩与中西亚国家之间的经贸关系将进一步发展，与中东欧、北欧主要国家之间贸易水平呈继续稳中有升趋势，与俄罗斯之间的进出口贸易额将逐渐回升。

三、东南亚与俄蒙、中东欧、北欧、中西亚贸易量分析

1. 东南亚与俄蒙贸易发展情况

俄蒙与东南亚主要贸易国家有新加坡、泰国、印尼、越南、马来西亚、菲律宾等国，2012—2015 年俄蒙与东南亚国家中的进出口总额分布概况如图 2-15 所示。

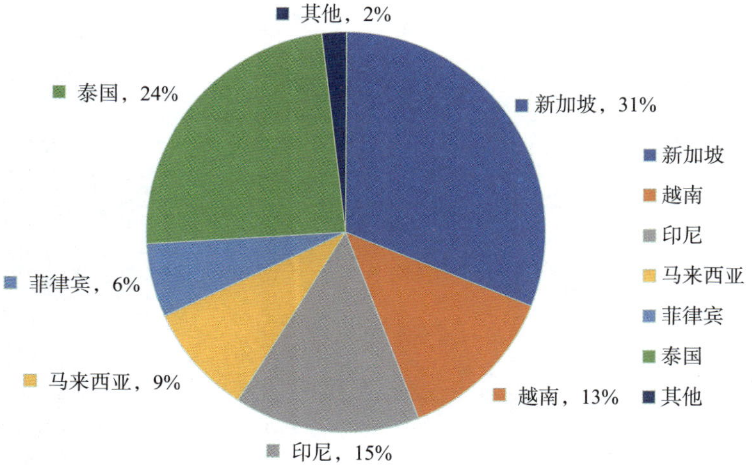

图 2-15　2012—2015 年俄蒙与东南亚主要国家的贸易分布状况

近年来，东南亚国家与俄蒙之间的贸易往来频繁，连续三年的增长率保持在 10%以上，至 2014 年进出口总额达到 225 亿美元，2015 年受国际经济形势的影响，进出口总额下降至 97 亿美元，同比下降 57%，具体情况如图 2-16 所示。

2012—2015 年东南亚国家对俄蒙贸易往来的货物主要有汽车零配件、机电产品及冷藏货物，且三类货物的双边贸易量均呈下降趋势，至 2015 年汽车零部件、机电产品、冷藏货物的双边贸易额分别为 1.7 亿美元、3.5 亿美元、0.02 亿美元，同比下降 47%、36%、50%，具体情况见表 2-40。

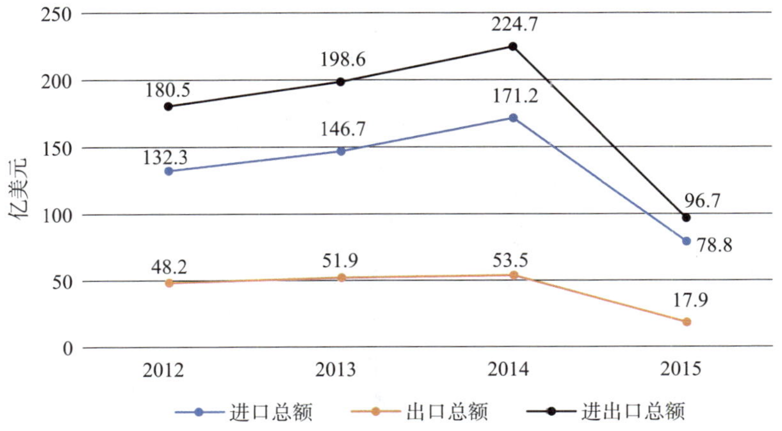

图 2-16　2012—2015 年东南亚与俄蒙之间的进出口贸易状况

表 2-40　2012—2015 年东南亚与俄蒙之间三类货物贸易状况（亿美元）

年　　份	东南亚—俄蒙		
	汽车零部件	机 电 产 品	冷 藏 货 物
2012	4.5	6.7	0.02
2013	3.7	6.1	0.03
2014	3.2	5.5	0.04
2015	1.7	3.5	0.02

2. 东南亚与中东欧、北欧国家贸易发展情况

东南亚与中东欧、北欧主要贸易的国家有德国、瑞士、波兰、匈牙利、瑞典等国，2012—2015 年东南亚国家在中东欧、北欧国家中的进出口总额分布概况如图 2-17 所示。

近几年来东南亚与中东欧、北欧中德国、瑞士、波兰、匈牙利、瑞典五国之间的进出口贸易总额呈下降趋势，至 2015 年东南亚对上述五国的进出口总额为 741.2 亿美元，同比下降 7.4%。东南亚与中东欧、北欧主要经济国家之间的进出口贸易额概况如图 2-18 所示。

东南亚与中东欧、北欧主要国家贸易往来的货物主要为机械产品、橡胶、电器机械设备、化工产品、食品烟草、冷藏品等。其中汽车零部件、机械机电产品、生鲜瓜果冷藏品的双边贸易发展趋势波动较大，2012—2014 年双边贸易量均呈连续上升趋势，2015 年受世界经济形势的影响开始下降。2015 年汽车零部件、机电产品、冷藏货物的双边贸易额分别下降至 29.4 亿

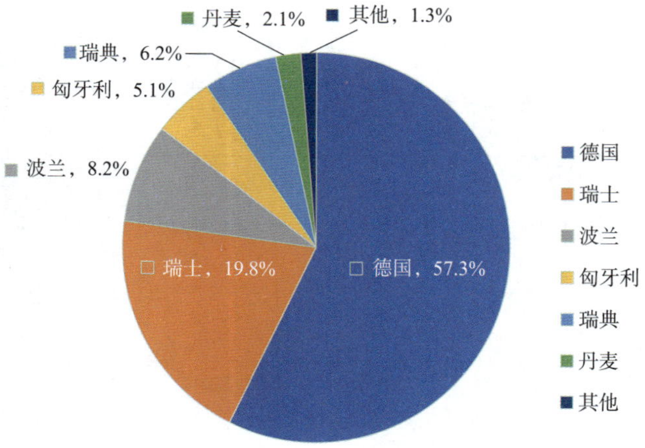

图 2-17　2012—2015 年东南亚在中东欧、北欧主要国家的贸易分布状况

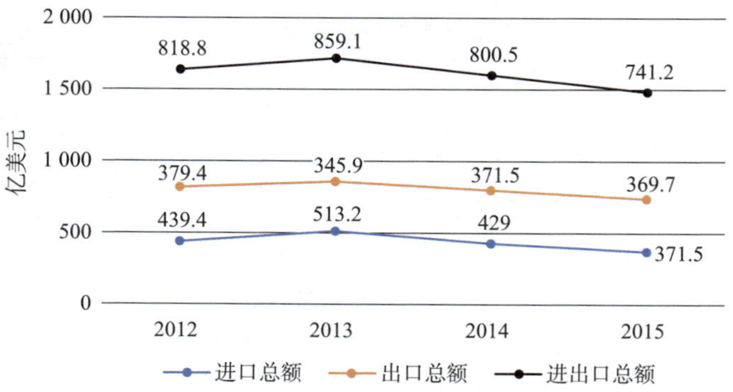

图 2-18　2012—2015 年东南亚对中东欧、北欧主要国家的进出口贸易状况

美元、149.6 亿美元、16.9 亿美元，同比下降 11.4%、8.1%、20.3%，具体情况见表 2-41。

表 2-41　2012—2015 年东南亚与中东欧、北欧之间三类货品的贸易状况(亿美元)

年　份	东南亚—中东欧		
	汽车零部件	机 电 产 品	冷 藏 货 物
2012	30.9	149.9	20.1
2013	33.5	150.4	20.7
2014	33.2	162.8	21.2
2015	29.4	149.6	16.9

3. 东南亚与中西亚国家贸易发展情况

东南亚国家与中西亚地区主要贸易往来的国家有阿拉伯联合酋长国、

伊朗、沙特阿拉伯、土耳其等国，2012—2015 年东南亚国家在中西亚国家中的进出口总额分布概况如图 2-19 所示。

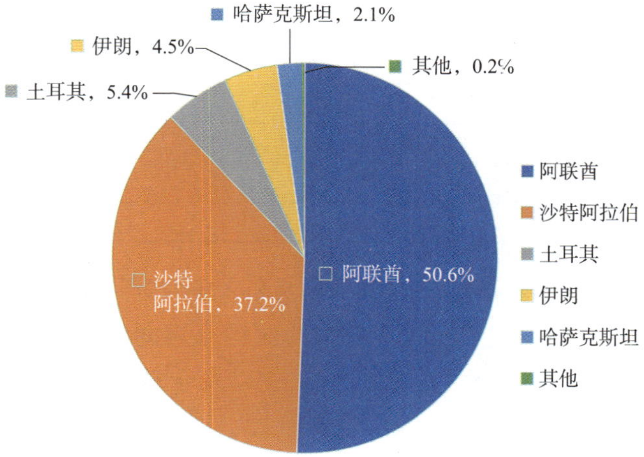

图 2-19　2012—2015 年东南亚在中西亚国家的贸易分布状况

近几年来东南亚与中西亚主要国家之间的进出口贸易额稳中有升，贸易往来频繁，双方贸易总额实现连续三年的增长。受世界经济形势影响，2015 年双方进出口贸易总额下降至 310.3 亿美元，同比下降 8%。2012—2015 年东南亚与中西亚主要国家之间的进出口贸易额状况具体如图 2-20 所示。

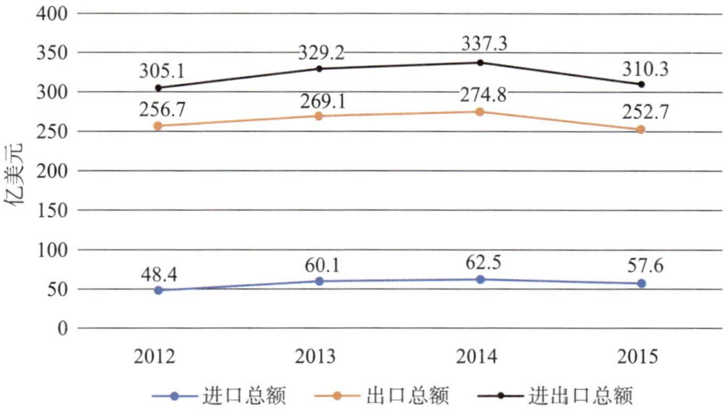

图 2-20　2012—2015 年东南亚对中西亚主要国家的进出口贸易状况

2012—2015 年东南亚与中西亚国家贸易往来的货物主要有汽车零部件、机械机电产品、生鲜瓜果、珠宝、化工品、铝制品、塑料品、动植物油等。其中汽车零部件、机械机电产品、冷藏货物的双边贸易状况不同，贸易趋势波动较大。2015 年汽车零部件、机电产品的双边贸易额分别下降至 27.3 亿美元、41.7 亿美元，同比下降 31.2%、27.0%，冷藏货物的双边贸易额上升至 0.5 亿美元，同比上升 25%，具体情况见表 2-42。

表 2-42　2012—2015 年东南亚与中西亚之间三类货品的贸易状况（亿美元）

年　份	东南亚—中西亚		
	汽车零部件	机电产品	冷藏货物
2012	11.5	15.6	0.2
2013	37.3	43.5	0.3
2014	39.7	57.1	0.4
2015	27.3	41.7	0.5

东南亚主要国家与俄蒙之间贸易趋势波动较大，与中东欧、北欧主要国家之间的整体贸易发展趋势良好，与中西亚国家之间的经贸趋势不断上升。随着俄蒙与亚太地区的经贸关系不断发展以及全球经济重心转移到亚洲，预计未来东南亚主要国家与俄蒙、中东欧、北欧主要国家、中西亚国家的贸易往来将更加频繁，各类货物的进出口贸易需求潜力巨大。

四、美西等环太平洋沿岸地区与俄蒙、中西亚、欧洲的贸易量分析

1. 美西等环太平洋沿岸主要国家与俄罗斯贸易发展状况

近年来，美西等环太平洋沿岸主要国家与俄罗斯之间的整体贸易呈下降趋势，进出口总额由 2012 年的 505.65 亿美元下降至 2014 年的 479.21 亿美元。2015 年度受国际经济形势影响，进出口总额下降至 335.22 亿美元，同比下降 30%，具体情况如图 2-21 所示。

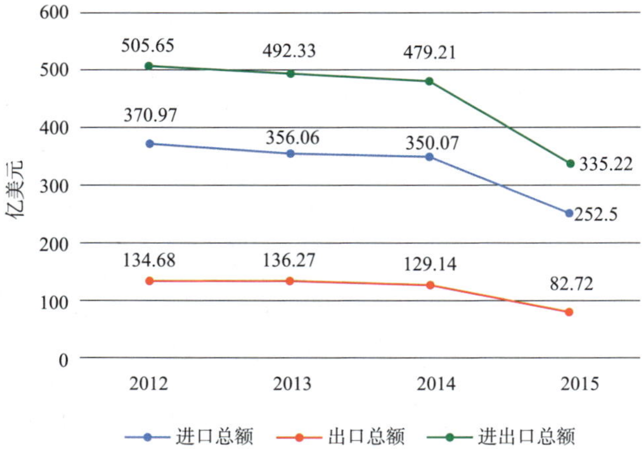

图2-21　美西等环太平洋沿岸国家对俄罗斯进出口贸易状况

美西等环太平洋沿岸主要国家对俄罗斯的三大主要贸易货类为汽车零配件、机电产品和冷藏货物。2014 年贸易额分别为 23.62 亿美元、9.85 亿

美元、10.47亿美元。进口方面，冷藏货物贸易量相对较大，2015年为3.69亿美元，同比增长2%。具体情况见表2-43。

表2-43　美西等环太平洋沿岸国家与俄罗斯之间三类货物贸易情况（亿美元）

年　份	汽车零部件		机电产品		冷藏货物	
	出口贸易额	进口贸易额	出口贸易额	进口贸易额	出口贸易额	进口贸易额
2012	19.25	0.06	9.90	1.10	23.39	2.69
2013	23.69	0.155	9.05	0.80	13.88	4.11
2014	23.62	0.103	9.58	0.89	10.47	3.62
2015	7.33	0.065	7.49	0.88	1.52	3.69

2. 美西等环太平洋沿岸与中西亚主要国家贸易发展状况

2012—2015年，美西等环太平洋沿岸国家与中西亚地区经贸往来密切的国家主要有哈萨克斯坦、伊朗、阿拉伯联合酋长国、沙特阿拉伯和土耳其五国。

近年来，美西等环太平洋沿岸主要国家和中西亚主要国家双边贸易发展良好。出口方面，贸易额总体呈下降趋势，2015年出口总额为566.79亿美元，同比下降42%；进口方面，贸易额总体稳中有升，2015年出口总额为654.85亿美元，同比下降4.7%。具体情况如图2-22所示。

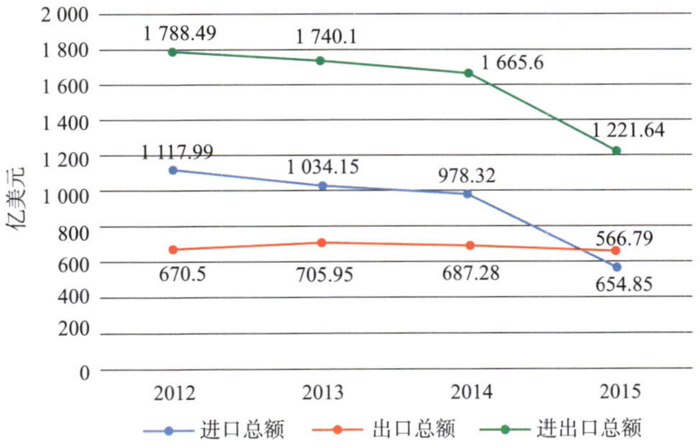

图2-22　美西等环太平洋沿岸国家对中西亚地区进出口状况

2012—2015年，美西等环太平洋沿岸主要国家与中西亚主要国家出口贸易额总体呈相对平稳态势。其中，对阿拉伯联合酋长国、沙特阿拉伯和土耳其的出口贸易需求相对旺盛，2015年贸易额分别为306.43亿美元、224.11亿美元和112.13亿美元。具体情况如图2-23所示。

2012—2015年，由于国际形势影响，进口贸易额总体呈下降态势。其中，与沙特阿拉伯、阿拉伯联合酋长国和土耳其贸易额仍较大。2015年，与

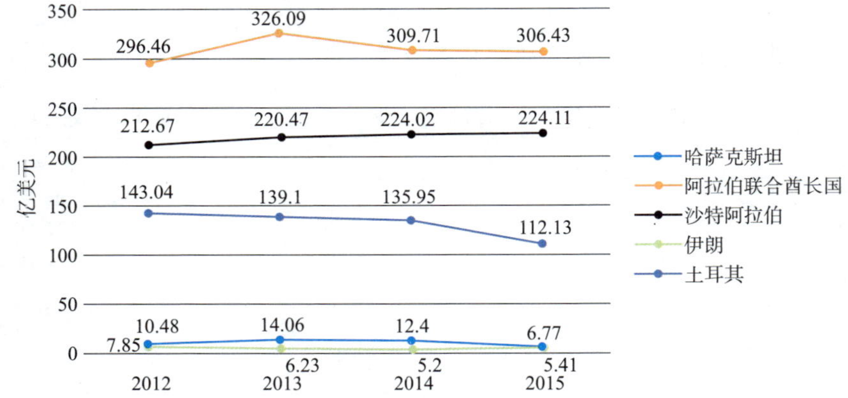

图 2-23　美西等环太平洋沿岸国家对中西亚主要国家出口贸易趋势图

沙特阿拉伯、阿拉伯联合酋长国进口贸易额分别为 332.83 亿美元、113.47 亿美元，同比下降 49.9%、41.2%。具体情况如图 2-24 所示。

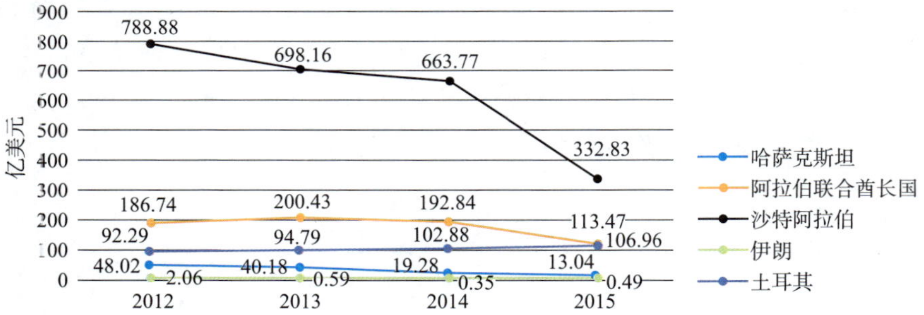

图 2-24　美西等环太平洋沿岸国家与中西亚主要国家进口贸易趋势图

近年来，就汽车零配件、机电产品和冷藏货物三类主要贸易货物，美西等环太平洋沿岸主要国家对中西亚主要国家的出口贸易量较大，2015 年出口贸易额分别为 92 亿美元、66.32 亿美元和 34.84 亿美元。进口方面，三类货物的贸易额相对平稳，分别为 11.5 亿美元、4.32 亿美元和 6.83 亿美元，同比增长 57.5%、14.9%和 7.1%。具体情况见表 2-44。

表 2-44　美西等环太平洋沿岸国家与中西亚国家三类货物贸易情况(亿美元)

年　份	汽车零部件		机 电 产 品		冷 藏 货 物	
	出口	进口	出口	进口	出口	进口
2012	107.8	11.73	53.72	2.92	32.56	5.41
2013	105.45	10.44	66.47	3.87	34.43	6.51
2014	96.44	7.30	66.67	3.76	40.07	6.38
2015	92	11.50	66.32	4.32	34.84	6.83

3. 美西等环太平洋沿岸国家与欧洲主要国家贸易发展状况

2012—2015 年美西等环太平洋沿岸国家与欧洲地区之间的进出口贸易需求旺盛，总体呈平稳状态，2015 年双边进出口贸易总额为 5 350 亿美元，同比下降 0.7%，但相比 2012 年增长 0.4%，具体情况如图 2-25 所示。

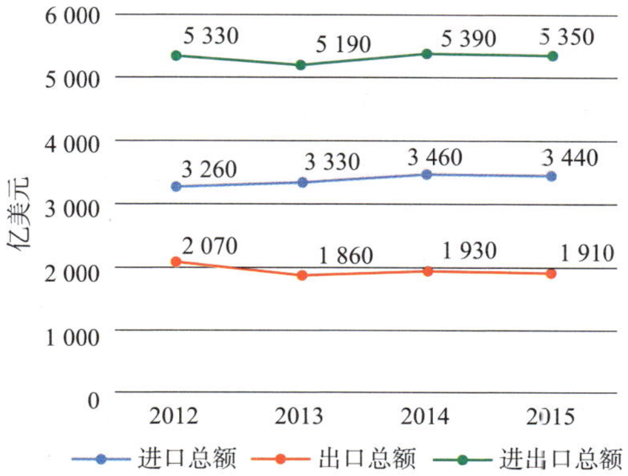

图 2-25　美西等环太平洋沿岸国家对欧洲地区进出口贸易状况

2012—2015 年，美西等环太平洋沿岸国家与欧洲地区经贸往来密切的国家主要有英国、法国、德国、瑞典、波兰五国。

近年来，美西等环太平洋沿岸国家与上述五国的进口贸易额总体稳中有升。其中，进口额最多的三个国家分别是德国、英国、法国。2015 进口贸易额分别为 1 649.7 亿美元、747.6 亿美元、660.1 亿美元，同比增长 0.18%、1.8%、0.02%，具体情况如图 2-26 所示。

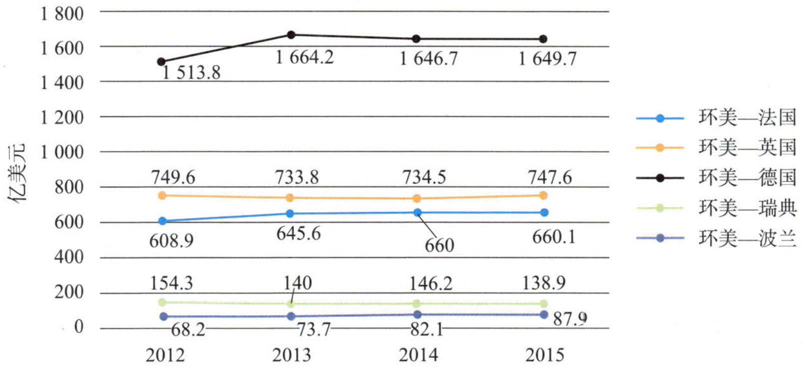

图 2-26　美西等环太平洋沿岸国家与欧洲主要国家的进口贸易趋势图

2012—2015 年，美西等环太平洋沿岸国家对欧洲主要国家出口贸易情况不一，其中，对英国、德国的出口需求稳中有升，2015 年出口总额分别为 835.6 亿美元、679.4 亿美元；对法国、波兰、瑞典的出口呈平稳略微下降态势，2015 年出口总额依次为 438.8 亿美元、51.3 亿美元、49.8 亿美元，同比下降 3%、5%，增长 8%。具体状况如图 2-27 所示。

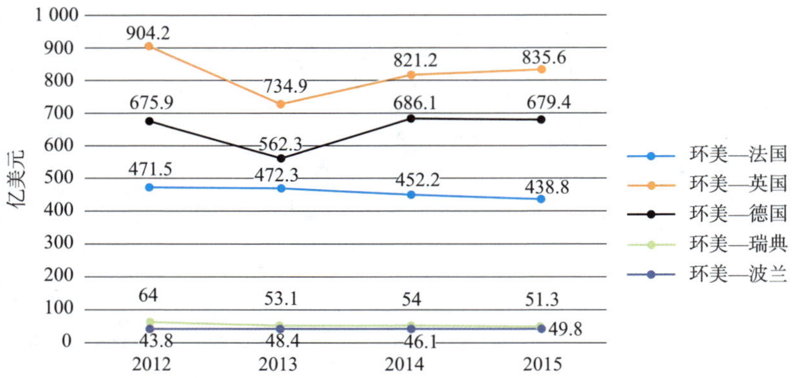

图 2-27　美西等环太平洋沿岸国家与欧洲主要国家的出口贸易趋势图

2012—2015 年美西等环太平洋沿岸主要国家与欧洲国家之间的三类主要贸易产品：汽车零配件、机电产品与冷藏品的运量总体均呈上升态势。2015 年汽车零部件的进出口额分别为 558.5 亿美元、144.2 亿美元，同比增长 3%、9%；机电产品的进出口额分别为 267 亿美元、187.6 亿美元，同比增长 0.5%、3%；冷藏货物的进出口额分别为 25.6 亿美元、47.1 亿美元，同比增长 1.2%、0.8%，具体情况见表 2-45。

表 2-45　2012—2015 年环美与中东欧、北欧主要国家三类货品的贸易状况表（亿美元）

年　份	汽　　车		机 电 产 品		生　　鲜	
	进口贸易额	出口贸易额	进口贸易额	出口贸易额	进口贸易额	出口贸易额
2012	614.8	147.9	253.2	185.9	20.9	42.8
2013	524.6	124.8	251.7	181.1	22.5	45.7
2014	542.8	132.2	265.8	181.9	25.3	48.7
2015	558.5	144.2	267	187.6	25.6	49.1

受世界经济与地区局势影响，未来几年预计美西等环太平洋沿岸主要国家与俄罗斯之间的贸易仍趋于下降，与中西亚主要国家双边贸易需求保持旺盛，与欧洲国家的贸易日趋频繁，双方进出口需求增长潜力巨大。

第三节　案例——中国小龙虾驰援世界杯

中欧班列运送货物已由开行初期的手机、电脑等 IT 产品逐渐扩大到衣服鞋帽、汽车及配件、粮食、葡萄酒、咖啡豆、木材、化工品、机械设备、纸浆等品类，义乌至西班牙马德里的日用小商品形成了覆盖欧洲的集散地，随着电商邮包货源上班列，中欧班列货源品类将更加丰富。

2018 年 6 月，一列装载中国小龙虾、电子元器件、日用品、电子产品等的中欧班列，从中国铁路武汉局集团有限公司汉西车务段吴家山站安全开出，经京广线运行，由满洲里出境，途经叶卡捷琳堡，驶往俄罗斯莫斯科。列车中有一辆恒温冷藏车里装运着 20 余 t、10 万只熟食中国小龙虾，这是中欧班列（武汉—莫斯科）首次运输小龙虾前往欧洲。世界杯开赛后，球迷能在俄罗斯“吃着小龙虾看着球”。此次出国的 10 万只小龙虾全程冷链，搭载小龙虾出海的集装箱配备全程电力控温系统，整个系统可以让厢内温度控制在－25 ℃到 25 ℃之间，如图 2-28～图 2-30 所示。

除小龙虾自武汉搭上中欧班列“远征”俄罗斯为国争“鲜”外，中欧（厦门—莫斯科）直达班列也借着世界杯之际逐渐攀上货运高峰。

图 2-28　中国小龙虾驰援世界杯 1

图 2-29　中国小龙虾驰援世界杯 2

图 2-30　中国小龙虾驰援世界杯 3

第三章　中欧班列平台公司

各个城市的中欧班列发展表现出明显的差异性。比如，在全国率先开通“渝新欧”班列的重庆在国际合作方面独树一帜，它不仅在开通中欧班列的各个城市中组建了唯一的国际合资物流平台，也是在开通班列的各个城市中唯一实现了货物在始发地一次清关即可以直接运到欧洲，在中途不需要途经各国海关检查检验。成都的物流平台建设始于三家民营企业，继而在2016年4月由一家国有企业来运营，成都实现了在班列数量上的突飞猛进，在2016年迅速赶上重庆。义乌在全国各个开通中欧班列的城市中别具一格的是：始终由一家民营公司——天盟公司在主导“义新欧”班列的物流平台。天盟公司不仅把“义新欧”班列由西班牙延伸到英国和白俄罗斯，而且延伸到伊朗、阿富汗和伊拉克。郑州没有制造业的强有力支撑，发展中欧班列支柱是专心打造物流和商贸通道。同时，郑州的物流不仅仅限于铁路，它的空运和陆运系统同样强大，并与铁路物流系统互为一体。武汉虽然处于十分有利的地理位置，其发展中欧班列的思路却与众不同。有别于其他城市依靠政府补贴做大流量的做法，武汉的策略是侧重质量，努力扩大每一个集装箱单位的商品价值。同时，与其他城市侧重纵向整合以回报物流平台建设成本的做法不同，武汉强调物流平台的开放性，鼓励各种性质的企业在平台上竞争。

第一节　中欧班列(重庆)

一、概　　述

作为重庆市打造内陆开放高地的最重要战略之一，“渝新欧”国际铁路联运大通道于2011年3月正式开行，其时中欧班列(重庆)满载重庆制造的电子产品从重庆团结村站出发，国内段经过达州、安康、西安、兰州、乌鲁木齐和阿拉山口，国际段经过哈萨克斯坦、俄罗斯、白俄罗斯、波兰，最后到达目的地德国杜伊斯堡，全程11 179 km，耗时16天，实现了“渝新欧”国际铁路大通道的全面开行。2013年2月，首趟回程中欧班列(重庆)从杜伊斯堡出发并于3月18日抵达重庆，这是“渝新欧”国际铁路联运大通道开行两年后的首趟回程货运班列。此后，经过重庆市政府的不懈努力，至2013年10月，中欧班列（重庆）已基本实现常态化运行，即实现“每周一班、高峰时期一周三班”的运行机制，解决了沿途各国的通关问题，实现了一次报关、一次查验、全线放行的便捷通关模式；成功解决了宽轨与准轨之间的转换问题，进一步明确了沿线各国铁路部门的责权利；自主研发了电子锁，实现了中欧班列（重庆）电子产品全程安全监控，在提高安全的同时进一步降低了运输价格；成立了由德铁、俄铁、哈铁、中铁和重庆市政府共同组建的“渝新欧”（重庆）物流公司，建立了各国铁路的信息沟通机制和快速处理突发事故机制；实现了全程统一运单，进一步节约了运行时间，简化了程序；基本解决了电子产品冬季试运输问题。2016年，中欧班列（重庆）全年开行超过400班，从开通至2016年12月底，其货值占所有从新疆阿拉山口出境的中欧班列货值总量的80%。同时，2016年中欧班列（重庆）的货值达到168.8亿元，在所有中欧班列中位居第一。重庆市政府于2016年提出“渝新欧+”，旨在打造铁路、公路、航空联运通道，即“亚新欧”战略。在这一战略推动下，2017年2月，中欧班列（重庆）成为第一个开行达到1 000列的中欧班列，2017年中欧班列（重庆）共开行663班，其中，进口整车已成为回程中欧班列的稳定货源之一。2018年，中欧班列（重庆）开行1 442班，其中去程714班，回程728班，同比提高一倍以上。

2013年7月，“渝新欧”国际铁路大通道正式启动“安智贸”项目试点。中欧“安智贸”项目实施7年以来，这是首次针对海运以外的运输方式开展试点。铁路运输方式加入“安智贸”业务，对于推动中欧班列（重庆）全面落实“监管互认、信息共享、执法互助”，进一步提升“渝新欧”的辐射力和影响力等都具有重大意义。另外，电子锁、冬季温控集装箱等技术的应用，确保了所有适合铁路运输的产品可以随时通过中欧班列（重庆）启运。

导致“渝新欧”向“亚新欧”转变的根本原因是重庆市政府发展战略的改变。起初，为突破产业升级换代的发展瓶颈，吸引“笔电”行业的巨头落户重庆，在重庆市政府的不断努力下，中欧班列（重庆）于2011年开始正式运行，这一物流通道的贯通直接推动了重庆市产业结构的变革，为其建设内陆重要开放门户的地方发展战略奠定了基础。但是，在中欧班列（重庆）开行的初期阶段，面临着经营主体不一，各国在铁路运输服务、收费和海关程序等方面的差异，加之货源缺乏致使运价居高不下以及缺少回程货等现实问题。因此，重庆市开始谋求利益共同体的建构。在这一过程中，重庆市凭借由中铁、俄铁、哈铁、德铁以及重庆交运集团合资组建的“渝新欧”（重庆）物流有限公司，开创了中欧铁路运输国际合作的新模式，也为中欧班列（重庆）的平稳开行提供了保障，是重庆市向西开放的一大创举。然而，自2014年起，伴随着“一带一路”倡议的提出以及各地班列竞争的不断加剧，特别是面对中欧班列（成都）的崛起，无论是在货源方面，还是对于班列的辐射力和影响力而言，重庆方面对于中欧班列（重庆）未来的发展已经感受到不小的压力，同时也力图寻求地方发展战略的新突破点。为此，重庆凭借着中欧班列（重庆）的先行者优势及其在“一带一路”倡议中的重要战略地位，积极向中央争取更多的政策支持，力争在班列竞争的格局中保持其“领跑者”的地位。2016年初，重庆市为强化其对外开放的力度以及打造西部物流中心城市，再次提出“渝新欧+”即“亚新欧”战略，一方面，重庆谋求从“向西”的竞争转为“向东”的突破，积极与新加坡、韩国等国家加强合作，试图从西部走向亚洲，力保货源、班列开行数量和频次等方面的优势，全面提升“亚新欧”的影响力和辐射力，为新的地方发展战略注入更多的活力。另一方面，在由西部向亚洲布局的战略意图下，重庆市也依托中欧班列，与相关国家形成铁路、公路、航空多式联运，不断加强“互联互通”的立体化，全面促进对外开放的物流通道建设。

依托中欧班列（重庆）实现欧洲和亚洲国家的铁路、公路、航空多式联运，例如未来欧洲的货物可以通过中欧班列运到重庆，再通过空运中转到曼谷、吉隆坡、香港、大阪等距离重庆四小时航空半径的亚洲城市，形成以重庆为核心的“四小时航空经济圈”，运输成本将大幅降低。在这一规划中，重庆作为承东启西、连接南北的西部中心城市，将充分发挥地理优势，成为联通“海上丝绸之路”和“陆上丝绸之路”的物流中转枢纽。

二、中欧班列（重庆）利益共同体的建构

中欧班列（重庆）在2011年的运营过程中，呈现不少问题。首先，班列的经营主体不一，17趟次班列中的11趟次由德国联邦铁路公司承运，其余由中铁国际多式联运有限公司以及其他公司成员承运，这种各自为政的经营方式并不能保证中欧班列（重庆）的正常开行。其次，这条物流大通道共途经六国，各国在铁路运输服务、收费以及海关程序和政策方面都存在较大差异，这种统一操作规范和信息平台的缺乏，导致班列的运输效率非常低下。最后，货源的缺乏使得运价居高不下，去程货源中重庆制造的IT产品占总量的95%以上，几乎成为惠普、宏碁等“笔电”企业的订制专列，班列的开行时间完全决定于这些企业产品的产量，完全没有返程货源，因此这条物流通道的优势并不明显。

为解决上述三重困境，重庆市开始谋求利益共同体的建构。为推动中

欧班列(重庆)的常态化运营,提高其运输效率和各段线路的服务水平,进一步降低运价,增强货源集结能力,重庆市在 2011 年 9 月再次召开“五国六方联席会议”。在此次会议上,与会各方签署了《共同促进“渝新欧”国际铁路常态开行合作备忘录》,就诸多问题达成一致,主要包括:建立“渝新欧”平台公司,形成利益共享机制;提高列车运行速度和转换效率,实现 12 天到达目的地的目标;进一步降低运输价格,争取返程货源等。至 2012 年 4 月 12 日,由重庆交通运输控股(集团)有限公司主导的“渝新欧”(重庆)物流有限公司正式挂牌成立。

“渝新欧”(重庆)物流有限公司由中铁、俄铁、哈铁、德铁以及重庆交运集团合资组建,它开创了中欧铁路运输国际合作的新模式,主要从事重庆、欧洲沿线双向的“站到站”铁路货物运输业务。“渝新欧”(重庆)物流有限公司有五个入资股东,投资总额共 600 万美元,注册资本 300 万美元。第一股东是重庆交通运输控股(集团)有限公司,其持股比例为 41.1%,认缴出资 123.3 万美元。重庆交通运输控股(集团)有限公司是经重庆市政府批准成立的市属国有大型企业集团,它被重庆市发改委和市经信委确定为发展物流的重点扶持企业,在重庆现代物流企业中居于首位。第二股东是全球国际货运代理(中国)有限公司(德国联邦铁路公司下属企业),其持股比例为 16.3%,认缴出资 48.9 万美元。德国联邦铁路公司是德国最大的铁路运输公司,也是欧洲最大的铁路企业,提供在德国境内和连接欧洲其他国家的铁路客货运输服务,是世界一流的综合物流服务供应商。全球国际货运代理(中国)有限公司的主要职责是保障中欧班列(重庆)在欧盟段的铁路运输服务。在 2011 年开行的 17 趟次班列中,有 11 趟次是由该公司承运的惠普电脑专列。第三股东是俄罗斯铁路物流股份有限公司(俄罗斯铁路股份公司下属企业),其持股比例为 16.3%,认缴出资 48.9 万美元。俄罗斯铁路股份公司成立于 2003 年 9 月 18 日,由国家全资控股,其注册资本达 500 多亿美元,是俄罗斯交通运输业的第一大公司,也是世界上最大的铁路公司之一。俄罗斯铁路物流股份有限公司的主要职责是保障中欧班列(重庆)在俄罗斯、白俄罗斯和乌克兰段的铁路运输服务。第四股东是哈萨克斯坦运输服务公司(哈萨克斯坦铁路公司下属企业),其持股比例为 16.3%,认缴出资 48.9 万美元。哈萨克斯坦铁路公司拥有哈萨克斯坦铁路干线网络的运营和管理权,负责新铁路项目的修建,调整客货运费等工作。哈萨克斯坦运输服务公司的主要职责是保障中欧班列(重庆)在哈萨克斯坦境内的铁路运输服务。第五股东是中铁国际多式联运有限公司(中铁集装箱公司下属的全资子公司),其持股比例为 10%,认缴出资 30 万美元。中铁国际多式联运有限公司是国内最早从事国际货运代理业务的公司之一，公司的基本业务包括三部分：国内物流业务、国际(海铁)联运业务和互使箱业务。它的主要职责是保障中欧班列(重庆)在国内段的铁路运输服务。

“渝新欧”(重庆)物流有限公司的最高组织是董事会，五大入资股东派代表担任董事，负责公司的管理和运营，另设监事会对董事会进行监督。在组织管理上，公司采取经理负责制，经理对董事会负责。

在2012年和2013年，“渝新欧”(重庆)物流有限公司组织的去程货源90%以上都是重庆本地制造的IT产品，而返程货源的短缺成为制约班列成本降低的瓶颈。2014年之前，返程货源并未成为“渝新欧”班列发展的重点，但在2014年的新态势之下，重庆市有关部门将返程公共班列的开行作为中欧班列(重庆)的发展重点。从2014年下半年开始，重庆民生物流有限公司在重庆市政府的支持下，全面负责开通返程公共班列，而“渝新欧”(重庆)物流有限公司则负责去程班列的货源组织。

三、中欧班列开行的作用

中欧班列开行对于拓展地方经济发展具有巨大潜力，特别是在“一带一路”倡议背景下，对“市场红利”和“政策红利”具有吸引作用。

第一，改善地方投资环境。从2011年至2014年，中欧班列的发车频率提高15倍，发车频率的背后是出口量和生产量的快速增长及其对地方经济发展的促进和就业的拉动。在中欧班列(重庆)开通之后，重庆的外贸额从过去的60亿美元增长到2014年的955亿美元，实现了六年翻四番的“奇迹”，重庆的进出口总值也借此跃居西部各省市的第一位，其中欧洲市场占比更是高于全国平均水平。借助于中欧班列(重庆)，作为西部排名第一的外贸省市，重庆率先站上西部开放的制高点。中欧班列(重庆)还促进了重庆物流、商贸的发展，以此为基础促成了西部最大物流园区的诞生，也为重庆建成西部唯一的铁路、水路、航空等多式联运基地创造了条件。

第二，“市场红利”的获得。中欧班列间的激烈竞争归根到底还是试图在区域博弈中抢占先机、获得“红利”。物流是一种规模经济十分明显的行业，尤其对于国际班列而言，更是如此。对于地方和承运商而言，单位时间发货量越大，与沿线铁路公司谈判的砝码就越大、降价空间就越大。然而，对于各地都在开行中欧班列的现状，与一家中欧班列签署“对赌协议”就意味着对其他开行中欧班列地区的挑战，将会进一步强化竞争机制。

第三，“政策红利”的获得。非常明显的是，某一班列在市场上表现比较强劲时，就会引起中央和相关部委的重视，这些地方也就更有资格申请到特殊的优惠政策，如：内陆铁路口岸、汽车政策进口口岸、综合保税区、集装箱中心站等。当获得这些政策后，当地对市场的吸引力便产生质的提升，形成一种良性循环。例如，习近平总书记在 2014 年 3 月 29 日访问德国时曾在杜伊斯堡站亲自迎接中欧班列（重庆），使国家部委也更加关注、重视和支持中欧班列（重庆）的发展，将其视为国家“丝绸之路经济带”发展倡议的重要组成部分，而这也极大鼓舞了重庆加快发展中欧班列（重庆）的信心。

2014 年，在中央有关部门的大力支持下，中欧班列（重庆）又获得了五个新的功能定位：第一，团结村铁路口岸获批国家一类口岸；第二，汽车整车进口口岸通过国家验收；第三，国家批准设立铁路保税物流中心（B 型），可开展进口保税、出口退税、转口贸易、国际采购分拨等业务；第四，获批水果进口口岸和肉类进口口岸；第五，国际运邮集装箱试运行。

四、班列特点

重庆运送的货物主要特点为高附加值，从 2013 年数据看，货值达 11 亿美元，每趟班列的平均货值约为 3 056 万美元，2016 年 1 月至 9 月，重庆海关共监管中欧班列（重庆）286 趟次，集装箱 2.18 万标箱，货值约 102 亿元。推算出每趟班列的平均货值下降至 513 万美元左右。

中欧班列（重庆）采用“亚新欧”战略，与新加坡开展战略性互联互通合作，虽然新加坡此前已经和苏州工业园区和天津生态城开展合作，但中新（重庆）战略性互联互通项目并不只是针对某个具体地点进行开发和建设，旨在打造一张全域性的互联互通网络，重庆是这张互联互通大网的运营中心。重庆亚新欧从西部走向亚洲的战略，在努力打通铁路轨道延伸至工业园、港口、机场的“最后一公里”，同时尝试依托中欧班列，与新加坡之间形成铁路、公路、航空多式联运。

另外，重庆目前已经与新加坡航空公司达成合作关系，并积极与国内有关航空公司进行联络，希望其在重庆建设基地航空公司。这一方面是与新加坡航空公司合作，在重庆成为一个基地航空分支点，另一方面则是与南航、东航、海航等联系，谋求成为有大型航空公司落户配置基地的地方。那么，最终“亚新欧”的战略意图便是通过现有的中欧班列（重庆）将欧洲的货物运往重庆，然后通过新加坡航空公司等，中转到曼谷、吉隆坡、香港、台湾、东京、大阪、首尔等地，将亚洲的七到八个大城市与重庆 4～5 h 的航空半径相联系，最终将重庆建成一个欧亚之间铁空联运以及转口贸易的重要枢纽。

同时，中欧班列（重庆）本土去程货源增长乏力，使重庆认识到必须开辟更为广阔的物流通道以增强往返程货源集聚力。近几年，拉动重庆外贸飞速发展的“笔电”产业在经历前几年的快速发展之后，显得增长乏力。虽然产量保持增长，但出口额不断下降。在重庆的进出口贸易结构开始发生变化，出口增长乏力、进口增长强劲的情况下，重庆率先将焦灼的向西货源竞争，转向通过“渝新欧”国际物流大通道连接起东亚和东南亚地区，开辟更广阔的市场，使之成为中国内地重要的进出口贸易中转基地。

中新重庆项目标准为：两降、两增、四有。两降是降低西部地区的物流成本、融资成本；两增是增强重庆的辐射力、增强重庆作为运营中心的各种机制的可复制性，可推广到重庆以外的其他地方；四有，即有高效的运作机制、有科学的规划蓝图、有体制机制和政策的创新、有市场主体参与并受益于项目合作。

第二节　中欧班列(成都)

2014 年 5 月，成都市政府称中欧班列(成都)的货源地覆盖西南、华南、华东等多个地区，其中来自上海浦东机场、苏州工业园区、无锡高新综合保税区、江苏吴江出口加工区等全国 10 个特殊监管区域的货物总量占班列货运量的 51%。2014 年下半年，成都和波兰罗兹两地又分别启动建立转运中心。成都方面还规划建设了 275 亩铁路保税物流中心(B 型)。

中欧班列(成都)经历了一个从民营到国营的过程，2013 年，中欧班列(成都)在组建之初，是由中外合资成都亚欧班列物流有限公司负责按照市场化模式提供全程物流服务的。该合资公司由波兰 HATRANS 物流有限公司和江苏飞力达国际物流股份有限公司、深圳越海全球物流有限公司共同出资，集合国内外各自优势而自愿组建，负责货源、仓储、运输等服务。从 2016 年 4 月 1 日开始，中欧班列(成都)由成都工业投资集团有限公司下属成都国际铁路港投资有限责任公司投资成立国有全资子公司——成都国际铁路班列有限公司运营管理。

一、中欧班列(成都)运营机制的变化

在不同阶段，中欧班列(成都)采取不同的运营模式，政府、企业在中欧班列(成都)运营过程中扮演不同的角色。按照营运主体的不同，中欧班列(成都)运营机制的变化大致分为两个阶段。

第一个阶段是 2013 年 4 月 26 日至 2016 年 3 月 31 日，在这个阶段，中欧班列(成都)采用的是“政府引导—民营企业运营”的模式。中欧班列(成

都)模仿中欧班列(重庆),采用“政府引导—企业管理”的运营机制,不过,两者在运营机制上稍有不同的是,中欧班列(成都)是由合资公司来管理,而中欧班列(重庆)则是由国有企业来管理。成都市政府允许民营企业来运营的目的是让中欧班列(成都)运营市场化,最大限度地运用市场机制来推动班列的快速发展。在此背景下,成都市政府与成都亚欧班列物流有限公司在中欧班列(成都)中的职能分工明确,成都市政府负责政策引导、平台建设,成都亚欧班列物流有限公司负责班列的日常营运,尝试在货源、仓储、运输方面实现市场化管理。

成都市政府在中欧班列(成都)的运营过程中起着主导作用,包括班列的组建、运营环境的改善、对外关系的协调等,其中,成都市政府所属成都市商务委员会、成都市物流办公室、青白江区人民政府等单位具体为班列运营服务。此外,成都海关在货物通关方面发挥了重要作用。

成都市政府组织各类活动,为中欧班列(成都)发展搭建平台。2014 年 10 月 25 日,在第 15 届中国西部国际博览会期间,成都市人民政府举办“丝路蓉欧、成功全球——2014 年中欧班列蓉欧快铁暨成都铁路口岸推介会”。国外驻蓉领事馆领事、国内外驻蓉商协会、中直机关驻蓉单位相关领导、各省(自治区、直辖市)参加西博会的代表以及国内外知名物流企业、外贸生产企业及货代企业负责人等约 300 人参加了会议。

为了解决中欧班列(成都)组货难的问题,成都市政府以中欧班列(成都)为中介加强与其他区域中心城市的经济合作,为班列的运营创造良好的经济环境。2014 年,成都分别与昆明、贵阳两市签署了《成都市人民政府与昆明市人民政府合作利用中欧班列“蓉欧快铁”框架协议》《成都市人民政府与贵阳市人民政府合作利用中欧班列“蓉欧快铁”框架协议》,市政府将发挥各自优势合作利用中欧班列“蓉欧快铁”,并将“蓉欧快铁”延伸至昆明、贵阳两市,促进中国西部地区与欧洲各国经济贸易交流,实现成都、昆明、贵阳三市共同发展。除此之外,成都市物流办还与中国物流有限公司签署了《蓉深班列合作框架协议》,以吸引珠三角地区的货物通过“蓉欧快铁”中欧铁路货运通道进出欧洲,提升中欧班列“蓉欧快铁”的整体竞争力。

成都市商务委员会负责中欧班列(成都)的平台建设,包括加快青白江区集装箱中心站建设、拓展海外市场等。在集装箱中心站建设方面,2014 年,由成都市商委促成的青白江铁路集装箱中心站临时对外开放口岸及肉类进口指定口岸相继获批。在海外市场拓展方面,成都综保区“进口食品交易中心”建设进度加快,“国际商品展示中心”已试运营;成都市商委举办中欧班列“蓉欧快铁”系列推介会，大力拓展国内外市场，增强开放性经济发展后劲。2015年，成都市商委把“口岸经济”作为成都市对外贸易的重要突破口，积极争取汽车整车进口口岸、水果进口指定口岸，建设肉类进口指定口岸，做强口岸服务功能。

成都市口岸与物流办公室为“蓉欧”班列的直接对口单位，负责制定中欧班列（成都）的发展规划并搭建平台，2012年，为了响应“一带一路”倡议，开始规划中欧班列（成都）。为了更好地履行政府职能及响应“一带一路”倡议以及推动中欧班列（成都）的发展，成都市口岸与物流办公室的内部职能部门增设至五个处，分别为综合处、规划政策处、产业发展处、多式联运处、口岸与民航处，负责规划政策、产业发展等。规划政策处主要负责口岸与物流的发展规划与政策制定，口岸与民航处主要负责口岸建设，产业发展处则主要负责物流业的发展，多式联运处主要负责多式联运体系的构建。

中欧班列（成都）的出关手续的简化与保障措施是由成都海关来完成的。在“蓉欧”班列运营过程中，成都海关积极协调口岸采取便捷转关模式，运抵阿拉山口海关后即可验收，无须再停留转关，企业通关时间因此节约了2天，并且全程使用EDI传输，向沿途国家通关EDI系统预先提交过境资料，实现不停留转关。考虑到新疆境内大风天气、阿拉山口口岸拥堵及沿途运输线路成本上涨等问题，成都海关积极与呼和浩特海关就区域通关合作事宜签署了合作备忘录，开辟了中欧班列（成都）第二条国内运输线路，保障新开线路班列能在二连浩特口岸顺利通关出境，极大提高了通关效率，提升了中欧班列（成都）的市场竞争力。

第二个阶段是2016年4月1日以后，在这个阶段，中欧班列（成都）由政府主导的国有公司来管理，班列国有化以后，基于不同时期国家规划与地方经济发展规划的需要，成都市口岸与物流办公室新增设“国际产能合作处”，重点负责中欧班列（成都）发展过程中所涉及的国家产能合作与国外物流园区的建设等诸问题，其职能包括拟订推进“蓉欧＋”战略国际产能合作的工作规划和政策措施并组织实施；研究分析成都市“蓉欧＋”战略国际产能合作工作的重大问题，提出相关政策建议；统筹协调区（市）县对国际产能合作的支持政策并监督实施；牵头拟订参与建设开发的境内外国际合作园区的物流解决方案并组织实施。此外，成都市口岸与物流办公室还与全球较大的物流公司确立合作关系，如DHL全球货运有限公司，双方以中欧班列（成都）为主线，同时利用DHL在全球的物流网络，开展“空空联运”“空铁联运”“公铁联运”等联运方式拓展国际业务，并把中欧班列（成都）的触角从波兰延伸至俄罗斯、土耳其以及南欧等国家和地区。

中欧班列(成都)所依托的物流园区在青白江区,青白江区政府负责物流园区基础设施建设以及与中欧班列(成都)相关的物流环境建设。在政策方面,青白江区人民政府制定了优惠政策,鼓励货代公司、物流公司入驻青白江物流园区,并制定了参与中欧班列(成都)的奖励政策。首先,放宽市场准入条件,在为物流企业办理登记注册时,从推行注册资本认缴制、取消验资报告、简化住所登记条件等多方面入手,降低市场主体准入门槛,减少市场主体开办成本,推进物流企业良性发展。其次,鼓励外资进入。在国家开放政策允许条件下,适时减少对外商参与物流基础设施开发的限制,鼓励国内外知名物流企业以多种方式在物流技术、管理模式、服务体系、信息管理、人才培养等方面与园区展开合作。再次,加大财税支持力度。对新入驻园区的物流企业,年纳税额在 200 万元以上的,自其达到纳税标准之日起的 3 年内按其当年缴纳企业所得税地方实得部分 50%的额度予以扶持;成都铁路集装箱中心站年货物吞吐量同比增幅超过 5%但低于 10%的,每年对中铁联合国际集装箱成都分公司按 10 万元给予奖励;增幅超过 10%的,每年对其按 30 万元给予奖励;鼓励铁路承运企业和公路物流企业利用自身资源优势开通铁路货运“五定”班列,对新增开以成都铁路集装箱中心站为起点或终点的国内铁路货运“五定”班列的经营方,一次性奖励 50 万元;入驻园区的货代公司,其年代理内贸箱量达 3 万标箱的或年外贸箱量达 2 000 个标箱的,每年给予企业经营班子 5 万元奖励。

中欧班列(成都)国际化以后,政府的投资力度较之前有较大提高。2016 年年底,由中国诚通集团旗下的中国物流有限公司投资 20 亿元建设中欧非(洲)国际贸易 & 物流枢纽中心,在成都和比利时安特卫普开工。该项目位于青白江区工业园区内的部分,规划占地面积 379 亩,总建筑面积达 25 万 m^2,其中包括国际贸易保税库、冷冻库、冷藏库、新能源城市配送库、办公楼、交易中心、信息中心、展示场等。项目在比利时安特卫普港内的总建筑面积约达 60 万 m^2,规划为“四中心”功能区:总建筑面积约 15 万 m^2 的中国商品“国际商品交易展览中心”,打造全球化商品交易展示窗口;总建筑面积约 20 万 m^2 的“国际欧标 A 级仓储中心”,涵盖海关保税和监管仓库、恒温恒湿冻仓、普通中转仓、保税和监管堆场等若干功能分区;总建筑面积达 25 万 m^2 的“国际商品加工中心”和“国际分拨配送中心”。意欲构建“中—欧—非”商品国际贸易通路,着力打造公、铁、空多式联运的多功能物流分拨中心。

中欧班列(成都)运输的货物大都是成都市口岸与物流办公室直接负责与规模较大的供货商洽谈,这些供货商即所谓“直客”,包括 TCL、格力、联想、长虹、戴尔等公司,由政府来与相关企业协调货物运输价格,保证货源。

二、国家中心城市建设与中欧班列(成都)的重新定位

在“一带一路”倡议背景下，成都市政府根据国家规划，制定并颁布了《成都市国民经济和社会发展第十三个五年规划》，规划中明确了打造成都为“国家门户城市与国家内陆开放型高地”的目标。城市定位的变化，促使中欧班列(成都)的发展定位也发生改变，中欧班列(成都)上升到政府战略高度。

2015年，成都市政府着手制定成都市经济社会发展的“十三五”规划，并开始制定《成渝城市群发展规划》，并报国务院审批。在规划中，成都市的城市定位开始由“西部中心城市”向“国家中心城市”转变，根据《全国城镇体系规划纲要》中提出的“国家中心城市”五大特征：一是国家组织经济活动和配置资源的中枢，二是国家综合交通和信息网络枢纽，三是国家科教、文化、创新中心，四是具有国际影响力和竞争力，五是国家城市体系中综合实力最强的“塔尖城市”。与此相应，国家中心城市必须具有综合服务功能、产业集群功能、物流枢纽功能、开放高地功能和人文凝聚功能五大功能。从规划内容看，中欧班列(成都)不仅是物流通道，而且成为提升与带动四川省经济发展与对外经济交流的重要路径。

为了更好推行“蓉欧＋”战略，成都市政府推行物流体系建设、国际铁路港建设。在物流体系方面，通过稳定开行以中欧班列“蓉欧快铁”为主通道的“一主多辅，多点直达”的国际班列，打造“陆上丝绸之路”串联的泛欧、泛亚两张物流网络；在铁路港建设方面，成都市政府规划要求重点构建国际、国内市场“两张网”，实现制造业、物流业和服务业“三业并举”，做强“枢纽、节点、腹地、服务”四大支撑，全面打造“多式集合、智能现代、服务便捷”的国内“国际铁路第一港”。同时，开好北(成都—俄罗斯)、中(成都—波兰)、南(成都—阿拉木图—土耳其)三条国际班列，全面覆盖“一带一路”域内国家和地区，要进一步优化班列线路和运行时间，提高开行质量和效率，把干线延伸至欧洲枢纽城市和区域中心城市，加快形成覆盖全欧、泛亚的货运网络。

2016年，成都市政府推行“X蓉欧”战略，即中欧班列(成都)除了延伸至厦门的班列外，接下来还将延伸成都—宁波、成都—深圳、成都—昆明等多条班列，通过这些区域性节点城市分别辐射日韩、中国港澳台、东盟等区域。实现与更多城市间的互联互通、优势互补，实现沿海和内陆城市的合作共赢。

“蓉欧＋”战略意在打造联通欧洲、泛亚的桥头堡和对接“一带一路”、长江经济带的战略平台，并构建对内连通国内和省内城市、对外联通欧洲和泛

亚国家，连接太平洋与大西洋、太平洋与印度洋的新大陆桥。该战略大致分两个部分：一是重点关注国内，全面开通成都至深圳、宁波、厦门、昆明、武汉、凭祥等东部沿海自贸区、重点港口城市以及中西部中心城市的“蓉欧+”铁路货运班列，实现中欧班列（成都）揽货范围覆盖日韩、中国港澳台地区和东盟各国；第二部分主要关注欧洲地区，延伸中欧班列（成都）欧洲端辐射范围，建设荷兰蒂尔堡、德国纽伦堡、汉堡等欧洲分拨中心。该战略的最终目标是形成面向省内、国内、国际“三个市场”的“一线两核多点”网络揽货、多点合作格局。

依托中欧班列（成都）的快速发展，成都作为“一带一路”向西口岸和西部物流桥头堡的物流集散作用初见成效。截至2018年底，TCL、戴尔等企业在成都的产业增量显著提升，惠普产品经成都集结试运至欧洲，实现产能转移深度合作；省内农产品如攀枝花水果蔬菜、安岳柠檬、温江花卉等积极抢占和开拓国际市场。以成都为枢纽的供应链体系逐步完善，成都与这条物流通道沿线国家开展的城市合作不断取得新进展。通道促进贸易，贸易推动产业大发展，通过“蓉欧+”战略的深入实施，成都国际班列构建起横跨欧亚的国际物流大通道，国内外各类资本与产业纷至沓来，招商局集团中外运长航、苏宁云商、菜鸟、盒马鲜生等总投资5 000亿元的83个重大产业化项目入驻，同时引进怡亚通、乾丰等供应链管理和轻资产企业100余家。

第三节　中欧班列（义乌）

自2013年4月23日义乌至中亚五国国际货运班列开通以来，四年间义乌先后开通了至中亚、欧洲和中东的8条国际铁路货运班列，成为中国唯一拥有中欧班列的县级城市，更是中国拥有国际货运铁路班列线路最多的城市。

“一带一路”倡议提出前，义乌以打造国际商贸名城为发展目标。为了实现“买全球货、卖全球货”的定位，需要有成熟的物流产业支撑，因而此时“义新欧”国际货运铁路就成为义乌市场发展的重要物流配套交通基础设施。民营企业天盟实业投资有限公司（简称天盟公司）率先在市场需求的推动下，组织开通义乌至中亚五国的货运班列，为小商品市场提供铁路物流配套服务。此时的中欧班列（义乌）以零散中转模式运营，规模相对较小，里程短，而且运营频率也不稳定。

但是在“一带一路”倡议提出后，义乌市的发展不再以经营市场为核心，转而注重经营城市。此阶段义乌从原有的打造国际商贸名城转向建设“一带一路”支点城市，实现“向西借陆出境”“向东借海出洋”，将“丝绸之路经济带”与“21世纪海上丝绸之路”相连接。中欧班列（义乌）线路的发展模式也从原有的市场建设转向政府建设，义乌市政府取代天盟公司成为推动中欧班列（义乌）开通建设的重要行动主体。一方面，政府通过政府补贴、成立基金会、推行市场采购贸易方式等多种形式保障班列货源；另一方面，通过对地方国有企业的专项改革，成立承担物流专业化职能的义乌市国际陆港集团有限公司（简称陆港集团）负责物流园区运营，搭建“一关两检中欧班列绿色通道”，为中欧班列（义乌）发展搭建专业化平台。

一、中欧班列（义乌）发展历程

中欧班列（义乌）的发展以2014年为节点，经历了两个阶段。2014年以前是中欧班列（义乌）发展的初始阶段，此时期义乌仅拥有一条以零散中转模式运营的义乌至中亚五国的国际货运线路，而且此时线路还未实现常态化运营。2013年4月23日义乌首条以铁路转关模式开往中亚五国的国际货运铁路线路开通，此线路以义乌为起点，经新疆阿拉山口边境口岸转关，开往哈萨克斯坦的阿拉木图，再分拨至哈萨克斯坦、乌兹别克斯坦、吉尔吉斯斯坦、土库曼斯坦和塔吉克斯坦等中亚国家的其他城市。此趟列车的开行有效拉动了义乌对中亚地区的商品出口，使中亚成为义乌外贸出口的重要目的地。从义乌出发后，货物在国内段和其他中亚班列一起运输到新疆阿拉山口，从阿拉山口出境后再分车运输。这样一来由于需要中转就导致货运时间不稳定，班期频率不确定，因此这一阶段只是中欧班列（义乌）发展的探索期，并没有形成真正意义上常态化运营的国际铁路货运物流产业。

2014年之后，中欧班列（义乌）进入快速发展期，2014—2018年义乌先后开通了至中亚五国及至欧洲的12条线路，最具代表性的有中亚五国、西班牙马德里、伊朗德黑兰、俄罗斯车里雅宾斯克、阿富汗马扎里沙里夫、拉脱维亚里加和英国伦敦的7条国际货运铁路线路（表3-1），成为当前拥有国际货运铁路线路最多的城市。此时期，线路的运营模式也从原来的零散中转方式转变为整列直达，实现了稳定的常态化运营。2014年1月20日义乌至中亚五国集装箱货运铁路专线开通，此条线路与原有线路相比不仅实现了常态化运营，更重要的是实现了从零散中转向整列直达的转变。货物国内段不再与其他运往中亚的货物拼车，而是通过从义乌出发的集装箱专列运至新疆阿拉山口，出关后不再需要分车转运，直接运往哈萨克斯坦的阿拉木图分拨中心。

表 3-1　义乌国际货运集装箱专列线路列表

序号	班列名称	始发时间	历时	运行频率
1	义乌—中亚五国	2014 年 1 月 20 日	12 天	
2	义乌—西班牙马德里	2014 年 11 月 18 日	21 天	每周发运 2 列
3	义乌—伊朗德黑兰	2016 年 1 月 28 日	14 天	
4	义乌—俄罗斯车里雅宾斯克	2016 年 8 月 13 日	8 天	每周发运 1 列
5	义乌—阿富汗马扎里沙里夫	2016 年 8 月 28 日	15 天	每周发运 1 列
6	义乌—拉脱维亚里加	2016 年 10 月 20 日	15 天	
7	义乌—英国伦敦	2017 年 1 月 1 日	18 天	

二、发展战略：从“商贸名城”到“战略支点城市”

2013 年 9、10 月，习近平主席相继提出“一带一路”倡议之后，义乌市将城市发展中心从建设国际商贸名城转变为打造“一带一路”支点城市，向西借陆出境，向东借海出洋。义乌经营城市的概念体现在两个方面：其一是在产业布局上不再专注于小商品市场，近几年义乌市在产业布局上进行调整，重点发展四类产业：时尚产业、信息产业、大健康产业、装备制造业；其二是义乌市对环境与人才的重视，“五水共治”与“三改一拆”是义乌环境治理工作方针，加上“浙商回归”、文明城市创建等工作，反映出义乌市对环境治理的重视，其根本目标是通过提升义乌环境与生活质量实现义乌的“腾笼换鸟”，吸引更多的优质产业、高端要素提升义乌的竞争能力。新的战略定位下，中欧班列（义乌）的发展模式也从原有“市场推动、民企运营”的市场建设模式转变为“政府推动、民企运营”的政府建设模式。

1. 市场建设

2008 年发布的《中共义乌市委关于建设国际商贸名城的决定》指出，未来义乌着眼于国际国内两个市场，坚持“引进来”和“走出去”并举，以打造“三中心、两高地”为核心，建设国际商贸名城。其中“三中心”是指国际小商品贸易中心、国际小商品创造中心和国际小商品会展中心。具体而言，打造国际小商品贸易中心，就是要坚持和深化“兴商建市”发展战略，建设完善市场体系，创新提升市场功能，大力招引国内外供应商、进出口商、批发商、大型零售商，努力把义乌建设成为全球最具影响力的小商品集散中心、信息中心、定价中心，实现“买全球货、卖全球货”，成为中国小商品走向世界、世界小商品进入中国的重要平台。打造国际小商品创造中心，就是要大力发展小商品创意产业，不断增强小商品制造业的综合实力、自主创新能力和国际竞争力，努力把义乌建设成为全球小商品研发设计中心、知识产权交易中心，将大批专门从事小商品设计、研发的企业或个人工作室集聚于义乌，使以小商品为载体的创意产业兴旺发达，知识产权保护体系规范完善，实现“小商品、义乌创”。打造国际小商品会展中心，就是以“义博会”引领全球小商品发展潮流为典型标志，建设完善会展设施，增强会展服务功能，大力培育和引进国内外知名会展机构，经常性举办国际国内高层次会议和国际性品牌展会，努力把义乌展会培育成为商品交易、信息发布、产品创新、价格形成的综合性平台，引领全球小商品发展潮流。打造区域物流高地，就是要建成具有完善的公、铁、空立体综合交通运输网络，具备功能完善的物流信息和服务平台，培育和引进一批具有国际竞争力的现代物流企业，建成大通关体系，使义乌成为在全国、全球有重要影响的小商品集散枢纽。打造区域金融高地，就是以建成义乌金融聚集区为典型标志，实现国内外银行分支机构林立，证券、保险、信托等机构大量进驻，使国际结算便捷，咨询、评估、理财、投资等中间业务迅猛发展，努力把义乌建成为区域投融资高地、金融服务高地和金融创新高地。

在建设国际商贸名城的发展目标中，“国际”代表着方向，“商贸”代表着核心内容，“名城”代表着品质。简言之，打造国际商贸名城的基本内涵就是“面向国际国内两个市场，聚合国际国内两种资源，以小商品为特色，进出口贸易与内贸并重，以国际小商品贸易中心、国际小商品创造中心、国际小商品会展中心、区域物流高地、区域金融高地”，即“三中心两高地”为核心构架，政治、经济、社会、文化、生态协调发展，综合实力雄厚、城市功能完善、社会秩序和谐、管理体系高效、文化底蕴深厚、生态环境优美、人民生活富裕，在全球具有较高知名度、美誉度的商贸城市。

新发展战略指引下，义乌确定了出口、进口、转口“三口联动”的新贸易格局，这样一来国际物流产业就成为辅助小商品市场发展，推动“三口联动”的重要辅助产业。

义乌市建设国际商贸名城的发展战略以“买全球货、卖全球货”为目标，按照“划行归市，集聚发展”的原则，明确市场功能定位，优化城市商业中心和国际商贸城区块的布局，进一步完善以小商品市场为龙头，专业市场相配套，要素市场为支撑的市场体系。在此战略之下的“义新欧”国际货运铁路就成为市场发展重要的支撑要素。

2. 政府建设

2014 年，为了顺应国家“一带一路”倡议，义乌提出打造“一带一路”支点城市的战略构想，发挥国际贸易综合改革试点的战略优势，紧抓“一带一路”建设重要机遇，提升义乌市场在国际分工中的地位，推进传统商贸转型升级，占据全球小商品贸易“制高点”，将义乌打造成为“一带一路”经贸合作“桥头堡”，建设全球小商品贸易中心，依托列入联合国亚洲及太平洋经济社会委员会（简称亚太经社会，ESCAP）《政府间陆港协定》的有利地位，培育发展现代物流体系，完善内陆口岸服务功能，带动金融、结算等高端服务业发展，建设国际陆港城市。在具体发展过程中，以“义新欧”和“义甬舟”两条战略开放大通道建设为核心，双向融入“一带一路”国家规划，提升全方位对外开放水平。西向重点推进中欧班列（义乌）常态化运行，畅通义乌与中亚、欧洲等地的陆路通道，深度参与新丝绸之路经济带建设。东向谋划对接“义甬舟”开放大通道，形成横连亚、欧、非三洲的陆海联运物流大动脉，积极融入“21 世纪海上丝绸之路”建设。

新的战略赋予中欧班列（义乌）以新的战略地位。在市场建设阶段，中欧班列（义乌）仅是为了配合小商品市场发展而存在的物流配套基础设施，而现今中欧班列成为将义乌打造为“一带一路”支点城市的战略抓手。中欧班列（义乌）的开通将不仅为义乌提供多条“走出去”的通道，还为义乌提供了“引进来”的纽带，更重要的是通过中欧班列（义乌）提升了义乌这个县级城市的国际知名度，加强义乌与丝绸之路经济带沿线城市的经贸合作。因此，政府取代民营企业成为推动中欧班列发展的重要行动主体。

在市场建设阶段由天盟公司推动开通的义乌至中亚五国货运铁路从提出到开行经历了整整三年时间，政府建设阶段义乌至马德里中欧班列从规划到正式通车仅用了不到两个月的时间。与此同时，地方政府还通过一系列举措宣传中欧班列（义乌），进一步提升中欧班列（义乌）的知名度，帮助其履行“一带一路”战略抓手职能。国内，义乌海关根据铁路国际货运班列的特点，为中欧班列（义乌）量身订制了一揽子扶持方案：制作铁路专列宣传手册，为意向企业提供针对性指导。国际上，义乌市与西班牙富恩拉布拉达市政府和白俄罗斯明斯克州司马列维其区签署友好城市备忘录。与西班牙阿拉贡自治区签署了“义新欧”战略合作协议，共同推进中欧班列（义乌）常态化运行。同时，义乌市政府还通过举办国际论坛和承建国际交易中心等形式加强与“一带一路”沿线国家合作，推广中欧班列（义乌）。自 2014 年以来，义乌先后举办“中国—西亚北非发展远景对话会”“中国—中亚合作论坛”“上合组织成员国丝绸之路法律服务国际论坛”和“新丝路论坛”等各项经济论坛，并承建了“中国东盟商品交易中心”，提升了中欧班列（义乌）以及义乌在国际上的知名度。

三、政府全产业链助推"义新欧"发展

如果从产业链概念的角度来看中欧班列的运行过程，中欧货运班列线路的全产业链包括组货、运营、运行平台、一关两检、境外运输、境外仓储和分拨7个环节，政府建设阶段，政府开始全方位参与中欧班列（义乌）的各个阶段，成为推动线路运营发展的重要行动主体。组货阶段，虽然货源依然来源于义乌本地的外贸公司或者货代公司，但是政府通过财政补贴等手段为铁路运营提供货源保障。运营阶段，面对国内多条中欧班列线路的竞争，义乌市政府一方面借助义乌本地小商品优势提升线路竞争力，另一方面以政府补贴形式帮助天盟公司维持线路运营。在运行平台建设方面，义乌一方面以城区规划形式为中欧班列（义乌）发展打造战略功能区，另一方面从原有综合性物流平台建设转向建设专业化物流平台，建设针对中欧班列（义乌）铁路运输需求的专业化铁路物流园区。

1. 政府提供货源保障

义乌去程货的保障来源于义乌庞大的小商品市场，回程货则得益于遍布全世界的海外浙商，他们将西班牙的红酒、橄榄油，德国的奶粉等产品通过中欧班列（义乌）运回中国。政府建设阶段，义乌市政府在维持原有市场组货的基础上，通过改革出口贸易方式、提供通关便利化、政府补贴以及成立海外交流基金会等形式凝聚侨商力量，保障中欧班列（义乌）线路货源充足，树立义乌"一带一路"货源地的身份。

在出口贸易方式改革方面，自2011年义乌成为国际贸易改革试点城市以来，地方政府确立了推行市场采购贸易方式的改革方案。经过三年的试行与推广，2014年11月义乌正式全面试行市场采购贸易方式，是专业市场在国际化发展实践中形成的一种对外贸易形式，是指符合条件的境内外企业和个人在经国家相关部门认定的市场集聚区采购商品，并在相应的主管地海关或口岸海关报关出口的贸易方式。相比于其他贸易方式，市场采购方式更加适应于义乌小商品主体多元化、贸易多品种、多批次、小批量和拼箱组货出口的特点，是现行的旅游购物贸易方式的升级版。现行小商品出口主要以一般贸易方式或者旅游购物贸易方式出口。对于一般贸易方式而言，由于小商品品种较多，多以拼箱形式出口，海关检验相对较慢且复杂，而且以一般贸易形式出口的小商品不享受国家给予的小商品出口优惠政策。另外一种以旅游购物商品监管方式出口的小商品虽然可以享受国家给予的政策优惠和通关便利性，但是其单次出口额度较小，每批货不得超过5万美

元，对于义乌这样以小商品贸易为支柱产业的城市而言这样的额度无法满足每天大批量的小商品出口需求。改革之后推行的市场采购新型贸易方式将每批次报关货值的最高限额增加到 15 万美元，同时给予市场采购方式出口的货品以增值税免税的优惠政策，使更多的贸易商愿意选择从义乌采购货源出口，保障了中欧班列（义乌）的货源充足。

在发展进口市场上，2015 年 2 月 9 日，义乌市委发布《关于加快进口贸易的若干意见》，指出到 2020 年，争取把义乌初步建成全球日用消费品进入中国的桥头堡，全国重要的进口日用消费品集散中心，全国跨境进口电子商务重要基地，进口商品销售额达到 1 000 亿元，形成“买全球货、卖全球货”的全方位贸易格局。2016 年 5 月 27 日义乌为进一步扩大进口，优化贸易结构，推动产业升级，义乌市人民政府办公室发布《义乌市人民政府办公室关于印发促进进口贸易发展十项举措（试行）的通知》，提出了培育壮大进口主体、支持营销平台建设、完善进口公共服务、扩宽企业融资渠道、优化海关通关服务、提升检验检疫效率、支持发展跨境电商、鼓励引进国外品牌、支持企业参加进口展、培育引进进口人才等十项措施促进义乌进口市场的发展。目前义乌正在打造丝路新区、进口商品博览会、进口商品馆等进口大平台，发展跨境电商、进口批发等进口大贸易，拓展国际机场、“义新欧”海铁联运、保税物流中心等进口大通道。依托遍布全球的客商、海量的商品、便利的环境，义乌完全可以成为全球日用消费品进入中国的桥头堡，随着跨境电商作为“互联网＋外贸”的新型业态，近年来以 30％以上的速度迅猛增长。

通关便利化方面，义乌市政府通过与新疆口岸签订合作备忘录方式为选取“义新欧”铁路运输的货物推行“一次查验”服务，从原有的“先报检、后报关”模式转变为“关检合作，一次通关”模式。通关是否便利是很多企业是否选择以“义新欧”铁路作为运输方式的重要依据。为此，2014 年义乌先后与乌鲁木齐海关签署《乌鲁木齐海关杭州海关“属地申报，口岸验放”合作备忘录》，与阿拉山口海关签订《加强铁路转关货物监管联系配合办法》，共同创造监管有效、运作顺畅的通关环境。根据义乌小商品出口货物特点，对义乌铁路转关出口小商品实施“一次查验”政策，口岸海关在国际铁路换装、办理转关核销手续等方面为“义新欧”班列提供优先服务，在口岸给予“绿色通道”快速放行便利。实行“一次申报、一次查验、一次放行”的新作业模式后，将口岸原来“先报检，后报关”串联进行的通关流程，转变为报检和报关同时进行的并联模式，大大减少了从报检到报关之间的等待和操作时间，估算可节省报检报关操作时间 30％以上，政府主导下的通关便利化使更多的贸易商选择从义乌通关，选择中欧班列(义乌)作为商品运输渠道。

在政府补贴方面，义乌市政府不仅为线路的运营企业天盟公司提供补助，以推进中欧班列(义乌)的常态化运营，更重要的是对选择国际铁路运输模式的企业给予资金补贴，为中欧班列(义乌)吸引更多的货源。开通时，义乌市政府为天盟公司对开一趟专列补贴 360 万元人民币。除此之外，义乌市政府还对从事中欧班列(义乌)的国际货运业务的承运企业，按照车站实际到发的集装箱重箱数量给予资金补助。其中“目的地为亚洲区域的，每标箱补助标准为 1 620 元(40 英尺大柜按 2 个标箱计)，补助金额为该承运人当年实际完成集装箱重箱数量(标箱)×1 620 元；目的地为欧洲区域的，每标箱补助标准为 3 240 元(40 英尺大柜按 2 个标箱计)，补助金额为该承运人当年实际完成集装箱重箱数量(标箱)×3 240 元”。

在国际交流方面，义乌市政府通过成立海外基金会形式凝聚海外侨商力量，保障中欧班列(义乌)线路货源。“义新欧”与国内其他货运班列一个最大的区别在于运送货品的不同。重庆、成都、武汉等地的中欧班列主要以运送跨国公司在华生产的电子产品为主要货源，但是中欧班列(义乌)的货源则是中国制造的各类小商品，主要包括各种纺织物，如袜子、围巾、打底裤等。作为全球最大的小商品集散地，义乌不仅有大量本地及周边省市的小商品通过义乌出口到全球 200 多个国家和地区，还有来自印度等周边国家的商品在义乌转口。而这一庞大的市场需求更多的来源于海外的浙商。义乌是全国经济外向度最高的城市之一，共有 100 多个国家和地区的 1 万多名外商常驻义乌，欧洲尤其是西班牙拥有大量的浙江侨商，据统计在西班牙的浙江青田人就有 10 万余人，他们大多以从事国际贸易为生，而且他们 80%的货物都采购自义乌，这就意味着凝聚好海外华商力量将成为中欧班列(义乌)铁路运输的重要货源保障。2016 年 3 月 15 日在义乌市政府的推动下，义乌西班牙交流基金会正式揭牌，基金会主要职能是代表义乌市政府，开展义乌市与西班牙的全面交流与合作，集中海外侨商力量，助推中欧班列(义乌)发展。

2. 政府推动建设专业化铁路物流运行平台

一直以来，物流产业都是义乌市政府重点发展的领域，物流运行平台更是产业资源的聚集地。市场建设阶段，义乌市政府更加注重打造综合性物流平台，尤其以航空、公路和海运三种运输模式为侧重。政府建设阶段，义乌市政府开始打造专业化的铁路运行平台。首先，就负责平台运营的国有企业进行专业化改革，从原有“1+4”模式转变为“1+8”模式，将原有综合性交通发展有限责任公司拆分重组，成立专业性物流平台运营公司——陆港集团，专业负责义乌各大物流园区和保税园区的运营。其次，就物流平台建设方面，从原有注重综合性物流平台建设转向建设铁路专业化物流平台，设立铁路海关监理场所，为中欧班列（义乌）运营提供保障。

“1＋4”模式下，“1”是指国有资产监督管理局，“4”是指国有资产经营有限责任公司、小商品城恒大开发有限责任公司、市交通发展有限责任公司和市公用事业有限责任公司，其中市交通发展有限责任公司综合负责义乌市的物流、客运、公路建设和机场管理四大业务。改革后，义乌市形成了“一个中心、八大集团”的国资国企新布局，其中“一个中心”是指义乌市国有资产运营中心，是市属企业集中、统一的出资和融资平台，为市属国有企业集团提供融资、资金管理等服务，“八大集团”分别指义乌市城市投资建设集团有限公司、义乌市交通投资建设集团有限公司、义乌市城乡新社区投资建设集团有限公司、义乌市国际陆港集团有限公司、义乌市市场发展集团有限公司、义乌市水务建设集团有限公司、浙江中国小商品城集团股份有限公司、浙江恒风集团有限公司。从原有的四大集团变为八大集团，进一步细化了义乌国有企业的职能安排。由义乌市交通发展有限责任公司拆分重组后新成立的陆港集团专业化负责义乌各大物流平台的运营和管理，原有客运、公路建设等其他职能也分别由其他专业化国有企业承担。义乌市国资国企新布局更加有利于改善政府投融资体制，一方面专业化的分工有利于资金的专项利用，建立国有企业项目业主制，推行专业化集中建设和代建；另一方面借助国有企业的企业职能激活和扩大投资力度，发挥金融杠杆作用，实现公共项目的多元化融资，为中欧班列（义乌）提供更加专业化的物流资源配套。

政府建设阶段，为了配合中欧班列（义乌）的发展，义乌市政府通过陆港集团着力建设专业化分工的两大物流平台。首先在进口方面，义乌建立保税物流中心，保障中欧班列（义乌）回程货直接进入保税区，为回程货进口提供政策便利；其次在出口方面，义乌启用新的铁路海关监管场所，同时建立铁路物流中心，保障中欧班列去程货出口顺利。

2014 年 1 月 29 日，海关总署、财政部、国家税务总局、国家外汇管理局联合发文，批准设立义乌保税物流中心（B 型）。2014 年 11 月 18 日，义乌保税物流中心正式封关运作，成为浙江省第三个、浙中西部唯一的保税物流中心。在保税物流中心建成前，进口商品必须报关、缴税后才能进入义乌。保税物流中心建成后，义乌市进口的货物可以实现分送集报，即先销售再集中申报，这样一来，极大地缩短了商品进口时间。针对中欧班列（义乌）进口回程货，义乌海关也积极支持班列回程货物进入义乌保税物流中心存储，充分利用该中心境内关外、保税缓税、关检合作的“三个一”等功能，为内陆地区借助中欧班列（义乌）发展进口贸易提供硬件支持，为义乌进口贸易的常态化发展提供了重要条件。

与此同时，义乌市政府组织建设由陆港集团负责运营的新铁路口岸海关监管场所，为中欧班列（义乌）运输提供专业化的物流配套服务。

3. 政府推动建设战略功能城区

政府建设阶段，义乌市政府不仅为线路运行打造专业化物流平台，提供配套服务，同时还从城区规划建设角度规划建设三大战略功能区对接国家“一带一路”倡议。

义乌市于2014年8月发布《中共义乌市委关于加快推进城市转型发展的决定》，该决定明确了义乌“一核三区”的城市发展规划，在原有中心城区的基础上，规划建设丝路新区、陆港新区和科创新区三大新区。围绕全球贸易、国际服务，依托市场人流、信息流、资金流高度集聚，商业网络基础配套相对完善等优势，在城市东北部规划建设丝路新区，整合提升国际商贸城、金融商务区、国际文化中心、会展中心等功能，集中布局“一带一路”国家规划项目、商贸转型提升项目、外商服务项目。围绕便利物流、口岸功能，依托机场、铁路、高速公路等交通优势，在城市西部规划建设陆港新区，集中布局国内物流、智能仓储、快递物流、铁路物流、空港物流和综合保税等功能区块。围绕人才集聚、创新驱动，依托高铁枢纽的便利交通优势和优美生态环境，在城市北部规划建设科创新区，承载高等教育、技术研发、创新设计、创新服务、科技孵化等功能。

第四节　中欧班列（郑州）

中欧班列（郑州）具有两个突出特点：第一，后来居上，凭借区位及交通优势、辐射范围广、货运总量高、高频次对开等综合实力，在国内所有的中欧班列中持续保持领先地位；第二，中欧班列（郑州）的发展，并不强调为当地产业配套或产业集聚发挥作用，而是希望通过物流发展将运输贸易一体化作为发展目标，主要是发挥平台作用，实现郑州国际商都的定位。以上特点的根本原因在于国家战略这一终极“自变量”直接影响了郑州市政府的发展定位，主要表现在两个方面：第一，郑州市政府基于自身的区位及交通优势，将现代物流业作为主要发展战略及支柱产业，在原有物流基础上助推中欧班列（郑州）的发展，进而在国内诸多中欧班列中后来居上，保持领先地位；第二，在国家“一带一路”倡议提出后，郑州市政府进一步审视自身发展战略，借助国家“一带一路”倡议，围绕中欧班列（郑州）加大“向西开放”力度，在原有物流形式的基础上进一步增强各种物流发展手段，打造“运输贸易一体化”发展平台，进而实现郑州国际商都的定位。

一、中欧班列（郑州）后来居上

中欧班列（郑州）于 2013 年 7 月 18 日开通，是国内中欧班列的佼佼者，主要表现在以下方面：一是运输线路长，运输时间短。二是班列开行班次、往返均衡，货值、货重、满载率在中欧班列中均名列前茅。截至 2018 年，“郑新欧”班列实现每周去程 5 班、回程 5 班均衡对开的常态化运营。往返常态高频均衡的良性开行结构，促使“郑新欧”班列整体运营成本逐年降低 20% 左右。三是中欧班列（郑州）的境内集货辐射地域、境外分拨范围均居中欧班列首位。中欧班列（郑州）以郑州和汉堡为核心，境内境外双枢纽和沿途多点集疏格局已经形成，中途上下货已实现多点常态化。在全国各地设立 52 个办事处，已形成以郑州为中心，货物集疏半径超过 1 500 km，辐射 2 000 km，覆盖全国 3/4 省份，并通过过境中转向东辐射到日韩等亚太地区；境外以汉堡为枢纽，以巴黎、米兰、布拉格、华沙、马拉舍维奇、布列斯特、莫斯科、阿拉木图、扎门乌德等地为二级集疏中心，覆盖欧盟、俄罗斯及中亚地区 24 个国家 121 个城市。2018 年，中欧班列（郑州）的货源组成中，河南省外货源占班列总发货量的 75%，其中境外货源占比 20%。中欧班列（郑州）已实现西线（阿拉山口）、中线（二连浩特）和东线（满洲里）多口岸出入境，是多口岸、多线路运行，实现双通道的班列。2014 年至 2018 年中欧班列（郑州）货运情况见表 3-2。

表 3-2　中欧班列（郑州）货运情况

	班列数量	总货值（亿美元）	总货重（万 t）
2014 年	100	5.22	4.75
2015 年	256	11.50	11.96
2016 年	251	12.67	12.86
2017 年	501	27.36	26.20
2018 年	752	32.30	34.68

二、以打造平台为特点的运输贸易一体化

相较于其他城市开行的中欧班列（如：重庆市通过中欧班列的发展，为招商引资打好基础；武汉市有制造业的支撑，借助中欧班列将本地的电子产

品、汽车等销往欧洲），郑州市则根据自身的区位条件及产业定位，将发展模式定位为“以打造公共平台、铺开市场为主”，并不强调为当地产业配套或产业集聚发挥作用，而是将中欧班列（郑州）本身作为一个产业来发展，希望借助中欧班列助推物流发展，实现运输贸易一体化的发展目标。

郑州作为全国物资的集散地和中转站，助推运输贸易一体化平台形成。郑州凭借天然的枢纽地位，在国内有着“商城”的称谓，但随着经济发展，全国的商贸业发生了改变，郑州的商贸业也面临着升级。中欧班列（郑州）让中原成为中部亚欧大陆桥的新起点，郑州也成为我国中部、西北、华北、东北地区货物的主要集散地和中转站，更多的“中国制造”源源不断地从全国各地集结到郑州，然后再通过中欧班列（郑州）运往中亚、东亚、欧洲的“丝绸之路经济带”沿线国家，为“一带一路”沿线国家和地区打造了一条便捷的重要交通线路，促进更多国内企业融入国家“一带一路”建设中来。

专业的营运机构助推运输贸易一体化平台全面铺开。陆港公司全面负责中欧班列（郑州）的运营。作为多式联运经营人，陆港公司不仅具有无船承运人资质，可签发“门到门”的多式联运提单，而且已取得了“航空货运代理铜牌”，可签发陆港公司的货运主单，能提供“门到门”的全程运输代理服务。同时，陆港公司同国内外铁路、公路、船公司、航空运输公司建立了良好的合作分工关系，与多家货代和物流公司建立强强联合战略合作伙伴关系，具有完备的铁路、公路、海运、空运多式联运物流网络，能为国内及国外客户提供提货、配送、运输、仓储、分拨、报关、金融等物流服务。陆港公司从成立以来，着眼长远，重新布局，将单一的运输服务模式，转向物流和贸易并重。陆港公司除开展班列整柜、散货业务外，还拓展了过境中转、铁海空公多式联运，以及依托特色口岸的汽车进口、跨境电商、国际运邮、国际贸易、冷链物流等业务。特别是公司依托遍布欧洲、中亚和日韩等地区的业务网络，积极开展跨境电子商务业务。同时，陆港公司依托国内中部地区首个多式联运海关监管中心打造特色跨境电商综合服务平台，将铁路的运力优势与空运的快捷优势有机结合，为中外客户提供了多样化的跨境电商综合解决方案。随着郑欧商城、进口商品微信商城等线上电商平台和线下进口商品展示体验中心、实体店的陆续运营，中欧班列（郑州）运输贸易一体化战略全面铺开，更多直采直购、利用恒温冷藏箱运输的个人护理用品和化妆品、食品饮料、母婴用品和玩具、营养保健类“丝路洋货”，搭乘班列汇聚郑州，跨境商贸业务量保持快速提升态势，形成了“班列＋跨境贸易”和“以运带贸、以贸促运”的独特发展优势。2015 年底，中欧班列（郑州）的运输贸易一体化战略已全面铺开，线上、线下、实体店等多渠道发力，郑欧商城电商平台和郑欧微信商城运营效果显著，进口商品在郑州市区各大商超、便利店也销售火爆。2016 年，郑欧商城电商平台线上线下销售额超过 1 000 万元，比 2015 年增长 180％。2017 年和 2018 年，郑欧商城销售额逐年快速增长。

三、围绕区位及交通优势组织现代物流

全球成功的物流枢纽快速发展并成功的因素在于独特的区位优势、完善的基础设施、良好的产业环境、高水平的物流服务、有力的政府支持。

郑州具备发展现代物流业得天独厚的区位及交通优势，位于长三角、京津冀、珠三角和成渝城市带之间，是进出西北地区的门户，承东西、联南北，是全国各经济区交流、联合的中枢之地。2005 年 10 月河南省政府出台《中国郑州现代物流中心发展规划纲要》，在纲要中明确提出要建立以郑州为中心的中原城市群现代物流核心圈，以物流一体化促进区域的协调发展和构建全省辐射周边的现代物流"紧密圈"，发挥重要区域物流枢纽的传导作用。为增强物流业发展后劲，从 2006 年起，政府重金支持物流建设项目改造，对发展快、效益好的物流企业予以奖励，由发改委出面，通过政府渠道，向上级部门争取国债资金用于技术改造。国家"十二五"规划明确提出"大力发展现代物流业"，河南省政府亦在"十二五"时期出台了《河南省现代物流业发展规划(2010—2015 年)》，制定了物流业发展的相关优惠政策，为郑州市物流产业集群的发展创造了良好的氛围，对指导和推动郑州市物流产业集群的迅速发展起到了重要作用。河南省 2013 年政府工作报告提出：要加快完善交通物流体系和各类产业载体配套设施，抓好综合保税区等开放平台建设，建立"大通关"机制；强化郑州物流中心地位，提升区域节点城市物流功能，大力发展航空、口岸、保税、冷链等特色物流；有限发展航空货运，培育国际网购物品集散分拨中心；推动郑州铁路枢纽东联海港、西通中亚欧洲，形成国际货物集疏转运中心。2017 年 9 月，河南省人民政府办公厅印发了《河南省物流业转型发展规划(2018—2020 年)》，认为随着产业转型、消费升级和电子商务快速发展，冷链物流、快递物流、电商物流成为河南省最具比较优势和发展潜力的新兴产业。

四、围绕中欧班列组织现代物流

从战略角度看，只有把郑州放在中国发展大战略与大格局中，才能真正把握正确的发展方向。河南省处于"丝绸之路经济带"向西、向南和连接"海上丝绸之路"的交汇点，向东可以通过建设无水港，发展铁海联运、公铁联

运，推动陆海相通，实现与“海上丝绸之路”的连接；向西可以通过提升中欧班列（郑州）的运营水平，深度融合“丝绸之路经济带”的建设发展。通过“东联西进”，可以巩固郑州航空港国际物流中心的地位，贯通全球。基于这一特殊的区位，在国家“一带一路”倡议提出后，河南省及郑州市的发展定位及战略也发生变化。2015 年 3 月，国务院发布的《推动共建丝绸之路经济带和 21 世纪海上丝绸之路的愿景与行动》提出：“把郑州打造成为内陆开放型经济高地，支持郑州建设航空港、国际陆港，开展跨境贸易电子商务试点，提升中欧班列（郑州）品牌等。”在此背景下，2015 年 11 月，河南省发布《河南省参与建设丝绸之路经济带和 21 世纪海上丝绸之路实施方案》将河南省定位为“一带一路”重要的综合交通枢纽和商贸物流中心、新亚欧大陆桥经济走廊区域互动合作的重要平台、内陆对外开放高地。河南省及郑州市政府高度重视中欧班列（郑州）的开行工作，按照“省市联动、以市为主”原则，以“政府主导，企业运营”的运营模式，由郑州市和经济技术开发区成立两级郑州国际铁路班列项目推进工作领导小组。同时，为抓好班列运营工作，专门由郑州经济技术开发区和河南省物资集团公司共同出资组建平台公司——陆港公司。

中欧班列的开通和运行，大都是当地政府推动的，班列运营的第一阶段为市场培育期，运营主要依靠政府财政补贴，而中欧班列（郑州）的目标是在五年之内走向市场化。随着班列开行数量的增加，国内竞争加剧，甚至恶性竞争，主要表现在国内货源竞争、班列运行补贴方面。中欧班列（郑州）运行初期，郑州参照海运价格对班列公司进行财政补贴，对国内 1 500 km 范围内的货源运输到郑州的铁路和公路运输费用进行全额补贴。2017 年后，中欧班列（郑州）的补贴方式不是单纯地按照列数进行计算，而是强调：一方面按照每年实际开行列的亏空进行补贴，另一方面提议以海关数据满载率作为参考标准。以海关数据满载率作为参考标准与按照列数进行补贴相比，可节省补贴费用 70%～80%，具有一定的优越性。因中欧班列（郑州）的集货半径超 1 500 km，涉及全国 3/4 省份，郑州国际陆港开发建设有限公司在国内天津、上海、深圳等 8 个地区设立了 52 个专门的办事处；在德国、波兰等地成立了分公司，负责去程物资分拨和回程组织工作。陆港公司与多家货代和物流公司建立强强联合战略合作伙伴关系，这一方式实现了货源信息、场地设备和运输能力等方面的资源共享，以确保能够为广大客户提供安全、准时、低成本的无缝对接的一站式服务。而“政府主导，企业运营”的运营模式也从一定程度上保障了货源的充足。地方政府组建平台公司，陆港公司代表地方政府，负责中欧班列（郑州）的运营工作，包括班列的组织模式及合作模式，铁路部门负责运输协调。组织模式方面，由陆港公司负责，联系国内大中型出口企业，锁定目标客户群，签订合作协议。目前固定价格，无论客户远近，由陆港公司负责拉运。合作模式方面，一是国外合作方，由陆港公司委托的国外代理公司负责班列出关后的国外段协调，以及班列到达目的地后的送达组织；二是铁路、海关、检验检疫由陆港公司负责，分别与铁路局集团公司、郑州海关、检验检疫局等部门合作，做好相关工作；三是多式联运，由陆港公司与中铁国际多式联运有限公司签订合作协议，由中铁多联负责办理出境等手续，铁路部门负责运输协调。2013 年 9 月，郑州铁路局下发了《郑州铁路局关于公布郑欧国际集装箱班列组织暂行方案的通知》，进一步明确了陆港公司、铁路局相关部门和站段、郑州集装箱分公司、陆港公司、中铁国际多式联运郑州分公司的职责，并明确了各个环节的时间节点，为班列的常态化运行奠定了基础，特别是中国铁路总公司将中欧班列（郑州）的运行班次编号调整为 80001 后，中欧班列（郑州）获得了国内全程“绿灯”待遇，运行时间缩短为 63 h，全程运行时间减少 1 天左右。

第五节　中欧班列（武汉）

一、中欧班列（武汉）运行的三个特点

与其他货源节点城市开行的中欧班列不同，中欧班列（武汉）有三个特点：一是经历了由试运行到“停摆”再到常态化运营的阶段分隔。二是在进入常态化运营后，中欧班列（武汉）并没有像其他开行班列的城市那样去做大“流量”，相反却是在控制“流量”的基础上企图将每一标箱的货值最大化。三是与其他城市中欧班列的发展模式不同，中欧班列（武汉）出现了“平台之争”的阶段。运营该班列的国有企业遇到两种截然相反的引导：一方支持其建成一个包干物流、商贸、园区管理等业务的垄断性平台，另一方则力主中欧班列（武汉）的运营商应建设一个向其他中小企业开放的服务性平台。这一问题不断左右着班列的开行，并使其难以及时完成定位。

1. 从试运行的“停摆”到常态化稳定开行

中欧班列（武汉）于 2012 年 10 月 24 日就开始了试运行，但试运行一次后，中欧班列（武汉）就陷入长达一年半的“停摆”状态。2014 年 4 月，中欧班列（武汉）重启，进出境商品货值和种类持续增加、开行密度逐步加强。

常态化运营阶段，中欧班列在线路的开发和货源结构上都有了巨大的

改变和突破。从线路设置上,中欧班列(武汉)选择了中欧班列的西线和东线两个通道,即从武汉吴家山铁路中心站始发,经阿拉山口和满洲里出境,开辟了11条往返国际铁路班列线路,包括:武汉至捷克帕尔杜比采、武汉至波兰戈茹夫、武汉至俄罗斯莫斯科、武汉至白俄罗斯明斯克、武汉至乌兹别克斯坦塔什干、武汉至德国汉堡、武汉至德国杜伊斯堡、德国汉堡至武汉、德国杜伊斯堡至武汉、"俄满汉"原材料回程专列线路、武汉至法国里昂。中欧班列(武汉)经过哈萨克斯坦、俄罗斯、白俄罗斯、波兰、捷克、德国、法国7个国家,基本辐射欧洲全境。同时,武汉市"十三五"规划还特别强调,要支持中欧班列(武汉)常态化地"开辟至西亚伊朗、西欧法国等班线",使国际铁路货运线路进一步延长。另一方面,从货源结构上看,为助力武汉市"工业倍增计划"、优化城市和地区的产业结构,中欧班列(武汉)抵达的目的地选择以德国、法国等工业制造强国以及俄罗斯、白俄罗斯等资源大国为主。这也决定了中欧班列(武汉)进出口的产品结构。一是运输的出口货物包括:轻工业制品、服装、电子产品、工业品、汽车配件等;二是运输的进口货物集中在木材、工业机电产品、汽车配件、电子产品、轻工业制品等项目。另外,随着武汉市各口岸资质的进一步提升以及相关外贸公司的组建,居民日常消费用品会在进口货物中占到越来越高的比例。

2. 中欧班列(武汉)的流量控制

从整体上看,不同城市开行的中欧班列,不仅在路线选择、货源结构和到达目的地等内容上有所差异,而且在物流战略规划、领导机构设置以及补贴方案制订等方面也有所不同。

中欧班列(武汉)在实现常态化运营后,运输量逐步增大且发展迅速,然而,最大限度地增开班列数量不是公司追求的主要目标,"择优"才是中欧班列(武汉)的发展趋势,择优过程中,公司对客户进行筛选、优化,逐步把更好的仓位、更优的时间,留给有价值的客户。2018年,中欧班列(武汉)累计开行173列,其中85%以上的列车发往德国,然后从德国分拨到欧洲各地,约15%的列车直接发往俄罗斯、波兰、法国等地。货源中,65%来自湖北及周边省市,35%左右来自长三角、珠三角等地区。

3. 中欧班列(武汉)的平台建设之争:开放还是垄断

在试运行期间,中欧班列(武汉)并没有专门的物流公司来负责运输服务。在推动班列常态化开行过程中,为克服外贸企业分散、铁路货运途经国家较多、运营组织复杂等情况,武汉市政府决定组建一个平台公司以组织货源、申报运输计划、协调运输实务等工作。因此,汉欧公司这一市属国有企业,自其成立以来就被定位为"武汉市人民政府为全社会提供国际物流运输服务的公共平台”。

不过,运营平台应如何建设却引起了武汉市政府内部各部门之间的分歧。以武汉市交通运输委为代表的部门支持把汉欧公司建成一个集物流、园区建设和外贸经营等多功能为一体的全平台,这就形成国有平台公司包干、垄断的局面。而武汉市商务局等部门为了吸引大型商贸资本来汉投资,则主张汉欧公司只适合做公共物流平台,由此将上下游的产业向其他相关企业开放。中欧班列(武汉)运行中的平台建设之争,折射出地方政府各部门间的利益宣称及其博弈。

二、中欧班列(武汉)的阶段化运行及其成因

1. 中欧班列(武汉)的试运行:新港战略下的尝试

随着经济全球化和我国城市政府职能的转变,物流产业成为城市发展的关键动力,制定相应的物流战略也构成了城市发展规划的重要部分。因此,湖北省委、省政府于 2008 年 5 月提出定位于“江海直达”的“武汉新港”建设构想,作为构建促进中部地区重要战略支点、推动武汉城市圈“两型”社会综合配套改革试验区建设的重要突破口。

自武汉新港战略被正式确定后,“通江达海”就成为武汉对外综合交通体系构建和物流产业发展的重点方向,与此相较,适应于铁路货运的内陆无水港基础设施就陷入了相对滞后,这制约了中欧班列(武汉)从试运行向常态化发展的转换。国际铁路货运设施建设的滞后性表现在三个方面。首先是口岸资质上的不足。与其他城市开行中欧班列不同,中欧班列(武汉)是“火车开起来以后,才慢慢做口岸”。中欧班列始发的吴家山中心站仅为临时口岸,不能获得整车、食品、肉类、水果、国际邮包、跨境电商等铁路进口口岸资质,这限制了班列的进一步发展。其次是口岸基础设施的落后。由于吴家山铁路中心站(含海关监管区)建设面积偏小,缺少物流园区的配套,一旦货流量偏大,基础的储存和供应服务就难以跟上。最后是国检、海关、多式联运监管的配套服务不完善。铁水联运的“最后一公里”一直未能打通,联运的运输成本居高不下。数据显示,一个集装箱从中心站转运到阳逻港的短短 70 km,其运营成本高达 1 200 元;而从阳逻港到上海港的江海直达成本也才 1 200 元左右。因此,政府服务迟滞形成制度性环境和基础设施的落后,无法为中欧班列(武汉)持续发展提供有利支持。

最终导致中欧班列(武汉)陷入长达一年半“停摆”的因素还在于政府激励制度的缺失,公共财政的激励和引导功能就难以充分发挥,市场主体对新物流形式的稳定预期也无法建立。

2. 班列常态化:对接“一带一路”倡议的运输载体

2014 年 3 月 14 日,《“汉新欧”铁路国际货运常态化运营工作实施方案》

由武汉市政府正式发布，这也标志着由地方政府牵头推进的中欧班列（武汉）常态化准备工作全面启动。

武汉市政府还面临着对外贸易量增长和中西部城市竞争激化两大现实问题，这些因素都促使武汉必须以中欧班列为抓手、加快重新调整城市物流战略。一方面，面临东部沿海的产业转移和本省市外向型经济的不断发展，快速增长的对外贸易亟需一条全新的通道来疏解巨大的货运压力。根据《武汉市 2015 年国民经济和社会发展统计公报》的数据显示，2011—2015 年，全市进出口总额年均增长 9.2%，其中进口年均增长 6.8%，出口年均增长 11.6%，由武汉新港承载的“江海直达”无法完全满足这一快速增长的外贸形势。因此，开发外贸新空间和新线路的内在需求也推动了武汉市政府对中欧班列常态化地推进工作。另一方面，重庆、郑州、成都等中西部重要城市都凭借中欧班列，不断拓展在欧亚大陆的跨国物流和贸易，全力将自身打造成内陆城市参与全球化的新型开放窗口。

武汉市政府在对接“一带一路”而调整了自身的物流战略后，也必须通过一系列措施以保证班列的常态化开行，这些措施包括完善基础条件和制定激励制度两个方面。从完善基础条件的层面来说，提升口岸资质是武汉市政府推进班列常态化的首要任务。2013 年 10 月，市政府协助武汉铁路中心站的铁路口岸建成并通过验收，进出口货物实现本地通关。同时，市口岸办向海关等部门申请在东西湖设立特殊监管区，其功能视同铁路临时口岸。历经一年的筹备申报，武汉铁路临时口岸于 2015 年初正式获批。口岸办还正在以武汉铁路口岸为依托，积极申报并促使吴家山铁路中心口岸成为汽车整车进口的指定口岸，以优化中欧班列回程货物结构。

另外，加强物流基础设施的建设也是地方政府为中欧班列（武汉）常态化运行提供的条件之一。在试运行期，困扰中欧班列（武汉）运行的一个重要因素就在于其落后的基础设施。集装箱核心港区、外向型产业集聚地、保税功能区和铁路集装箱中心站等重要功能节点存在着空间布局的错位，导致了联运的运输成本过高。尤其是在武汉将战略定位调整之后，铁、水、空联运的重要性愈益凸显，如何破解航运和铁路运输碎片化的难题，也就成为政府为班列提供服务的关键环节。

湖北省的“十三五”规划指出，要建设武汉新港江北铁路等重要港口疏港铁路。而江北铁路正式实现阳逻港与滠口铁路货运站、吴家山集装箱铁路中心站无缝衔接的“最后一公里”。同时，2016 年 5 月，汉欧国际集装箱铁水联运最终被列入了交通运输部全国首批 16 家多式联运的示范项目。

另外，以稳定的补贴制度来形成对物流企业的长效激励，也是武汉市政府推进中欧班列的一项重要举措。与中欧班列（武汉）在试运营期补贴制度的缺失不同，常态化运营时期的中欧班列（武汉）在开行之初就确定了明确的补贴方案。《“汉新欧”铁路国际货运常态化运营工作实施方案》指出：“由市财政局会同市交通运输委、市商务局（口岸办）、武汉市东湖技术开发区、武汉经济技术开发区管委会等部门和单位，按照不低于重庆、郑州、西安等地的补贴标准，结合武汉至欧洲国际集装箱铁路、水路两种运输方式之间的差价，对“汉新欧”物流公司组织运输的集装箱，按照每标箱进行定额补贴的原则……补贴办法一经审定，5 年内保持不变，具体补贴金额一年一定，直至完全实现市场化运作……。”

三、中欧班列（武汉）的常态化开行特征及其分析

1. 政企关系变动下的“流量控制”

当前，大多数开行的中欧班列都采用了“政府扶持＋企业运作”的模式；再加上《中欧班列建设发展规划（2016—2020 年）》明确提出了“市场运作、政府引导”的基本原则，政企关系在很长一段时间内，都会对中欧班列产生巨大影响。政府设定的中欧班列（武汉）的补贴制度最终造成了补贴总额和运输总量的内在紧张状态，这是汉欧公司控制“流量”的根本原因。

据《武汉市 2015 年度市级物流业发展专项资金使用计划》显示：2015 年，武汉市财政直接拨付给中欧班列（武汉）国际铁路货运班列运营补贴达到 3 000 万元。另外，《武汉集装箱铁水联运专项补贴资金管理办法》也设立专项补贴资金，对经由武汉铁路集装箱场站及阳逻港铁水中转的实际载货的集装箱进行为期三年的财政支持。

与其他城市不同的是，武汉市政府采用“双定额”的方式来进行补贴。“双定额”是指每标箱补贴的金额固定，且每年配给的补贴总额固定。

2.“平台之争”与部门利益

武汉物流公司的特点凸显了地方政府组织架构对中欧班列运营的影响。武汉与其他城市的一个明显区别是：政府补贴的发放权与对物流平台的发展与监督权归两个完全不同的职能部门管，商业委员会负责补贴的发放，物流平台则直接归物流办管理。这两个部门有不同的利益和政策目标。商委的目标是吸引尽可能多的企业参与利用武汉的物流平台，从而使国际贸易总量年年增加。物流办则想让下属的物流平台尽可能多地垄断产业链条以增加利润，回报初始的投入。当二者的目标发生冲突时，武汉商委坚持只有在物流平台做成一个开放式平台的前提条件下才能提供补贴。由于这种补贴的限制，武汉的物流平台更加侧重于提高单位集装箱的货运价值。

第四章　中欧班列与国际物流

中欧国际铁路运输涉及多个国家、多个主体、多种文化，具有系统复杂性。除物理通道、物流起讫点、枢纽节点等硬件要素外，整个通道的决策、组织、管理等软要素更是保证运输通道运行效率和效果的关键所在。中欧班列是以上软硬件通道下形成的物流产品，本质上是完成国际物流活动的载体。

第一节　国际物流的概念与分类

一、国际物流的概念

国际物流（International Logistics，IL）是指货物（包括原材料、半成品、制成品）及物品（包括邮品、展品、捐赠物资等）在不同国家和地区间的流动和转移，即供应点和需求点处于不同国家地区之间的物流。与国内物流相比，它涉及的环节更多，参与的企业与部门更为广泛。

国际物流指当生产和消费在两个或两个以上的国家或地区独立进行时，为了克服生产与消费之间的空间障碍和时间距离，对物资进行物理性移动的一项国际商品贸易或交流活动，从而完成国际商品交易的最终目的，即实现卖方交付单证、货物和收取货款，而买方接受单证、支付货款和收取货物的贸易对流条件。简单地说，就是与一国进出口贸易有关的物流活动，包括货物集运、分拨配送、货物包装、货物运输、仓储、装卸搬运、流通加工、报关、商检、国际货运保险、单据处理等。

国际物流的实质是按国际分工协作的原则，依照国际惯例，利用国际化的物流网络、物流设施和物流技术，实现货物的国际流动和交换，以促进区域经济的发展和世界资源优化配置。而国际物流的总体目标是为国际贸易和跨国经营服务，使各国物流系统相互接轨，即选择最佳的方式和路径，以最低的费用和最小的风险，保质、保量、适时地将货物从某国的供方运到另一国的需方，使国际物流系统整体效益最大化。

二、国际物流的分类

根据划分标准的不同，国际物流主要可以分为以下三种类型。

1. 流向类

根据货物在国与国间的流向可分为进口物流和出口物流。当国际物流服务于一国的货物进口时，即可称为进口物流；而当国际物流服务于一国的货物出口时，则可称为出口物流。由于各国在物流进出口政策，特别是海关管理制度上的差异，进口物流与出口物流相比，既有交叉的环节，也存在不同的业务环节，需要区别对待。

2. 关税区域类

根据货物流动的关税区域，可以分为不同国家间的物流和不同经济区域间的物流。区域经济的发展是当今世界经济发展的一大特征。例如，欧盟国家属于同一关税区，其成员国之间物流运作与欧盟成员国和其他国家或经济区域间的物流运作在方式和环节上都有很大的差异。2011 年 7 月开始，俄罗斯、白俄罗斯、哈萨克斯坦关税同盟正式建立实施，三国取消了关税和非关税壁垒，并且对外实行统一的进口税率。

3. 特征类

根据跨国运送货物的特征，可以分为贸易型国际物流和非贸易型国际物流。贸易型国际物流是指由国际贸易活动引起的商品的国际移动，除此之外的国际物流活动都属于非贸易型国际物流，如国际展品物流、国际军火物流、国际邮品物流、捐助或救助物资物流、废弃物物流等。围绕国际物流活动而设计国际物流业务的企业有国际货运代理、国际物流公司、国际配送中心、国际运输及仓储、报关行等。

三、国际物流的特点

国际物流，顾名思义，其跨国的物流方式使各国物流系统互相接轨，与国内物流系统相比有独特的特点，具体如下。

1. 国际物流系统范围的广阔性

国际物流在发展的物流系统上增加了不同国家的要素，不仅地域空间更加广阔，而且所涉及的国内外因素更多，所需的时间更长，带来的直接后果是难度和复杂性增加、风险增大。

2. 物流系统的复杂性

物流本身的功能要素和系统已十分复杂，而国际物流中又增加了不同国家的要素，其地域和空间更为广阔，所涉及的内外因素更多，所需的时间更长，所带来的直接后果是难度和风险性大大增加。

国际物流作为将货物在国际进行跨境移动的国际商务活动，是一种集各种一般物流功能于一体的开放系统。它既包含了一般物流系统的功能要素，如装卸搬运、包装、运输、仓储、流通加工、国际配送、信息等子系统，还涉及海关、商检和国际结算等，这些都使得国际物流系统的复杂性大大提高。

3. 国际物流环境的差异性

各国物流环境存在差异，尤其是物流软环境的差异是国际物流较之国内物流具有更大复杂性的关键，主要表现在：各国政府监管国际物流的法律不同；国与国之间的经济、科技发展水平不同；国家间采用不同的物流标准；各国具有迥然不同的地理、气候等自然环境和人文风俗习惯。上述物流环境的差异性均会导致国际物流接轨的困难，使国际物流系统难以建立，从而迫使国际物流系统在几个不同的法律、人文、习俗、语言、科技、设施环境下运行，这无疑大大增加了国际物流的复杂性。

4. 国际物流规则的国际性

在国际物流活动中，不只需要国内法进行约束，也涉及相当多的国际条约和惯例。例如，在货物运输方面，有《联合国国际货物多式联运公约》《统一国际航空运输某些规则的公约》《联运单证统一规则》等。

5. 国际物流的高风险性

由于国际物流流程完成周期较长、作业复杂和跨国界运作，国际物流过程中除了存在一般性物流风险（如意外事故、不可抗力、作业损害、理货验货疏忽、货物自燃、合同风险）外，还因跨国家、长距离运作，面临着政治、自然和经济等方面的更高风险。例如，由于运输距离的扩大而延长运输时间并增加货物中途运转装卸的次数，使国际物流中货物灭失及短缺的风险增大；企业资信、汇率的变化使国际物流经营者面临更多的信用及金融风险；不同国家之间政治经济环境的差异可能使企业跨国开展国际物流遭遇国家风险。

6. 国际物流的高技术性

在国际物流中，生产企业或货主会在很大程度上依靠第三方物流经营者提供的物流服务和情报、信息以及相关单证，而这些信息交流的工作必须以国际化的信息系统为支持。国际海上运输、国际航空运输以及国际集装箱多式联运等运输方式是国际物流运输采用的主要运输方式。国际物流运输路线长，运输途中物品保管、存放条件要求高，运输环境较为复杂。

国际物流的迅猛发展得益于国际化信息系统的发展,国际化信息系统是国际物流非常重要的支持手段。国际物流是最早发展电子数据交换(EDI)的领域,以 EDI 为基础的国际物流对物流的国际化产生了重大影响。

国际化信息系统的建立面临着管理和投资两大困难,再加上世界上有些地区物流信息水平较高,有些地区较低,导致信息化水平不均衡,使得国际化信息系统的建立更为困难。

7. 国际物流具有高标准化要求

统一标准对国际物流畅通有着重要意义。目前,美国、欧洲基本实现了物流工具与设施的标准化,如托盘采用 1 000 mm×1 200 mm、集装箱采用统一规格及条码技术等,这样大大降低物流费用与转运难度。而不向这一标准靠拢的国家,不得不在转运换车等很多方面耗费时间和费用,从而降低了国际竞争力。

国际物流管理的最终目标是在国际范围内,以适当的方式,在适当的时间,将指定的物品以较低的成本,快速、安全地送到指定的地点。它要求整个流程的一体化协作,从而最大限度地节约时间,缩短物流流程完成的周期。因此,要实现物流流程中各环节之间的有序衔接、节约时间、缩短流程周期,就必须实现国际物流的标准化运作。国际物流是国际贸易的衍生物,它是伴随着国际贸易的发展而发展起来的,是国际贸易得以顺利实现的必要条件。如果贸易关系密切的国家在物流基础设施、信息处理系统乃至物流技术方面不能形成相对统一的标准,就会造成国际物流资源的浪费和成本的增加,最终影响产品在国际市场上的竞争力,而且国际物流水平也难以提高。

8. 国际物流必须具有国际化信息系统的支持

国际化信息系统是国际物流,尤其是国际联运非常重要的支持手段。国际化信息系统建立的难度大,一是管理困难,二是投资巨大,三是由于世界上物流信息水平参差不齐,使信息系统的建立更为困难。

建立国际物流信息系统一个较好的办法就是和各国海关的公共信息系统联网,以及时掌握各有关港口、机场和联运路线、站场的实际状况,为供应或销售物流决策提供支持。

在网络环境下,以网络为主题的商务活动已经极大地解决了同种物流中信息系统的信息传递问题。在网络经济中开展以网络信息为特征的商务活动,使用以网络信息为特征的结算方式,需要同时与物流活动相适应的综合信息和物流经济体系。创造一个与网络经济活动相适应的国际物流中心会更好地解决商务与物流配送的问题。

四、国际物流的系统构成

1. 运输子系统

国际物流运输系统是国际物流系统的核心系统，国际物流系统依靠运输克服物品在不同国家(或不同地区)的空间距离，创造空间效益，物品通过国际货物运输作业由供方转移给需方。国际货物运输具有线路长、环节多、涉及面广、手续繁杂、风险性大、时间性强等特点，运输费用在国际贸易商品价格中占有很大比重。国际运输管理主要考虑运输方式的选择、运输线路的选择、承运人的选择、运输费用的节约、运输单据的处理以及货物保险等方面的问题。国际货物运输包括国内运输段(包括进、出口国内)和国际运输段。

(1)国内运输段

出口货物的国内运输，是指出口商品由生产地或供货地运到出运港(站、机场)的国内运输，是国际物流中的重要环节。离开国内运输，出口货源就无法从生产地或供货地集运到港口、车站或机场，也就不会有国际运输段。出口货物的国内运输工作涉及面广，环节多，要求各方面协同努力组织好运输工作，确保出口货物运输任务的顺利完成，减少压港、压站等物流不畅的局面。国内运输段的主要工作包括发运前的准备工作、发运、装车和装车后的善后工作。

(2)国际运输段

国际运输段是整个国际货物运输的重要一环，它是国内运输的延伸和扩展，同时又是衔接出口国和进口国货物运输的桥梁和纽带，是国际物流畅通的重要环节。国际段运输可以采用由出口国装运港直接到进口国目的港卸货，也可以采用中转经过转运点，再运达目的港。运达目的港的货物，一部分在到达港直接分拨出去，送达最终用户；另一部分则需要送达相关的供应部门，再分运给用户。不论是国际转运还是国内分拨，均应有相应的仓储设施，以备临时存放中转货物。

2. 仓储子系统

物品的储存、保管会使物品在流通过程中处于一种或长或短的相对停滞状态，这种储存是完全必要的，因为国际商品流通是一个由分散到集中，再由集中到分散的源源不断的流通过程。例如，国际贸易或跨国经营中的物品从生产厂或供应部门被集中运送到装运港口，通常需要临时存放一段时间，再装运出口，这就是一个集和散的过程。它主要是在各国的保税区和保税仓库进行的，因此会涉及各国保税制度和保税仓库建设等方面的问题。

从现代物流的理念来看，国际运输是克服了外贸商品使用价值在空间上的距离，创造物流空间效益，而储存保管可以克服商品价值在时间上的差异，创造时间价值。

3. 检验子系统

由于国际贸易和跨国经营具有投资大、周期长、风险高等特点，使得商品检验成为国际物流系统中一个重要的子系统。通过商品检验，可以确定交货品质、数量和包装等条件是否符合合同规定，发现问题，分清责任。在国际货物买卖合同中，一般都订有商品检验条款，主要包括检验时间与地点、检验机构与检验证明、检验标准与检验方法等内容。

4. 通关子系统

国际物流的一个重要特点就是跨越关境。由于各国海关的规定并不完全相同，所以，对于国际货物的流通而言，各国的海关可能会成为国际物流中的“瓶颈”。要消除这一瓶颈，就要求物流经营人熟知有关各国的通关制度，在适应各国通关制度的前提下，建立安全高效的通关系统，保证货畅其流。

5. 装卸搬运子系统

国际物流运输、储存等作业离不开装卸搬运，因此，国际物流系统中的又一重要子系统是装卸搬运子系统。它是短距离的物品搬移，是储存和运输作业的纽带和桥梁。它也能提供空间效益，是保证商品运输和保管连续性的一种物流活动。搞好商品的装卸、进库、出库以及在库内的清点、盘存、转运转装等，对加速国际物流起到重要作用。同时节省装卸搬运费用也是降低物流成本的重要途径之一。

6. 信息子系统

国际物流子系统的主要功能是采集、处理和传统国际物流的信息情报。如果没有功能完善的信息系统，国际贸易和跨国经营就会寸步难行。国际物流信息的主要内容包括进出口单证的作业过程、支付方式信息、客户资料信息、市场行情信息、供求信息以及物品在国际物流环节中的位置和状况等。国际物流信息系统的特点是信息量大、交换频繁、传递量大、时间性强、环节多、路线长。所以，应该建立技术先进的国际物流信息系统。

第二节 中欧班列物流组织

一、货源结构情况

从2017年统计数据来看，中欧班列货源结构中，长沙、义乌、成都、广州、东莞、深圳、赤峰、太原、乌鲁木齐等省市货源结构本地占比超过50%，重庆、郑州、武汉、苏州、大连等省市本地货源占比少于50%，见表4-1。

表4-1 中欧班列货源结构基本情况

序号	城市	货源结构占比	
		本地	外地
1	重庆	40	60
2	成都	50	50
3	郑州	20	80
4	武汉	30	70
5	长沙	60	40
6	义乌	60	40
7	苏州	40	60
8	营口	1	99
9	广州	85	15
10	东莞	100	0
11	深圳	100	0
12	沈阳	23	77
13	大连	5	95
14	长春	39	61
15	哈尔滨	26	74
16	合肥	21	79
17	西安	30	70
18	赤峰	100	0
19	太原	100	0
20	乌鲁木齐	100	0

二、货运量及品类

中国出口至欧洲货物量约1 100万TEU，折合货量约为1亿t，中欧班列去程运量 2018 年实际完成 3 610 列，折合运量约为 220 万 t。中欧班列占中国对欧出口货物量不足 3%，发展空间很大。

中欧班列出境货源的基本种类包括：笔记本电脑产品、电子配件、家用电器、汽车零配件、轮胎、纺织服装、粘胶纤维、日用品、箱包文具、装饰材料、建材、钢材、机械设备、PVC、化工品、茶叶、番茄酱、咖啡、木制家具等。

按区域划分：西欧班列以笔记本电脑产品、电子配件、家用电器、汽车零配件、轮胎、纺织服装、番茄酱等为主。

中东欧班列以家用电器、纺织服装、日用品、箱包文具、装饰材料、建材、木制家具等为主。

俄罗斯班列以日用品、箱包文具、装饰材料、建材、钢材、机械设备、PVC、化工品、茶叶、番茄酱、咖啡、木制家具等为主。

中亚班列以家用电器、汽车零配件、轮胎、纺织服装、粘胶纤维、日用品、箱包文具、装饰材料、建材、钢材、机械设备、PVC、化工品、茶叶、番茄酱、咖啡、木制家具等为主。

中欧班列回程入境货源主要有：机械设备、精密仪器、汽车整车及配件、环保器材、高档服装、皮鞋、化妆品、红酒、奶制品及鲜奶、蜂蜜、食品、木材、钢材等。

各城市主要货源品类见表 4-2。

表 4-2　中欧班列主要货源品类基本情况

序号	城市	主要货源品类	
		去　　程	回　　程
1	重庆	家用电器及工具、机械产品、电脑半成品、灯具、汽车及汽车配件等	食品、酒类、家具、电机等
2	成都	笔记本电脑、通信设备、轻工业	汽配、整车、日化、食品
3	郑州	机电设备、高铁材料及零部件、IT 产品、家电产品、模具、汽车配件	汽车整车、飞机材料及零部件、医疗器械、高级食品、化妆品
4	武汉	陶瓷、茶叶、机械配件、化工、电子产品等	木材、食品、汽车配件、机械设备、特种钢材、化工产品、纺织品
5	长沙	汽车配件、纺织品、电子电气、日用品	木材、食品、汽车配件、机械设备、特种钢材、化工产品、纺织制品
6	义乌	鞋包、服装、椅子、汽车用品、滑轮、蜡烛、帽子、监控设备、布、锅具、瓷盘、灯	奶粉、尼龙切片、聚酰胺、聚醚改性聚硅氧烷、洗碗机、悬架系统用弯型稳定杆、成套橱柜、汽车零配件
7	苏州	电子产品	太阳能背封膜

续上表

序号	城市	主要货源品类	
		去　程	回　程
8	营口	日用百货、五金鞋帽、电子电工、美妆日化等	板材、机械配件、发动机等
9	广州	五金百货、电子产品、灯具、服装鞋包	无
10	东莞	服装、灯具、平衡车、模具、电子产品、家用电器	小麦粉
11	深圳	高科技电子产品	无
12	沈阳	机械设备、汽配、日用品等	木材
13	大连	电子产品、小商品、设备、汽车	板材、纸浆
14	长春	机械设备、整车、汽配、日用品	汽配、板材、食品、矿泉水
15	哈尔滨	汽车配件、电子产品、机械设备、纺织品、飞机配件为主	木材、纸浆、汽车配件、机械设备
16	合肥	建材、家电、机械	建材、医药、机械零配件
17	西安	汽车零配件、日用品、工艺品等	红酒、机械设备
18	赤峰	机电设备、赖氨酸等	木板材
19	太原	重型机械	无
20	乌鲁木齐	烧碱、聚氯乙烯、1,4-丁二醇、黄原胶、树脂、建材、卷钢	木材

三、中欧班列的货源组织方式

1. 中欧班列(重庆)产地直发的组织方式

中欧班列(重庆)重点服务于落户重庆的世界六大笔记本电脑产品生产企业,依据笔记本电脑产品对运输时间、运输质量、安全可靠的需求,组织直达“五定”班列至德国杜伊斯堡。

重庆市从2008年开始针对笔记本电脑制造及相关产业大力招商,吸引了惠普、华硕、富士康、广达等企业入驻重庆。根据重庆市经信委信息,2016年全球每3台电脑中,有1台产自重庆,年生产电脑5 800万台,各类智能终端产量2.7亿台,产值突破5 000亿元人民币,以产地直发为主是中欧班列(重庆)的主要特征。

自2014年4月起,中欧班列(重庆)扩大组货范围,改为一周2列的公共班列,不仅重庆的IT产品可以搭乘,华中、华南、华东等地区的各类产品都可以搭乘。班列接受拼箱等散货运输。目前中欧班列(重庆)去程货源已经由开行之初的以IT产品为主,拓展到汽车整车及零配件、机械产品、服装、鞋帽、日用品以及工艺工业用品等多个品类。

2. 中欧班列(郑州)货源集聚方式

中欧班列(郑州)重点培育华中地区物流集结分拨中心——郑州国际内陆港为目标,吸引腹地货源组织开行班列至德国汉堡。

中欧班列(郑州)平台公司,其股东为郑州经开区和河南物资集团,其运作模式是国内段委托中铁多联负责,国外段委托国际上的货运代理公司分段负责。

郑州的区位优势非常明显,处于中原腹地,铁、公、空四面交通的大十字路口,是全国重要的交通枢纽和物流集聚中心。中欧班列(郑州)积极打造"丝绸之路经济带"上的综合国际物流港,与国家规划紧密结合;而国际物流港,一方面着眼于国际贸易,一方面融入港口的概念,使之与经贸、进出口、口岸功能、物流地产等一系列的产业融为一体。中欧班列(郑州)是河南省政府和郑州市政府共同推动的项目,货源腹地千余公里,班列开行后,拉动郑州城市地位的提升,效果非常明显。国际内陆港、综合保税区、整车进口口岸、肉类进口口岸、跨境电商等功能相继落户郑州。

中欧班列(郑州)开行后,河南省进出口总额位居中西部的第一位,欧洲是河南仅次于美国的对外贸易第二市场,河南的汽车、工业丝、高档鞋帽服装、磨料、纺织品在欧盟市场的销量明显上升,市场占有率也不断提高。

3. 中欧班列(营口)海铁联运方式

营口开行的铁海联运班列,重点开发东南沿海及日韩等周边地区的货物,利用成熟的海运费低廉和俄铁西伯利亚铁路通道运价优势,开行营口(鲅鱼圈)—莫斯科、斯洛伐克、白俄罗斯、波兰等地的直达班列。

中欧班列(营口)平台公司——辽宁沈哈红运物流有限公司,其股东为营口港集团有限公司、哈尔滨铁路物流有限公司、沈阳铁道物流集团有限公司、辽宁红运物流(集团)有限公司 4 股东组成。

营口港至满洲里口岸出境到达俄罗斯与欧洲的中俄欧集装箱运输大通道,向东辐射韩国、日本、东南亚以及我国沿海省份,向西可到达俄罗斯、白俄罗斯、波兰、斯洛伐克、德国、匈牙利。营口港亚欧大陆桥集装箱货源主要来自三个方面:一是从我国沿海省份采取内贸海运的方式发到港口,在营口口岸直接报关出口的;二是从韩日以及东南亚通过外贸航线发到港口,在营口口岸转关过境的;三是本地货物,主要以周边城市的镁制品为主。

自2014年开始，营口港加大了经满洲里转关至欧洲的营满欧集装箱班列的开发力度，平均每周开行5列，货源旺季达到6～7列。大连港的“辽满欧”班列的货源组织形式基本也是这种方式。

4. 新疆区域合作与集结方式

中欧班列（新疆）最大的优势在于新疆距中亚和欧洲距离最近，具有时间和价格的竞争优势，新疆提供乌鲁木齐—欧洲、中西亚的定制化、客车化的直达班列平台，对不能整列直发的有关城市或地区，可以通过区域合作的方式，在新疆集结，组列发往中西亚或欧洲。

中欧班列（新疆）平台公司——新疆中欧联合物流有限公司，其股东为乌鲁木齐经济技术开发区建设投资开发有限公司、新疆大陆桥集团有限责任公司、华铁联达（北京）国际物流有限公司。

新疆是中欧班列西通道的必经之地，内地出发和返程的中欧班列可在新疆重新编组，加挂新疆西出和东进的新疆产品的班列，将充分发挥新疆作为“丝绸之路经济带”核心区的集散作用。不具备整列直达条件的城市或班列公司可通过新疆集结发列。

5. 中欧班列（连云港）过境中转方式

中欧班列（连云港）利用其国家定位为新亚欧大陆桥运输通道起点的优势及过境运输赋予的运价政策，组织转运日韩及东南亚各国过境中国，去往中西亚的货物。

中欧班列（连云港）平台公司——中哈国际物流有限公司，其股东为连云港港口集团有限公司、哈铁快运股份公司。目前，在我国境内已经形成东桥头堡以连云港为主，北有青岛、天津、大连，南有上海、宁波、广州等多堡、多通道、多口岸的陆桥过境通道。

利用新亚欧大陆桥开展过境运输的主要有日本、韩国和中亚、东南亚地区等20多个国家或地区，运输的主要品种有机械设备、汽车及配件、矿产品、化肥、农副产品等10多个大类。

四、运输协调方式

中欧班列主要由中铁国际多式联运有限公司、德铁辛克（DB Schenker）和俄罗斯铁路公司（RZD）、敦豪航空货运公司（DHL）以及哈铁快运（KTZ Express）共同提供国际物流服务，见表4-3。

表 4-3　中欧班列物流提供商一览表

国际物流提供商	情 况 简 介
中铁国际多式联运有限公司	为班列中国区段的主要经营者，服务包括所有中欧班列的运输组织及信息跟踪工作，中欧班列到达阿拉山口口岸后及时与口岸报关行沟通协调，处理问题等
德铁辛克、俄罗斯铁路公司	提供到汉堡、纽伦堡和杜伊斯堡的每周定期服务；2009 年 DB Schenker 与 RZD 合作建立横贯欧亚大陆的物流公司——TEL
敦豪航空货运公司	2013 年推出成都—哈萨克斯坦—波兰的货运港口班列；2014 年 3 月，DHL 通过美国运输与物流公司（UTLC）的新合资公司发展中欧铁路业务；2014 年开行苏州—华沙班列
哈铁快运	提供铁路运输、哈萨克斯坦境内换装工作、车辆服务，从 2014 年 10 月，公司逐步提供从深圳、广州、武汉、西安到欧洲的新的铁路物流服务

中欧班列开行涉及货源组织、箱源组织、径路选择、运输组织、货运代理、信息追踪、费用结算和政策支持等八方面要素，是一个综合性的、环环相扣的国际物流系统工程，需要客户、铁路、港口、海关、国检、代理、政府等共同参与，协调发展。现阶段，在“一带一路”倡议推动下，各地积极响应开行班列。中欧班列的协调工作呈现“地方主导，各自发展”的特点。总结起来，中欧班列的运输协调方式可以归纳成如下几种。

(1)以中欧班列(重庆)为代表的由班列平台公司全程运输协调的方式

中欧班列(重庆)以“渝新欧”(重庆)物流有限公司为平台公司，其股东为重庆交运集团、中铁多联、哈铁快运公司、俄铁物流公司、德铁公司组成，所以其全程协调工作由平台公司通过各股东分段负责。加上重庆市政府高度重视，投入较大的人力、物力，在德国成立了平台公司的协调办事处，极大地提高了全程运输的协调力度。

(2)以中欧班列(郑州)为代表的由班列平台公司国内段委托中铁、国外段委托国际物流商协调的方式

中欧班列(郑州)平台公司的股东为郑州经开区和河南物资集团，所以其运作模式是国内段委托中铁多联负责，国外段委托国际上的货运代理公司负责。中欧班列(成都)、中欧班列(长沙)等部分平台公司采用这种模式。

(3)以中欧班列(武汉)为代表的由平台公司全程委托中铁协调的方式

中欧班列(武汉)平台公司全程委托中铁多联负责。中铁多联国内段自己负责，宽轨段委托哈铁快运(或者俄罗斯集装箱公司)，欧洲段委托其他国际代理公司负责，中欧班列(苏州)、中欧班列(义乌)等部分平台公司采用这

种模式。

(4)以中欧班列(西安)为代表的由发货人国内段委托中铁多联、国外段客户自办运输的协调方式

中欧班列(西安)主要开行西安到中亚班列。其模式是发货人国内段委托铁路局集团公司办理铁路发运手续,口岸转关及国外段运输由发货人自行委托国外代理的模式。

(5)以中欧班列(营口)为代表的由发货人国内段委托班列平台公司组织发运、国外段委托国际物流商协调的方式

中欧班列(营口)是指发站为营口,经满洲里出境,通过西伯利亚铁路经俄罗斯、白俄罗斯的班列。其运作模式为国内段运输(从鲅鱼圈到满洲里)统一由沈哈红运物流公司经营,国外段由发货人自行委托代理的模式。

中欧班列在培育期,根据各地的经济发展和“走出去”的实际情况,各地政府牵头,组建市场化的运营的班列平台机构,协调有关单位,组织班列开行。这种各自为政的局面,也带来一些问题,如:平台公司之间货源竞争激烈,形成很多“候鸟”货源,加大了政府补贴力度,班列空率较高等。应予适度整合,以发挥整体效应。

第三节　案例——国外承运商:中欧班列运营中不可或缺的参与者

中欧班列是“一带一路”倡议早期收获项目之一。它为中国与沿线国家的货物流通提供了新的选择。随着中欧班列的开行线路、覆盖范围不断增加,中国与班列沿线国家的政策、设施和贸易联通也相应的受到带动,从而使中国与沿线国家在“一带一路”框架内的务实合作有了新抓手。中欧班列在过去 6 年多时间里的快速发展,既离不开中国中央及地方政府的大力扶持,也离不开沿线国家政府和企业的积极参与。不过,由于各主体的出发点不同,它们所遵照的基本逻辑也有差异。本节以俄铁物流及其子公司远东陆桥公司为例,界定国外承运商在中欧班列开行和发展过程中扮演的基本角色,并对其进一步参与中欧班列业务的主要方向进行探讨。

1. 国外承运商扮演的基本角色

简单来看,国外承运商是中欧班列运营不可或缺的参与者。中欧班列作为国际集装箱联运的重要方式,从中国出发后,途经俄罗斯、哈萨克斯坦、蒙古、白俄罗斯、波兰、乌克兰、德国等众多沿线国家,最终进入到欧洲、中

亚、中东等地区的不同目的地。在这个过程中,境外承运商既是境外运输服务的主要供应商,同时,也是国内部分线路平台公司的重要投资方。其中,境外路段的运输服务供应商是国外平台公司当前在中欧班列业务中扮演的基本角色。

(1)中欧班列的境外运输服务供应商

中欧班列连接欧洲十三个国家。在不同路段的运输服务由境内外服务商共同完成。通常情况下,中欧班列在国内的运输服务由国铁集团(具体是中铁国际多式联运公司)来提供;而境外段的运输服务则由一个或多个平台公司合作提供。目前,参与中欧班列业务的境外平台公司主要包括哈铁快运、俄铁远东陆桥、白俄铁、德铁、跨欧亚物流(Trans-Eurasia Logistics,德铁全资子公司)、英特瑞(Inter Rail,总部位于瑞士)、联合交通物流(俄铁、白俄铁、哈铁的合资公司)等。其中,俄铁物流及其下属子公司远东陆桥有限公司是中欧班列境外段最大的运输服务供应商,主要负责中欧班列宽轨段的运输。尽管境外平台公司主要负责班列国外段的运输,但是,它并不是直到班列开至境外段时才参与。实际上,境外平台早在每趟班列开行之前就通过对接国内平台公司参与到业务组织和流程规划当中。境外平台公司与国内平台公司对接的形式主要有两种:一是承接中铁国际多式联运公司的运输委托;一是承接地方平台公司的运输委托。

(2)中欧班列国内平台的重要投资方

除作为运输服务供应商参与中欧班列外,国外平台公司还是国内特定平台公司的重要投资方。2011 年,中欧班列最早的线路重庆—杜伊斯堡开通。由于该线路早期主要由重庆地方政府推动,为后期中欧班列发展提供客观支持的“一带一路”倡议当时尚未提出,因此,协调沿线各国的运输企业参与班列运营就是一项难题。在这样的背景下,重庆交运集团按照市场模式,将中铁、俄铁、德铁、哈铁等境内外主要运输服务供应商吸纳进来,共同出资成立合资公司“渝新欧”(重庆)物流公司来运营中欧班列(重庆)。各境外平台公司向“渝新欧”(重庆)物流公司董事会派遣董事,参与班列平台公司的运营监管,从而保证了境内外各方能够共同推动中欧班列(重庆)的运行。截至目前,这也是国内唯一有境外平台公司参与的线路运行商。

以俄铁物流及其子公司远东陆桥为代表的境外平台公司之所以能够以境外运输服务提供商和国内地方平台公司重要投资方的方式参与到中欧班列运营当中,不仅是因为中国提出“一带一路”倡议为沿线国家物流企业提供了拓展国际业务的良好机遇和合作环境,更是由于这些平台公司所拥有的服务产品、业务经验、市场地位等属于中欧班列运营的必要条件。

境外平台公司大多是班列所经过国家市场的主要铁路物流服务供应商，它们在当地市场运营多年，具有强大的市场竞争力和影响力，大多能够主导不同线路的定价，特别是能够将中欧班列途经国家和地区所存在的不同技术和货运标准进行协调、衔接，以实现和保障铁路跨境运输。比如，俄罗斯、中亚以及部分中东欧国家的铁路是宽轨，中国及欧洲大部分国家是标准轨，西班牙等为超宽轨；俄罗斯、中亚执行《国际铁路货物联运协定》（简称《国际货协》）运输标准、欧盟大部分国家执行《国际铁路货物运送公约》（简称《国际货约》）运输标准等。中欧班列将货物从中国始发地运抵国外目的地，不仅是不同区域市场主导者之间的协作，也是不同技术和标准之间的合作。离开当地市场主体的参与，中欧班列就无法完成换装、通关、运输等基本业务。此外，部分境外平台公司实际上早在中欧班列开通之前就已在开展国际集装箱联运业务，积累了大量经验。2007 年，奥地利远东陆桥有限公司（2013 年被俄罗斯铁路物流有限公司收购，开始作为其下属公司开展业务）就开始为其韩国客户定制由韩国仁川港始发，经中国辽宁省营口港上岸，铁路至满洲里过境俄罗斯后贝加尔，穿越西伯利亚铁路，经由乌克兰直达欧洲的定制班列。中欧班列开行以后，俄铁物流及其子公司远东陆桥继续在宽轨段和部分欧洲标轨段开展业务。

2. 国外承运商的未来发展重点

中欧班列开行总量已经超过 6 000 列，为参与其中的境外承运商提供了大量国际业务，使其能够直接分享到中国发展以及共建“一带一路”的红利。据统计，2017 年上半年，中欧班列过境俄罗斯的集装箱量（由俄铁物流及其子公司远东陆桥承运的）占俄铁物流同期集装箱运输业务的 88.4%。今后，随着“一带一路”的进一步发展，中欧班列也将把提升运营质量作为工作重点。这对国外平台公司而言，既是新的机遇，也是新的挑战。未来，国外平台公司应从结合自身优势，解决中欧班列发展的瓶颈问题入手，来继续参与中欧班列业务。具体而言，境外平台公司未来在做好基础业务的同时，应重点围绕以下三点，来共同推动中欧班列发展。

（1）培育班列核心竞争力

中欧班列作为东亚和欧盟两大经济圈之间货物运输的新方式，它的发展离不开健康的市场，特别是核心竞争力的形成。目前，尽管中欧班列运输的货物已经扩大到电子产品、机械设备、汽车整车和零配件、日用消费品及小商品、工业零部件、红酒、食品及板材等众多品类，但是，仍然未能形成合理的货品结构。所谓合理的货品结构，主要是指班列运输的货物在属性、价值等方面能与海运、空运等形成互补和良性，而不是非理性竞争。货品结构不合理实际上反映的是中欧班列尚未在货运市场中找到真正的细分客户群和形成有竞争力的定位。中欧班列通常所讲价格和时间优势具有很强的外部依赖性，比如，地方政府的政策扶持等，并不足以让班列在与海运和空运的长期竞争中立足。虽然中欧班列目前主要由中国推动，但是，仅靠中国政府和企业难以形成支撑班列长远发展的核心竞争力。其未来发展需要各主要利益攸关方转变思路，提升各自业务能力，并最终形成有利于班列发展的合力。对境外平台公司而言，主要是适当扩展角色定位，从当前的部分业务流程参与者，转变为班列业务能力的建设者，通过简化业务手续、增强操作能力、优化业务流程等来提升中欧班列的运输效率，降低中欧班列的运输成本，从而形成中欧班列在货运市场上的核心竞争力。

(2)集揽境外的回程货物

中欧班列各线路在开行后的相当长一段时间内(2014 年之前)并没有回程货物运输。随着中欧班列开行线路的增多以及回程货物种类的扩大，该问题在一定程度上得到缓解。2017 年，中欧班列回程 1 274 列，约占年开行总量的 34.7%。虽然这一回程班列比例与最早有回程的 2014 年的 9.1%相比有很大改观，但与 2016 年的 33%、2015 年的 32.5%相比，并未发生根本性变化。换句话说，过去几年内中欧班列并没有找到彻底解决回程问题的方法。这一方面与回程货物总量较少有关，还与回程货物组织模式有关。目前，中欧班列的回程货物主要由中国公司，包括进口商、货代公司等来集揽，境外平台公司较少参与。实际上，德铁、俄铁物流及其子公司远东陆桥等跨国公司在欧洲物流市场上占据重要地位，熟悉欧洲物流市场，了解货品、货源、价格等基本市场信息，再加上在欧洲市场具有分布广泛和较为完善的终端网络，因此，有条件在回程货物组织方面发挥积极作用。俄铁物流与俄罗斯出口中心(2015 年成立)合作推动利用回程中欧班列运输俄罗斯向中国出口的非资源类产品。根据远东陆桥母公司俄铁物流公司的介绍，俄铁物流作为俄罗斯向中国进行铁路货物运输服务的主要供应商，可以向俄罗斯出口商提供成本合理的高品质物流服务，支持后者向中国各地区出口产品。如果能够推动国外平台公司在境外揽货，中欧班列的回程货源少等问题有望进一步得到缓解。

(3)完善班列的境外布线

中欧班列开行至今，始终存在主线过境地相对单一，支线辐射能力弱的问题。主线过境地相对单一主要表现在超过90%的班列都是经过白俄罗斯与波兰边境的布列斯特及马拉舍维奇进出欧洲。然而,这条主线路的基础设施相对落后,机车运输能力、场站换装能力、货场仓储能力等均无法满足日益增长的班列运输需求,最终导致中欧班列不能按照预期时间完成运输。班列延误使它与海运相比的运时短的优势不再明显,削弱了中欧班列的竞争力。支线辐射能力弱主要表现在大部分中欧班列线路集中发往德国、波兰,再通过公路运输等方式分流到西欧、中南欧、北欧等地区。实际上,通过铁路运行线铺画,增加通往中南欧、北欧等地区的支线,如经俄罗斯、拉脱维亚入境北欧,经乌克兰入境中南欧等的线路,不仅能够节省转途德国的运输时间和成本,还能够增强中欧班列对次区域市场的辐射力,更能够以中欧班列为抓手加强中国与沿线国家的设施联通,从而推动相互之间的"一带一路"合作。因此,通过开通更多过境站和组织铺画支线来完善境外布线是中欧班列今后的发展重点。在这个过程中,德铁、波铁、俄铁等主要境外平台公司作为欧洲铁路运输市场的重要企业,具有熟悉路线、通道、站点等天然优势,作为不同此区域市场的主导者,能够较为便利地将中欧班列的过境站建设、欧洲支线铺画等与自身发展相结合,在支持中欧班列发展的同时,也拓展自身业务。

总之,国外平台公司是中欧班列开行运营必不可少的参与方,不仅是中欧班列境外运输服务的主要供应商,还是中欧班列国内平台公司的重要投资方。未来,国外平台公司还可以拓展市场角色,与中国国内相关主体共同培育中欧班列的市场竞争力,利用自身的市场、资源等优势,在集揽回程货物、完善境外布线等方面发挥积极作用,从而在推动中欧班列发展的同时,实现自身的壮大。

第二篇　中欧班列基础设施与配套支撑

第五章　设备设施与技术标准

“一带一路”倡议提出后，全国各地纷纷抢抓发展先机，不同起点的中欧班列不断涌现。依托西伯利亚大陆桥、新亚欧大陆桥，已初步形成西、中、东三条中欧班列运输通道。自 2011 年首次开行以来，中欧班列发展势头迅猛，辐射范围快速扩大，货物品类逐步拓展，开行质量大幅提高。

第一节　运 输 通 道

根据中欧班列的出境口岸位置划分，2011 年开行至今，中欧班列形成了三条国际运行通道，即西、中、东通道：西部通道指通过阿拉山口（霍尔果斯）口岸出境；中部通道指通过二连浩特口岸出境；东部通道通过满洲里口岸出境。经阿拉山口的西部通道按运输径路又分为北（俄罗斯、西北欧方向）、中（高加索、黑海方向、中东欧）、南（伊朗、土耳其、南欧）三条通道。

一、中欧班列西部通道

中欧班列西部通道从阿拉山口/多斯特克（霍尔果斯/阿腾科里）出境，又分为北、中、南三条通道。

1. 中欧班列西部北通道（主通道）

该通道经哈萨克斯坦、俄罗斯、白俄罗斯，通过布列斯特/马拉舍维奇进入波兰、德国，这是中欧班列的干线通道即西部北通道，该通道换装两次，一次是中国—哈萨克斯坦，在多斯特克车站由准轨换成宽轨；另一次是白俄罗斯—波兰，在马拉舍维奇车站由宽轨换装到准轨，“渝新欧”“郑欧”“汉欧”“蓉欧”班列等都用这条通道。

中欧北通道是在苏联和欧洲铁路网基础上形成的运输通道，沿线基础设施较好，经济比较发达，路网密度大，通道成熟、可靠、快捷。该通道在莫斯科铁路枢纽又引出三条分支线路：

分支线路一：通过莫斯科向北连接芬兰、瑞典、挪威等国家，中欧（芬

兰—新疆库尔勒)纸浆板班列使用该通道;

分支线路二:通过莫斯科连接波罗的海三国(立陶宛、拉脱维亚和爱沙尼亚),新疆库尔勒—德国杜伊斯堡的1,4-丁二醇液态罐式集装箱班列使用该通道;

分支线路三:通过乌克兰连接匈牙利、斯洛伐克、捷克、塞尔维亚等中东欧国家,营满欧班列经斯洛伐克多布拉换装站使用该通道。

中欧班列西部北通道径路如图5-1所示。

图5-1 中欧班列西部北通道径路图

2. 中欧班列西部中通道

中欧班列西部中通道是中国至欧洲直线距离最近的运输通道,俗称欧高亚走廊(欧洲—高加索—亚洲),是亚欧间有前景、运时较短、运价经济、快捷便利、辐射面更广的运输通道,其运输径路有三种选择:

运输径路一(铁海联运):中国(阿拉山口)—哈萨克斯坦(阿克套港)—里海—阿塞拜疆(巴库港)—格鲁吉亚(波季港或巴统港)—黑海沿岸国家,新疆奎屯经格鲁吉亚至伊斯坦布尔的普货班列使用此径路。

运输径路二(全程铁路):中国(阿拉山口)—哈萨克斯坦(谢米格拉维马尔)—俄罗斯(奥津基)—阿塞拜疆(巴库)—格鲁吉亚(第比利斯)—黑海沿岸国家,新疆奎屯至格鲁吉亚的普货班列使用此径路。

运输径路三(铁海公联运):中国(阿拉山口)—哈萨克斯坦(阿克套

港)—里海—阿塞拜疆(巴库港)—格鲁吉亚(转汽运)—土耳其，新疆库尔勒经格鲁吉亚至土耳其梅尔辛港的纺织品班列使用此径路。

中欧班列西部中通道径路如图 5-2 所示。

图 5-2　中欧班列西部中通道径路图

3. 中欧班列西部南通道

中欧班列西部南通道(包括中亚通道)是中国经中亚、西亚去往欧洲南部的通道，主要有两条运输径路。径路一：中国(阿拉山口、霍尔果斯)—哈萨克斯坦(阿拉木图)—乌兹别克斯坦(塔什干)—土库曼斯坦(谢拉赫斯)—伊朗(德黑兰)—土耳其(伊斯坦布尔)，通过轮渡越过马尔马拉海与希腊铁路连接进入欧洲南部。该通道由于伊朗、土耳其段铁路线路老化，年久失修，路况较差，虽然是一条传统的运输线路，但尚未有中欧班列开行。径路二：中国(阿拉山口、霍尔果斯)—哈萨克斯坦(阿拉木图)—里海东岸(乌津)—土库曼斯坦—伊朗(戈尔甘)，这是一条 2014 年开通的线路，义乌至伊朗班列使用此通道。

中欧班列西部南通道径路如图 5-3 所示。

图 5-3　中欧班列西部南通道径路图

二、中欧班列中部通道

中欧班列中部通道指从二连浩特/扎门乌德出境，经蒙古、俄罗斯、白俄罗斯，通过布列斯特/马拉舍维奇进入波兰、德国等；该通道换装两次，一次是从中国进入蒙古时在扎门乌德车站由准轨换成宽轨，另一次是从白俄罗斯进入波兰，在马拉舍维奇车站由宽轨换装到准轨；由于蒙铁集平车较少，所用集平车大部分由俄铁排空过来，口岸换装滞留时间长，在三条国际通道中，所占份额较少，早期呼和浩特至俄罗斯冷链机保班列以及部分“郑欧”班列使用该通道。中欧班列中部通道径路如图 5-4 所示。

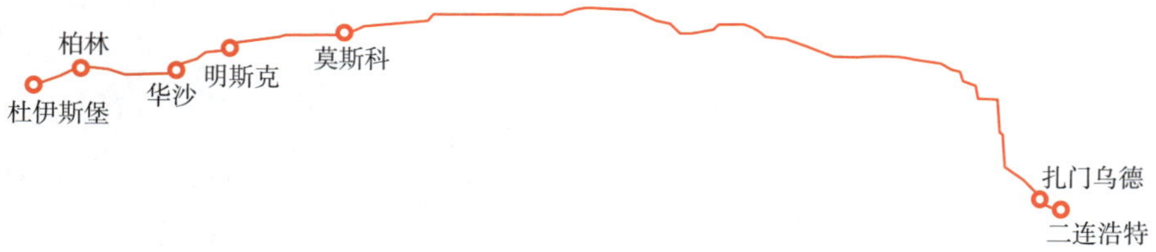

图 5-4　中欧班列中部通道径路图

为了增加中部通道市场份额，蒙古国也制定了针对过境运量的价格优惠政策。根据 2017 年蒙古国交通运输发展部铁路与海运政策实施协调司提供的数据：中部通道蒙古段为扎门乌德(蒙)—那乌斯基(俄)运距为 1 110 km，运价为 510 瑞士法郎(原价为 600 瑞士法郎，优惠 15%)。蒙铁段去程运输时间为 28 h，其中扎门乌德换装 6 h，运输时间 22 h；回程虽然不换装，但是由于线路为上坡，因此运输时间也需要 28 h。从宽轨全程运输路径看，扎门乌德(蒙)—那乌斯基(俄)—布列斯特(白)—马拉舍维奇(波)去程运价 3 160 美元，回程运价 2 460 美元；如果预先能确定回程货占去程的 50%运量以上，则去程运价可降低 500 美元，为 2 660 美元。

三、中欧班列东部通道

中欧班列东部通道指从满洲里/后贝加尔出境，经俄罗斯、白俄罗斯，通过布列斯特/马拉舍维奇进入波兰、德国。该通道换装两次，一次是从中国进入俄罗斯时在后贝加尔车站由准轨换成宽轨，另一次是从白俄罗斯进入波兰，在马拉舍维奇车站由宽轨换装到准轨，“苏满欧”“营满欧”“沈满欧”“辽满欧”“哈欧”班列等都使用这条通道。中欧班列东部通道径路如图 5-5 所示。

图 5-5　中欧班列东部通道径路图

四、中欧班列开行通道现状

中欧班列开行通道现状见表 5-1。

表 5-1　中欧班列通道

通道名称		通道路径	运行的中欧班列
西部通道（主通道）	西部北通路	干线：中国（阿拉山口）—哈萨克斯坦（阿克托别）—俄罗斯（奥津基、新济布科夫）—白俄罗斯（戈梅利、布列斯特）—波兰（马拉舍维奇、斯乌比策）—德国（小法兰克福、汉堡）	重庆—杜伊斯堡、郑州—汉堡、武汉—帕尔杜比采、成都—罗兹
		支线 1：通过莫斯科向北连接芬兰、瑞典、挪威	“郑欧”：郑州—科沃拉
		支线 2：通过莫斯科连接波罗的海三国（立陶宛、拉脱维亚、爱沙尼亚），铁海联运至德国杜伊斯堡港或汉堡港	新疆班列：库尔勒—杜伊斯堡（1，4-丁二醇液态罐式集装箱）
		支线 3：通过乌克兰连接匈牙利、斯洛伐克、捷克、塞尔维亚等中东欧国家	营满欧：营口—多布拉（斯洛伐克）
	西部中通路（欧高亚走廊）	径路 1：中国（阿拉山口）—哈萨克斯坦（阿克套港）—里海—阿塞拜疆（巴库港）—格鲁吉亚（波季港或巴统港）—黑海沿岸国家	新疆班列：奎屯—梅尔辛、伊斯坦布尔
		径路 2：中国（阿拉山口）—哈萨克斯坦（谢米格拉维马尔）—俄罗斯（奥津基）—阿塞拜疆（巴库）—格鲁吉亚（第比利斯）—黑海沿岸国家	新疆班列：奎屯—第比利斯
		径路 3：中国（阿拉山口）—哈萨克斯坦（阿克套港）—里海—阿塞拜疆（巴库港）—格鲁吉亚（转汽运）—土耳其	新疆班列：库尔勒—梅尔辛（纺织品）（铁海公三式联运）
	西部南通路	径路 1：中国（阿拉山口、霍尔果斯）—哈萨克斯坦（阿拉木图）—乌兹别克斯坦（塔什干）—土库曼斯坦（谢拉赫斯）—伊朗（萨拉赫斯、德黑兰）—土耳其（伊斯坦布尔），通过轮渡与希腊铁路连接进入欧洲南部	“义新欧”班列 2016 年 1 月 28 日开行测试班列到达德黑兰。伊朗、土耳其段铁路线路老化，年久失修，路况较差
		径路 2：中国（阿拉山口、霍尔果斯）—哈萨克斯坦（阿拉木图）—里海东岸（乌津）—土库曼斯坦（艾特列克、阿吉亚伊拉）—伊朗（音切布隆、戈尔甘、德黑兰）	“湘满欧”：长沙（霞凝）—德黑兰准备测试
中部通道		中国（二连浩特）—蒙古（乌兰巴托）—俄罗斯（莫斯科）—白俄罗斯（布列斯特）—波兰（马拉舍维奇）—德国（汉堡）	“郑欧”“湘欧”班列
东部通道		中国（满洲里）—俄罗斯（赤塔）—白俄罗斯（布列斯特）—波兰（马拉舍维奇）—德国（汉堡）	“苏满欧”“辽满欧”“营满欧”“哈欧”“沈满欧”“湘欧”“粤欧”等班列

第二节　中欧班列沿途技术标准

中欧班列的技术标准主要涉及线路技术标准和列车技术标准。

一、线路标准

线路技术标准主要包括：轨距、单复线、牵引方式、允许速度、中欧班列东、中、西（西通道分北、中、南）通道沿途各国铁路的技术状况，分别见表5-2～表5-6。

（1）东部（满洲里）通道

表5-2　东部（满洲里）通道线路技术标准表

国　别	境内里程（km）	轨距（mm）	双/单线（%）	牵引方式 电力（%）/内燃（%）	线路允许速度（km/h）
中国（大连）	1 892	1 435	100/0	49/51	100～160
俄罗斯	7 125	1 520	95/5	95/5	80～140
白俄罗斯	611	1 520	100/0	100/0	80～120
波　兰	683	1 435	100/0	100/0	120
德国（汉堡）	391	1 435	100/0	100/0	160

（2）中部（二连浩特）通道

表5-3　中部（二连浩特）通道线路技术标准表

国　别	境内里程（km）	轨距（mm）	双/单线（%）	牵引方式 电力（%）/内燃（%）	线路允许速度（km/h）
中国（天津）	860	1 435	61/39	61/39	100～160
蒙　古	1 110	1 520	0/100	0/100	70
俄罗斯	6 368	1 520	96/4	96/4	80～120
白俄罗斯	611	1 520	100/0	100/0	80～120
波　兰	683	1 435	100/0	100/0	120
德国（汉堡）	391	1 435	100/0	100/0	160

（3）西部（阿拉山口）通道1

表 5-4　西部(阿拉山口)通道 1—北通道线路技术标准表

国　别	境内里程(km)	轨距(mm)	双/单线(%)	牵引方式 电力(%)/内燃(%)	线路允许速度(km/h)
中国(连云港)	4 139	1 435	98/2	100/0	100～160
哈萨克斯坦	1 913	1 520	46/54	46/54	80～100
俄罗斯	2 687	1 520	100/0	100/0	80～120
白俄罗斯	611	1 520	100/0	100/0	80～120
波　兰	683	1 435	100/0	100/0	120
德国(汉堡)	391	1 435	100/0	100/0	160

(4)西部(阿拉山口)通道 2

表 5-5　西部(阿拉山口)通道 2—中通道线路技术标准表

国　别	境内里程(km)	轨距(mm)	双/单线(%)	牵引方式 电力(%)/内燃(%)	线路允许速度(km/h)
中国(连云港)	4 139	1 435	98/2	100/0	100～160
哈萨克斯坦	3 833	1 520	38/62	28/72	80
里海轮渡	321	1 520 (铁路滚装)	—	—	—
阿塞拜疆	505	1 520	0/100	100/0	80
格鲁吉亚	322	1 520	84/16	100/0	80
黑海轮渡	1 200	1 520 (铁路滚装)	—	—	—
乌克兰	920	1 520	100/0	100/0	80～100
波　兰	737	1 435	96/4	100/0	90～120
德国(汉堡)	391	1 435	100/0	100/0	160

(5)西部(阿拉山口)通道 3

表 5-6　西部(阿拉山口)通道 3—南通道线路技术标准表

国　别	境内里程(km)	轨距(mm)	双/单线(%)	牵引方式 电力(%)/内燃(%)	线路允许速度(km/h)
中国(连云港)	4 139	1 435	98/2	100/0	100～160
哈萨克斯坦	1 481	1 520	41/59	62/38	80
乌兹别克	778	1 520	47/53	42/58	80
土库曼斯坦	468	1 520	0/100	0/100	80
伊　朗	1 931	1 435	单线居多	0/100	80

续上表

国　别	境内里程(km)	轨距(mm)	双/单线(%)	牵引方式	线路允许速度(km/h)
				电力(%)/内燃(%)	
土耳其	2 120	1 435	单线居多	内燃居多	80
希　腊	117	1 435	双线居多	电力居多	100
保加利亚	463	1 435	34/66	69/31	80～120
罗马尼亚	513	1 435	5/95	100/0	60～120
匈牙利	278	1 435	19/81	100/0	100～120
斯洛伐克	227	1 435	100/0	100/0	100
捷　克	511	1 435	100/0	100/0	90～160
德　国	538	1 435	100/0	100/0	160

二、列车标准

列车技术标准主要包括：牵引定数、车数、箱数、计长、旅行速度。

根据运营中的中欧班列东、中、西(西部分北、中、南)通道的情况，各国列车标准分别整理见表 5-7～表 5-11。

(1)东部(满洲里)通道

表 5-7　东部(满洲里)通道列车技术标准表

国　别	牵引定数(t)	车数(辆)	箱数(TEU)	计长(m)	旅行速度(km/天)
中　国	2 800	41～52	82～104	770	1 400
俄罗斯	3 500	41～71	82～142	900	1 000
白俄罗斯	3 500	41～71	82～142	900	1 000
波　兰	2 600	41～45	82～90	750	800
德　国	2 600	41～45	82～90	750	800

(2)中部(二连浩特)通道

表 5-8　中部(二连浩特)通道列车技术标准表

国　别	牵引定数(t)	车数(辆)	箱数(TEU)	计长(m)	旅行速度(km/天)
中　国	2 800	38～42	76～84	770	1 000
蒙　古	2 600	38～42	76～84	850	600
俄罗斯	3 500	41～71	82～142	900	1 000
白俄罗斯	3 500	41～71	82～142	900	1 000

续上表

国　别	牵引定数(t)	车数(辆)	箱数(TEU)	计长(m)	旅行速度(km/天)
波　兰	2 600	41～45	82～90	750	800
德　国	2 600	41～45	82～90	750	800

(3)西部(阿拉山口)通道 1

表 5-9　西部(阿拉山口)通道 1—北通道列车技术标准表

国　别	牵引定数(t)	车数(辆)	箱数(TEU)	计长(m)	旅行速度(km/天)
中　国	2 800	41～52	82～104	770	1 400
哈萨克斯坦	3 200	41～62	82～124	850	1 200
俄罗斯	3 500	41～71	82～142	900	1 000
白俄罗斯	3 500	41～71	82～142	900	1 000
波　兰	2 600	41～45	82～90	750	800
德　国	2 600	41～45	82～90	750	800

(4)西部(阿拉山口)通道 2

表 5-10　西部(阿拉山口)通道 2—中通道列车技术标准表

国　别	牵引定数(t)	车数(辆)	箱数(TEU)	计长(m)	旅行速度(km/天)
中　国	2 800	41～52	82～104	770	1 400
哈萨克斯坦	3 200	41～62	82～124	850	1 200
里海轮渡		小于 50	小于 100		
阿塞拜疆	2 300	41～52	82～104	850	600
格鲁吉亚	3 000	41～52	82～104	850	800
黑海轮渡		小于 50	小于 100		
乌克兰	2 800	41～52	82～104	850	1 000
波　兰	2 600	41～45	82～90	750	800
德　国	2 600	41～45	82～90	750	800

(5)西部(阿拉山口)通道 3

表 5-11　西部(阿拉山口)通道 3—南通道列车技术标准表

国　别	牵引定数(t)	车数(辆)	箱数(TEU)	计长(m)	旅行速度(km/天)
中　国	2 800	41～52	82～104	770	1 400
哈萨克斯坦	3 200	41～62	82～124	850	1 200

续上表

国　别	牵引定数(t)	车数(辆)	箱数(TEU)	计长(m)	旅行速度(km/天)
乌兹别克斯坦	2 800	41～52	82～104	850	1 000
土库曼斯坦	3 200	41～52	82～104	850	1 000
伊　朗	1 210	22～44	44～88	650	600
土耳其	1 250	22～44	44～88	650	600
希　腊	2 500	41～52	82～104	800	800
保加利亚	1 500	41～52	82～104	650	600
罗马尼亚	3 000	41～52	82～104	750	600
匈牙利	1 100	41～52	82～104	800	600
斯洛伐克	2 000	41～52	82～104	750	800
捷　克	1 600	41～52	82～104	700	800
德　国	2 600	41～45	82～90	750	800

第三节　节　　点

一、中国与周边国家的准/宽轨换装站

中欧班列主要通过周边哈萨克斯坦、俄罗斯、蒙古去往欧洲、中亚和西亚，进出境口岸主要为阿拉山口(中)—多斯特克(哈)、霍尔果斯(中)—阿腾科里(哈)、二连浩特(中)—扎门乌德(蒙)和满洲里(中)—后贝加尔(俄)，其中中哈间两对、中蒙和中俄间各一对。部分俄罗斯进口的板材班列也经由绥芬河(中)—格罗迭科沃(俄)。

阿拉山口—多斯特克口岸为中欧班列主要出入境口岸，经由的中欧班列数量占全国总量近七成。2018 年该口岸共完成过货 1 803.4 万 t，同比增长 8.9%；口岸进出口总值达 779 亿元，同比增长 7.3%。中方的阿拉山口站为一等货运站，技术性质为区段站。准轨到发场日接发车能力为 38 列，宽轨到发场日接发车能力为 20 列，年综合换装能力约 1 500 万 t。多斯特克站换装能力为 450 车/日，其中集装箱仅为 280 箱/日。

霍尔果斯—阿腾科里口岸为新亚欧大陆桥上中哈间开通的第二对铁路口岸。霍尔果斯至阿腾科里区间通过能力是宽、准轨各 12 对/日。霍尔果斯站站场布局为分场纵列式，宽轨场、准轨场具备接发列车和调车作业功能。阿腾科里站站场按横列式布局，换装能力为 240 车/日，其中集装箱 120 箱/日。从阿腾科里和多斯特克口岸出口货物的总换装能力为 690 车/日，

实际出口 400 车/日，换装能力富余约 40%。可以满足中欧班列每周开行 13 列车的需求。

二连—扎门乌德口岸为中蒙间口岸，也是我国第三大陆路口岸。二连站年综合换装能力 1 620 万 t，2018 年二连站过货量突破 1 000 万 t，为近年来的最高峰。扎门乌德站位于蒙古国的东南边境，后方宽轨铁路通过乌兰巴托与俄罗斯西伯利亚大铁路连接，年综合换装能力约 1 000 万 t。

满洲里/后贝加尔口岸为中俄间口岸，满洲里站接车能力为 20 列/天（1 520 mm 轨距列车），后贝加尔站每昼夜接车能力为 5 列/天（1 435 mm 轨距列车）。满洲里和后贝加尔区间可同时接发 1 520 mm 和 1 435 mm 轨距列车，中铁和俄铁在接收方到发线办理货物、车辆和集装箱交接。

二、独联体国家与欧洲国家宽/准轨换装站

独联体国家轨距为 1 520 mm，欧洲大部分国家轨距为 1 435 mm，宽/准轨换装站主要分布在波罗的海通道、西欧通道和南欧通道上。

1. 波罗的海通道

波罗的海通道（中国—俄罗斯—白俄罗斯—立陶宛—波兰）宽准轨换装站设在立陶宛的塞斯头卡站（SESTOKAI）和考那斯站。塞斯头卡站（SESTOKAI）位于立波边界，与波兰口岸马卡尤瓦站（MOCKAUA）遥相呼应，是波罗的海通往欧洲主要通道。考那斯站位于立陶宛中部，立陶宛主要为宽轨铁路网，近年来欧盟发起修建了从波兰通往波罗的海三国的准轨铁路，该准轨铁路从立陶宛中部穿过，在考那斯站与宽轨铁路网交汇。宽轨场日接发车能力 8 列，准轨场日接发车能力 6 列，年综合换装能力约 800 万 t。

2. 西欧通道

西欧通道（中国—俄罗斯—白俄罗斯—波兰—德国—法国）宽准轨换装站是白俄罗斯的布列斯特和波兰的马拉舍维奇。布列斯特站位于白俄罗斯西南边境，是独联体宽轨铁路网面向欧盟的西部末端，向西通过波兰可以连接德国、荷兰、比利时、法国等国家。现有宽准轨到发场 1 个，到发线及调车线 12 条；换装场 1 个，换装线 8 条；换轮场 1 个，换轮线 2 条。宽轨场日接发车能力 10 列；准轨场日接发车能力 8 列；年综合换装能力约 1 000 万 t。

马拉舍维奇站位于波兰的东部边境，是欧盟准轨铁路网面向独联体的大门，向东通过白罗斯可以连接俄罗斯、蒙古、中国，以及哈萨克斯坦等中亚国家。现有宽、准轨到发场各 1 个，到发线及调车线 70 条；换装场 4 处，换装线 20 条；换轮场 1 个，换轮线 2 条。宽轨场日接发车能力 8 列；准轨场日接

发车能力 10 列;年综合换装能力约 1 200 万 t。

3. 南欧通道

南欧通道(中国—俄罗斯—乌克兰—斯洛伐克或匈牙利—罗马尼亚、保加利亚及前南斯拉夫各国、意大利)宽准轨换装站是乌克兰的乔普、斯洛伐克的蒂萨河畔的切尔纳站、匈牙利的扎霍尼站。

乔普站位于乌克兰的西部边境,是独联体宽轨路网去往中南欧的终点,向西通过斯洛伐克的蒂萨河畔的切尔纳站连接中欧铁路网,向南通过匈牙利的扎霍尼站连接南欧铁路网。现有宽准轨到发场 1 个,到发线及调车线 10 条;换装场 1 个,换装线 8 条;换轮场 1 个,换轮线 2 条。宽轨场日接发车能力 10 列;准轨场日接发车能力 8 列;年综合换装能力约 1 200 万 t。

蒂萨河畔的切尔纳站位于斯洛伐克国境线的西南角,向西连接着中欧铁路网,可通往捷克、奥地利、德国、瑞士、意大利等国。现有宽轨到发场、调车场各 1 个,到发线及调车线共 47 条;准轨到发场、调车场各 1 个,到发线及调车线共 40 条;换装场 1 个,换装线 52 条;换轮场 1 个,换轮线 2 条;还有专用的集装箱换装场一个,换装线 6 条。宽轨场日接发车能力 12 列;准轨场日接发车能力 10 列;年综合换装能力约 1 500 万 t。

扎霍尼站位于匈牙利国境线的西北角,向南连接着中南欧铁路网,可通往罗马尼亚、保加利亚和前南斯拉夫的塞尔维亚、克罗地亚等国。现有宽准轨到发场各 1 个,到发线及调车线 26 条;换装场 2 个,换装线 12 条;换轮场 1 个,换轮线 2 条。宽轨场日接发车能力 8 列;准轨场日接发车能力 10 列;年综合换装能力约 800 万 t。

三、独联体国家与西亚国家宽/准轨换装站

中亚国家(独联体国家)采用 1 520 mm 轨距,西亚国家采用 1 435 mm 轨距,因此在中欧班列南通道(中国—哈萨克斯坦—乌兹别克斯坦—土库曼斯坦—伊朗—土耳其—欧洲)上必须进行宽准轨之间的换装。

谢拉赫斯站位于土库曼斯坦的东南部边境,是中亚去往西亚的咽喉。该站现有宽准轨到发场 1 个,到发线及调车线 10 条;换装场 1 个,换装线 8 条;换轮场 1 个,换轮线 2 条。宽轨场日接发车能力 10 列;准轨场日接发车能力 8 列;年综合换装能力约 800 万 t。

萨拉赫斯站位于伊朗的东北部边境,与土库曼斯坦的谢拉赫斯站相对接。该站现有宽轨到发场 1 个,到发及调车线 12 条;准轨到发场 1 个,到发及调车线 23 条;换轮场 1 个,换轮线 4 条。宽轨场日接发车能力 10 列;准轨

场日接发车能力 12 列;年综合换装能力约 800 万 t。

阿特列克站是土库曼斯坦进入伊朗便捷的新通道的换装站。阿基亚伊拉口岸站是土库曼斯坦进入伊朗因切布隆口岸站的新通道,两口岸站距离不超过 5 km。

四、主要中欧班列境内外发到站节点

中欧班列(重庆—杜伊斯堡)从重庆团结村铁路集装箱中心站始发,终到站德国杜伊斯堡,重庆团结村集装箱中心站有两条货装线,年办理集装箱量 50 万 TEU,设置海关监管区。杜伊斯堡铁路多式联运终端站位于莱茵河和鲁尔河交汇处附近,服务于鲁尔工业区,是世界最大的陆运河港,2015 年完成吞吐量 360 万 TEU,其中本地货源 50%,区域货源 50%。港口铁路公司拥有 200 km 自有线,13 台机车,有四个铁路多式联运终端站。杜伊斯堡多式联运终端站承担中欧重庆、武汉等班列到发和分拨业务。

中欧班列(武汉—杜伊斯堡)从武汉吴家山铁路集装箱中心站始发,终到站德国杜伊斯堡。武汉吴家山集装箱中心站有两条货装线,年办理集装箱量 50 万 TEU,设置海关监管区。

中欧班列(成都—罗兹)从成都城厢铁路集装箱中心站始发,终到站波兰罗兹。成都铁路口岸位于成都国际铁路港内,于 2011 年 10 月正式投入使用,占地面积约 330 亩,总建筑面积 3.7 万 m^2,是成都唯一铁路口岸;成都铁路口岸先后获批国家对外开放口岸、肉类进境指定口岸、汽车整车进口口岸以及保税物流中心(B 型);近期获得国务院批复的四川自贸试验区,青白江铁路港片区亦在其规划当中。成都城厢集装箱中心站有四条货装线,年办理集装箱量 100 万 TEU,设置海关监管区,可以办理整车进口、冷藏货进口等,是成都铁路港的重要组成部分。罗兹是波兰的第四大城市,罗兹站距市区约 42 km,位于编组站旁边,占地面积约 15 万 m^2,两条货装线,每条长约 400 m,门吊 2 台,正面吊 1 台。在市区内有保税库,负责分拨配送等,是中欧班列(成都—罗兹)在欧洲的主要基地之一。

中欧班列(郑州—汉堡)从郑州莆田铁路集装箱中心站始发,终到站德国汉堡。郑州莆田集装箱中心站有两条货装线,年办理集装箱量 50 万 TEU,设置海关监管区,可以办理整车进口、冷藏货进口、水果进口等业务。汉堡集装箱终点站是多条班列线的集结地和分拨中心,班列数排行第一,汉堡终点站有两处基地,分别为德铁(DB)比尔韦德车站和汉堡港最大的集装箱码头、铁海联运基地铁路场站,中欧班列分别到达这两个基地,运量分配比尔韦德车站占 35%，铁路场场站占 65%。德铁比尔韦德车站位于汉堡市区约 25 km，是德铁第三大集装箱站(科隆第一，慕尼黑第二)，有三条货装线，2015 年集装箱运量 25.75 万 TEU，完成郑欧班列 2 000 大柜(约 50 列)，2016—2018 年运量还在不断增长。汉堡港港口位于易北河畔，是汉堡港三大集装箱码头中最大的民营港口，拥有 6 条铁路货装线，28 台机车，700 辆集平车。有 30%集装箱通过铁路运输运至欧洲各地，中欧班列到达货物中有 40%的货物通过港口海运至波罗的海周边国家。

第六章　中欧班列运输协定

中欧班列运输过程适用的运输规则体系包括三部分：一是国际运输法的三层架构，即铁组和国际铁路政府间组织制定的关于铁路联运的多边协定，相邻两国铁路主管部门关于国境铁路的双边协定，两国铁路运输企业每年召开的国境铁路联合委员会达成的议定书；二是我国与其他国家或自行针对中欧班列开行制定的运输规则；三是促进运输过程协调发展的便利化协定。

第一节　国际运输法体系

一、多边协定

多边协定是指协调中欧班列整个运输过程的协定，主要解决中欧班列开行中全过程的问题，包括计划商定、收费、单证、报关报验手续、交付、货损赔偿等。多边协定主要有：

(1)《国际铁路货物联运协定》(《国际货协》)；

(2)《国际铁路货物联运协定办事细则》；

(3)《国际铁路货物运送公约》(《国际货约》)；

(4)《国际货约/国际货协运单》(统一运单)；

(5)《国际铁路货物联运统一过境运价规程》(《统一货价》)；

(6)《国际铁路货车使用规则》(《货车规则》)；

(7)《国际旅客联运和铁路货物联运清算规则协约和清算规则》；

(8)《年度进出口和过境货物运量及其保证措施会议议定书》(《运量会议议定书》)。

此外，2009 年 11 月，俄罗斯、白俄罗斯、哈萨克斯坦三国通过了《俄白哈海关联盟海关法典草案》等 15 个法律文件，标志着俄、白、哈三国率先在欧亚经济共同体框架下成立关税同盟。2010 年 1 月 1 日，俄、白、哈海关联盟条约(简称关税同盟)正式生效。2015 年，同盟正式启动，拥有 1.7 亿人口，2 万亿美元 GDP，9 000 亿美元贸易总额，6 000 亿美元工业产值，1 120 亿美元农业产值，900 亿桶石油储量，占世界 12%的小麦产量、17%的粮食市场。

关税同盟制订了统一的进口税率和通关流程，取消了俄白哈之间的“关境”，货物在俄白哈之间流动不需要海关的申报、查验程序，大大简化了货物的过境手续，对大幅度缩短中欧班列的全程运输时间发挥了重要作用，极大地推动了对中欧班列的开行。

二、双边协定

双边协定是指协调中欧班列沿途两个国家间国境运输的协定，主要解决国境口岸交接、换装方法和能力、机车交路、牵引定数等问题。双边协定主要有《国境铁路协定》和《国境铁路联合委员会议定书》。《国境铁路协定》是两相邻国家铁路部门签订的，规定办理联运旅客过境、货物交接的国境站、车辆及货物的交接条件和方法、交换列车和机动车运行办法及服务方法等。根据其规定，两邻国铁路定期（一般每年一次，在两国轮流举行）召开国境铁路会议，对执行协定中的有关问题进行协商，并签订《国境铁路联合委员会议定书》，对铁路和收发货人都有约束力。

根据口岸相邻国家，中欧国际铁路运输通道双边协定主要有：

(1)《中哈国境铁路协定》及《中哈国境铁路联合委员会议定书》；

(2)《中俄国境铁路协定》及《中俄国境铁路联合委员会议定书》；

(3)《中蒙国境铁路协定》及《中蒙国境铁路联合委员会议定书》。

第二节　国内规章

与中欧班列密切相关的国内规章有《中欧班列组织管理暂行办法》、《中欧班列宽轨段集并运输组织暂行办法》和《中欧班列运力保障和开行计划管理办法》等。

(1)《中欧班列组织管理暂行办法》

为适应国家建设“丝绸之路经济带”构想，满足中欧铁路大通道沿线各国间国际联运货物日益增长的运输需要，规范中欧铁路集装箱班列组织管理工作，铁路总公司于 2014 年 8 月 12 日发布了《中欧班列组织管理暂行办法》(铁总运〔2014〕225号),自2014年9月1日起施行。

《中欧班列组织管理暂行办法》从品牌管理、运输组织、价格管理、客户服务、职责分工、机制保障等方面对中欧班列的组织提出了相关要求及管理办法。

(2)《中欧班列宽轨段集并运输组织暂行办法》

为落实七国铁路中欧班列运输联合工作组第三次会议通过的《中欧班列合并优化编组运输组织协作办法》,实现中欧班列在宽轨段"三并二、二还三""二并一、一还二"常态化集并运输组织工作,推动中欧班列降本增效,铁路总公司制定了《中欧班列宽轨段集并运输组织暂行办法》。

中欧班列宽轨段集并运输是指为充分利用俄罗斯、哈萨克斯坦、蒙古国、白俄罗斯等国宽轨铁路列车编组能力,在宽轨段起始口岸站换装时将国内始发的三列中欧班列合并为两列,或两列中欧班列合并为一列,集并运输到宽轨段终点口岸站换装时再拆分成原三列或两列中欧班列的运输组织方式。

此办法对中欧班列宽轨段集并运输的条件、集并运输方案及运输组织做了规定。

根据《中欧班列专家工作组第三次会议》内容,自2018年11月以来,中铁集装箱公司按照《中欧班列合并优化编组运输组织协作办法》开展了12列中欧班列集并运输,平均运输时间为13天18小时。而根据白铁、俄铁、哈铁通报,2018年联合物流公司开展了427列中国—欧洲集装箱班列集并运输,162列欧洲—中国中欧班列集并运输。

(3)《中欧班列运力保障和开行计划管理办法》

《中欧班列运力保障和开行计划管理办法》是为了充分利用中欧班列通道能力,保证境内外铁路运输计划衔接有序,提高班列开行质量,维护"中欧班列"品牌长期可持续发展而制定的。办法从中欧班列运力保障、计划制定、计划兑现率考核等方面提出了要求。

(4)其他

除上述国内铁路规章外,适用于中欧班列的还包括一般性规章和标准,如《铁路集装箱运输规则》《铁路货物装载加固规则》《关于铁路货运场站功能和设施设备配置的指导意见》(铁运〔2013〕57号)、《铁路运输装卸机械发展政策措施》(铁运〔2013〕12号)等。

第三节　泛亚铁路网便利化运输协定

除铁组(OSJD)和国际铁路运输政府间组织(OTIF)这两个专业性国际组织制定运输法以外,随着铁路国际交流合作范围的扩大,其他综合性国际组织也着手制定与联运相关的铁路便利化运输条约,如联合国亚太经社会推动的与我国关系密切的泛亚铁路网便利化运输协定。

一、背　　景

联合国亚太经社会推动建设的泛亚铁路网存在多个缺失段,各段建设进度不同。为了加强亚洲和亚欧间铁路运输,亚太经社会编制了第 71/7 号决议“国际铁路运输便利化区域合作框架”,强调成员国必须共同努力,发展高效的国际铁路运输网络,解决发现的问题,并在关键地区展开合作,以提高该地区的铁路运输水平。上述合作框架提出的多项措施都集中在提升铁路边境口岸效率方面,因办理出入境手续引起的延误会导致铁路运输时间延长,这不仅会增加物流企业成本,而且会降低货运列车的可靠性和准时性,降低铁路竞争力。进一步恶性循环,对货物列车的运输需求减少,导致运输成本增加,跨境设施投入不足,如图 6-1 所示。合作框架主要针对口岸问题提出解决办法,以便消除跨境运输时不必要的延误。

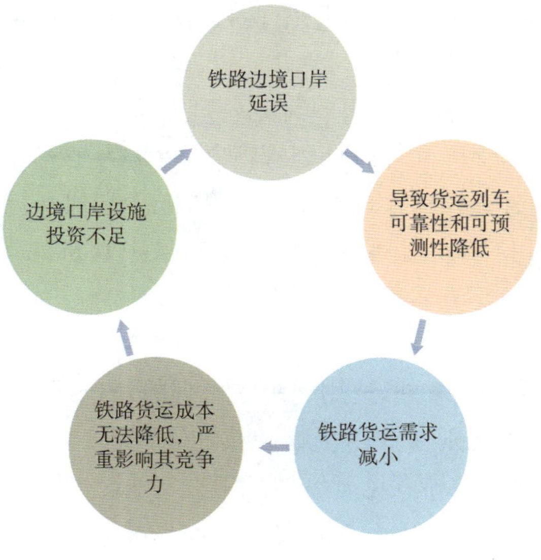

图 6-1　铁路边境口岸延误造成恶性循环

2017 年 6 月，泛亚铁路网工作组第五次会议在韩国釜山召开，工作组认识到，要想改善泛亚铁路网的铁路运输状态，必须在发展基础设施的同时，通过一系列便利措施简化通关程序，发展铁路公司之间，以及铁路公司和其他实体（如海关、或物流服务供应商）间高效的电子数据交换，并制定统一框架管理跨境货物联运活动。

二、铁路边境口岸现状

泛亚铁路网共包括 59 对（118 处）铁路边境口岸，铁路客货联运和跨境手续都在这些地点办理，出入境运量较大的口岸见表 6-1。

表 6-1　亚太经社会地区主要铁路边境口岸

序号	边 境 口 岸	2015 年总运量（10^6 t）
1	满洲里（中国）—外贝加尔边疆区（俄罗斯联邦）	27.0
2	撒雷阿加奇（哈萨克斯坦）—凯莱斯（乌兹别克斯坦）	19.3
3	格罗杰科沃（俄罗斯联邦）—绥芬河（中国）	14.9
4	二连浩特（中国）—扎门乌德（蒙古国）	13.6
5	阿拉山口（中国）—多斯特克（哈萨克斯坦）	9.5

来源：铁路合作组织（2016 年）“2015 年铁路运输统计数据公报”。

根据铁路合作组织统计，铁路合作组织成员国中属于亚太经社会的有十个国家，与这十个国家相关的国际联运量不超过 8 亿 t，其中大约 30% 在这十个国家的边境口岸之间运输，其余 70% 是这十个和其他国家间通过铁路跨境并运往（或来自）港口。2015 年这十个国家中前十对铁路边境口岸的总货物吞吐量为 1.49 亿 t，占亚太经社会成员国铁路边境口岸总吞吐量的 72%。2015 年，在亚太经社会地区，有 4 对边境口岸的年货物吞吐量超过1 500 万 t；有 11 对边境口岸的年货物吞吐量在 500～1 500 万 t 之间。

亚太经社会研究显示，导致口岸延误的原因包括：轨距差异，铁路设备设施不足，铁路运营组织效率低下（例如传递纸质文件时缺乏协调和交流），海关和其他行政机构重复监管且协调性差。对特定铁路口岸延误案例的频率和时间进行分析后，认为延误原因和程度如下：海关和边境手续办理（26%，最多 3.85 天）、技术性错误（23%，最多 3.9 天）、不正确的运输单据（11.3%，最多 3 天）、由于基础设施不足导致的列车编组问题（10%，最多 1.8 天）、商业差错（6.5%，最多 2.8 天）、兽类和卫生监督等检验检疫问题

(2.6%,最多4天)以及其他原因(21%,最多2天)。

根据亚洲开发银行的另一份报告,某些边境口岸办理跨境手续的平均时长达32.2 h,货物整理、对货物进出口的限制性规定、铁路国境站无法停放过多列车,这些都是发生延误的主要原因。其他原因还包括货车不足,因轨距不同而进行换装作业,海关检查、商业检查和重新发放进出境单据。事实上,货运列车延误的本质原因在于铁路口岸具有以下复杂性。

1. 铁路口岸环境复杂

由于利益相关者众多,铁路边境口岸的复杂环境往往源于利益相关者的竞争。收货人、发货人、货运代理人、报关代理人、进口商、出口商都希望尽快办理手续。但是海关、植物检疫和卫生机构、执照和许可发放机关、入境管理局、边防人员等监管机构都需要相关信息办理手续,如图6-2所示。

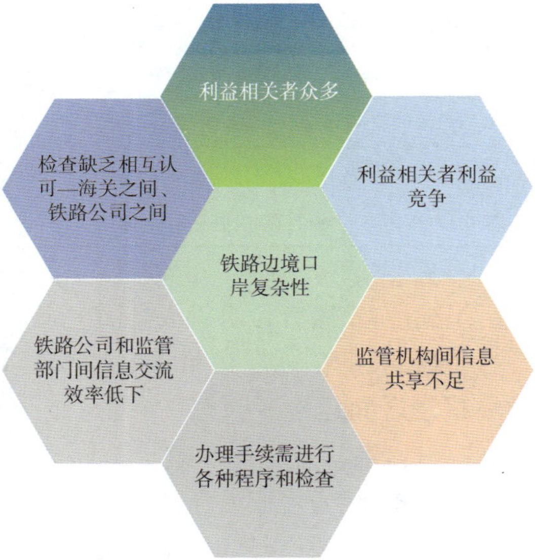

图6-2 铁路边境口岸复杂性

2. 铁路边境口岸主要利益相关者众多

铁路边境口岸利益相关者众多,大致分为三类:铁路公司、行政管理部门和私营部门。

铁路公司是铁路口岸的主要利益相关者,在一些铁路口岸,由铁路公司或下设的公司负责铁路运营,如调车作业或列车编组。两国铁路公司之间需进行货物和车辆的技术和商务交接。技术交接包括货物、车辆和载运工具检查,商业交接则包括提供托运货物的相关信息。对于多数铁路口岸,信息共享是通过纸质文件和人工传送完成的，文件格式未标准化，只有少数边境口岸实现了电子信息交换功能。若某一个铁路边境口岸效率不佳，将影响整个铁路走廊的效率。因此，对于需经过多个口岸的铁路走廊而言，各个铁路口岸必须有大致统一的手续办理要求，相关主体也必须对这些要求认识一致。

行政管理部门在铁路口岸对出入境活动进行检查，以确保其符合各国行政法规。尽管许多国家遵循类似的通关原则，但国家立法中规定的清关和查验程序不尽相同，海关的检查结果无法互认，同时缺乏信息共享，导致查验程序重复。如许多国家对于铁路车辆检查和认证的要求不同，其结果也不能互认，导致重复检查，延误车辆运行。欧亚经济联盟内形成单一关税区域有可能简化这些联盟内部的铁路边境口岸手续。

私营部门包括托运人或其代表，如货运代理人/报关代理人，他们与承运人签订运输合同，作为代理人组织货运，并办理原产地到目的地的相关手续。

3. 国际铁路运输法律环境不统一

国际铁路运输、海关法规以及其他监管要求决定了铁路口岸的作业程序和手续。影响铁路跨境程序的国际铁路法规数量众多，其中包括两个铁路合作组织（OSJD）和国际铁路运输政府间组织（OTIF）制定的法律制度。对于跨境程序和手续做出规定的其他法律文件还有：欧亚经济联盟（EAEU）、独联体、经济合作组织（ECO）、欧洲—高加索—亚洲交通走廊（TRACECA）、东盟等区域国际组织制定的法律文件；双边协定规定的两国之间国际铁路运输的实施细节。

由于存在不同的法律制度和众多的双边协定，国际铁路运输呈现出分散化的特征，不同的制度、文件和惯例会对无缝的国际铁路运输构成挑战。当铁路口岸的法律制度不同时，铁路运输企业需要重新缮制新的铁路运输单据。

三、铁路边境口岸主要程序

铁路边境口岸作业程序包括：在相邻铁路公司铁路间交接货车和货物、换挂机车和机组人员换班、进行技术检查使之满足铁路运输标准。相邻铁路公司通常按照不同的法律制度和不同标准运作，尤其是部分边境口岸还需解决轨距不同的问题。

要完成货运列车在铁路口岸的跨境运输手续，铁路公司和海关通常需要以下信息:①货运列车的预计到达和离开时间;②在途货物的详细情况;③车辆细节(如是否需跨境)。铁路跨境运输过程可分为三个主要阶段,即在列车抵达前执行第一步,到达时启动第二步,最后驶离时执行第三步。货运列车到达铁路边境口岸后,通常进行以下作业内容。

(1)铁路公司间对货物的商业交接;

(2)技术交接(包括解决由于轨距不同带来的换装作业);

(3)海关手续;

(4)边防/入境手续;

(5)其他政府机构要求的手续。

商业交接主要涉及国际运单,国际运单应载明收货人详情和货物情况(包括价值)。国际铁路走廊的铁路运单可为 SMGS 铁路运单、CIM 铁路运单、CIM/SMGS 统一运单或铁路公司互相承认的运单。越来越多的铁路公司为了加快跨境手续办理速度,正在探索电子运单。

如果货车需要跨境开行,则需要进行货车的技术交接,详细的作业程序和要求在两国双边协定中规定。此外,铁路合作组织制定的有关国际运输车辆使用规则的国际协定规范了边境口岸的交接程序,规定了货车清单的形式、交接过程中货车数量的检查规则以及货车清单的签署和盖章规则。"PGW 协议"也详细规定了国际运输车辆的技术许可、技术要求和标准。

尽管有上述协议,但铁路车辆检查结果仍不能互认。由于检查协议的不同,会导致货车可能符合一家铁路公司的要求,但被另一家铁路公司标记为不能在线运行,而导致列车被强行分解重新编组,使列车在口岸长时间滞留。

铁路边境口岸的海关手续包括,货运负责人或代理人(如货运代理人/报关代理人)应在到站前的规定时间内提交报关手续,海关通常会对提交的信息进行风险分析,以确定将对货物进行何种海关检查。货物抵达口岸后,当事人或其代理人按要求提供进出口/过境报关手续,手续办理完毕后,海关检查货物。

根据各国规定,收货人或货运代理人的身份是否为授权经营者,以及各国是否有关税同盟或其他简化条例,手续可能有所不同。海关是铁路口岸最重要的行政主体,大部分与货物流通有关的手续都由海关完成。清关所需的报关材料可以以电子方式提交,也可以按照规定提交复印件。

出入境管制由边防警察或指定的出入境官员进行。他们的目的是检查移民、恐怖分子和其他罪犯的非法流入或流出。边境管制的类型也取决于不同国家的具体安排。例如，欧洲申根地区不实行护照管制；邻国铁路工作人员的出入境应采取统一的管理办法，如铁路公司相互认可的特殊身份证。其他政府机构（OGA）的监管将取决于边境口岸和跨境货物类型。据了解，许多边境口岸都由除海关和出入境管理机关以外的其他政府机构对植物检疫、卫生和放射物管理进行全面控制。

四、影响跨境运输的关键问题以及解决措施

铁路跨境运输效率取决于跨境货物或货运列车多渠道信息的可用性，主要包括以下内容。

1. 铁路系统之间的信息交换

改进国境站铁路作业水平的关键在于提升两国铁路系统之间的信息交换效率。目前，只有少数国境站间能够实现列车到站前信息预告，大部分车站还需要流转纸质单证，信息仍然依靠电话、传真、电子邮件甚至文件手工复印的方式进行交换。由于只有当列车实际到站且机车司机递交纸质文件后才能开始作业程序，而且这些文件还需随出发列车带走，导致国境站的货物和列车延误以及工作低效。纸质文件包括在列车到站时需要进行核对的货车装载清单、托运单、海关信息，当所有程序完成后，要对文件进行签字/盖章，然后移交给下一国铁路代表。铁路文件在国境站完成交接后，这些信息才被输入接收方的铁路电子系统中。

铁路系统之间通过电子交换方式来交换信息对增加铁路国境站的作业效率有着巨大潜力，铁路企业通常需要提供以下三种信息：

（1）关于列车计划到站时间以及可能的晚点信息。

（2）由托运人或代理人准备的、有承运人签名的运单的详细信息。这些信息应标准化，包括的元素有：托运人、承运人、货物信息（统一的术语和描述）、目的地或交货地、商业规范、货运价格以及铁路企业收取的额外服务费用、发票与付款说明、重量。

（3）货车装载清单包含的货车信息，这些信息将使用指定的或各方同意的文件移交给下一个铁路企业。

由于运单不同以及缺少数据、格式不统一等原因，要实现各国铁路之间无缝的电子信息共享还面临巨大挑战。CIM/SMGS 统一运单只有在电子运单的背景下才能实现广泛推广。铁组一些文件对铁路系统之间的电子信息交换提供了指导。

在实现电子信息交换后，铁路跨境运输组织就将非常顺畅。部分欧洲

国家铁路运输企业之间已经实现了电子数据交换，欧洲委员会为此制定了“铁路货物运输远程信息处理应用—互操作性技术规范”(TAF·TSI)，要求铁路运输企业、基础设施管理者、海关以及在某种情况下和一些政府机构之间进行电子数据交换时都要遵守这些规范。这一规定对于所有欧盟成员均具有法律效力，其效力范围涵盖多个方面，其中最重要的方面是对于欧盟范围内以及欧盟范围以外与非欧盟成员国(条件是这些非欧盟成员国接受此规定)之间的基础设施管理者与铁路运输企业规定进行互操作性数据交换的技术规范。

亚太经社会(ESCAP)的许多成员国也在采取措施引进电子数据交换。例如：俄罗斯联邦铁路系统就有对于铁路系统之间电子信息交换的先进解决方案。关于铁路运营的电子信息共享协议是在俄罗斯联邦铁路系统与许多其他国家铁路系统(例如：白俄罗斯、中国、蒙古国、波罗的海、一些北欧国家和独联体国家)之间双边的基础上达成的，且在其中大多数国家之间，电子信息交换早已实施。亚太经社会这一地区的其他国家也在与其伙伴铁路系统开发或计划开发铁路数据电子共享。基于以上情况，对各国提出以下建议：应制定亚太经社会成员国铁路系统之间电子信息交换的基本原则，并通过区域性统筹来实现整个泛亚铁路网铁路信息系统的互操作性，建设的系统应基于现有国际标准和行业惯例，以保证与现有系统兼容。

实现整个泛亚铁路网信息系统互操作的意义重大，对于铁路而言，能够实现铁路系统的有效交流，工作流程标准化、降低系统维护成本，标准化且有互操作接口；对于客户而言，能够提高货物运输透明性，向货运客户更快更好地传达信息；对于监管机构而言，能够保证监管措施有效执行。

尽快建立铁路系统之间电子信息交换的共同原则是非常必要的。许多亚太经社会成员国现在还处于建设国际铁路运输通道的过程中，这些国家可以提前把这些原则作为信息建设标准，通过这种方式，这些国家能够保证这一地区铁路系统之间信息流的传送效率，尤其是沿国际铁路运输走廊的传送效率。随着自动化发展的趋势，许多成员国正在升级改造现有的信息系统，以使其采用用户易于使用的基于 Web 的解决方案。如果这升级过程中能够根据共同原则得以实施，这将有助于在日后形成高效的国际铁路运输网络。

地区性电子信息交换的共同原则将对下述(但不限于)方面进行规定：

(1)这一地区各国铁路系统之间对于信息交换达成共识；

(2)铁路系统程序和运营(在此过程中信息将会被交换)；

(3)基于国际标准进行交换的标准化电子信息的结构和格式；

(4)兼容的电子通信方式和适用的标准；

(5)数据保护和安全标准；

(6)共同编码规则以及数据的统一性。

2. 铁路系统与政府机构之间的信息交换

除了铁路系统之间因要求完成商业和技术交接而进行的信息交换以外，在铁路国境站的海关和其他管制机构也需要信息来完成其手续。在列车到达国境站之前和之后，铁路系统、海关和其他政府机构(OGA)之间有大量的信息和文件需要进行交换。

对于这一地区的所有跨境运输而言，存在的主要原因之一是海关和其他政府机构所要求完成的监管行为办理手续时间长。在使用纸质文件的现状下，监管手续只有在监管方收到文件后开始进行，对货物的任何处置只有在货物列车到达后才能开始。要缩短由于海关监管作业而引致的货物滞留，海关和其他政府机构有必要在到站前提前获取标准化的信息并对此进行分析(最好进行联合风险评估)，对那些需要在国境站进行物理检查的货物/集装箱做出判断。目前到站前信息局限在货物和运输工具进入海关领地时完成基本作业所需的数据，这些数据不足以用作进一步的清关甚至转关活动。

本地区铁路系统与海关之间的海关法规和通信并不统一。不同的海关数据和文件要求会阻碍国境站作业的有效完成，这一点在海关转关时表现的尤为明显。铁路系统、海关和其他政府机构之间的信息共享通常在各国层面上组织完成。在收到铁路系统以电子格式发送的信息后，海关可以启动监管程序并使用电子信息通报货物/货车的状态。铁路系统、海关和其他政府机构之间信息交换的地区级统一化的共同原则包括但不限于以下内容：

(1)铁路系统基于其已存在的数据，以标准化的格式向海关和其他政府机构提交的到站前信息。

(2)使用运单作为转关申报凭据，而不需单独的海关转关申报手续。当运单被视为转关申报凭据时，海关部门可以给运单分配唯一的编号。如果需要单独的海关转关申报手续，则其最好是与托运单上的数据相对应地采用电子形式以及标准化的结构和格式。

(3)海关和其他政府机构之间在以下情况进行标准化的信息交换：①对所选的货车/集装箱进行物理检验时；②完成检验时；③从海关放行货车/集

装箱时。

(4)协调国家海关立法和执行指令,接受电子信息完成海关手续。

铁路系统、海关和其他政府机构之间进行信息交换的共同原则可在各国自愿的基础上实施,对此有兴趣的成员国可以签订约束性协议,最终形成铁路系统和行政部门之间信息交流的地区性协议。

3. 海关和其他行政机关的信息交换

海关及其他行政机关的跨境手续,如边境安全检查、移民控制、卫生、食品安全、动物检疫、植物检疫以及其他检查等,可造成列车在铁路国境站的长时间停留。中欧班列运输过程中,由于不同国家、不同部门的规定,导致缺乏信息交换、多次重复提交相同或相似的文件和信息、各主体的信息系统不相同或互不兼容、各行政机关单独完成监管程序而不并行实施、缺乏现代控制技术无法进行非侵入性检查、海关程序与国际标准不协调等问题大量出现,以上这些问题都是缺乏便利措施的表现。为有效地完成海关和其他行政机关的监管手续,可从以下方面加以改进:

(1)提前提交到站前信息;

(2)货物风险评估和控制;

(3)使用运单作为海关申报手续;

(4)使用单一窗口以及电子信息交换方式;

(5)采用新技术和非侵入性的检查;

(6)简化海关转关程序。

在全世界范围内,许多海关部门已经引入了提交运输工具和货物到站前信息的要求,这一要求同样也适用于铁路国境站。在亚太经社会地区,这一措施已在欧亚关税同盟、中国、蒙古国和其他几个国家付诸实践。其他政府机构同样也需要提前获得信息来更好地准备必要的检查和提供便利化的手续。铁路系统或运输企业通常在列车到达铁路国境站之前几小时之内提交到站前信息,以电子格式提交的到站前信息可使主管行政部门准备必要的控制手段和提供简化程序,同时加速在铁路国境站的清关作业。

到站前信息可以采用几种方式来准备和提交:通过铁路系统之间电子信息交换接收的信息、直接由邻国铁路系统提交的信息、邻国铁路系统代表提交的信息。为有效提交到站前信息,应最小化基于纸质文件键入的数据,同时该到站前信息应重新利用铁路信息系统中已有的数据以及电子格式的交换信息来准备。

为充分利用提前收到的信息，需要一个具有明确标准并有效的风险分析和控制系统。在这一系统中，相关的海关和其他行政机关可以制定综合的/共同的风险管理策略，以实现共同检查。随着国际铁路运量逐步增加，风险分析和风险管理成为有效管理铁路国境站的必要条件。尤其对于一些国际联运运量大、负责联检单位资源有限的国境站，风险分析更为重要。

风险分析和控制程序有多个阶段，主要包括：建立风险管理环境、风险识别、风险分析、风险评估以及风险优先级排序、风险处理和监控以及通过遵从性测试对此程序进行审核。海关和在铁路国境站的其他行政监管机关使用所有可用的信息对风险进行系统性分析。

在建立风险管理环境和识别风险参数时，应考虑铁路运输的独有特征。与道路运输相比，铁路运输的货物转移风险要小得多。铁路运输的一个重要特征为在一个国家范围内，仅存在一个或几个铁路运输企业。通常，铁路和行政监管机关在铁路国境站建立了良好的合作关系。铁路企业全面负责运输业务，组织、监督铁路国境站货物和运输工具的交接过程。

一般情况下，海关监管的主要风险为货运列车到达目的地时与离开出发地时货物的状态和数量是否一致。铁路运输方式可以使这种风险最小化，如所有列车严格按照运行图开行，集装箱场站有出入口控制且装设视频监控设备。铁路运输组织方式便于实现海关对货物的监管和控制。另外，把铁路运单作为海关申报凭证，能够简化铁路国境站作业程序，减少办理海关手续的时间和费用，使用铁路运单作为海关申报凭证已在欧亚经济联盟国家、欧盟国家以及一些国家的海关实施。海关部门通常要求以电子形式提交报关单，而铁路运单等运输文件可以提供货物申报所有要求的数据。如果在到达国境站时同时必须提交纸质文件，则运单(或其他早已可用的运输文件)也足以满足海关部门进行初步处理的要求。

将铁路运单作为海关申报凭证可以采用不同的方式，如：仅替换海关申报纸质文件、使用铁路运单电子数据作为海关申报的电子格式、提交纸质运输作为海关申报的补充、使用电子运单作为电子报关单。使用铁路运单作为海关申报凭证既需要各国海关在国内对法律进行修订以简化海关手续，也需要各国海关通力合作。这包括使用纸质铁路托运单(例如：CIM、SMGS或 CIM/SMGS 统一运单)和电子托运单作为海关申报凭据。纸质铁路托运单可以被用作：货物申报(报关单)和海关转关申报。海关应停止国际联运中使用的其他海关单据。

铁路国境站的联检机关可以采用各种方式提高监管效率，包括制定单一窗口的原则和管理办法、引进铁路运输单一窗口的信息化设备、国家和跨境层面的电子信息交换，这些措施能够促进跨境运输的顺利进行并减少货物在铁路国境站的滞留时间。铁路和行政机关在实际作业中，要求提交的货物信息往往是相同的，如货物描述信息、装货/卸货地点，因此可以对关于相关货物的共同信息（例如：货物描述、铁路托运单、发票、装箱清单、货物证书等）、列车/货车数据（例如：货车编号、货车信息、线路等）、机车和其他列车乘务人员信息（例如：护照、签证、个人财产、个人行李申报等）进行合并分析。要鼓励铁路企业和负责铁路国境站监管（如：海关管控、医学卫生、动物检疫以及植物检疫）的行政机关对各自数据进行标准化和统一化要求，这将有助于精简并改进跨境作业程序，铁路运输企业和行政机关间进行电子信息交换，设置联检部门的单一窗口，共同协调和控制风险。

在单一窗口设施缺失或各系统间不能实现通信时，可以先实现国家之间行政机关的电子信息交换，如为实现转关需要沿途海关实现电子信息交换，需交换的数据包括以下内容：运输工具信息、监管货物信息、许可证、商品证书、授权书、声明以及其他按照出入境要求需提交信息、联合风险分析或风险控制信息。要实现不同国家行政机关之间的电子信息交换，要求国家法律对此有许可，行政机关之间签署协议、备忘录等协约，具备信息交互的技术手段。

此外，采用出发地或目的地清关方式，将清关手续转移到内陆地区办理，也是简化国境站作业的可行措施。以上手段可总结为：

（1）各国铁路系统之间实现运单信息的电子交换（或使用电子运单）并将此类信息提交给海关作为到站前信息、电子形式的货物申报和海关转关申报。

（2）将铁路运单（例如：SMGS、CIM 或 CIM/SMGS 运单）作为海关申报凭证。

（3）提前进行货物风险分析和控制。对在列车抵达铁路国境站之前收到的到站前信息进行风险分析，主要使用铁路运单数据。

（4）海关监管互认。

（5）减少海关对转关货物的管控，只有在风险分析认为必要时，才进行管控。

（6）根据国际标准和惯例，减少对于转运货物和转运运输工具动物检疫、植物检验检疫以及其他管控要求。

（7）铁路系统应根据国家法律，获取授权运营商的状态，以获得优惠待遇。包括：海关转运保证豁免、使用铁路系统印章、简化注册和提交海关转运申报，以及其他关于海关转运程序的简化。

4. 简化和统一铁路运营文件要求以及监管手续

2006 年，CIM/SMGS 统一运单的引入解决了两个主要国际铁路运输组织不同制度之间耗时的再次托运问题，然而许多亚太经社会地区的国家仍未加入这些国际组织。为简化、减少文件并使之统一化，以支持有效的铁路运输，在以下方面提出建议：

鼓励未加入主要铁路运输法律机制的亚太经社会地区的国家加入国际铁路合作组织并加入相关公约和协议，这将促进区域铁路运输法律机制的统一化，并改善国际铁路运输连接性。

此外，对于那些现阶段还不是任何国际铁路组织成员的亚太经社会地区的国家而言，鼓励其基于 CIM/SMGS 统一运单调整现阶段依据双边安排使用的铁路运单格式。统一运单，尤其是在采用电子方式提交的运单被正式作为海关申报凭证后，可以促进国际铁路运输。

提高铁路系统共同的运输效率可以解决铁路检查协议相互认可的问题，以及从铁路车辆管控相关的认证到铁路国境站联合技术检查的组织和维护问题。

海关和其他政府机构的文件要求不统一甚至要求过度，从而对跨境运输造成负担。如一些海关定期要求提交两三个文件，其他甚至要求提供 10 个以上文件，这些文件包括：销售合同、提货单、信用证、其他商业文件和各种证书。过多的文件要求使跨境运输手续变得更加复杂化。为解决以上问题，建议根据国际标准进行地区级统一。所要求提交的支持文件应减少到为有效完成管控手续而必要的文件。通过实施有效的风险分析过程，增加有效执行审核、提高清关后的管控能力可以减少国境站过度的文件提报要求和行政手续，同时提高查验质量。

5. 轨距差异问题

因轨距不同而带来的货物换装问题是导致货物在国境站滞留的主要原因之一。泛亚铁路网络中由于轨距的差异而必须考虑货物换装问题的国境站为：

(1)中国和哈萨克斯坦、中国和蒙古国、中国和俄罗斯联邦、伊朗伊斯兰共和国和阿塞拜疆、伊朗伊斯兰共和国和土库曼斯坦、土耳其和亚美尼亚，以上国家之间开展联运需考虑 1 435 mm 和 1 520 mm 轨距的差异；

(2)中国和越南之间开展联运需考虑 1 435 mm 和 1 000 mm 轨距的差异；

(3)伊朗伊斯兰共和国和巴基斯坦间开展联运需考虑 1 435 mm 和 1 676 mm 轨距的差异。

此类国境站需要具备支持不同轨距间转运货运的能力,例如:重新装载货物,转向架交换等。轨距的不同使铁路车辆不能连续地从一国移动到另一国。在这些相邻国家轨距不同的国境口岸,换装能力、换装作业水平、货车数量、信息交换效率等因素导致了货物在国境站的滞留。

“国际铁路运输便利化区域合作框架”(RCF)确定了若干技术解决方案以解决轨距不同的问题,如:直接换装、换转向架、使用带有可变轨距转向架的货车、提供双重轨距并将不同的轨距计量转换成单一轨距标准。

转运使货物通过站台、站场、堆货场或仓库直接地或间接地从一个轨距的货车转移到另一个轨距的货车上。从货车到货车的货物换装需要耗费大量的人力、物力以及财力。把集装箱从一个轨距的铁路站台转运到另一个轨距的站台能够提供更为有效的应对轨距不同的解决方案,尤其是当国境站的起重设备(如吊车、正面吊)配备齐全、列车和集装箱信息在列车到站前就可提前获取、集装箱站台数量足够时,这些都为集装箱的转运提供了先决条件。

转向架的更换操作是指货车由一组设备吊起后转向架被推出,另一个轨距的转向架被滚入。如果要更换的转向架没有组织好,则此操作可能会很费时间。为更高效地更换转向架,需要更换转向架的设备齐全且具有充足的能力。提前准备好列车或货车到站前信息能够简化转向架更换的操作。

使用带有可变轨距转向架的货车,可使货车沿着一段专门的过渡轨道低速拉动。在这一过程中,车轮之间的距离被从一个轨距调节至另一个轨距。带有可变轨距转向架的货车所使用的技术还相对较新,并未得到广泛使用。这一解决方法可在未来进行考虑,因为其可使处理轨距差异的时间最小化。使用这种技术时,初期成本以及带有可变轨距转向架的货车车辆的维护需要纳入考虑。

提供双轨距即在一个单一轨道基础上通过插入第三根轨道(有时也通过第四根轨道,来达成所谓的复合轨距)提供两种不同轨距。虽然这一解决方案不太可能使列车长距离运输,但其适用于将列车从铁路国境站的轨距差异点移动至该国内的第一个主要铁路车站(例如:带有适当编组能力的车站、靠近工业和贸易中心的车站、位于铁路走廊交叉口的车站等)。

解决轨距差异并非只有一种方案,所选的方案依赖于各个铁路国境站的特点、跨境运输货物的类型和运量。在同一个铁路国境站也可以采用多种方案。有效解决轨距差异的措施包括：

(1)更换货车转向架以及换装集装箱是最常使用的方法。

(2)在两国国境站之间铺设不同轨距的铁路，使两个轨距的列车在国境站之间运行，实现不同轨距铁路车辆在国境站之间的移动。

(3)充足的换装能力和更换转向架能力，具体包括充足的侧线、铁路车场、集装箱集散站、吊车和起重设备、换轮车间、转向架更换系统以及成套千斤顶。

(4)明确的交接规则，并根据双边协约组织由于轨距不同带来的额外作业。

(5)铁路运输企业内部以及与其他国家铁路运输企业之间通过有效的交流和跨境合作实现信息交换，为解决轨距的不同提早做出准备(可在列车到站前进行信息交流，以便到达站对换装集装箱或更换转向架进行准备)。

(6)合理设计并行作业。可与更换机车、更换乘务员、货车技术检查、货物安全检查以及海关、出入境、检验检疫等联检作业并行考虑换装或更换转向架作业。

6. 技术互操作性以及国境站手续的组织形式

根据现有条件，相邻铁路线可以按三种方式组织机车和车辆的运营：

A级——机车和货车车辆最远到达对方国家的国境站，列车在货物换装后采用新的货车编组。

B级——只有货车车辆能够到达对方国家并在邻国的铁路线上继续行驶。这要求两个相邻国家在铁路基础设施和货车的基本技术要求方面互相配合，包括不同轨距下更换转向架的技术条件。

C级——列车的机车和货车车辆均可到达另一国家继续行驶，这是技术互操作性的最高级别，要求两国铁路在基础设施和机车方面具有较高兼容性。

为完成铁路跨境联检手续，跨境运输按照与邻国的合作水平分为三种模式：

模式1：列车在国境站不停车。相邻国家同意履行通用的铁路国境站手续，列车无须停车。在特定车站完成两国互认的联检作业。由于列车不需停站，该模式保证了最高等级的便利性。然而，只有使用C级技术互操作性时，才有可能实现上述模式。该模式必须要有双边/多边协定支持，以保证铁路跨境运输时最高等级的互操作和协调性。这只是提供最高便利的可能性，实际上，上述安排要求较高且很难实现。

尽管如此，上述国境站作业方式可作为提升模式2和模式3的理想方式，这意味着对国境站控制的最小化，以及将查验作业转移到对与国境站最近的具备适当能力的内陆车站，完成进口通关和出口清关。若出发地海关或出入境有详细的查验程序要求，则上述作业可在出发地完成，以减少货物列车的总运行时间，并更高效地利用设备设施。

模式2：指定单个普通铁路国境站，在此处依次或同时履行两国有关部门的手续。

两国之间的铁路运输过程和控制手续可在一个专门指定的联合国境站完成。在这种情况下，列车不需要在两个国境站都停车，只需要停车一次办理。上述措施通常在双边协定中规定，详细说明联合国境站履行的手续，包括一国在另一国境内的铁路运输组织和海关、卫生、食品安全、兽医、植物检疫等联检作业程序。

尽管铁路联合国境站能够缩短穿越铁路边境所需的时间，但实际中并不常见。可在该地区投入使用更多联合国境站，从而减少延迟。在亚太经社会地区，Padang Besar（马来西亚）是联合国境站，马来西亚和泰国的铁路和海关有关部门在该处针对国际旅客联运履行相关手续。

模式3：列车在两国相邻的两个国境站分别履行手续，先在出境铁路国境站履行出境手续，再在入境铁路国境站履行入境手续。

若海关和其他行政机关从全国层面协调，共同完成运输和联检作业，这种方式能够减少参与国境站作业的机构数量，使国境站流程得到改进。将其他部门的职责由海关接管时，同时实现了责任的转移，可减少国境站联检部门数量。这种转让可能仅限于第一级文件控制。例如，海关当局可被授权检查运输、卫生和检疫、兽医和植物检疫控制等领域的文件。

海关和其他控制部门可在铁路国境站内一处（例如，海关堆场/侧面钢轨或兽医/植物检疫控制专用侧轨）同时联合或独立地开展活动。检查和控制部门之间高效的合作包括以电子格式进行信息交换，以及共同使用监督和控制设备。

该地区最常见的国际铁路运输安排即技术互操作性B级与过境手续模式3的结合。可通过过境手续模式1和技术互操作性C级，实现最高等级的边境站便捷性。为增加技术互操作性效率以及便利过境手续组织，提供以下建议：

（1）对于来自邻国、穿越国境并继续在本国铁路网上完成铁路运营旅程的列车货车，提升技术和运营互操作性的等级（至少升至 B 级）。

（2）探索实现长期最高等级的技术和运营互操作性（C 级）的可能性，使列车的货车和机车均能穿越国境、继续行驶、在特定内陆主车站组织铁路过境活动还包括跨境从一国海关部门向另一国海关部门转移货物的控制能力。

（3）通过从国家层面协调和合作，增加在两个（出境和入境）铁路国境站（模式 3）组织过境手续的效率，其包括从一个政府部门向海关转移责任和在两个铁路国境站进行联合和同时控制。

（4）在一个联合铁路国境站（模式 2）组织完成跨境作业。

（5）若入境铁路边境站保证进行了适宜的监督（例如：到站前信息、动态称重和扫描、货车数量自动读取器、视频监控等），对于最近主内陆车站（若有可用适宜容量），考虑将边境站文件和控制以及其他管理手续流程最大限度地简化。

第七章　内陆铁路口岸建设

口岸是主权国家设置的出入国(边)境的门户和通道。铁路内陆口岸是设在内陆地区的非沿海、沿边口岸,以铁路作为主要运输方式。随着我国"一带一路"倡议的实施,以及国内自由贸易园区的进一步扩展,我国除了加快发展沿海、沿边地区的口岸外,内陆地区的口岸建设也正在蓬勃兴起。内陆口岸作为沿海、沿边口岸的延伸,凭借其独特的优势在对外贸易发展中发挥越来越重要的作用。中欧班列开行以来,越来越多的物流商、销售商选择铁路运输方式,让货物在中国与亚欧国家之间快速、经济地运输,这些有利因素都将激发铁路口岸的发展潜力,更好地带动内陆地区与亚欧国家的贸易往来,创造内陆地区与亚欧合作新途径。

第一节　内陆口岸发展概述

一、口岸概述

世界上早期的国际贸易的主要运送方式是海洋轮船运输,进出国境的主要场所是港口,因此,人们首先把口岸定义为"对外通商的港埠"。

由于近代铁路运输、公路运输和航空运输的发展,对外贸易的货物、国际传递的邮件包裹、进出国境的人员及其行李物品等,可以从国外直达内地,因而在开展国际航空、国际联运、国际邮包邮件交换业务及其有人员进出、外贸业务活动的地方,也设置了口岸,以适应对外交往的需要。

从广义上讲,口岸是指国家设定掌管对外经济贸易和国际交往进出活动的场所。具体地说,对外开放的口岸是国家批准的中外籍人员、货物、交通运输工具和国际邮包邮件出入国(边)境的水运港口、国际航空机场、国(边)境铁(公)路车站、孔道等,是国家对外交往的门户。凡对外开放的口岸,应根据需要设立出入境边防检查、海关、港务监督、检验检疫等国家规定的口岸检查检验机构。

国家设置或开放口岸,主要是依据地理、政治、经济等方面的因素和对外政策的需要。新开口岸主要应具备三个条件:首先要有一定规模的经济腹地,其次要有较优越的地理条件,第三要有较配套的基础设施。

按国家批准开放的等级来划分,口岸可分为一类口岸和二类口岸。一类口岸是指由国务院批准开放的口岸(包括中央管理的口岸和由省、自治区、直辖市管理的部分口岸)。它包括以下几种:①对外国籍船舶、飞机、车辆等交通工具开放的海、陆、空客货口岸;②只允许我国籍船舶、飞机、车辆出入国境的海、陆、空客货口岸;③允许外国籍船舶进出我国领海内的海面交货点。二类口岸,是指由省级人民政府批准开放并管理的口岸。包括以下几种:①依靠其他口岸派人前往办理出入境检查检验的手续的国际贸易运输装卸点、启运点、交货点;②同毗邻国家地方政府之间进行边境小额贸易和人员往来的口岸;③只限边境居民通行的出入境口岸。

按出入国境的交通运输方式来划分,口岸分为港口口岸、陆地口岸和航空口岸。港口口岸包括海港港口口岸和内河港口口岸;陆地口岸包括国(边)境以及国家批准内地可以直接办理对外进出口经济贸易交流业务的铁路口岸和公路口岸;航空口岸包括国家批准的可以办理对外进出口贸易交流业务的航空器起落场站。截至 2017 年,我国共有对外开放的一类口岸 288 个,其中航空口岸 66 个、水运口岸 135 个、公路口岸 67 个、铁路口岸 20 个。

二、内陆口岸发展现状与趋势

改革开放以来,我国外向型经济由沿海逐步向沿边和内地辐射,助推了内陆口岸的建设与发展。国务院下发的《关于改进口岸工作支持外贸发展的若干意见》(国发〔2015〕16 号)中提到,要扩大内陆地区口岸对外开放,支持地方依托口岸发展经济,推进内陆与沿海沿边之间的物流合作和联动发展,并配合国家产业政策,增设特定商品进口口岸,支持有条件的口岸建设检验检疫指定口岸。内陆口岸对外贸发展的促进作用和为其所辐射的腹地带来的经济效益也越来越受到瞩目。

1. 我国内陆地区口岸发展的基本现状与趋势

(1)起步发展相对滞后

我国内陆口岸发展与沿海沿边口岸相比起步较晚,1996 年 9 月国务院批准的哈尔滨铁路货运口岸和 1997 年 10 月获批的河南郑州铁路货运口岸可视为内陆地区陆港口岸的肇始,标志着口岸由传统的沿海水运港口口岸、沿边界河水运口岸和边境铁路、公路口岸向陆港的延伸。截至 2015 年 2 月底，全国经国务院批准的各类口岸共有293个，其中沿海地区口岸148个、沿边地区口岸116个、内陆地区口岸只有29个，只将近占到十分之一。近几年，国家对口岸的调整力度加大，2018年，全国有15个口岸通过国家验收，国务院批准10个口岸对外开放或扩大开放，关闭3个口岸。

(2)航空口岸发展势头强劲

内陆地区不靠海不沿边的自然区位，限制了内陆地区口岸的发展形式和口岸体系建设。内陆地区口岸主要以航空口岸为主，河南、湖北、湖南、安徽四省各拥有2个航空口岸，北京、山西、陕西、宁夏、青海、江西、重庆、贵州、四川内陆省份、地区均有1个航空口岸。航空口岸发展对内陆地区对外贸易发展起到了重要的拉动作用。例如郑州航空口岸，据民航总局统计显示，2011年以来，郑州机场货邮吞吐量以年均37.8%的增速发展，连续3年增速全国第一，2017年，郑州已开通国际航线29条，基本形成了以郑州为中心、覆盖全球主要经济体的航线枢纽网络，郑州机场货邮吞吐量首次突破50万t。

(3)铁路口岸发展潜力巨大

"一带一路"倡议实施以来，我国重庆、郑州、成都等内陆地区陆续开通了发往欧洲的货运班列。目前，我国已构建3条中欧铁路物流通道，经阿拉山口口岸出入境的西部通道、经二连浩特口岸出入境的中部通道和经满洲里口岸出入境的东部通道。中欧班列的开通为铁路口岸的发展创造了便利的条件。此外，铁路运输费用比空运低，货运速度比海运快，越来越多的物流方、销售商选择铁路运输方式，让货物在中国与亚欧国家之间快速、经济地运输，这些有利因素都将激发铁路口岸的发展潜力，更好地带动内陆地区与亚欧国家的贸易往来，创造内陆地区与亚欧合作新路径。

(4)内陆指定口岸蓬勃发展

指定口岸是检验检疫部门根据有关法律法规规定，按照国家宏观调控和检验检疫特殊监管要求，规定特定货物必须从特定对外开放口岸进境。实施检验检疫指定口岸管理的进境货物主要包括：繁殖材料、粮食、水果、活动物、肉类等。实施检验检疫指定口岸管理的进境货物名录由海关总署制定、动态调整并对外发布。

设立指定口岸是我国法律法规的要求。《进出口食品安全管理办法》规定对进口可能存在动植物疫情疫病或者有毒有害物质的高风险食品实行指定口岸入境；国务院在《关于改进口岸工作支持外贸发展的若干意见》(国发〔2015〕16号)中明确指出在有条件的口岸支持建设检验检疫指定口岸等。

为了适应我国全方位开放格局的需要，建设更多"门到门""直通式"的内陆口岸，延伸海港和边境陆路口岸功能的内陆指定口岸蓬勃发展，例如：赣州木材指定口岸、成都肉类指定口岸、重庆汽车整车指定口岸。指定口岸发展最好的内陆地区是河南省，目前，河南已经拥有肉类、汽车、澳大利亚供宰活牛等进口内陆指定口岸，是指定口岸数量最多、种类最全的内陆省份。内陆指定口岸的发展使内陆地区成为汽车、水果、粮食、肉类等重点商品国际集散中心，为内陆口岸建设和开放创造了条件。

2. 内陆地区口岸促进外贸发展的成效

(1)开辟进出境通道，加速货物国际流动

内陆口岸作为进出境货物通道，可以为内地非口岸地域进出境货物提供机会，其经济腹地可以借助口岸提供的服务把生产的产品远销世界各国，同时，国外产品通过口岸进入内陆地区。流通功能是口岸开放的直接功能，内陆口岸流通功能的发挥主要受交通状况的影响，便捷的交通能够促进内陆口岸进出境人员和货物的流动。如河南郑州作为不沿海、不沿边的内陆地区，凭借其交通枢纽优势，形成了"一区三圈八轴带"(大郑州都市区，半小时圈，一小时圈，一个半小时圈，米字形高铁的八个方向)的发展格局，郑州口岸可以大范围地集聚国内物资，进口货物也可以通过铁路、公路运到国内各经济区。2015 年，郑州口岸共监管进出境航班 15 942 架次、进出境人员 129.85 万人次、进出境货邮量 23.76 万 t，同比增长 12.6%、33.5%和 28.7%。

(2)加快通关速度，助推贸易便利化

内陆口岸作为海港功能的延伸，凭借其独特的优势，可以为内陆地区进出口货物提供更为便利的通关环境。进口货物可以从港口直接运抵内陆口岸办理报关、报检等手续，避免在港口长时间滞留；出口货物在内陆口岸完成报关报检手续后，直接在任何口岸出境，无须再开箱查验，实现多式联运一次申报、指运地(出境地)一次查验，为进出口企业节约了时间和开支，为外贸提供了便利的通关环境。例如，国家质检总局将成都铁路口岸列入国家进口肉类指定口岸/查验场名单，欧洲各国肉类产品将直抵成都，运输时间 10 天左右，改变了以往肉类产品多从沿海城市转运到内陆的历史，同时借助成都中心城市辐射能力和完善的交通枢纽功能，通过成都铁路口岸进口肉类可以在一天内快速发往西南各地，进一步繁荣西南地区进口肉类市场。

(3)实现口岸直通,降低进出口物流成本

内陆地区口岸的设立为进出口货物口岸直通放行创造了条件,一方面内陆地区企业的进口货物抵海港后,不需立即实施检验检疫,而是运抵目的地时由目的地检验检疫机构实施检验,并在当地海关办理所有进口手续;另一方面出口货物也可经产地检验检疫机构检验合格并在当地海关完成所有出口通关手续,不需要检验检疫即可离港出境。进出口货物口岸直通放行最大限度地消除了内地企业频繁往返的时间,大大节省业务费用和港口操作费用,为进出口企业节省了大量成本。如经珠海出口到澳门的四川食品农产品,在没有实行"产地检验检疫、口岸直通放行"模式前,出口企业需要到珠海口岸申报检验,达到澳门检验要求后,方可进入澳门市场;实行口岸直通放行模式后,四川经珠海出口到澳门的食品农产品由四川出入境检验检疫部门检验后,直接在珠海核查货证放行,为企业节约了大量的成本,提高了供货效率。

(4)依托口岸园区,扩展了内陆地区的对外开放

内陆地区依托口岸而建立的口岸各类园区作为内陆地区口岸经济的重要载体,进一步提升了内陆地区对资本和要素的聚集能力,为商品生产制造、开展国际贸易、展览展销等提供更优质的服务,吸引更多的外商投资企业、中外知名物流企业和进出口加工贸易企业落户,为内陆口岸提供了更丰富的货源。在口岸设立的口岸保税区、出口加工区、物流园区、自由贸易区等,使口岸成为我国内陆地区对外开放的新路径。重庆西部物流园依托整车进口口岸,构建"三平台一中心"的整车产业链,2015 年进口整车 278 辆,进口总值约 2 000 万美元,整车数量同比增长约 1.9 倍,数量居全国新批整车口岸第一。截至 2018 年底,重庆西部物流园已有 20 多家汽车平行进口贸易商入驻,整车口岸累计进口汽车 5 000 辆以上,重庆西部物流园搭建了亚欧贸易合作新平台。

3. 加快内陆地区口岸建设的主要途径

(1)重点发展点对点高效化的航空口岸

航空口岸是内陆地区对外开放的重要门户,有条件的内陆地区应重点发展航空口岸,建设竞争力强的国际航空物流中心,引进国内外大型物流集成商在口岸设立营运基地或分拨中心,积极开展与"丝绸之路经济带"沿线国家和地区的航空运输合作,大力引进国际货运航空公司。郑州航空口岸在这方面做得比较成功,美国 UPS、德国 DHL、俄罗斯空桥等国际航运巨头

纷纷在郑州航空港区安营扎寨。此外，大力培育临空产业集群，支持外向型临空产业集群建设。美国在孟菲斯建立制造、物流、医疗等服务性行业为主的临空产业集群，巨大的货运吞吐量为该地区带来了高达195亿美元的产值。

(2)加大力度建设辐射区域广的铁路口岸

2013年，国家主席习近平提出了“丝绸之路经济带”和“21世纪海上丝绸之路”的构想，铁路口岸建设在“一带一路”建设中突出重要地位，并由此建立起连接东南亚、东盟、东北亚等国家之间的铁路运输动脉，尤其是我国中西部内陆地区更需要依赖铁路向中亚、西亚运输以及辐射至欧洲，此路的开通可以让我国和欧洲之间的运输节省三分之一的时间。例如欧洲汽车通过“渝新欧”班列运到重庆最快只需要13天时间；欧洲各国肉类产品通过铁路直抵成都的运输时间只需10天左右。“十三五”期间(2016年至2020年)中国将通过口岸立法改革，扩大内陆地区口岸开放，进一步加快内陆地区铁路口岸建设。

(3)依托地区产业优势设立特殊商品指定口岸

通过实施检验检疫指定口岸管理，有利于完善口岸检验检疫监管条件，节约检验检疫监管资源；也有利于提升和扩大内陆地区口岸功能，实现内陆、沿海口岸之间优势互补；还有利于促使相关产业结构调整与集聚化发展，进而形成规模效应。例如：江西赣州木材消耗量巨大，仅南康的木材消耗量每年就达400万m^3，75%木材需要从非洲、俄罗斯和东南亚等国家和地区进口。内陆地区的赣州因为设立了进境木材检验检疫监管区指定口岸，基本具备了一般沿海口岸的全部功能，进口木材从沿海港口直接转检至国检监管区，在区内完成口岸通关全流程。同时，也因为沿海口岸搬到内地，也将最大限度促进了内陆地区进出口贸易和物流的便利化。

(4)完善与海港无缝对接的内陆口岸

内陆口岸设立一方面可以方便货主在本地办理报关、报检手续，避免货主在内地与港口之间的奔波，节省时间和费用；另一方面也可缓解港口的过货压力。但由于内陆口岸基础设施的不完善，导致许多货主不惜增加成本到沿海口岸直接办理通关手续，因此，必须扩大内陆口岸功能、改善口岸配套设施，真正实现与海港的无缝对接。例如，马来西亚怡保港作为亚洲第一个内陆港，虽然没有水、没有船、不靠海，但怡保港拥有先进的查验设施、优质快捷的服务，依托有高速公路、铁路与之相连的巴生港(250 km)和滨城港(160 km)，凭借其完善的口岸功能，得到了国际社会广泛认可。只有内陆口岸具备了完善的配套设施和齐全的口岸功能，才能更好地实现与海港的对接，为外贸发展构建一个更和谐、安全、便捷的通关环境。

第二节　内陆铁路口岸基础设施建设要求

由海关总署牵头主编的《国家口岸查验基础设施建设标准(建标〔2017〕185 号)中对铁路口岸的查验基础设施建设做出了规定，适用于铁路口岸的新建、改扩建和迁建。

一、建设规模与内容构成

铁路口岸查验基础设施建设规模按照口岸设计的年出入境人员、货物吞吐量等主要指标进行确定，该主要指标由地方口岸主管部门会同有关部门合理审核确定。其中，旅检查验基础设施按照年出入境人员吞吐量确定，货检查验基础设施按照年出入境货物吞吐量确定。铁路口岸查验基础设施建设规模分类宜符合表 7-1 的规定。

表 7-1　铁路口岸查验基础设施规模分类表

配置等级	铁路口岸出入境吞吐量区间	
	人员 Y(万人次/年)	货物 X(万 t/年)
Ⅰ级	$Y>50$	$X>1\,000$
Ⅱ级	$10\leqslant Y\leqslant 50$	$100\leqslant X\leqslant 1\,000$
Ⅲ级	$Y<10$	$X<100$

铁路口岸查验基础设施按照性质分为公共查验场地和业务技术设施两类；按照通行对象分为旅检、货检和交通运输工具查验设施三类；按照使用单位分为海关设施、检验检疫设施和边检设施三类。铁路口岸公共查验场地内容构成宜符合表 7-2 规定。铁路口岸海关业务技术设施内容构成宜符合表 7-3 的规定。铁路口岸检验检疫业务技术设施内容构成宜符合表 7-4 的规定。铁路口岸边检业务技术设施内容构成宜符合表 7-5 的规定。

表 7-2 铁路口岸公共查验场地内容构成明细表

类别	设施内容构成
旅检	旅检大厅包含候检区以及检验检疫、边检、海关查验区
货检	货物查验场地包含货物待检区、货物待提区、货物传送分拣区、监管查验技术装备安装区、大型集装箱检查设备专用场房设置区、危险化学品专用区、核污染生化污染防治区、检疫处理区、查验平台、仓库以及出入通道卡口。 对外办事窗口是根据办理进出境相关手续的需要，集中设置的查验机构对外办事场所
交通运输工具查验	交通运输工具公共查验场地包括查验机构为实施交通运输工具查验工作所需停靠待检列车的轨道及换装场等

表 7-3 海关业务技术设施内容构成明细表

类别	设施内容构成
旅检	查验报关用房、检测技术用房、档案设备用房、监控分析用房、执法办案用房、扣留退运用房
货检	检测技术用房、档案器材用房、货物监控用房、扣留退运用房

表 7-4 检验检疫业务技术设施内容构成明细表

类别	设施内容构成
旅检	旅客卫生检疫用房、旅客携带物检验检疫用房、档案设备用房、截留物品用房
货检	采样检测用房、检疫处理用房、档案设备用房、截留物品用房
实验	实验用房

表 7-5 边检业务技术设施内容构成明细表

类别	设施内容构成
旅检	检查执勤用房、档案器材用房、执法办案用房、技术设备用房
货检与交通运输工具查验	监护执勤用房、检查执勤用房、档案器材用房、执法办案用房、技术设备用房

在不影响查验功能与效率的前提下，各查验机构业务技术设施应根据以下实际情况合并建设：能够直接利用所在地部门同类业务技术设施的，应共同使用；货检与旅检场地距离较近的，同类业务技术设施应合并建设；车站已配备符合要求的设施，不再重复建设；其他可共同使用的设施。

二、选址与规划布局

铁路口岸查验设施选址布局应综合考虑口岸所处自然地理条件、交通运输状况等因素，既要有利于查验，又要便利通行、留有余地。在保证功能相对独立设置的前提下，除特殊情况外，业务技术设施应与公共查验场地统一规划，并统筹可共用的附属设施、设备及场地。

铁路口岸限定区域出入口的适当位置应建设警戒岗亭，在口岸限定区域内的出境入境交通运输工具集中停靠区或关键位置应建设监护岗亭，工作车辆、工作人员通道和卡口旁不便于设置警戒岗亭的可设置检查工作室。

根据口岸实际情况，旅检大厅内应按照共享共用原则划定候检区以及检验检疫、边检、海关查验区，必要时可设置缓冲区，布局应符合查验机构相关业务规范。旅检场地应配置各查验机构的业务技术设施，业务技术设施的位置应毗邻于相应查验机构的查验区，保证各查验机构的工作人员、器具及设备直接、迅速、无障碍地进出查验区。

铁路货运口岸应设置完全封闭的出入境货物检疫处理区，主要功能是对出入境货物、集装箱进行检疫处理。出入境货物检疫处理区应位于场站办公、生活区的下风方向，相隔距离不少于 50 m，其建设要求应符合检验检疫相关业务规范。根据实际需要，建设或提前预留大型集装箱检查设备所需的场地和设施。在货物和集装箱查验场地前端应设置或预留核与辐射检测区。根据口岸实际情况，按照共享共用原则在货物查验场地内建设查验平台、仓库，并根据口岸业务需求，划定货物待检区、货物待提区、货物传送分拣区、监管查验技术装备安装区、大型集装箱检查设备专用场房设置区、危险化学品专用区、核污染生化污染防治区以及检疫处理区，设置出入通道卡口。

各查验机构的对外办事窗口宜根据口岸实际情况，统一设置于口岸综合办公大厅内，布局应符合查验机构相关建设规范。

三、面积指标

铁路口岸公共查验场地面积指标宜符合表 7-6 的规定。

表 7-6 铁路口岸公共查验场地面积指标（m^2）

类别	规模		
旅检大厅	客运Ⅰ级	客运Ⅱ级	客运Ⅲ级
	3 230～3 570	1 330～1 470	1 080～1 320
货物查验场地	货运Ⅰ级	货运Ⅱ级	货运Ⅲ级
	95 000～105 000	19 000～21 000	9 000～11 000

续上表

类　别	规　模
交通运输工具公共查验场地	铁路口岸建设单位会商查验机构，确定交通运输工具查验场地和指定轨道，并加以明示

铁路口岸海关业务技术设施建筑面积指标宜符合表 7-7 的规定。

表 7-7　铁路口岸海关业务技术设施建筑面积指标(m^2)

功能	设施分类	规　模		
		Ⅰ级	Ⅱ级	Ⅲ级
旅检	查验报关用房	190～210	130～150	50～60
	检测技术用房	140～160	100～110	50～70
	档案设备用房	100～120	60～70	50～60
	监控分析用房	190～210	120～140	80～100
	执法办案用房	50～60	30～40	20～30
	扣留退运用房	190～210	130～150	90～110
	小　计	860～970	570～660	340～430
货检	检测技术用房	180～200	100～110	50～60
	档案器材用房	50～60	30～40	20～30
	货物监控用房	100～110	70～80	50～60
	扣留退运用房	1 430～1 580	950～1 050	450～550
	小　计	1 760～1 950	1 150～1 280	570～700

注：各类用房面积可根据口岸实际情况，在旅检与货检面积总体范围内调配。

铁路口岸检验检疫业务技术设施建筑面积指标宜符合表 7-8 的规定。

表 7-8　铁路口岸检验检疫业务技术设施建筑面积指标(m^2)

功能	设施分类	规　模		
		Ⅰ级	Ⅱ级	Ⅲ级
旅检	旅客卫生检疫用房	360～400	240～260	160～200
	旅客携带物检验检疫用房	220～240	130～150	100～120
	档案设备用房	190～210	140～160	90～110
	截留物品用房	100～110	70～80	50～60
	小　计	870～960	580～650	400～490
货检	采样检测用房	280～300	140～160	70～90
	检疫处理用房	260～280	120～140	50～70

续上表

功能	设施分类	规　　模		
		Ⅰ级	Ⅱ级	Ⅲ级
货检	档案器材用房	70～80	50～60	30～40
	截留物品用房	480～530	290～320	180～220
	小　　计	1 090～1 190	600～680	330～420
实验	实验室用房	520～580	330～370	180～220

注：各类用房面积可根据口岸实际情况，在旅检、货检与实验室用房面积指标总体范围内调配。

铁路口岸边检业务技术设施建筑面积指标宜符合表 7-9 的规定。

表 7-9　铁路口岸边检业务技术设施建筑面积指标（m^2）

功能	设施分类	规　　模		
		Ⅰ级	Ⅱ级	Ⅲ级
旅检	检查执勤用房	760～840	480～530	360～440
	执法办案用房	290～320	190～210	140～170
	档案器材用房	190～210	100～110	50～60
	技术设备用房	190～210	100～110	90～110
	小　　计	1 430～1 580	870～960	640～780
货检与交通运输工具查验	监护执勤用房	100～110	100～110	50～60
	检查执勤用房	480～530	380～420	270～330
	执法办案用房	190～210	140～160	90～110
	档案器材用房	100～110	40～50	40～50
	技术设备用房	100～110	100～110	50～60
	小　　计	970～1 070	760～850	500～610

注：各类用房面积可根据口岸实际情况，在旅检、货检与交通运输工具查验面积指标总体范围内调配。

集装箱、液体散货、矿石煤炭以及杂货等专用场站货物查验场地与业务技术设施面积，可依据口岸实际运行情况，参考表 7-10 中所列系数折算后确定面积。

表 7-10　专用场站货物查验场地与业务技术设施面积折算系数

场　　站	集装箱场站	液体散货	煤炭矿石场站	杂货场站
系　　数	0.9～1.1	0.3～0.5	0.6～0.7	1.5～1.6

第三节　内陆指定铁路口岸建设

一、内陆指定铁路口岸申请审批流程

申请内陆指定铁路口岸的先决条件是该口岸必须已开放为一类口岸，然后统筹考虑区域经济发展和国际贸易发展需要、口岸/查验场自然条件和交通物流基础情况、进口安全保障能力情况等因素，由所在地省级人民政府提出指定口岸相关设施场地的建设规划，如汽车整车进口口岸应明确汽车检测线、展厅、堆场、监控系统等设施布局，地方政府根据规划完成设施建设，经海关总署组织对指定口岸/查验场进行验收，封关运行后才能开展进口业务，具体流程见表 7-11。

表 7-11　指定口岸/查验场审批程序

阶段	任　　务	备　　注
提交材料	所在地省级人民政府向海关总署质检部门提交拟建指定口岸/查验场必要性及可行性调研分析报告和规划、设计方案等材料。质检总局组织审核并书面答复	申请单位获准筹建后 2 年内未申请验收的，视为自动撤销申请
建设后申请验收	所在地省级人民政府组织筹建完成指定口岸/查验场后，向质检总局提出验收申请	以进口肉类指定口岸为例，验收申请材料包括：《中华人民共和国进口肉类指定口岸/查验场资格申请表》，国家对外开放口岸的批准文件，口岸/查验场建设相关情况介绍材料，口岸/查验场食品安全保障机制建设情况（国际陆港应提供与入境口岸的进口肉类检验检疫监管联系合作机制），组织机构及其职责，口岸/查验场地理位置、功能设施布局及周边环境示意图，检验检疫相关设施设备配备情况、人员配备情况及查验能力和方案，相关管理制度、自查验收报告，直属出入境检验检疫机构推荐意见，口岸/查验场经营单位的工商营业执照复印件，生产许可证复印件（必要时），卫生备案证书复印件（必要时），食品流通许可证复印件（必要时），发生重大动物疫病、重大食品安全事件等突发事件的应急处理方案
组织验收	海关总署质检部门对申请材料审核和实地检查验收，验收合格的指定口岸/查验场列入《进口肉类指定口岸/查验场名单》	

地方政府是指定口岸建设的主体，如建设进口肉类指定口岸，地方政府应制订并实施相应的食品安全保障方案，建立健全指定口岸/查验场基础能力建设工作机制，整合口岸/查验场资源，协调口岸各联检单位和管理部门

建立指定口岸管理配合机制，加强监管、落实责任。出入境检验检疫机构应为指定口岸/查验场基础能力建设的规划、设计和建设工作提供技术指导。指定口岸/查验场运营单位应支持和配合出入境检验检疫机构开展检验检疫监督管理工作。

二、汽车整车进口口岸

进口的汽车分为两类，中规车和平行进口车。

(1)中规车

一些国外大型汽车生产厂家，为了适合不同地区，生产不同规格的车型。在中国销售和使用的汽车，就称为“中规车”。在美国和欧洲销售和使用的汽车，则分别称为“美规车”和“欧规车”。中规车是专为中国地区设计的，更适合中国的油品、道路、气候等。

(2)平行进口车

平行进口车是指未经品牌厂商授权，汽车贸易商从海外市场购买并引入中国市场销售的汽车。由于进口地不同，可分为美版车、欧版车、中东版车等。因其进口渠道与国内授权的经销渠道平行，因此称为平行进口车。

平行进口车绕过了总经销商、大区经销商、4S店等销售环节，且平行进口车经销商定价不受厂商限制，比较自由，因此在价格上有较大优势，通常来讲要比“中规车”价格低10%～20%。

2004年，发改委发布《汽车产业发展政策》，第五十八条规定：“从2005年起，所有进口口岸保税区不得存放以进入国内市场为目的的汽车”。针对这一政策，海关总署于2005年规定“自2005年10月1日起，以进入国内市场为目的的汽车，应直接在口岸海关办理进口报关、纳税等手续”。即“落地完税”政策。

随后，在2005年至2014年的10年间，由于我国经济快速发展，国内汽车需求相对旺盛，进口车市场也在快速发展。不过2015年，随着我国经济进入“新常态”，我国汽车进口量也遭遇了10年来首降。经历2015—2016年两年的下滑之后，进口量在2017年快速反弹。2017年，中国汽车进口量月均实现正增长。其中，正常进口车2017年全年销量为90.7万辆，同比增0.9%。平行进口车2017年进口17.2万辆，同比增长29.8%，占进口总量14.2%。

汽车整车进口口岸是依据国家对整车进口限定口岸管理的政策，经国务院批准，享有开展从国外进口汽车整体业务范围的进口口岸。我国已获批的汽车整车进口口岸主要集中在东部沿海和西北沿边，包括天津、大连、上海这样的沿海城市，也有满洲里、阿拉山口、霍尔果斯这样的沿边内陆口岸。2013年“一带一路”倡议提出后，郑州国际路港、重庆铁路口岸、岳阳城陵矶港口岸、成都铁路口岸等4个内陆整车进口口岸也陆续成功获批。各口岸情况见表7-12。

表7-12　口岸获批情况

序号	省、市、自治区	口　岸	口岸类型	获批时间
1	辽　宁	大连新港	沿海	2004年5月21日
2	天　津	天津新港	沿海	2004年5月21日
3	上　海	上海洋山港	沿海	2004年5月21日
4	内蒙古	满洲里	沿边	2004年5月21日
5	广　东	广州黄埔港	内陆港	2004年5月21日
6	广　东	广州新沙港	沿海	2004年5月21日
7	广　东	广州南沙港	沿海	2014年7月1日
8	广　东	深圳皇岗	沿边	2004年5月21日
9	广　东	深圳大铲湾	沿海	2015年1月26日
10	新　疆	阿拉山口	沿边	2004年5月21日
11	新　疆	霍尔果斯	沿边	2011年9月10日
12	广　西	钦州港	沿海	2009年12月7日
13	福　建	福州江阴港	沿海	2011年12月31日
14	福　建	厦门海沧港	沿海	2017年5月28日
15	山　东	青岛前湾	沿海	2012年11月6日
16	江　苏	苏州张家港	沿海	2012年11月6日
17	浙　江	宁波梅山港	沿海	2012年11月6日
18	北　京	北京机场	内陆空运	2012年11月6日
19	湖　南	岳阳城陵矶港	内陆港	2014年7月1日
20	海　南	海口港	沿海	2014年7月1日
21	河　南	郑州铁路	内陆铁路	2014年7月1日
22	重　庆	沙坪坝	内陆铁路	2014年7月1日
23	四　川	成都青白江	内陆铁路	2015年1月27日
24	河　北	唐山港区	沿海	2017年5月28日
25	黑龙江	绥芬河	沿边	2017年5月28日
26	安　徽	安庆港	内陆兼沿海	2017年5月28日

续上表

序号	省、市、自治区	口　　岸	口岸类型	获批时间
27	湖　北	武　汉	内陆铁路	2017 年 5 月 28 日
28	陕　西	西　安	内陆铁路	2017 年 5 月 28 日
29	宁　夏	银　川	内陆空运	2017 年 5 月 28 日
30	江　西	赣　州	内陆港	2018 年 10 月 18 日
31	吉　林	长　春	内陆港	2018 年 11 月 1 日

1. 内陆整车进口口岸的设立背景

内陆整车口岸的设立，主要基于 3 点：

(1)旺盛的市场需求。2010 年后，我国中西部进口汽车市场呈现快速增长态势。2013 年，进口车销售同比增长 20%以上的十省市，除天津和江西外，其余八省市均是中西部地区。2014 年，进口汽车市场延续向中南、西南和西北区域发展的态势。从国别品牌看，欧系品牌占比最大，份额达 58.2%。而这些内陆地区由于不靠海不邻边，不得不依靠天津、上海、广州等沿海港口进口汽车后分销至内地，迫切需要建设“门到门”“直通式”的内陆整车进口口岸。

(2)国家政策支持。《推动共建丝绸之路经济带和 21 世纪海上丝绸之路的愿景与行动》提出“推动口岸基础设施建设，加强内陆口岸与沿海、沿边口岸通关合作，提升开放型经济水平”；《国务院关于改进口岸工作支持外贸发展的若干意见》(国发〔2015〕16 号)提出“扩大内陆地区口岸对外开放，完善‘一带一路’内陆地区口岸支点布局，支持在国际铁路货物运输沿线主要站点和重要内河港口合理设立直接办理货物进出境手续的查验场所”。这些政策为发展内陆口岸指明了方向。

(3)中欧班列发展的需要。“一带一路”倡议提出后，中欧班列作为“互联互通”建设的重要组成部分，成为沿线各地融入国家发展的重要抓手和载体，获得了千载难逢的发展机遇。目前已开通重庆至杜伊斯堡、成都至罗兹、郑州至汉堡、苏州至华沙、武汉至捷克和波兰、长沙至杜伊斯堡、义乌至马德里、合肥到波兰、哈尔滨至俄罗斯、哈尔滨至汉堡、甘肃威武至中亚、大连—满洲里—俄罗斯—欧洲等多条线路，线路起点除苏州、义乌、大连外，均为内陆城市。这些线路开行之初，普遍存在回程空车的现象，而我国从欧洲进口的主要产品就是汽车和机械类生产资料等，在内陆设立整车进口口岸可有效缓解集装箱“西去不复返”的问题。

2. 内陆整车口岸发展现状

内陆整车进口口岸中，郑州整车进口口岸 2014 年 9 月通过验收，主要依托“郑欧”班列进口整车。重庆整车进口口岸 2014 年 10 月通过验收，主要依托“渝新欧”班列进口整车。武汉和西安整车进口口岸也依托中欧班列进口整车。截至 2018 年底，赣州、长春、岳阳暂无整车进口业务。

2018 年全国累计进口汽车 124 万辆，95%左右的份额集中在天津新港、上海港、广州黄埔港三家口岸。与这些沿海口岸相比，目前内陆整车口岸进口汽车规模太小。对比中西部进口汽车市场旺盛的市场需求和快速增长的态势，内陆整车进口口岸进口整车业务量还有很大的发展空间。

3. 内陆整车进口口岸面临的问题

内陆整车口岸面临的最大问题就是整车进口量远不能满足市场需求，原因主要有：

(1)受成本因素影响，进口整车多采用海运进口。

以 40 英尺的集装箱装 2 台车为例，目前由德国汉堡港到天津港海运集装箱运费为 600 美元，耗时 35 天左右，在天津清关费用约每台车人民币 3 500 元(不含 3C 证书和许可证)，天津到郑州每台车运费人民币 1 400 元。换为“郑欧”班列运输，由德国汉堡到郑州运费为 5 500 美元，耗时 12～16 天，在郑州清关费用约每台车人民币 900 元。综合比较运输成本、运输时间，很难说中欧班列的性价比优于海运。

汽车品牌销售需要汽车生产企业或经其授权的汽车总经销商授权的经营模式已实行多年，汽车经销商的业务经营完全处于汽车生产企业控制之下。当前汽车市场正处于需求不旺、产能过度释放、大中城市相继限购等内外部矛盾的交织期，进口汽车生产企业为扩大销量甚至采取了补贴经销商的方式。在这种环境下，进口汽车生产企业从运输成本考虑必然会采用海洋运输为主，铁路或航空运输为辅的运输方案。加之，国际贸易一般采取反季采购，比如春季订秋季的货，有比较充裕的时间让供货方准备，包括预留出漫长的海运时间。这也造成了多数经销商习惯采用海运运输方式。

(2)沿海口岸与内陆口岸间进口整车转关业务受阻。

根据海关总署 2014 年第 5 号公告，整车进口口岸之间可以开展进口整车转关业务。目前 4 个内陆整车口岸均还未发生海运进口汽车转关业务。原因主要是沿海口岸所在地政府不同意转关。由于国际联运是规模经济十分明显的行业，整车进口口岸业务量越大，就更容易吸引境外改装厂、渠道商、进口商、外贸公司、货代、金融机构、区域经销商、维修装饰、保险机构等进口汽车产业链条上的相关企业到当地开展业务，形成相当规模后，甚至会吸引外国大型车商，在当地设立区域性销售服务集散基地。正是基于发展经济的考虑，不仅是沿海口岸与内陆口岸转关受阻，甚至沿海整车进口口岸之间竞争也十分激烈。福建省政府针对福州江阴整车口岸“2015 至 2017 年 3 年内，由省、市、福州保税港区管委会共同筹集 1 亿元资金，对扩大整车进口相关的重大项目、公共服务平台、进口增量、进出口联动等实施激励扶持”；青岛保税港区针对青岛整车口岸在通关便利、园区配套、金融服务、行政措施、招商引资等方面也推出了 20 条政策措施。受这些政策刺激，2015 年，福州江阴和青岛整车口岸进口汽车较上年均有大幅增长。

三、肉类口岸建设

1. 建设概况

按照国家相关规定，进口肉类属于特种商品。我国对此类产品的进口实施指定口岸制度，只有具备资质的指定口岸才允许进口肉类产品。对于内陆地区而言，没有口岸就意味着不能直接进口，需从青岛、天津等口岸辗转输入，不仅耗时长、手续多、成本高，同时也加大了食品安全监管难度。

2015 年，为更好地服务我国“一带一路”倡议的实施，便利对外贸易发展，为进一步规范进口肉类指定口岸管理工作，科学、有效防范进口肉类可能带来的食品安全和疫情疫病风险，根据《中华人民共和国进出境动植物检疫法》《中华人民共和国食品安全法》《中华人民共和国进出口商品检验法》等法律法规规定，质检总局决定改革进口肉类一律在沿海沿边口岸检验检验检疫监管工作模式，支持内陆地区有序建设进口肉类指定口岸和查验场，允许进口肉类原集装箱、原铅封、原证书直接运输到内陆地区指定口岸/查验场实施检验检疫，提升和扩大内陆地区口岸功能，节约成本，便利通关。内陆地区需要建设进口肉类指定口岸/查验场的，由所在地省级人民政府按《进口肉类指定口岸/查验场基础能力建设要求》规定的条件组织建设。

质检总局在官方网站公布符合《进口肉类指定口岸/查验场基础能力建设要求》的《进口肉类指定口岸/查验场名单》，并实施动态管理。对因食品安全和动植物疫病疫情风险防范能力、查验能力、工作质量、贸易需求等因素达不到要求的，及时从名单中撤除。

2018 年，我国已有 61 个进口肉类指定口岸，较 2015 年增长 50%左右。2017 年仅 1 月份新增运行的进口肉类指定口岸就有沈阳桃仙机场、陕西西安、安徽马鞍山、安徽芜湖 4 个口岸，预计后期将有更多的进口肉类指定口岸建设完毕、通过验收并正式投入使用，将进一步推动多渠道、多方来源的肉类进口，对国内市场的压力也将进一步加大。

2. 规划建设要求

指定口岸/查验场是出入境检验检疫机构对从指定口岸调离的进口肉类依法实施检验检疫和监管的场所。进口肉类指定口岸/查验场基础能力建设要求包括以下内容：

(1)凡运抵内陆地区指定口岸/查验场的进口肉类，必须保持与抵达我国入境口岸时相同的状态，即原集装箱、原铅封、原证书。

(2)指定口岸/查验场还应具备以下条件：

①符合检验检疫要求的冷链查验和储存一体化设施、检疫处理场地、办公设施及其他配套设施设备；

②出入境检验检疫机构具备相应的实验室检验检疫能力；

③出入境检验检疫机构派驻符合要求的查验和签证人员；

④制定了进口肉类指定口岸/查验场管理制度并有效运行；

⑤有实际的进口肉类贸易需求，并具可行性。

指定口岸/查验场的规划、设计和建设应以口岸/查验场功能、规模为基础，以预测的进口肉类检验检疫业务量及相应的出入境检验检疫监管人员数量为依据，以满足检验检疫工作需要并与当地经济发展水平相适应、与口岸/查验场其他查验单位工作条件相协调为原则，运用标准化、信息化等先进管理手段，高标准、严要求，突出区位优势、服务地方经济发展。

指定口岸/查验场的环境卫生、设施规划与布局须符合食品安全控制和动物疫情防控要求。指定口岸/查验场冷链查验和储存一体化设施周边 3 km 范围内不得有畜禽等动物养殖场，周围 50 m 内不得有有害气体、烟尘、粉尘、放射性物质及其他扩散性污染源；沿边口岸毗邻的境外地区不得为与进口肉类种类相关且列入《中华人民共和国进境动物检疫疫病名录》的一类动物疫病的疫区。

指定口岸/查验场进口肉类检验检疫设施包括检验检疫行政办公用房、现场查验专业技术用房、集装箱待检和扣留区、冷链查验和储存一体化设施、检疫处理场所、视频监控、信息化等相关配套设施和设备。

地面应平整、坚固、硬化，无病媒生物孳生地，场地及周围环境应具备有效的防鼠设施与防鼠带；设有防火、防汛、防盗设施、污水排放、垃圾存储与处理、清洗等设施。

行政办公用房包括办公室、会议室、值班室、更衣室、轮班休息室、档案室等。行政办公用房面积应当根据指定口岸/查验场检验检疫人员编制数以及国家关于口岸查验单位办公用房人均面积标准进行核定,并适度兼顾地方经济发展水平。

现场查验专业技术用房包括采取样品室、样品预处理室、样品存储室、应急处置室、应急设备存放室、药械存放室、外来有害生物监测室、信息设备机房或具有以上功能房间。现场查验专业技术用房面积应与检验检疫业务需求相匹配。上述设施应符合《国家对外开放口岸出入境检验检疫设施建设管理规定》,并满足进口肉类检验检疫监管工作的需要。

集装箱待检和扣留区应明确标识,配置集装箱吊卸设备和必要的专用电源设施。

冷链查验和储存一体化设施具备冷链查验和存储相关功能。冷链查验平台应能够满足对适当数量集装箱实施查验,涂印"中国检验检疫"及中国检验检疫徽标或 CIQ 标志。储存设施应符合进口肉类备案冷库要求。

检疫处理区能够满足对进口肉类包装和运输工具进行检疫处理,包括熏蒸、消毒、除虫等。检疫处理区应当位于港区办公、生活区的下风方向,相隔距离不少于 50 m,面积原则上不少于 800 m^2,空港和陆路口岸可根据实际情况适当调整。检疫处理区设置标志牌、告示牌。标志牌位于检疫处理区入口处,标示检疫处理区域。告示牌位于检疫处理区周边,涂印"检疫处理作业危险,请勿靠近"中英文字样。

指定口岸/查验场应当设置电子监管设施,应包括:码头、站场、冷链查验和储存一体化设施、堆场和通道卡口的视频监控系统,大型 X 光集装箱检测系统,箱号、车号识别系统(空港和铁路口岸根据实际情况确定),保障每一批进口肉类查验过程的可监控和可追溯。如果相关设施暂不齐全,应有相应的方案满足电子监管要求。视频监控设施应确保清晰监控和录像,录像档案保存时间不少于 3 个月。

3. 人员和制度要求

指定口岸/查验场应按照进口肉类数量适当配备食品安全员和辅助查验人员,有关人员需经培训上岗并经出入境检验检疫机构备案。

直属出入境检验检疫机构应根据实际业务需求和双人上岗的原则核算辖区内指定口岸/查验场检验检疫监管人员数量。所在地出入境检验检疫机构根据直属出入境检验检疫机构核算人员数量配备相适应的检验检疫监管人员。

进口肉类检验检疫监管人员包括签证兽医官和专业检验检疫人员。每个指定口岸/查验场须配备2名以上签证兽医官和3名以上专业检验检疫人员。签证兽医官应具备兽医、食品检验、公共卫生等相关专业学历，从事肉类等动物产品检验检疫工作5年以上，熟悉进口肉类检验检疫要求，具备识别国外卫生证书真伪能力，具备丰富的肉类检验检疫和监督管理工作经验，具有良好的外语水平，经质检总局或直属出入境检验检疫机构培训并经质检总局认可。专业检验检疫人员应具备与兽医、食品检验、公共卫生等与检验检疫相关专业全日制专科以上学历，熟悉进口肉类检验检疫法规和相关标准，掌握进口肉类现场检验检疫操作要求，经直属出入境检验检疫机构培训并考核认可。

指定口岸/查验场运营单位及所在地出入境检验检疫机构应建立食品安全风险管理机制，配备专门的食品安全风险管理队伍，定期实施风险评估；建立并执行检疫防疫和食品安全相关管理制度、工作规范和应急预案等，保障检验检疫监管工作的有效落实。

4. 检测能力建设要求

指定口岸/查验场所在地或其邻近出入境检验检疫机构应具备开展常规病原微生物和一般残留物质检验项目初筛的检测能力，并应通过中国合格评定国家认可委员会评审认可。指定口岸/查验场所在地的直属出入境检验检疫机构应具备疫病病原检测能力和残留检测确证技术手段。指定口岸/查验场应配备良好的样品保存和传递工具，保证样品送达实验室后的检测结果不受影响。

5. 监督管理

出入境检验检疫机构部门对辖区指定口岸/查验场进行日常监管，直属出入境检验检疫机构对辖区内指定口岸/查验场进行监督检查和年度考核。在日常监管中发现指定口岸/查验场不符合本要求规定且情况严重的，由直属出入境检验检疫机构暂停其指定口岸/查验场资格并限期整改；整改后不合格、年度考核或监督检查不合格、发生重大质量事故、连续两年没有进口肉类业务的，报质检总局取消其指定口岸/查验场资格。

质检总局对指定口岸/查验场实施动态管理。质检总局依照进口食品相关法律法规及本要求的规定，组织对指定口岸/查验场进行监督检查，并根据指定口岸/查验场查验能力、工作质量、贸易量等综合因素不定期调整《进口肉类指定口岸/查验场名单》，并在质检总局网站公布。

第八章　海关监管与保税物流

保税物流货物是指经海关批准未办理纳税手续进境，在境内储存后复运出境的货物，也称作保税仓储货物。已办结海关出口手续尚未离境，经海关批准存放在海关专用监管场所或特殊监管区域的货物，带有保税物流货物的性质。

第一节　海关监管货物的通关作业

一、概　　述

1. 海关监管货物

(1)含义

海关监管货物是指自进境起到办结海关手续止的进口货物，自向海关申报起到出境止的出口货物，以及自进境起到出境止的过境、转运和通运货物等应当接受海关监管的货物，包括一般进出口货物、保税货物、特定减免税货物、暂准进出境货物，以及过境、转运、通运货物和其他尚未办结海关手续的货物。这是海关对进出境货物实施监督管理在法律意义上的时间、范围的限制规定。

(2)分类

按货物进出境的不同目的划分，海关监管货物可以分成六大类：

① 一般进出口货物，包括一般进口货物和一般出口货物。一般进口货物是指办结海关手续进入国内生产、消费领域流通的进口货物；一般出口货物是指办结海关手续离境到境外生产、消费领域流通的出口货物。

② 保税货物，是指经海关批准未办理纳税手续进境，在境内储存、加工、装配后复运出境的货物。保税货物又分为保税加工货物和保税物流货物两类。

③ 特定减免税货物，是指经海关依法准予免税进口的用于特定地区、特定企业、有特定用途的货物。

④ 暂准进出境货物，包括暂准进境货物和暂准出境货物。暂准进境货

物是指经海关批准凭担保进境，在境内使用后原状复运出境的货物；暂准出境货物是指海关批准凭担保出境，在境外使用后原状复运进境的货物。

⑤ 过境、转运、通运货物，是指由境外起运，通过中国境内继续运往境外的货物。

⑥ 其他进出境货物，是指上述货物以外尚未办结海关手续的其他进出境货物。

海关按照各种监管货物的不同要求，分别建立了相应的海关监管制度。

2. 报关与通关

一般而言，报关是指进出口货物收发货人、进出境运输工具负责人、进出境物品的所有人或者他们的代理人向海关办理货物、物品或运输工具进出境手续及相关海关事务的过程。

报关是与运输工具、货物、物品的进出境密切相关的一个概念。在国际物流、国际交流和交往活动中，往往存在着运输工具、货物、物品和人员进出境的情况。国际贸易合约的履行是通过国际物流活动来完成的。《中华人民共和国海关法》规定："进出境运输工具、货物、物品，必须通过设立海关的地点进境或者出境。"因此，由设立海关的地点进出境并办理规定的海关手续是运输工具、货物、物品进出境的基本规则，也是进出境运输工具负责人、进出口货物收发货人、进出境物品的所有人应履行的一项基本义务。《中华人民共和国海关法》对海关行政管理相对人办理运输工具、货物、物品进出境等海关事务表述为"办理报关纳税手续""办理报关手续""从事报关业务""进行报关活动"或者直接称为"报关"。

在进出境活动中，我们也经常使用"通关"这个概念。通关与报关既有联系又有区别。两者都是针对运输工具、货物、物品的进出境而言的，但报关是从海关行政管理相对人的角度，仅指向海关办理进出境手续及相关手续，而通关不仅包括海关行政管理相对人向海关办理有关手续，还包括海关对进出境运输工具、货物、物品依法进行监督管理，核准其进出境的管理过程。

3. 报关基本程序

(1)含义

报关程序是指进出口货物收发货人、进出境运输工具负责人、进出境物品的所有人或其代理人按照海关的规定，办理货物、运输工具、物品进出境及相关海关事务的手续和步骤。

货物进出境应当经过审单、查验、征税、放行 4 个海关作业环节。与之相适应，进出口货物收发货人或其代理人应当按程序办理相对应的进出口申报、配合查验、缴纳税费、提取或装运货物等手续，货物才能进出境。但是，这些程序还不能满足海关对所有进出境货物的实际监管要求。比如加工贸易原材料进口，海关要求事先备案，因此不能在“申报”和“审单”这一环节完成上述工作，必须有一个前期办理手续的阶段；如果上述进口原材料加工成成品出口，在“放行”和“装运货物”离境的环节也不能完成所有的海关手续，必须有一个后期办理核销结案的阶段。因此，从海关对进出境货物进行监管的全过程来看，报关程序按时间先后可以分为 3 个阶段：前期阶段、进出口阶段和后续阶段，见表 8-1。

表 8-1　四大类别海关监管货物的不同报关阶段

海关监管货物类别	前期阶段	进出口阶段	后续阶段
一般进出口货物	无须办理	申报（海关审查） ↓	无须办理
保税货物	备案、申请登记电子账册或电子化手册	配合查验（查验） ↓	办理核销手续
特定减免税货物	申请并申领减免税证明	缴纳税费（征税） ↓	办理解除海关监管手续
暂准进出境货物	暂准进出境货物备案申请	提取货物（放行）	办理销案手续

（2）基本程序

① 前期阶段，是指进出口货物收发货人或其代理人根据海关对进出境货物的监管要求，在货物进出口之前，向海关办理备案手续的过程。比如，保税加工货物进口之前，进口货物收货人或其代理人办理加工贸易备案手续，申请建立加工贸易电子化手册或电子账册等。

② 进出口阶段，是指进出口货物收发货人或其代理人根据海关对进出境货物的监管要求，在货物进出境时，向海关办理进出口申报、配合查验、缴纳税费、提取或装运货物手续的过程。

③ 后续阶段，是指进出口货物收发货人或其代理人根据海关对进出境货物的监管要求，在货物进出境储存、加工、装配、使用、维修后，在规定的期限内，按照规定的要求，向海关办理上述进出口货物核销、销案、申请解除海关监管等手续的过程。比如，保税加工货物，进口货物收货人或其代理人在规定期限内办理申请核销的手续等。

二、一般进出口货物的通关

1. 一般进出口货物概述

（1）含义

一般进出口货物是一般进口货物和一般出口货物的合称，是指在进境环节缴纳了应征的进口税费并办结了所有必要的海关进口手续，海关放行后不再进行监管，直接进入生产和消费领域流通的进口货物，和在出口环节缴纳了应征的出口税费并办结了所有必要的海关出口手续，海关放行后离境的出口货物。

一般进出口货物并不完全等同于一般贸易货物。一般贸易是国际贸易中的一种贸易方式。在我国的对外贸易中，一般贸易是指中国境内有进出口经营权的企业单边进口或单边出口的贸易。按一般贸易交易方式进出口的货物即为一般贸易货物。一般进出口货物，是指按照海关一般进出口监管制度监管的进出口货物。一般贸易货物在进口时可以按一般进出口监管制度办理海关手续，这时它就是一般进出口货物；符合条件的，可以享受特定减免税优惠，按特定减免税监管制度办理海关手续，这时它就是特定减免税货物；经海关批准报税的，也可以按照报税监管制度办理海关手续，这时它就是保税货物。

(2)特征

一般进出口货物有以下特征：

① 进出境时缴纳进出口税费。一般进出口货物的收发货人应当按照《中华人民共和国海关法》和其他有关法律、行政法规的规定，在货物进出境时向海关缴纳应当缴纳的税费。

② 进出口时提交相关的许可证件。货物进出口时受国家法律、行政法规管制并需要申领进出口许可证件的，进出口货物收发货人或其代理人应当向海关提交相关的进出口许可证件。

③ 进口货物海关放行即办结海关手续，出口货物海关放行后离境即办结海关手续。海关征收了全额的税费，审核了相关的进出口许可证件，并对货物进行实际查验(或做出不予查验的决定)以后，按规定签章放行。这时，进出口货物收发货人或其代理人才能办理提取进口货物进入国内市场或者装运出口货物离境的手续。

对一般进口货物来说，海关放行就意味着海关手续已经全部办结，海关不再监管，可以直接进入生产和消费流通领域。对一般出口货物来说，海关放行后离境才意味着海关手续全部办结。

(3)范围

海关监管货物按照货物进、出境后是否复运出、进境，可以分为两大类：一类是进境、出境后不再复运出境、进境的货物，我们称为实际进出口的货物；另一类是进境、出境后还将复运出境、进境的货物，我们称之为非实际进出口的货物。

实际进出口的货物，除特定减免税货物外，都属于一般进出口货物的范围，具体包括一般贸易进口货物、一般贸易出口货物；转为实际进口的报税货物、暂准进境货物；转为实际出口的暂准出境货物；易货贸易、补偿贸易进出口货物；不准予报税的寄售代销贸易货物；承包工程项目实际进出口货物；外国驻华商业机构进出口陈列用的样品；外国旅游者小批量订货出口的商品；随展览品进出境的小卖品；实际进出口货样广告品；免费提供的进口货物（外商在经济贸易活动中赠送的进口货物、免费提供的试车材料等；我国在境外的企业、机构向国内单位赠送的进口货物）。

2. 一般进出口货物的报关程序

一般进出口货物报关程序没有前期阶段和后续阶段，只有进出口阶段，由 4 个环节构成，即进出口申报、配合查验、缴纳税费、提取或装运货物。

所有的进出境货物报关程序都有进出口阶段，因此一般进出口货物的报关程序除缴纳税费环节外也适用于其他所有进出境货物的报关。

(1)进出口申报

①申报的含义。进出口申报是指进出口货物的收发货人或其代理人，依照《中华人民共和国海关法》及有关法律、行政法规和规章的要求，在规定的期限、地点，采用电子数据报关单和纸质报关单的形式，向海关报告实际进出口货物的情况，并接受海关审核的行为。

②申报单位。申报单位包括进出口货物收发货人或其代理人，申报单位必须要在海关注册登记，并对其向海关申报的内容负法律责任。

③申报地点。一般情况下，进口货物应当由收货人或其代理人在货物的进境地海关申报，出口货物应当由发货人或其代理人在货物的出境地海关申报。

转关运输的情况下，经收发货人申请，海关同意，进口货物的收货人或其代理人可以在设有海关的货物指运地申报，出口货物的发货人或其代理人可以在设有海关的货物启运地申报。

以保税货物、特定减免税货物和暂准进出境货物申报进境的货物，因故改变使用目的从而改变货物性质转为一般进口时，进口货物的收货人或其代理人应当在货物所在地主管海关申报。

④申报期限。进口货物的申报期限为自装载货物的运输工具申报进境之日起 14 日内（从运输工具申报进境之日的第二天开始算）。申报期限的最后一天是法定节假日或休息日的，顺延至法定节假日或休息日后的第一

个工作日。进口货物自装载货物的运输工具申报进境之日起超过 3 个月仍未向海关申报的，货物由海关提取并依法变卖。对属于不易长期保存的货物，海关可以根据实际情况提前处理。

出口货物的申报期限为货物运抵海关监管区后、装货的 24 h 以前。

⑤申报日期。申报日期指海关接受进出口货物收发货人或其代理人申报数据的日期。不论是以电子数据报关单方式申报，还是以纸质报关单方式申报，海关接受申报数据的日期即为申报日期。

以电子数据报关单方式申报的，申报日期为海关计算机系统接受申报数据时记录的日期。电子数据报关单经过海关计算机检查被退回的，视为海关不接受申报，进出口货物收发货人或其代理人应当按照要求修改后重新申报，申报日期为海关接受重新申报的日期。海关已接受申报的报关单电子数据，送人工审核后，需要对部分内容进行修改的，进出口货物收发货人或其代理人应当按照海关规定进行修改并重新发送，申报日期仍为海关原接受申报的日期。

以纸质报关单方式申报的，申报日期为海关接受纸质报关单并对报关单进行登记处理的日期。

⑥滞报金。进口货物收发货人未按规定期限向海关申请产生滞报的，由海关按规定征收滞报金。滞报金的征收，以自运输工具申报进境之日起第 15 日为起始日，以海关接受申报之日为截止日。滞报金按日计征，起始日和截止日均计入滞报期间。

进口货物收货人在向海关传送报关单电子数据申报后，未在规定期限或核准的期限内提交纸质报关单，海关予以撤销电子数据报关单处理，进口货物收货人因此重新向海关申报产生滞报的，滞报金的征收，以自运输工具申报进境之日起第 15 日为起始日，以海关重新接受申报之日为截止日。

进口货物收货人申请并经海关依法审核，必须撤销原电子数据报关单重新申报产生滞报的，滞报金的征收以撤销原电子数据报关单之日起第 15 日为起始日，以海关重新接受申报之日为截止日。

进口货物因收货人在运输工具申报进境之日起超过 3 个月未向海关申报，被海关提取作变卖处理后，收货人申请发还余款的，滞报金的征收，以自运输工具申报进境之日起第 15 日为起始日，以该 3 个月期限的最后一天为截止日。

滞报金的日征收金额为进口货物完税价格的 0.5‰，计征单位为人民币“元”，不足 1 元的部分免于计征，起征点为人民币 50 元。征收滞报金的计算公式为：

滞报金＝进口货物完税价格×0.5‰×滞报天数

滞报金的计征起始日如遇法定节假日，则顺延至其后的第一个工作日。因不可抗力等特殊情况产生滞报的，可以向海关申请减免滞报金。

⑦申报步骤：

a. 准备申报单证。准备申报单证是报关员开始进行申报工作的第一步，是整个报关工作能否顺利进行的关键一步。申报单证可以分为报关单和随附单证两大类，其中随附单证包括基本单证和特殊单证。

报关单是由报关员按照海关规定格式填制的申报单，是指进出口货物报关单或者带有报关单性质的单证，比如特殊监管区域进出境备案清单、ATA单证册、过境货物报关单、快件报关单等。一般来说，任何货物的申报，都必须有报关单。

基本单证是指进出口货物的货运单据和商业单据，主要有进口提货单据、出口装货单据、商业发票、装箱单等。一般来说，任何货物的申报，都必须有基本单证。

特殊单证主要由进出口许可证件、加工贸易电子化手册和电子账册、特定减免税证明、外汇收付汇核销单证、原产地证明书、贸易合同等。某些货物的申报，必须有特殊单证，比如租赁贸易货物进口申报，必须有租赁合同，而别的货物进口申报则不一定需要贸易合同，所以贸易合同对于租赁贸易货物申报来说是一种特殊单证。

准备申报单证的原则：基本单证、特殊单证必须齐全、有效、合法；报关单填制必须真实、准确、完整；报关单与随附单证数据必须一致。

b. 申报前看货取样。进口货物收货人，向海关申报前，为了确定货物品名、规格、型号等，可以向海关提出查看货物或者提取货样的书面申请。海关审核同意后，派员到场监管。

涉及动植物及其产品和其他须依法提供检疫证明的货物，如需提取货样，应当按照国家的有关法律规定，事先取得主管部门签发的书面批准证明。提取货样后，到场监管的海关工作人员与进口货物的收货人在海关开具的取样记录和取样清单上签字确认。

c. 申报。进出口货物收发货人或其代理人可以选择终端申报方式、委托EDI方式、自行EDI方式、网上申报方式四种电子申报方式中适用的一种，将报关内容录入海关电子计算机系统，生成电子数据报关单。进出口货物收发货人或其代理人在委托录入或自行录入报关单数据的计算机系统上，一旦接收到海关发送的“接受申报”报文和“现场交单”或“放行交单”通知，即表示电子申报成功。如果接受到海关发送的“不接受申报”报文后，应当根据报文提示修改报关单内容后重新申报。

进出口货物收发货人或其代理人应当自接到海关“现场交单”或“放行交单”通知之日起10日内，持打印的纸质报关单，备齐规定的随附单证并签名盖章，到货物所在地海关提交书面单证并办理相关海关手续。

海关接受进出口货物的申报后，报关单不得修改或者撤销。确有正当理由的收发货人或其代理人向海关提交书面申请，经海关审核批准后，可以进行修改或撤销。

(2)配合查验

海关查验是指海关为确定进出口货物收发货人向海关申报的内容是否与进出口货物的真实情况相符，或者为确定商品的归类、价格、原产地等，依法对进出口货物进行实际核查的执法行为。

海关通过查验，检查报关单位是否伪报、瞒报、申报不实，同时也为海关的征税、统计、后续管理提供可靠的资料。

①查验地点。通常情况下，查验应该在海关监管区内。特殊情况下，比如因货物易受温度、静电等自然因素影响，不易在海关监管区内实施查验，或有其他特殊原因的，经当事人申请、海关同意，也可以在海关监管区外进行查验，海关派员到海关监管区外实施查验。

②查验时间。当海关决定查验时，即将查验的决定以书面形式通知进出口货物收发货人或其代理人，约定查验的时间。查验时间一般约定在海关正常的工作时间内。但对一些进出口业务繁忙的口岸，海关也可接受进出口货物收发货人或其代理人的请求，在海关正常工作时间以外实施查验。

对于危险品或鲜活、易腐、易烂、易失效、易变质等不宜长期保存的货物，以及因其他原因需要紧急验放的货物，经进出口货物收发货人或其代理人申请，海关可以优先实施查验。

③查验方法。海关实施查验可以是彻底查验，也可以是抽查。彻底查验，即对一票货物逐件开箱(包)查验，对货物品种、规格、数量、重量、原产地、货物状况等逐一与申报单详细核对。抽查，即按一定比例有选择地对一票货物中的部分货物验核实际状况。

查验操作可以分为人工查验和设备查验。人工查验包括外形查验和开箱查验：外形查验是指对外部特征直观、易于判断基本属性的货物的包装、运输标志和外观等状况进行验核；开箱查验是指将货物从集装箱、货柜车箱等箱体中取出并拆除外包装后对货物实际状况进行验核。设备查验是指利用技术检查设备为主对货物实际状况进行验核。海关可以根据货物情况以及实际执法需要，确定具体的查验方式。

④复验和径行开验。有下列情形之一的，海关可以对已查验的货物进行复验：a. 经初次查验未能查明货物的真实属性，需要对已查验货物的某些性状做进一步确认的；b. 货物涉嫌走私违规，需要重新查验的；c. 进出口货物收发货人对海关查验结论有异议，提出复验要求并经海关同意的；d. 其他海关认为必要的情形。

已经参加过查验的查验人员不得参加对同一票货物的复验。

径行开验是指海关在进出口货物收发货人或其代理人不在场的情况下，自行拆开货物进行查验。海关行使“径行开验”的权利时，应当通知货物存放场所的管理人员、运输工具负责人到场协助，并由其在海关的查验记录上签字确认。有下列情形之一的，海关可以径行开验：a. 进出口货物有违法嫌疑的；b. 经海关通知查验，进出口货物收发货人或其代理人届时未到场的。

海关径行开验时，存放货物的海关监管场所经营人、运输工具负责人应当到场协助，并在查验记录上签名确认。

⑤配合查验。海关查验货物时，进出口货物收发货人或其代理人应当到场，配合海关查验。配合查验应当做好如下工作：a. 按照海关的要求负责搬移货物、开拆和重封货物的包装等；b. 了解和熟悉所申报货物的情况，回答查验海关关员的询问，提供海关查验货物时所需要的单证或其他资料；c. 协助海关提取需要做进一步检验、化验或鉴定的货样，收取海关出具的《取样清单》；d. 查验结束后，认真阅读关员填写的《海关进出境货物查验记录单》，注意以下情况的记录是否符合实际：开箱的具体情况；货物残损情况及造成残损的原因；提取货样的情况；查验结论。

查验记录准确清楚的，应即签名确认。配合查验人员如不签名，查验人员应当在查验记录中予以注明，并由货物所在监管场所的经营人员签名证明。

⑥货物损坏赔偿。在查验过程中，或者证实海关在径行开验过程中，因为海关查验人员的责任造成被查验货物损坏的，进出口货物的收发货人或其代理人可以要求海关赔偿。海关赔偿的范围仅限于在实施查验过程中，由于查验人员的责任造成被查验货物损坏的直接经济损失。直接经济损失的金额根据被损坏货物及其部件的受损程度确定，或者根据修理

费确定。

（3）缴纳税费

进出口货物的收发货人或其代理人将报关单和随附单证提交给货物进出境地指定海关，经海关审核报关单，并对需要查验的货物查验无误后，海关根据申报的货物计算税费，并开具税款缴款书和收费票据。进出口货物收发货人或其代理人在规定的时间内，持缴款书或收费票据向指定银行办理税费交付手续，或在网上进行电子支付。一旦收到银行缴款成功的信息，即可报请海关办理货物放行手续。

（4）提取或装运货物

①海关进出境现场放行和货物结关。海关进出境现场放行是指海关接受进出口货物的申报、审核电子数据报关单和纸质报关单及随附单证、查验货物、征收税费或接受担保以后，对进出口货物做出结束海关进出境现场监管决定，允许进出口货物离开海关监管现场的工作环节。

货物结关是进出口货物办结海关手续的简称。进出口货物收发货人或其代理人向海关办理完所有的海关手续，履行了法律规定的与进出口有关的一切义务，就办结了海关手续，进口货物可以提取，出口货物可以离境，海关不再监管。

海关进出境现场放行有两种情况：一种情况是放行时已经结关，对于一般进出口货物，放行时进出口货物收发货人或其代理人已经办结了所有海关手续，因此海关进出境现场放行等于结关；另一种情况是放行时尚未结关，对于保税货物、特定减免税货物、暂准进出境货物、部分其他进出境货物，放行时进出口货物收发货人或其代理人并未办完所有的海关手续，海关在一定期限内还需进行监管，所以该类货物的进出境现场放行不等于结关。

②提取或装运货物。进口货物收货人或其代理人签收海关加盖海关放行章戳记的进口提货凭证，凭以到货物进境地的港区、机场、车站、邮局等地的海关监管仓库办理提取货物的手续。

出口货物发货人或其代理人签收海关加盖海关放行章戳记的出口装货凭证，凭以到货物出境地的港区、机场、车站、邮局等地的海关监管仓库，办理将货物装上运输工具离境的手续。

③申请签发报关单证明联。进出口货物收发货人或其代理人，办理完提取进口货物或装运出口货物的手续以后，如需要海关签发有关货物的进口、出口报关单证明联的，均可向海关提出申请。

三、保税加工货物的通关

1. 保税加工货物概述

(1)保税加工货物的含义及范围

保税加工货物通常被称为加工贸易保税货物，是指经海关批准未办理纳税手续进境，在境内加工、装配后复运出境的货物。加工贸易保税货物不完全等同于加工贸易货物，加工贸易货物只有经过海关批准才能保税进口。经海关批准准予保税进口的加工贸易货物才是保税加工货物。保税加工货物具体包括：

①专为加工、装配出口产品而从国外进口且海关准予保税的原材料、零部件、元器件、包装物料、辅助材料(简称料件)；

②用进口保税料件生产的成品、半成品；

③在保税加工生产过程中产生的副产品、残次品、边角料和剩余料件。

(2)保税加工货物的特征

保税加工货物有以下特征：

①料件进口时暂缓缴纳进口关税及进口环节海关代征税，成品出口时除另有规定外无须缴纳关税。

②料件进口时除国家另有规定外免予交验进口许可证件，成品出口时凡属许可证件管理的，必须交验出口许可证件。

③进出境海关现场放行并未结关。

(3)海关对保税加工货物的管理

海关对保税加工货物的管理，主要可以归纳为商务审批、备案保税、纳税暂缓、监管延伸和核销结关五个方面。

①商务审批。加工贸易业务须经过商务主管部门审批才能进入海关备案程序。大体上有两种情况：

a. 加工贸易合同审批。加工贸易经营企业在向海关办理加工贸易合同备案建立电子化手册之前，先要到商务主管部门办理合同审批手续。经审批后，凭商务主管部门出具的“加工贸易业务批准证书”和“加工贸易企业经营状况和生产能力证明”两个单证及商务主管部门审批同意的加工贸易合同到海关备案。

b. 加工贸易经营范围审批。加工贸易经营企业在向海关申请建立电子账册之前，先要到商务主管部门办理审批加工贸易经营范围的手续。经审批后，凭商务主管部门出具的“经营范围批准证书”和“加工贸易企业经营状况和生产能力证明”到海关申请建立电子账册。

②备案保税。加工贸易料件经海关批准才能保税进口。海关批准保税是通过受理备案来实现的。凡是准予备案的加工贸易料件进口时可以暂不办理纳税手续，即保税进口。电子化手册和电子账册管理下的保税加工货物报关都有备案程序，海关通过受理备案实现批准保税。

③纳税暂缓。国家规定专为加工出口产品而进口的料件，按实际加工复出口成品所耗用料件的数量准予免缴进口关税和进口环节增值税、消费税，但免税只针对出口成品上的料件。由于在料件进口的时候无法确定用于出口成品上的料件的实际数量，海关只有先准予保税，在产品实际出口并最终确定使用在出口成品上的料件数量后，再确定征免税的范围，即用于出口的部分不予征税，不出口的部分征税，然后再由企业办理纳税手续。

④监管延伸。海关对保税加工货物的监管，在地点和时间上都进行了延伸。

从地点上说，保税加工的料件运离进境地口岸海关监管场所后进行加工、装配的地方，都是海关监管的场所。

从时间上说，保税加工的料件在进境地被提取并不意味着海关保税监管的结束，海关一直要监管到加工、装配后复运出境或者办结正式进口手续最终核销结案为止。

⑤核销结关。保税加工货物的核销是非常复杂的工作，向海关的报核，不仅要确认进境的料件和出口的成品、半成品在数量上是否平衡，而且还要确认复运出境的成品、半成品是否由进口料件生产。保税加工货物经过海关核销后才能结关。

2. 电子化手册管理下的保税加工货物报关程序

电子化手册管理模式的主要特征是以合同为单元进行监管，主要面向中小型加工贸易企业，其报关基本程序是合同备案、进出口报关和合同报核。

(1)合同备案

①合同备案的含义。加工贸易合同备案是指加工贸易企业持经批准的加工贸易合同到主管海关备案，申请保税并建立加工贸易电子化手册或领取其他准予备案的凭证的行为。

海关受理合同备案是指海关根据国家规定在接受加工贸易合同备案后，批准合同约定的进口料件保税，并把合同内容转化为手册内容建立电子化手册或核发准予备案的凭证。对不予备案的合同，海关应当书面告知经营企业。

②合同备案的企业。国家规定开展加工贸易业务应当由经营企业到加工企业的所在地主管海关办理加工贸易合同备案手续。

经营企业，是指负责对外签订加工贸易合同的各类进出口企业和外商投资企业，以及经批准获得来料加工经营许可的对外加工装配服务公司。加工企业，是指接受经营企业委托，负责对进口料件进行加工或者装配，且具有法人资格的生产企业，以及由经营企业设立的虽不具有法人资格，但实行相对独立核算并已经办理工商营业执照的工厂。经营企业和加工企业有可能是同一个企业，也可能不是同一个企业。

③合同备案的步骤。加工贸易企业到主管海关进行合同备案的程序为：

a. 将合同相关内容预录入与主管海关联网的计算机。

b. 由海关审核确定是否准予备案。准予备案的，由海关确定是否要开设加工贸易银行保证金台账。需要办理开设台账手续的，应向银行办理台账保证金专用账户设立手续。已设立台账保证金专用账户的企业，凭"海关注册登记证明"向银行进行一次性备案登记；不需要开设台账的，直接由海关建立电子化手册或核发其他备案凭证。

④异地加工贸易合同备案。异地加工贸易是指一个直属海关的关区内加工贸易经营企业，将进口物料委托给另一个直属海关关区内的加工生产企业加工，并组织出口的加工贸易。

开展异地加工贸易应在加工企业所在地设立台账，由加工贸易经营企业向加工企业所在地主管海关办理合同备案手续。海关对开展异地加工贸易的经营企业和加工企业实行分类管理，如果两者的管理类别不相同，按其中较低类别管理。

(2)进出口报关

电子化手册管理下的保税加工货物报关，适用进出口报关阶段程序，有进出境货物报关、深加工结转货物报关和其他保税加工货物报关等三种情形。

①进出境货物报关。保税加工货物进出境由加工贸易经营单位或其代理人持电子化手册编号或其他准予合同备案的凭证向海关申报。

保税加工货物进出境的报关程序与一般进出口货物一样，也有4个环节，其中申报、配合查验、提取或装运货物3个环节与一般进出口货物基本一致。有区别的是，保税加工货物进境报关程序第3个环节不是缴纳税费，而是暂缓纳税，即保税。

②深加工结转货物报关。加工贸易深加工结转是指加工贸易企业将保税进口料件加工的产品转至另一个加工贸易企业进一步加工后复运出口的经营活动。其进出阶段报关程序分为计划备案、收发货登记、结转报关等3个环节。

a. 计划备案。加工贸易企业开展深加工结转，转入、转出企业应当向各自主管海关提交保税加工货物深加工结转申请表，申请结转计划。

b. 收发货登记。转出、转入企业办理结转计划申请手续后，应当按照经双方海关核准后的申请表进行实际收发货，并就实际结转情况在登记表上进行如实登记，并加盖企业结转专用名章。

c. 结转报关。转入企业在实际收货后，凭申请表、登记表等单证向转入地海关办理结转进口报关手续，并在结转进口报关后的第二个工作日内将报关情况通知转出企业；转出企业自接到转入企业通知之日起10日内，凭申请表、登记表等单证向转出地海关办理结转出口报关手续。

③其他保税加工货物报关。其他保税加工货物是指履行加工贸易合同过程中产生的剩余料件、边角料、残次品、副产品和受灾保税货物。对这些保税加工货物，企业必须在手册有效期内处理完毕。处理的方式有内销、结转、退运、放弃、销毁等，除销毁处理外，其他处理方式都必须填制报关单报关。有关报关单是企业报核的必要单证。

(3)合同报核

①报核和核销的含义。加工贸易合同的报核，是指加工贸易企业在加工贸易合同履行完毕或终止合同并按规定对未出口部分货物进行处理后，按照规定的期限和规定的程序，向加工贸易主管海关申请核销要求结案的行为。

加工贸易合同核销，是指加工贸易经营企业加工复出口并对未出口的货物办妥有关海关手续后，凭规定单证向海关申请解除监管，海关经审查、核查属实且符合有关法律、行政法规的规定，予以办理解除监管手续的海关行政许可事项。

②海关受理报核和核销。加工贸易经营企业应当在规定的期限内将进口料件加工复出口，并自加工贸易电子化手册项下最后一批成品出口之日起或手册到期之日起30日内向海关报核。若经营企业对外签订的合同因故提前终止的，应当自合同终止之日起30日内向海关报核。

海关对企业的报核依法进行审核，对不符合规定的，书面告知企业不予受理的理由，并要求企业重新报核；符合规定的予以受理。海关自受理企业报核之日起 20 个工作日内核销完毕，特殊情况下，可以由直属海关关长或授权的隶属海关关长批准，延长 10 个工作日。经核销准予结案的，海关向经营单位签发“核销结案通知书”。

3. 电子账册管理下的保税加工货物报关程序

(1)电子账册管理简介

①含义。电子账册管理是加工贸易联网监管中海关以加工贸易企业的整体加工贸易业务为单元对保税加工货物实施监管的一种模式。海关为联网企业建立电子底账，联网企业只设立一个电子底账。

②电子账册的建立。电子账册的建立要经过加工贸易经营企业的联网监管的申请和审批、加工贸易业务的申请和审批、建立商品归并关系和电子账册等 3 个步骤。

a. 加工贸易经营企业在向海关申请联网监管前，应当先向企业所在地商务主管部门办理前置审批手续，由商务主管部门对申请联网监管企业的加工贸易经营范围依法进行审批。经商务主管部门审批同意后，加工贸易企业向所在地直属海关提出书面申请，并提供相关文件。主管海关接到联网监管申请后，进行审核和确认，经审核符合联网监管要求的，主管海关制发“海关实施加工贸易联网监管通知书”。

b. 联网企业的加工贸易业务由商务主管部门审批。商务主管部门收到联网企业申请后，对非国家禁止开展的加工贸易业务，予以批准，并签发“联网监管企业加工贸易业务批准证”。

c. 联网企业凭商务主管部门签发的“联网监管企业加工贸易业务批准证”向所在地主管海关申请建立电子账册。海关以商务主管部门批准的加工贸易经营范围、年生产能力等为依据，建立电子账册。

(2)报关程序

①备案。企业要凭商务主管部门的批准证通过网络向海关办理“经营范围电子账册”和“便捷通关电子账册”备案手续。

②进出口报关。电子账册模式下联网监管企业的保税加工货物报关与电子化手册模式一样，适用进出口报关阶段程序的，也有进出境货物报关、深加工结转货物报关和其他保税货物报关 3 种情形，参照电子化手册管理的进出口报关。

③报核和核销。电子账册采用的是以企业为单元的管理方式，一个企业只有一个电子账册，因此，对电子账册模式的核销实行滚动核销的形式，

即对电子账册按照时间段进行核销，将某个确定的时间段内企业的加工贸易进出口情况进行平衡核算。企业必须在规定的期限内完成报核手续，确有正当理由不能按期报核的，经主管海关批准可以延期，但延长期限不得超过 60 天。

四、转关货物的通关

1. 转关概述

(1)转关的含义

①转关。转关是指海关监管货物在海关监管下，从一个海关运至另一个海关办理某项海关手续的行为。

②进口转关。进口转关是指货物由进境地入境，向海关申请转关，运往另一个设管地点进口报关的转关行为。

③出口转关。出口转关是指货物在启运地出口报关，然后运往出境地，由出境地海关监管出境的转关行为。

④境内转关。境内转关是指已经办理入境手续的海关监管货物从境内一个设关地点运往境内另一个设关地点报关的转关行为。

(2)转关的方式

①提前报关转关

a. 进口提前报关转关：货物先在指运地申报再到进境地办理转关手续；

b. 出口提前报关转关：货物未运抵启运地监管场所前先申报，货物运抵监管场所后再办理转关手续。

②直转转关

a. 进口直转：货物先在进境地办理转关手续，到指运地后办理进口报关手续；

b. 出口直转：出境货物在运抵启运地海关监管场所报关后，再向出境地海关办理转关手续。

③中转转关

a. 进口中转：具有全程提运单，需换装境内运输工具的进口中转货物由收货人或其代理人先向指运地海关办理进口申报手续，再由境内承运人或其代理人批量向进境地海关办理转关手续。

b. 出口中转：具有全程提运单，需换装境内运输工具的出口中转货物由发货人或其代理人先向启运地海关办理出口申报手续，再由境内承运人或其代理人按出境运输工具分列舱单向启运地海关批量办理转关手续，并到出境地海关办理出境手续的转关。

(3)转关条件

不是所有的货物都有资格申请转关,申请转关必须满足一定的条件。

①申请转关应符合的条件

a. 转关货物的指运地和启运地必须设有海关;

b. 转关货物的指运地和启运地应当设有经海关批准的监管场所;

c. 转关承运人应当在海关注册登记,承运车辆符合海关监管要求,并承诺按海关对转关路线范围和途中运输时间所作的限定将货物运往指定的场所。

②不得申请转关的货物

a. 进口固体废物(废纸除外);

b. 进口易制毒化学品、监控化学品、消耗臭氧层物质;

c. 进口汽车整车,包括成套散件和二类底盘;

d. 国家检验检疫部门规定必须在口岸检验检疫的商品。

2. 转关货物的申报期限

(1)提前报关方式转关的申报期限

①进口报关货物应在电子数据申报之日起 5 日内,向进境地海关办理转关手续,超过期限仍未到进境地海关办理转关手续的,指运地海关撤销提前报关的电子数据。

②出口转关货物应于电子数据申报之日起 5 日内,运抵启运地海关监管场所,办理转关和验放等手续,超过期限的,启运地海关撤销提前报关的电子数据。

(2)直转方式转关的申报期限

①进口货物在运输工具申报进境之日起 14 日内,向进境地海关办理转关运输。

②在海关规定的期限内运抵指运地之日起 14 日内,向指运地海关办理报关。

五、报关单证

进出口货物报关单是指进出口货物收发货人或其代理人,按照海关规定的格式对进出口货物的实际情况做出书面申明,以此要求海关对其货物按适用的海关制度办理通关手续的法律文书。它在对外经济贸易活动中具有十分重要的法律地位。它既是海关监管、征税、统计以及开展稽查和调查的重要依据，又是加工贸易进出口货物核销，以及出口退税和外汇管理的重要凭证，也是海关处理走私、违规案件，以及税务、外汇管理部门查处骗税和套汇犯罪活动的重要证书。

按货物的流转状态、贸易性质和海关监管方式的不同，进出口货物报关单可以分为以下几种类型：按进出口状态分为进口货物报关单和出口货物报关单；按表现形式分为纸质报关单和电子数据报关单；按使用性质分为进料加工进出口货物报关单、来料加工及补偿贸易进出口货物报关单、外商投资企业进出口货物报关单、一般贸易及其他贸易进出口货物报关单、需国内退税的出口贸易报关单。

2018 年 8 月 1 日起，实施海关进出口货物整合申报，原报关单、报检单合并为一张新报关单。原报关报检申报系统整合为一个申报系统，通过录入一张报关单、上传一套随附单证、采用一组参数代码，实现一次申报、一单通关。整合申报是出入境检验检疫管理职责和队伍划入海关总署后，海关机构改革的第一步，是关检业务全面融合的历史性、标志性改革措施，也是海关优化营商环境、应对复杂外贸形势和服务外贸企业的一项重要举措。原报关报检单整合为一张报关单后，原报关、报检共 229 个申报项目精简为 105 个，进口、出口货物报关单和进境、出境货物备案清单布局结构也进行了优化，报关单主要变化为：版式由竖版改为横版，表体每联由 8 个品名改为6 个品名，取消原正本套打报关单，新增报关单二维码、加入防伪信息。

1. 变化一：申报要求（变化及新增）

（1）境内收/发货人代码

该项目为必填项，原海关与原报检项目的“收发货人”，现改名为“境内收发货人”。编码填报 18 位法人和其他组织统一社会信用代码，没有统一社会信用代码的，填报其在海关的备案编码。进口填“境内收货人”，出口填“境内发货人”。

（2）境外收/发货人代码

该项目为选填项，境外收货人通常指签订并执行出口贸易合同中的买方或合同指定的收货人，境外发货人通常指签订并执行进口贸易合同中的卖方。对于 AEO 互认国家（地区）企业的，编码填报 AEO 编码，特殊情况下无境外收发货人的，填报“NO”。

（3）境外收发货人名称（外文）

该申报项目为必填项。该项目数据类型为字符型，最多支持录入 100 位。

该项目为原报检项目的“收发货人(外文)”,录入要求无变化。该项目为原报检项目的“收发货人(外文)”,录入要求无变化。

(4)消费使用/生产销售单位代码

该申报项目为必填项。该项目数据类型为18位字符型。填报18位法人和其他组织统一社会信用代码,无18位统一社会信用代码的,填报“NO”。进口填报消费使用单位,出口填报生产销售单位。

(5)包装种类

该申报项目为必填项。该项目数据类型为2位字符型。按照海关规定的《包装种类代码表》选择填报进出口货物的所有包装材料,包括运输包装和其他包装。

运输包装即提运单所列货物件数单位对应的包装,按照海关规定的《包装种类代码表》,填报运输包装对应的2位包装种类代码。例如:使用再生木托作为运输包装的,在本栏填报中文“再生木托”或代码“92”。

若还有其他包装,包括货物的各类包装、植物性铺垫材料等,则在“其他包装”栏目的“包装材料种类”中,按照海关规定的《包装种类代码表》填报2位包装种类代码,在“包装件数”栏目中填报对应件数数字。例如:其他包装中含有纸制或纤维板制盒(箱)包装的,在本栏填报中文“纸制或纤维板制盒(箱)”或代码“22”。

(6)标记唛码

该申报项目为选填项。该项目数据类型为字符型,最多支持录入400位。

(7)备注

该申报项目为选填项。该项目数据类型为字符型,最多支持录入400位。

(8)货物存放地点

该申报项目为条件必填项。该项目数据类型为字符型,最多支持录入100位。填报货物进境后存放的场所或地点,包括海关监管作业场所、分拨仓库、定点加工厂、隔离检疫场、企业自有仓库等。

(9)检验检疫受理机关

该申报项目为必填项。该项目数据类型为6位字符型。填报提交报关单和随附单据的检验检疫机关。该项目为原报检项目的“报检机关”,录入要求无变化。

(10)领证机关

该申报项目为必填项。该项目数据类型为6位字符型。填报领取证单的检验检疫机关。该项目为原报关项目的“领证地”,录入要求无变化。

(11)B/L号

该申报项目为有条件选填项。该项目数据类型为字符型,最多支持录入20位。填报入境货物的提货单或出库单号码。当运输方式为“航空运输”时无需填写。

(12)集装箱商品项号关系

该申报项目为必填项。该项目数据类型为字符型,最多支持录入255位。当使用集装箱装载货物时,需填报集装箱体信息。集装箱商品项号关系信息填报单个集装箱对应的商品项号,半角逗号分隔。例如:“APJU4116601”箱号的集装箱中装载了项号为1、3和5的商品时,应在“商品项号关系”录入“1,3,5”。

(13)集装箱货重

该申报项目为必填项。该项目数据类型为数字型,最多支持录入19位,19位中小数点后最多录入5位。当使用集装箱装载货物时,需填报集装箱体信息,集装箱货重录入集装箱箱体自重(kg)+装载货物重量(kg)。例如:集装箱重量和箱内装载的200箱商品重量合计为15 555 kg时,在本栏录入“15 555 kg”。本栏只能填报以“千克(kg)”为单位的重量数字,其他计量单位应该转换为“千克(kg)”后填报。

(14)检验检疫签证申报要素

该申报项目为有条件必填项。该项目数据类型为字符型,最多支持录入4 000位。填报“所需单证”项下“检验检疫签证申报要素”时,在确认境内收发货人名称(外文)、境外收发货人名称(中文)、境外收发货人地址、卸毕日期和商品英文名称后,根据现行相关规定和实际需要,勾选申请单证类型,确认申请单证正本数和申请单证副本数后保存数据。

(15)商品编号

该申报项目为必填项。该项目数据类型为13位字符型。

填报由13位数字组成的商品编号。前8位为《中华人民共和国进出口税则》和《中华人民共和国海关统计商品目录》确定的编码;9、10位为监管附加编号;11～13位为检验检疫附加编号。

例如:申报进口商品“活龙虾”,需先在“商品编号”栏录入“0306329000”10位数编号,再在“检验检疫编码”栏下拉菜单的“101 活虾”、“102 鲜活或冷的带壳或去壳的龙虾(养殖)”和“103 鲜活或冷的带壳或去壳的龙虾(野生的)”中,选择“101 活虾”检验检疫附加编号。(通过 10 位编码查询 13 位编码网址: http://service.bjciq.gov.cn/ciq_entServiceSystem/framework/ciqCode/QueryCIQCode/listshow.do)

(16)境内目的地

该申报项目为必填项。该项目数据类型字符型,“境内目的/境内货源地代码”为 5 位,“目的地/产地代码”为 6 位。

进口货物需同时在“境内目的地代码”和“目的地代码”两个栏目录入相应的国内地区和县级行政区名称及代码;出口货物需同时在“境内货源地代码”和“产地代码”两个栏目录入相应的国内地区和县级行政区名称及代码。

例如:某批货物的境内目的地是广州市花都区。在“境内目的地”按海关规定的《国内地区代码表》录入“44019”,栏目自动生成“44019-广州其他”。同时“目的地”根据《中华人民共和国行政区划代码表》录入“440114”,栏目自动生成“广州市花都区”。

2. 变化二:参数

(1)《国别(地区)代码表》

原海关和原检验检疫《国别(地区)代码表》均由 3 位数字构成,修订后的代码由 3 位英文字母构成。例如:原海关《国别(地区)代码表》中美国代码为“502”,原检验检疫《国别(地区)代码表》中美国代码为“840”,修订后《国别(地区)代码表》中美国代码为“USA”。

(2)《港口代码表》

原海关《港口代码表》由 4 位数字构成,原检验检疫《港口代码表》由6 位数字构成,修订后的代码由 3 位英文字母和 3 位数字构成。例如:原报关《港口代码表》中缅甸仰光的代码为“0106”,原报检《港口代码表》中缅甸仰光的代码为“104018”,修订后缅甸仰光的代码为“MMR018”。

(3)《货币代码表》

原海关《货币代码表》和原检验检疫《货币代码表》采用 3 位数字,新修订的《货币代码表》采用 3 位国标字母码。例如:原海关《货币代码表》中美元的代码为“502”,检验检疫《货币代码表》“840”,修订后美元的代码为“USD”。

(4)《运输方式代码表》

沿用原海关《运输方式代码表》,新增运输方式:进出境旅客随身携带的货物，填报“旅客携带”（代码 L）和以固定设施（包括输油、输水管道和输电网等）运输货物的，填报“固定设施运输”（代码 G）。

(5)《包装种类代码表》

原海关《包装种类代码表》为 1 位数字，原检验检疫《包装种类代码表》为 2～4 位字符，现行《包装种类代码表》采用 2 位数字代码。例如：原海关《包装种类代码表》中纸箱的代码为“2”，原检验检疫《包装种类代码表》中纸箱的代码为“4M”，修订后纸箱的代码为“22”。

(6)《集装箱规格代码表》

原海关《集装箱规格代码表》为 1 位英文，原检验检疫《集装箱规格代码表》为 3 位数字，现行《集装箱规格代码表》采用 2 位数字代码。

第二节　保税物流

一、保税物流的发展

保税物流为货物在进出口过程中处于保税状态，在海关的监管下进行的运输、存储、加工等物流活动。保税制度是指经海关批准的境内企业所进口的货物，在海关监管下，在境内指定的场所储存、加工、装配，并暂缓缴纳各种进口税费的一种海关监管业务制度。保税制度始创于英国，由于企业暂时免交税赋、减少企业资金占用与利息支出、降低贸易成本，有利于促进国际贸易的发展，从而在全世界推广开来。保税不等于免税，目前我国的保税制度适用于三种情况：未办清手续（暂免纳税）、复运出口和加工制造。

随着加工贸易产业链条的延伸和国务院及海关总署对保税物流发展模式的创新，保税物流发展很快，逐渐形成了保税物流园区、保税物流中心（A、B 型）、保税港区、跨境工业区、保税区、出口加工区、保税仓库和出口监管仓等多种海关特殊监管区域和保税物流场所，并初步形成了“以保税港区为龙头和先导，以保税区、保税物流园区、出口加工区、保税物流中心（A、B 型）为骨干和枢纽，以出口监管仓、公共型和自用型保税仓库为基础和网点的三个层次、多元化的保税物流监管体系”的多元化保税仓储物流监管体系，如图 8-1 所示。从总体上看，我国保税物流是随着海关保税监管区域或场所的发展与改革创新而逐步成长起来的，其发展可以划分为传统保税物流与现代保税物流两个阶段。

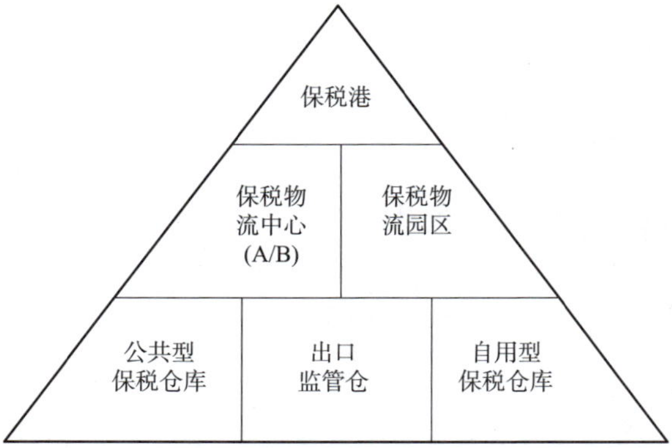

图 8-1　中国保税仓储物流监管体系

1. 传统保税物流阶段(20 世纪 80 年代初至 2002 年)

20 世纪 80 年代初,我国开始实行对外开放政策。为了鼓励企业开展进出口贸易,我国开始推行保税仓库制度,保税仓库是指经海关批准设立的专门存放保税货物及其他未办结海关手续货物的仓库。其中,按照使用对象的不同可划分为公共型保税仓库和自用型保税仓库。这是我国保税物流的雏形,主要对进境货物起暂存保税的作用。

为了适应出口贸易不断增长的需求,从 1989 年开始,海关总署批准在深圳、上海、天津和青岛等沿海口岸试办出口监管仓,以满足出口企业的物流仓储需求。出口监管仓是指存放已按规定领取了出口货物许可证或批件,已对外卖断结汇并向海关办完全部出口海关手续的货物的专用仓库。存放在该仓库内的货物为出口监管仓货物。由于出口监管仓一般只在沿海口岸及边境口岸设立,内地和未设关地点并不设立,因而这种仓库数量很少,且经营面积十分有限。

1990 年 9 月,国务院批准建立了第一个保税区,即上海外高桥保税区,专门提供出口加工、国际转口贸易和仓储物流、商品展示等贸易服务。2002 年,中国已建有上海外高桥、天津港、深圳福田、深圳沙头角、深圳盐田港、大连大窑湾、广州、张家港、海口、厦门象屿、福建马尾、宁波北仑港、青岛、汕头、珠海等 15 个保税区。十多年来,全国 15 个保税区的保税仓储、转口贸易、商品展示功能有了不同程度的发展,具备了一定规模的国际物流基础。

2. 现代保税物流阶段(2002 年至 2018 年)

传统保税物流在 20 余年的发展历程中,虽然发挥了应有的积极作用,但由于制度、政策、功能和区位等的局限，又带有明显的缺陷，难以适应我国开放型经济的飞速发展。首先，保税仓库、出口监管仓的功能十分单一、相对隔离，无法适应进出境货物整合配送的需要；其次，由于全国仅有 15 个保税区，又基本上分布在东部沿海一线，对内陆地区的辐射不够，并且主要从事保税加工生产，不能充分发挥其仓储物流功能，对发展国际物流的局限性很大；最后，出口加工区的功能定位决定了保税物流服务只是其辅助性功能，也难以满足不断增长的保税物流需求。

另外，随着新一轮全球生产要素优化重组和产业转移进入高潮，跨国公司开始将更高技术水平、更大增值含量的加工制造环节和研发机构向外转移，生产布局和产业链的全球化成为下一轮加工贸易发展的空间，即不仅把加工贸易作为承接新一轮产业转移的载体，更要采取措施进一步提升加工贸易发展水平，以加工贸易的形式介入高新技术产业价值链中的某些环节，在附加值较高的产业领域，要通过对加工贸易产品的深加工、精加工，提高加工程度，延长加工贸易的产业链。而这一切都必须借助强大的保税物流功能才能得以实现，使本地生产以更低成本融入全球。

针对传统保税物流模式的缺陷，国务院和海关总署从 2002 年开始积极探索保税物流管理制度的创新和发展新模式，并取得了可喜的成果。

(1)2003 年，国务院批准上海外高桥保税区作为第一个区港联动试点，专门进行货物采购与分拨等保税物流服务。2004 年，国务院又批准青岛、宁波、大连、张家港、厦门象屿、深圳盐田港、天津港保税区及其邻近港区作为第二区区港联动试点，开始探索保税物流园区发展新模式。

区港联动是指在毗邻保税区的港区划出专门供发展仓储物流产业的区域。开展该联动的目的是将保税区的政策优势、功能优势及港口区位优势进行整合，海关通过区域化、网络化、电子化通关管理，优化海关监管模式，打破保税区与港区长期以来的分离机制和瓶颈制约。一方面，拓展港口的配套服务功能，形成保税区与港口的良性互动，着力吸引国际中转、国际配送和临港增值服务等高附加值业务向我国转移；另一方面，赋予保税物流园区齐全的物流功能，满足跨国公司普遍采用零库存、JIT、VMI、无缝隙对接等现代新型生产方式、管理方式、营销方式需求，使加工制造业与物流业同步协调发展，为促进加工贸易转型升级提供配套的保税物流服务。

从功能优势上分析，保税物流园区充分考虑了现代国际物流的特点和需求，具有保税区和出口加工区的政策叠加优势，在一定程度上具备了国际上自由贸易区“境内关外”的基本特征，即实行“一线放开（区域与境外之间进出的货物，简称‘一线’货物）、二线管住（区域与境内区外之间进出的货物，简称‘二线’货物）、区内自由、入区退税”。保税物流园区重点发展国际中转、国际配送、国际采购和国际转口贸易四大功能。园区的基础设施建设项目所需的设备、物资等；园区企业为开展物流业务所需的机器、装卸设备、仓储设施、管理设备及其维修用零部件等和园区企业自用合理数量的办公用品予以免税。加工贸易进口货物、未办结海关手续的一般贸易货物；转口货物和国际中转货物，园区企业开展物流业务所需的货物及其包装物料；检测、维修货物等按照保税货物管理。利用保税物流园区政策，企业可以开展过去无法做的一些业务，比如拼箱业务；而且可以彻底改变以往保税区加工贸易存在的“境外一日游”现象。同时，由于保税区的地理限制，导致了进出口货物的二次报关问题，即货物由两个海关进行监管，需两次报关、两次查验、两次放行，与港口无联动，降低了通关的效率，增加了企业的物流成本。2003 年区港联动的政策被提出，即利用保税区的政策优势和港口的区位优势，在两者之间建立起一个信道，保税区和港口之间进行无缝隙对接。在全封闭的监管条件下，海关通过区域化、网络化、电子化通关模式，最大限度地简化通关手续，实现“境内关外”的自由贸易区功能。区港联动实行“一次申报，一次查验，一次放行”的通关模式，“园区管理、卡口管理、港区管理融为一体”的监管模式，“EDI 无纸报关，无人自动卡口放行，无 EDI 事后放行”的信息共享模式，保税物流园区就此出现。

尽管保税物流园区在很大程度上促进了国际物流的发展，但由于其处于设有保税区的港口区域，而且基本上分布在东部沿海一线，无法满足大部分内陆地区发展国际物流的需求。

（2）2005 年 6 月，海关总署颁布了《中华人民共和国海关对保税物流中心（A 型）的暂行管理办法》《中华人民共和国海关对保税物流中心（B 型）的暂行管理办法》，旨在改变保税仓库、出口监管仓库分别专门存放进境、出口货物且相互隔离的状态，以集成、拓展二者的功能。

保税物流中心（A 型）是由一家物流企业在一个保税场所内开展保税货物仓储、简单加工、配送、转运、检测维修和报关等，它主要适应一家跨国公司满足本集团所属企业的国际物流运作要求。该类型已经在上海闵行区开展试点。保税物流中心（B 型）是由多家保税物流企业在空间上集中布局的公共型场所，是物流集结区。它按照专业化、规模化的原则组织物流活动，将众多物流企业集中在一起，共享相关的基础设施和配套服务设施，发挥整体优势和互补优势，实现物流运作的专业化、集约化和规范化。这种模式目前在江苏省苏州工业园区进行试点。

由于保税物流中心（A、B型）的设立没有区位的限制，只要具备物流需求相对强烈、加工贸易企业比较集中、交通便利等条件即可，因此有利于内陆地区发展国际物流。

从功能上看，保税物流中心同保税物流园区一样，也可以开展保税仓储、流通性简单加工和增值服务、国际物流配送、国际采购、进出口贸易、国际中转、转口贸易、物流信息处理等活动；而且也具备保税物流园区的口岸功能，中心内的企业可以直接在中心主管海关办理报关手续，中心内货物能直接辐射国际、国内两个市场；境内货物进入中心视为出口，享受出口退税政策，并在进入中心环节退税，境外货物进入中心予以保税；中心内货物内销境内时，办理进口报关手续；中心内货物可在中心企业之间及中心与保税区、出口加工区、保税仓库、出口监管仓库等其他特殊监管区域或场所之间进行自由转移、跨关区报关提取；物流中心内货物自由流通，不征增值税和消费税；物流中心内企业可以对所存货物进行简单流通加工和物流增值服务，包括分类、分拣、组合包装等。海关总署的这种创新，把保税物流园区区港联动的区位优势、功能优势、政策优势从港口转移到内陆保税物流中心，使内陆地区也具备了从事相关国际物流的基础条件。

（3）经济技术的发展以及全球化的进程，对海关特殊监管区的发展与创新提出了更高要求，主要表现在两方面：一是各类海关特殊监管区域享受不同的政策、定位于不同的功能，且彼此相互独立、封闭。出口加工区主要从事加工制造的保税，保税物流园区主要进行物流贸易的保税并享受出口退税政策，保税区虽然同时具备出口加工和物流贸易功能，但没有出口退税政策。这些都影响和制约了相关贸易、物流、制造业务的发展；二是国际港口竞争的压力，“港口＋自由贸易区”模式已经成为国际港口竞争的重要制度模式，没有设置自由贸易区的港口必然会在竞争中失去优势，而大型自由贸易区的发展通常也会完全依靠港口来推动。

为此，2005年6月，国务院新批准设立国内首个保税港区，即上海洋山保税港区，实现了港口物流功能和保税区特殊政策的结合。

上海洋山保税港区在政策上，实现了出口加工区、保税区、港区的“三区合一”；在功能上，实现以国际贸易为导向，以物流为基础，具有口岸、物流、加工三大主要功能，具体包括保税仓储、出口加工、转口贸易、国际配送、国际采购、国际中转、港口作业、商品展示、检测和售后维修等各种功能。保税港区的设立，不仅是一种概念上的创新，而且从空间上延伸了“区港联动”政策，是我国港区逐步接近自由贸易区目标的一种创新。

自 2005 年国务院批准设立上海洋山保税港区以来，我国共有 14 家保税港区，分别是上海洋山、天津东疆、大连大窑湾、海南洋浦、宁波梅山、广西钦州、厦门海沧、青岛前湾、深圳前海湾、广州南沙、重庆两路寸滩、张家港、烟台以及福州保税港区。14 家保税港区从南至北分布于我国海岸线的战略性港口，分别在东北、华北、华东、华南四大区域。因此，从这些区位布局可以看出，保税港区的设立与发展，不仅是保税区发展的延续，更是支持我国港口战略发展的重要举措。

(4)综合保税区。对于国内的无港保税区，为拓展发展空间也积极谋求转型，享受保税港区“三区合一”的政策功能。为此，我国对于这类保税区开展了具有保税港区综合保税功能的海关特殊监管区域试点——综合保税区，并于 2006 年 12 月 17 日批准苏州工业园区进行首家试点。

自 2006 年至 2018 年，我国综合保税区发展到约 70 家。综合保税区绝大多数是分布在内陆无港城市，这些城市经济发展迅猛，原有空间已经不能满足当地经济发展的需要，但因为没有港口，经济发展空间的拓展受到阻碍。国家设立综合保税区，使其拥有保税港区同样的功能，无疑将为这些城市的发展提供更广阔的空间。各种海关特殊监管区域的政策比较，见表 8-2。

表 8-2　保税港区与其他特殊区域的政策功能比较

区域内容	保税港区	保税区	出口加工区	保税物流园区
集装箱港口功能	集装箱枢纽港在区域内	无	无	通过专门通道和卡口与港口相联系
海关管理	一个海关统一监管	港口与区域分属两个海关监管，以转关方式实行监管衔接	港口与区域分属两个海关监管，以转关方式实行监管衔接	港口与区域分属两个海关监管，卡口通行涉及两个海关监管
贸易和物流	有	有	无	有
加工制造	有	有	有	无
出口退税	国内货物入区视同出口，进入保税港区就可以办理退税	国内入区货物离境后才能办理退税	国内货物入区退税	国内货物入区退税
集装箱增值业务	国际航线汇集，区内可以开展集装箱拆拼箱、中转等增值业务	无	无	可开展集装箱拆拼箱等增值业务。中转条件有限

续上表

区域内容	保税港区	保税区	出口加工区	保税物流园区
多式联运	具备直接的海铁联运、水水联运条件	无	无	间接和有限的水水联运
区域空间	大(接近 10 km^2)	大(10 km^2)	小(2 km^2左右)	小(1 km^2左右)

二、保税仓库和保税区

1. 保税仓库的概念

保税仓库(Bonded Warehouse)是经海关批准设立的专门存放保税货物及其他未办结海关手续货物的仓库。保税仓库是保税制度中最为广泛的一种形式。

随着国际贸易的不断发展,贸易方式日益多样化,如进口原材料、来料加工、补偿贸易、转口贸易、期货贸易等灵活贸易方式。一笔贸易涉及多次进口和出口,如果每一次都办理税收业务,即进口时征收关税,复出时再申请退税,手续过于繁琐,必然会加大货物的成本,增加国际贸易的风险,不利于发展对外贸易。建立保税仓库后,可大大降低进口货风险,有利于鼓励进口,鼓励外国企业在中国投资。

保税仓库的设立需要专门批准,外国货物的保税期一般最长为两年。在此期间,经营者可以找到最适当的销售时机,一旦实现销售,再办理关税等通关手续。如果两年之内未能销售完毕,则可再运往其他国家,保税库所在国不收取关税。建立保税仓库可以大大降低进口货物的风险,同时也是鼓励外国企业在本国或本地区投资的重要措施。

一般贸易进口货物不允许存入保税仓库。自 1996 年 4 月 1 日起,凡经我国港口转口至任何国家或地区的烟酒,一律不准作为转口货物存入海关保税仓库。海关允许存放保税仓库的货物有三类:一是供加工贸易(进、来料加工)加工成品复出口的进口料件;二是外经贸主管部门批准开展外国商品寄售业务、外国产品维修业务、外贸免税商品业务及保税生产材料市场的进口货物;三是转口贸易货物、外商寄存货物以及国际航行船舶所需的燃料、物衬和零配件等。

2. 保税仓库允许存放的货物范围

根据 2003 年 11 月 19 日海关总署审议通过、自 2004 年 2 月 1 日起施行的《海关对保税仓库及所存货物的管理规定》第一章第 5 条规定,下列货物,经海关批准可以存入保税仓库:

①加工贸易进口货物；

②转口货物；

③供应国际航行船舶和航空器的油料、物料和维修用零部件；

④供维修外国产品所进口寄售的零配件；

⑤外商暂存货物；

⑥未办结海关手续的一切贸易货物；

⑦经海关批准的其他未办结海关手续的货物。

保税仓库应当按照海关批准的存放货物范围和商品种类开展保税仓储业务。上述规定可概括为以下四类。

(1)缓办纳税手续的进口货物

这主要包括进口国工程、生产等需要，由于种种原因而造成的预进口货物，储存在保税仓库内，随需随提，并办理通关手续，剩余的货物免税退运；也包括进口国情况变化、市场变化，而暂时无法决定去向的货物，或是无法作出最后处理的进口货物，这些都需要将货物存放一段时间。如果条件变化，需要实际进口，再缴纳关税和其他税费，这就使进口商将纳税时间推迟到货物实际内销的时间。

(2)需作进口技术处置的货物

有些货物到库后，由于不适合在进口国销售，需换包装装潢、改包装尺寸或作其他加工处理，则可入保税仓库进行这一技术处置，待到符合进口国的要求再内销完税，不符合的则免税退返。

(3)来料加工后复出的货物

为鼓励“两头在外”的国际贸易战略的实施，对有些来料加工，又是在保税区或保税仓库完成的，加工后，该货物复出口，则可存放于保税仓库。

(4)不内销而过境转口的货物

有些货物或内销无望而转口，或在该区域存放有利于转口，或无法向第三国直接进口而需转口，货物则可存放于保税仓库中。保税仓库在国际物流中，不仅适用于进口货物，也可用于出口货物。

3. 保税仓库的类型

根据《海关对保税仓库及所存货物的管理规定》第 3 条和第 4 条的规定，保税仓库按照使用对象的不同可以分为公用型保税仓库、自用型保税仓库以及专用型保税仓库。

公用型保税仓库由主营仓储业务的中国境内独立企业法人经营，专门向社会提供保税仓储服务。自用型保税仓库由特定的中国境内独立企业法人经营，仅存储供本企业自用的保税货物。

保税仓库中专门用来存储具有特定用途或特殊种类商品的称为专用型保税仓库。专用型保税仓库包括液体危险品保税仓库、备料保税仓库、寄售维修保税仓库和其他专用型保税仓库。

液体危险品保税仓库，是指符合国家关于危险化学品仓储规定的，专门提供石油、成品油或者其他散装液体危险化学品保税仓储服务的保税仓库。备料保税仓库，是指加工贸易企业存储为加工复出口产品所进口的原材料、设备及其零部件的保税仓库，所存保税货物仅限于供应本企业。寄售维修保税仓库，是指专门存储为维修外国产品所进口寄售零配件的保税仓库。

4. 保税仓库的设立

根据《中华人民共和国海关对保税仓库及所存货物的管理规定(2018)》(海关总署令第240号)第二章及海关总署的相关规定，保税仓库应当设立在设有海关机构、便于海关监管的区域。

(1)经营保税仓库的企业，应当具备下列条件：

①经工商行政管理部门注册登记，具有企业法人资格；

②注册资本最低限额为300万元人民币；

③具备向海关缴纳税款的能力；

④具有专门存储保税货物的营业场所；

⑤经营特殊许可商品存储的，应当持有规定的特殊许可证件；

⑥经营备料保税仓库的加工贸易企业，年出口额最低为1 000万美元；

⑦法律、行政法规、海关规章规定的其他条件。

(2)保税仓库应当具备下列条件：

①符合海关对保税仓库布局的要求；

②具备符合海关监管要求的安全隔离设施、监管设施和办理业务必需的其他设施；

③具备符合海关监管要求的保税仓库计算机管理系统并与海关联网；

④具备符合海关监管要求的保税仓库管理制度、符合会计法要求的会计制度；

⑤符合国家土地管理、规划、交通、消防、安全、质检、环保等方面法律、行政法规及有关规定；

⑥公用保税仓库面积最低为2 000 m^2；

⑦液体危险品保税仓库容积最低为5 000 m^3；

⑧寄售维修保税仓库面积最低为2 000 m^2；

⑨法律、行政法规、海关规章规定的其他条件。

(3)保税仓库由直属海关审批,报海关总署备案。

企业申请设立保税仓库的,应当向仓库所在地主管海关提交书面申请,并备齐下列相关证明材料:

①《保税仓库申请书》;

②《保税仓库申请事项表》;

③可行性研究报告;

④工商行政管理部门颁发的营业执照原件及复印件;

⑤税务登记证复印件(国税和地税);

⑥股权结构证明书复印件(合资企业);

⑦企业的开户银行证明复印件;

⑧拟开展保税仓库的营业场所的土地所有权或使用权证明复印件,以及拟开展保税仓库的营业场所的产权证明,属租借房屋的还应收取房屋租赁合同;

⑨申请设立的保税仓库位置图及平面图;

⑩仓库管理制度;

⑪对申请设立寄售维修型保税仓库的,还应收取经营企业与外商的维修协议;

⑫经营企业财务制度与会计制度;

⑬消防验收合格证书;

⑭海关按规定需收取的其他单证和材料。

企业申请设立保税仓库时,如仓库已建成或租赁仓库经营的,以上所有单证、文件应一次性提交;如保税仓库尚在建设中的,以上第⑧、⑬项单证可缓收,在仓库验收时收取。

申请材料齐全有效的,主管海关予以受理;申请材料不齐全或者不符合法定形式的,主管海关应当在5个工作日内一次告知申请人需要补正的全部内容。主管海关应当自受理申请之日起20个工作日内提出初审意见,并将有关材料报送直属海关审批。直属海关应当自接到材料之日起20个工作日内审查完毕,对符合条件的,出具批准文件,批准文件的有效期为1年;对不符合条件的,应当书面告知申请人理由。

申请设立保税仓库的企业应当自海关出具保税仓库批准文件1年内向海关申请保税仓库验收,由直属海关按照《中华人民共和国海关对保税仓库及所存货物的管理规定(2018)》第8条、第9条规定的条件进行审核验收。

申请企业无正当理由逾期未申请验收或者保税仓库验收不合格的，该保税仓库的批准文件自动失效，保税仓库验收合格后，经海关注册登记并核发《海关保税仓库注册登记证书》，方可投入运营。

5. 保税区

保税区(Bonded Area)是指一国为开展国际贸易而设立的由海关监管的特定区域。在保税区，海关对进口的有关货物暂不征税，但保留征税的权利。在我国境内设立保税区必须经国务院批准。我国兴建保税区始于1990年国务院批准的上海外高桥保税区。目前，我国设立的保税区主要有上海外高桥保税区、深圳保税区、广州保税区、珠海保税区、汕头保税区、福州保税区、厦门象屿保税区、海口保税区、天津港保税区、大连保税区、青岛保税区、张家港保税区、宁波保税区等。

按照我国《保税区海关监管办法》(1997年6月10日国务院批准、1997年8月1日海关总署发布)的规定，保税区与境内的其他地区(非保税区)之间，须设置符合海关监管要求的隔离设施。在保税区内实行有关的免税、保税措施。

对于从境外进入保税区的货物，其进口关税和进口环节的税收，除法律法规另有规定外，须按照下列规定办理：

(1)保税区内生产性的基础设施建设项目所需的机器、设备和其他基建物资，予以免税；

(2)保税区内企业自用的生产、管理设备和自用数量合理的办公用品及其所需的维修零配件，生产用燃料，建设生产厂房、仓储设施所需的物资、设备，予以免税；

(3)保税区行政管理机构自用合理数量的管理设备和办公用品及其所需的维修零配件，予以免税；

(4)保税区内企业为加工出口产品所需的原材料、零部件、元器件、包装物件，予以保税。

以上规定范围以外的货物，或者物品从境外进入保税区，须依法纳税。

对于从境内非保税区进入保税区的货物，按照出口货物办理手续，出口退税事项按照国家有关规定办理。保税区内加工企业加工的制成品及其在加工过程中产生的边角余料运往境外时，须按照国家有关规定向海关办理手续；除法律法规另有规定外，免征出口关税。对于保税区内加工企业将区内加工的制成品、副次品，或者在加工过程中产生的边角余料运往境内非保税区时，须按国家有关规定向海关办理进口报关手续，并依法纳税。对于保税区内加工企业全部用境外运入料、件加工的制成品销往境内非保税区时，海关按照进口制成品征税；保税区内加工企业用含有境外运入料、件加工的制成品销往境内非保税区时，海关对其按照所含境外运入料、件的情况征税。

"保税"一词属海关用词，意指出口货物暂时不缴纳进口税，而先将其存入特定区域。如果货物从特定区域转运出口或经加工再出口，则免缴出口关税。享受保税待遇的货物称为保税货物。国外的保税区域是指保税仓库(Bonded Warehouse)和保税工厂(Bonded Factory)的融合体。

国外没有作为特定功能区域的保税区，保税区这一概念是我国独创的。然而，从我国各保税区的设区意图、功能定位来看，我国的保税区不是简单地作为保税仓库和保税工厂的功能融合，而是以国际自由贸易区作为功能取向的。中央级的对外文件中我国保税区的对外宣传，都将保税区通译为Free Trade Zone(自由贸易区)，而不是Bonded Zone(保税区)。对于这个问题，原副总理李岚清1994年6月在天津全国保税区工作会议上说的很清楚："我国的保税区实际上类似与其他国家在港口划出一块并用铁丝网围起来的自由区。"

三、保税物流的具体运作

1. 国际采购与国际配送

经济全球化导致经济资源在全球范围内重组和配置。国际采购是指利用全球的资源，在全世界范围内寻找供应商，寻找质量最好、价格合理的产品与服务。国际分销是指利用全球性的网络，将产品与服务提供给世界各地的消费者。在当前中国越来越成为全球采购园区及重要的国际市场的背景下，利用保税物流的相关优惠政策，通过保税物流园区(中心)或保税港区来打造国际采购与分销平台，不失为国内外企业利用国内外两种资源、两个市场的一条便捷途经。而保税物流园区(中心)或保税港区如何进行国际采购与分销功能设计，满足国内外企业的需求，是其运作成功的关键点之一。

保税物流园区在国际保税物流园区(中心)或保税港区在国际采购与分销中扮演的角色是通过专业的物流服务，成为跨国企业与其供应商或客户沟通的桥梁，从而融入跨国公司全球供应链当中。保税物流园区(中心)或保税港区要想实现自己的商业价值，重要的是与跨国企业建立一种利益共享的关系，在理解其需求的基础上提供相应的服务。

保税物流园区(中心)或保税港区加强与国际采购商的合作,为其在中国采购的商品提供物流服务。

此业务的类型将涉及:①在中国采购的成品,在保税物流园区(中心)或保税港区进行简单的加工、处理、包装等,再发送到海外市场;②在华采购成品,在保税物流园区(中心)或保税港区进行仓储、加印条码、拼箱等,然后按销售进度发往境外销售点;③在华采购的物品与在海外采购的物品运至保税物流园区(中心)或保税港区,进行仓储、拼箱、加印条形码等,然后运送到海外分销商;④在华采购零部件,在保税物流园区(中心)或保税港区分类、打包,运到海外进行装配。

保税物流园区(中心)或保税港区加强与国际制造及商业企业的合作,为其产品进入中国提供分销配送服务。

此业务的类型将涉及:①国外工厂将成品发往保税物流园区(中心)或保税港区,利用自有及合作伙伴网络将产品配送到各销售点;②国外统一采购,在保税物流园区(中心)或保税港区分类,发送到在华的数家加工企业;③在华采购成品,在保税物流园区(中心)或保税港区处理后,返销国内市场;④从国内外进入保税物流园区(中心)或保税港区半成品进行组装或不同成品按客户分类后向国内外配送;⑤利用保税物流园区(中心)或保税港区的保税功能,将配件及维修品存放于保税物流园区(中心)或保税港区,在有需求时才完成清关手续,运至客户。

(1)国际采购物流主要流程

进入园区或保税港区的货物有两种来源,国内与国外。国内货物到港后,进行出口报关与检验检疫,通过后进入园区或保税港区;境外货物到港后,通过港口的检疫查验后,进入保税物流园区或保税港区,海关备案;国内货物进入园区或保税港区后,可立即获得退税。经过配送前的处理及其他增值服务后,将有两个流向:离境(销售国外)与出园区或保税港区(销售国内)。离境(销售国外)货物出园区或保税港区前,需进行报检及海关备案;(销售国内)货物出园区或保税港区前,需进行报检及报关;可采取分批出园区或保税港区、集中报关的模式。

"分批出区、集中报关"直接在海关卡口登记放行,再每周定期集中办理报关、纳税等正常通关手续,其最主要的特征是变单票申报为多票集中申报,极大缩短了出区货物的通关时间,降低企业成本。

(2)国际分销配送主要流程

货物到港后,通过港口海关的查验及商检;通过港口的查验后,进入保税物流园区或保税港区，保税物流园区或保税港区进行海关备案。境外进入园区或保税港区的货物与园区或保税港区内现有货物可进行统一的分拣、分配、分送与增值服务；经过配送前的处理后，将有两个流向：离境与出园区或保税港区（国内配送）。离境的，分拨或配送到国外的目的地，需海关备案；国内配送可采取分批出园区或保税港区、集中报关的模式。

国内采购与分销物流一体化流程如图 8-2 所示，实际上国际采购与分销在本质上是相辅相成的，是同一商业交易行为的“一体两面”，故其物流也可以用统一的流程来概括。

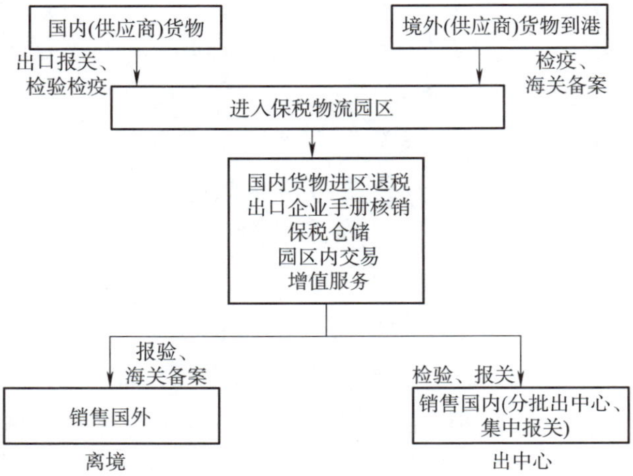

图 8-2　国际采购与分销物流一体化流程

2. 国际中转与转口贸易

（1）国际中转

国际中转是对国际国内货物在保税物流园区或保税港区内进行分拆集拼后转运至境内外其他目的港。国际中转是世界各大自由港的主体功能产业，也是航运中心实力的体现。国际中转港的形成与下列5 个方面的因素密切相关。

①经济腹地因素。这里的经济腹地包括了货源的充足性和持久性两层意思。这取决于港口周边的外贸进出口规模、经济发展水平和经济发展前景。世界级的港口，必须要有世界级的腹地。周边腹地（及其带来的箱量）已成为港口吸引并锁定大航商的关键筹码之一。

②水深与设施条件因素。这实际是港口本身的硬件条件问题。现代国际海运船舶的大型化对港口航道的水深条件要求大致在－15 m 左右。另外，港口设施是否完善，是否能够充分提供进出口及转运需求（包括是否拥

有充足的码头、泊位和高效率的装卸机具等）也是影响港口货运量的重要因素。

③港口的自由度因素。这实际是自由贸易港区（或自由港、自由贸易区）的设立问题，在软件方面的要求中，一个关键的因素是通关的条件，这就需要赋予港口开放度更大的自由港政策。设置自由贸易港区具有免除关税障碍、促进货物自由流通、吸引中转货物等作用。港口的自由度越高，越有条件吸引国外货物在此进行加工、仓储和转运活动，因而越能吸引货源和船舶挂靠。

④港口的地理位置因素。这里的地理位置因素包含港口的自然地理位置和经济地理位置两层意思。自然地理位置主要是指港口是否位处内陆主要出海口、河海转运连接点，以及其在一定区域范围内的垄断程度（即周边港口的数量）；经济地理位置主要是指港口是否位于国际贸易中心点、世界主要贸易路线，港口是否位于国际贸易主航线上已成为国际中转港的一个基本条件。

⑤港口的作业成本与效率因素。最直接的作业成本就是港口的收费率，包括船舶进港吨位费、领航费、码头费、卸货费和仓储费等。随着港口竞争的加剧，全球港口收费率的差距正趋于缩小，港口的作业成本和效率因素对于国际中转港的影响将大大下降。高雄、香港和新加坡是全球知名的国际中转港，对于国际中转港而言，港口自由度十分重要。我国很多的保税港区目前在经济腹地、港口水深、设施条件和地理位置方面均具有国际中转港的条件，可以进一步通过近似自由港的政策，提高港口服务效率，降低作业成本，从而实现国际中转的具体运作。

（2）转口贸易

转口贸易又称中转贸易，是指国际贸易中进出口货物的买卖不是在生产国与消费国之间直接进行，而是通过第三国转手进行的贸易，这种贸易对中转国来说是转口贸易。交易的货物可以由出口国运往第三国，在第三国不经过加工（改换包装、分类、挑选、整理等不作加工论）再销往消费国；也可以不通过第三国而直接由生产国运往消费国，但生产国和消费国之间并不发生交易关系，而是由中转国分别同生产国和消费国发生交易。转口贸易有货物集散地、仓库、堆栈之意，它属于再出口贸易和过境贸易中间接过境的一部分。

转口贸易对中间商所在国而言，一般必须具备两个条件。

①自然条件：中转国的港口必须是深水港、吞吐能力强，地理位置优越，

处于各国之间的交通要冲或国际主航线上。

②人为条件：要求中转国对中转地采取特殊的关税优惠政策和贸易政策，如自由港、自由贸易区等，使中转费用不致过高。同时，要求该地的基础设施、交通、金融和信息等服务系统发达且完备，以利于转口贸易的进行。

转口贸易的发生，主要是由于地理的、历史的、政治的因素，其所处的位置适合于作为货物销售中心，也可能是由于经济、法律、文化的因素，这些与国际贸易惯例和国际贸易规则都有关系。新加坡、香港、伦敦、鹿特丹等，都是国际著名的中转地，拥有数量较大的转口贸易。这些国家（或地区）输入大量货物，又再出口到邻近国家和地区。商人们通过转口贸易除了可以得到可观的转口利润和仓储、运输、装卸等收入外，同时也推动了当地金融、交通、通信等行业的发展。

我国目前的很多保税港区具有很好的自然条件，再加之近似自由港的优惠政策，可以实现转口贸易的运作。具体如：从海运进口的货物，入保税中心（园区）或港区拆箱保税，重新包装后暂存，根据委托人指令装箱海运发往其他国家。

第三节　自由贸易港区

目前，我国保税物流经历了从保税区、区港联动的保税物流园区（中心）到保税港区的发展历程。虽然从政策、区域面积到功能不断得以完善和扩大，但距离最终的目标——自由贸易（港）区仍有一些差距。我国保税物流的发展趋势是建立自由贸易（港）区。

一、自由贸易区概述

1. 自由贸易区的定义

在世界多边贸易组织的规则中，有两个概念的自由贸易区：一是 WTO 界定的自由贸易区（Free Trade Area，简称 FTA）；二是世界海关组织（WCO）定义的自由贸易区（Free Zone/Free Trade Zone，简称 FTZ），两者的内涵是不同的。前者是指两个或两个以上的国家通过达成某种协定或条约取消相互之间的关税和与关税具有同等效力的其他措施和国际经济一体化组织。后者是指在某一国家或地区境内设立的实行优惠税收和特殊监管政策的小块特定区域，是指在主权国家或地区的管径以外划出特定的空间区域，准许外国商品豁免关税自由进出，本书中所指的自由贸易区即指 FTZ。

它是一个国家(单独关税区)内部设立的、有隔离的、置于海关管辖之外的、实行自由贸易的特殊经济区域。

自由贸易港和自由港是可以互换的概念,是指全部或绝大多数外国商品可以免税进出的港口。这种港口划在一国关税国境(即关境)以外,外国商品除进出港口时免缴关税外,且可在港内自由改装、加工、长期储存或销售。自由贸易港经常是与自由港同义的自由贸易区,我国目前和未来设立的自由贸易区实际上也是指自由贸易港。

2. 自由贸易区的特点与作用

自由贸易区通常具有以下特点:位于港口周围;基础设施优越;区内经营企业多以出口活动为主;存在财税激励;制度环境便利、高效等。

自由贸易(港)区对一国经济有着重要的促进作用,主要表现在:促进出口增长及丰富出口多样性;增加一国外汇收入;增加直接和间接就业;吸引外商投资;增加政府收入;提升技术水平;提高一国产业竞争力;对其他地区的示范效应及区域改革的促进作用等。

同时自由贸易(港)区也会产生一些问题,如对劳动力的过度利用,对假冒伪劣产品和违法产品的监管不当、环境污染及破坏等。

3. 自由贸易区的业务

为辅助和促进贸易活动,自由贸易(港)区开展一系列业务,如:装卸、仓储、加工、分拨、展示、拆包以及再包装、贴标签、挑选、组装、制造、零售、转运及服务等。但由于地理位置、政策目标不同,各国或地区自由贸易(港)区侧重有所不同,具体见表 8-3。

表 8-3 各国(地区)自由贸易(港)区主要业务

类 型	重点业务	代表国家或地区
自由港型	装卸、仓储、销售、包装、加工制造	吉布提、中国香港
转口集散型	集散、转运	汉堡
出口加工型	加工为主,贸易、仓储、运输为辅	菲律宾
贸工结合型	贸易和简单加工、制造结合	伊斯坦布尔
保税仓库型	保税仓储、允许再包装、分级、挑选、抽样、混合、处理	意大利
商业零售型	商品展示、零售	智利
边境自由工业区	加工	墨西哥

从上表可知,自由贸易(港)区的业务虽种类多样,但在各国地区自由贸易(港)区的实践中,仍主要集中在加工、仓储业务上。随着自由贸易(港)区

的探索和发展不断深入，各自由贸易(港)区的业务种类将不断丰富，并且附加值高的业务将不断增加，如金融服务等。

4. 自由贸易区的形成与发展

自由贸易区是自由港发展而来的，通常设在港口的港区或邻近港口的地区，尤以经济发达国家居多，如美国有对外贸易区 92 个。世界上搞得好的自由贸易区大多与港口连在一起，一般都实行港区一体化管理。目前世界上有 600 多个自由贸易港，荷兰、美国、新加坡、日本、韩国和中国香港等国家和地区，都有自由贸易港或类似的贸易经济区，成为主导国际贸易的枢纽、集散地和交易中心。世界著名的自由贸易港有中国香港、新加坡、亚丁、贝鲁特、汉堡、巴拿马等 20 多个。

综合全球自由贸易区形成的一般规律，其建设发展一般需要具备下述几方面条件：一是优良的港口，便利的交通，良好的基础设施，包括能源、运输、通信和住宅；二是高效的服务体系，包括银行、保险、海关、商检、仓储等服务部门以及良好而充足的专业人员；三是坚持自由贸易政策，大力倡导国际贸易自由化，反对贸易保护主义，一般进口或出口货物均无需缴付任何关税，也不设任何增值税或一般服务费，对货物的进出口经营权不设限制；四是发达的银行金融，实行自由汇兑制度，完全开放外汇及黄金市场，无论实行何种汇率制度，本地资金和外国资金均可自由进出，自由流动，外汇市场发展成熟，交投活跃，这大大促进了金融业的发展，而货币市场以金融机构的批发活动最为活跃；五是良好的投资环境，即对本地公司及外商一视同仁，实行少干预、无补贴政策，为所有运营商公司提供公平的经营环境，对大部分新投资项目不设任何管制，政府一站式服务有助于投资者节省时间和减低触犯政府规例的风险；六是良好的管理体制，体现在政府对自由贸易区如何管理和自由贸易区自身如何管理两个方面；七是多方面的优惠制度，包括优惠的投资政策，完善的法律、法规等，为了使自由贸易区吸引国内外投资者，促进自由贸易区的繁荣和发展，各国政府尤其是发展中国家的政府，在制定自由贸易区政策时，往往制定许多优惠制度；八是适当的监管制度，其中海关监管制度是重点，自由贸易区和其他区域的重大区别之一就是避免由于关税和复杂的海关手续所造成的贸易障碍，国际上对自由贸易区海关监管的核心思想可以概括为“一线放开、二线管住、区内不干预”。

5. 我国自由贸易区的发展

我国自贸区发展至今形成了四批 12 个自贸区。2013 年 8 月，国务院正式批准设立中国(上海)自由贸易试验区(China(Shanghai)Pilot Free Trade

Zone)。2013 年 9 月 29 日，上海自由贸易区正式挂牌成立。2014 年 12 月，上海自贸区的面积从原先的 28.78 km^2扩至 120.72 km^2。在此之后全国各地掀起了一阵“自贸区热”，各地纷纷提出申报自由贸易区。2015 年 4 月 21 日，天津、福建、广东三个自贸区同时挂牌成立。

天津自贸区的战略定位是服务于京津冀协同发展以及“一带一路”倡议，突出航运，打造航运税收、航运金融等特色。天津自贸区的三个片区各具特色：以东疆港区为核心的天津港片区，致力于打造融资租赁产业聚集地，发展与港口相关的高端服务业、航运物流、加工制造业；天津机场片区依托空港优势发展航空航天、装备制造、新一代信息技术等高端制造业和研发设计、航空物流等生产性服务；中心商务区片区重点发展以金融创新为核心的现代服务业。

福建自贸区的总体战略定位是：打造改革创新的试验田、两岸经济合作的示范区、面向“21 世纪海上丝绸之路”沿线国家和地区开放合作的新高地。福建自贸区的最大特色是立足深化两岸经济合作，率先推进与台湾地区贸易自由。福建自贸区由福州、平潭、厦门三大片区组成，其中厦门主攻两岸新兴产业和现代服务业，平潭主要发展服务贸易，福州定位于打造先进制造业基地。

广州自贸区的战略定位是依托港澳、服务内地、面向世界，将广州自贸区建设成为粤港澳合作深度示范区、“21 世纪海上丝绸之路”的物流枢纽。基于广东市场经济发育程度完善、开放型经济发达的优势，粤港澳自贸区立足于打造新型国际投资贸易规则试验区，在国际投资、贸易、知识产权等领域探索对接国际高标准规则体系，为国家参与新一代投资贸易协定谈判先行先试。广州自贸区包括南沙新区、深圳前海蛇口片区、珠海横琴新区三大平台。南沙新区致力于发展高端制造业、航运物流及现代服务业，打造总部经济；前海片区重点发展科技服务、信息服务、现代金融等高端服务业；横琴片区重点发展旅游休闲健康、科教和高新技术等产业，目标是建设成为文化教育开放先导区和国际商务服务休闲旅游基地。与前两个自贸区相比，广州自贸区更突出对港澳自由贸易的特色。

2017 年 3 月 31 日，国务院批复成立辽宁、浙江、河南、湖北、重庆、四川、陕西七个自贸区。第三批自贸区从沿海地区深入到内陆地区，七个自贸区中，有五个省份均位于内陆，与前两批自贸区构成了六个沿海省（市）、两个中部省（市）、三个西部省（市）的格局。在发展模式上，有了前两批自贸区的成熟范本，第三批的定位更加成熟化和差异化，并全面承接国家多个重大战略。

2018 年 10 月 16 日，国务院批复同意设立海南自贸区。海南自贸区的发展目标是对标国际先进规则，持续深化改革探索，以高水平开放推动高质量发展，加快建立开放型生态型服务型产业体系。海南自贸区的实施范围是海南岛全岛。按照海南省总体规划的要求，以发展旅游业、现代服务业、高新技术产业为主导，科学安排海南岛产业布局。按发展需要增设海关特殊监管区域，在海关特殊监管区域开展以投资贸易自由便利化为主要内容的制度创新，主要开展国际投资贸易、保税物流、保税维修等业务。在三亚选址增设海关监管隔离区域，开展全球动植物种质资源引进和中转等业务。

二、自由贸易区的通关流程

在货物进口通关流程部分，自由贸易港区和一般货物进口及传统免税区的进口流程最大的不同，即在于通关流程的简化，以加速整个通关速度，缩短通关所需的时间。以下将分别叙述一般货物及自由贸易港区的货物进口通关流程。

1. 一般进口货物通关流程

一般进口货物通关流程如图 8-3 所示。

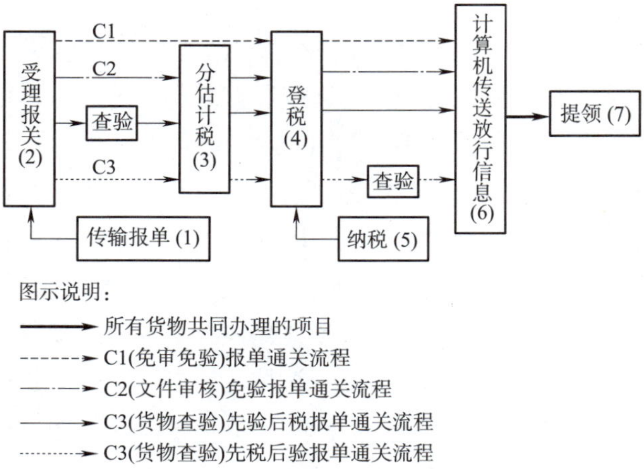

图 8-3　一般货物进口流程图

(1)进口人以报关单向货物存放地海关报运进口(须依关税法委托报关业者办理)。

(2)海关计算机接收报关单信息，核定通关方式(C1、C2、C3)。

(3)核定为 C1 者，免审免验，征税放行；核定为 C2 者，应审免验，通知报关行递送报单及相关文件，报关行按通知于“次日办公时间结束以前”向海关递送报单等文件，海关核对无误，征税放行；核定为C3者，应审应验，报关人应将书面报关单送交海关，并派员会同查验，查验完毕经审核无误后，征税放行。

(4)海关核发(或报关行自行打印)税款缴纳证。

(5)纳税义务人向银行缴纳(或用电子账款)税款，并传输通知海关。

(6)海关将放行信息传输至报关行及货栈。

(7)报关人持运送文件到货栈提领货物。

2. 货物进入自由贸易港区通关流程

货物进入自由贸易港区通关流程，如图8-4所示。

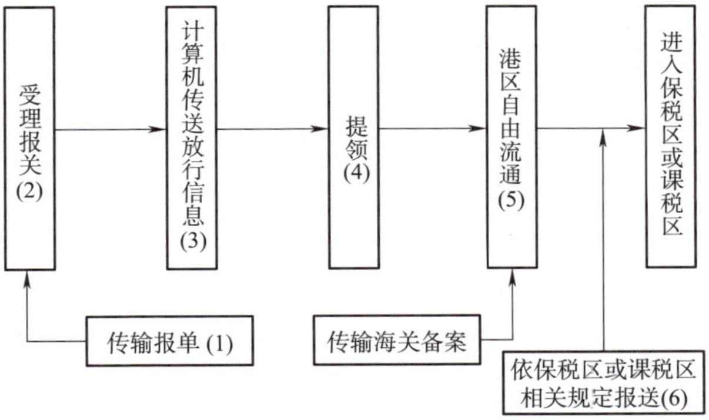

图8-4　货物进入自由贸易港区通关流程

(1)国外货物进出自由贸易港区向所在地海关通报(需依关税法委托报关业者办理)。

(2)海关计算机接收信息，响应备案后放行。

(3)海关将放行信息传输报关行及港区货栈后可以提领。

(4)报关人持“放行通知”及运送文件到港区货栈提领货物。

(5)港区内转口货物、进行简单加工或重新包装等业务需由报关业者向海关通报，经海关记录备案，凭此办理。

(6)港区货物进入保税区或课税区需由纳税义务人向海关传输报单，完成通关，取得放行消息后，凭此出区，并依照国外货物进出口保税区及课税区的相关规定办理。

第四节 海关商检

一、海关手续和单据填制

《中华人民共和国海关法》规定“国家在对外开放的口岸和海关监管业务集中的地点设立海关。海关的隶属关系，不受行政区划的限制”。海关总署是我国海关的领导机关，设天津、上海2个特派员办事处，41个直属海关（所管辖的地区称为“关区”），313个隶属海关。

与中欧班列相关的国际铁路联运国境口岸海关为：满洲里海关（满铁路0609）、绥芬河海关（绥关铁路1902）、丹东海关（丹东海关0930）、图们海关（图们车办1515）、珲春海关（珲春车办1557）、集安海关（集安海关1506）、二连浩特海关（二连海关0702）、阿拉山口海关（阿拉山口9404）、霍尔果斯海关（霍尔果斯9402）、河口海关（河口海关8613）、凭祥海关（凭祥海关7208）。

1. 我国海关对于国际铁路货物运输执行的规定

我国海关针对国际铁路货物运输的特殊要求，按国际贸易管理和海关有关规定接轨。制定了以下有关铁路进出口货物和过境货物运输监管的规定。

(1)《中华人民共和国海关法》(2017年修正案)，2017年11月4日。

(2)《中华人民共和国海关进出口税则》(2013年)。

(3)《关于亚欧大陆桥国际集装箱过境运输管理试行办法》，1991年7月9日。

(4)《中华人民共和国海关对过境货物监管办法》，1992年12月1日。

(5)《中华人民共和国海关进出境运输工具舱单管理办法》，2009年1月1日，以下简称《舱单办法》。

(6)《中华人民共和国海关进出境运输工具监管办法》，2011年1月1日，以下简称《运输工具办法》。

(7)《中华人民共和国海关暂时进出境货物管理办法》，2018年2月1日。

(8)《关于进出境铁路列车及其所载货物、物品舱单电子数据有关事项的公告》，2018年11月15日。

其中1991年颁布的《关于亚欧大陆桥国际集装箱过境运输管理试行办法》，随着国家改革开放和加入世贸组织后的发展，有些规定已经过时或不适用，并和现行的规定冲突，但目前还没有更改的法规颁布。

2. 国际铁路货物联运的特点和海关的要求

国际铁路运输是指通过铁路运输方式完成的进出口货物运输。由于国际铁路货物运输的特殊性和专业性，在海关作业流程中也具有专门要求。

(1)国际铁路货物联运规定：出口货物可以在发运车站报关，报关后，以铁路车辆作为监管运输工具，加封后发往国境铁路口岸。国境铁路口岸海关及联检办在核对关封及电子数据无误后，即予交接出境。也可以在国境口岸通关，通关即出境。

在国际运输中，一般是报关与货物的出境(包括国境、关境)同时发生，即通关即出境(国境、关境)。但在国际铁路货物运输中，可在国内发运车站报关，而在国境口岸出境，这样会造成报关地与实际货物出境地的不一致。或按国际铁路货物联运发运，在国境铁路口岸报关，在这种情况下，运输单据、商务单据及海关、商检单证的准确使用和缮制就更为重要。

国际铁路联运货物的进口申报手续也有国境口岸报关和到达站报关两种形式。一般国际铁路联运货物在国境口岸办理通关手续后，继续运往国内到站。如在到达站设有驻在海关或有海关监管条件，在向海关提出申请后，可办理监管转关运输，运抵到达站报关，再办理进口通关手续。

(2)国际铁路联运中的出口货物报关，以一辆铁路车辆为单位(即一车一票)，每一铁路车辆使用一套报关单据(包括海关、商务和其他单证)。这是因为铁路运输的特殊性，在发运超过 2 车以上货量的货物时，整批货物如一票报关，其报关的关封只能订在其中一车的国际联运运单封套中。而在路途较长的铁路运输中，按多车一票报关发运的货车会被分解，造成不能同时到达国境口岸车站，如加附关封的车辆晚到国境站，先到车辆会滞留等待后续车辆，造成积压车辆和海关监管不便，极大影响原本繁忙的口岸作业。如成套设备需多车发运，要事先向报关海关提出申请，获批后可在国境口岸用一套出口单据报关。

(3)在内地发运站报关时，铁路车辆可以作为监管运输工具使用，由海关加封后准予监管运输到国境站出境。需要说明的是，由于用铁路国境联运出口的货物，有部分是无法装载在具备密封条件的棚车或集装箱中的，如大型机具、金属构架、散装货物等，所以有些内地海关往往以无密闭加封条件而不准予在发运车站报关。

(4)国际铁路货物联运的工作语文是中文和俄文，而国际商务、海关、商检的通用工作语文是英文。现在已经开始的亚欧铁路直通运输，使用国际货约/国际货协运单(亚欧直通运单),更是需要填写英文、德文或法文的一种。这一点在缮写国际铁路联运单据时必须注意,并加以必要说明。

(5)过境货物是指由境外启运,在中国边境不论换装运输工具与否,通过中国境内陆地继续运往境外的货物。过境货物由中国境内的经营人代理货物的所有者,向海关办理手续。中国海关对过境货物过境运输有如下要求:

对同我国签有过境货物协定的国家的过境货物,或属于同我国签有铁路联运协定的国家收、发货的,按有关协定准予过境;对于未同我国签有上述协定国家的过境货物,应当经国家运输主管部门批准并向入境地海关备案后准予过境。过境货物自进境起到出境止,属海关监管货物,应当接受海关监管。未经海关许可,任何单位和个人不得开拆、提取、交付、发运、调换、改装、抵押、转让,或者更换标记。装载过境货物的运输工具,应当具有海关认可的加封条件和装置。海关认为必要时,可以对过境货物及其运输车辆或运载设备加封。承运人和经营人,应当负责保护海关封志的完整,任何人不得擅自开启或损毁。海关认为必要时,可以查验过境货物。海关在查验过境货物时,经营人或承运人应当到场,按照海关要求负责搬移货物,开拆或重封货物的包装,并在海关查验记录上签字。

过境货物自进境之日起超过3个月未向海关申报的,海关按《中华人民共和国海关法》第二十一条有关规定处理。过境货物向海关申报后,应当自进境之日起6个月内运输出境。在特殊情况下,经海关同意可以延期,但延长期不得超过3个月。过境货物如在规定时间内不能出境,海关按《中华人民共和国海关法行政处罚实施细则》第十一条(七)的规定处理。

过境货物进境后因换装运输工具等原因需卸地储存时,应当经海关批准并在海关监管下存入经海关指定或同意的仓库或场所。

过境货物由于不可抗力的原因,被迫在运输途中换装运输工具,起卸货物或遇有其他意外情况时,经营人或承运人应当立即报告所在地海关或附近海关,接受海关监管。

3. 国际铁路货物运输中的海关手续

在国际铁路货物运输中,货物的进出口报关报验和其他运输方式一样,但由于铁路运输有别于其他运输方式,其报关方式也有其特殊性。

(1)报关时应持有铁路运单:

在国际铁路货物联运报关时,除了通用的报关单据外,还必须持有已缮制完毕,填有铁路车辆车号(装载报关货物的唯一车号),经铁路车站确认的

《国际货协运单》(盖有发运车站发运印鉴)。其他报关单证同一般进出口货物，在报关时随同铁路《国际货协运单》向海关递交。海关报完关后，在《国际货协运单》第 28 栏“办理海关和其他行政手续的记载”内加盖海关监管戳记，并记载关封号。

(2)出口货物的报关程序：

报关的时限和地点：出口货物应当由发货人或其代理人在货物的出境地海关办理海关手续。但在国际铁路货物联运中，发货人可以在国内的铁路口岸车站或有海关监管条件车站办理海关手续，海关按转关运输制度的规定办理。一般出口货物运到车站的仓库、场地，并在海关规定的 24 h 以前向海关申报。

按照国际联运发运到国境口岸车站在国境站报关，这时可以在货物发出后即在口岸站提前报关，货到口岸后海关查验出境。查验货物：查验货物的地点应在海关监管区或发运车站站场内进行。但为了方便货主，海关也可到货物存放地查验货物。通关手续按海关规定办理后，由海关关员在出口货物报关单、装货单及各项单证上签署并在出口货物报关单上核盖“放行章”，以示有关货物已放行。在《国际货协运单》第 28 栏加盖海关监管戳记，并填写关封号，以示有关货物已放行。目前，海关已实行电子通关，出口货物报关单的查核、验放都由电子计算机进行，只有查验还是由关员直接工作。

(3)转关运输货物：

转关运输是海关为加快进出口货物疏运，方便货主办理海关手续，依照有关规定，允许海关监管货物由关境内一设有海关地点运到另一设有海关地点办理进出口海关手续的行为。转关运输货物属海关监管货物。

转关运输的条件，指运地和启运地设有海关机构或有海关监管条件。运载转关运输货物的运输工具和装备具备密封装置和加封条件，并在海关备案。在铁路国际运输中，所有的铁路货运车辆均可作为监管运输工具使用。承运转关运输货物的企业是经海关核准备案的企业。进口货物的转关必须事先征得进境海关和指运海关的同意。在进口货物通关手续地点海关办理接收关封，向进境海关提出转关运输申请，由海关在运单上加盖海关监管货物印章，使用铁路车辆或其他海关监管运输工具，运抵进口货物通关地海关指定监管地点，办理通关手续。

出口货物的转关运输手续较简便，在我国的 11 个国境铁路车站设有驻站海关，启运地海关只要按正常报关、向国境铁路车站驻站海关开出关封即可。出境地海关在货物查验出口后，按规定向启运地海关退寄回执(现在是电子回执)。

(4)现在各国境铁路车站，均有海关、商检、铁路交接所联合办公的联检机构，加强了各方面的配合联系。方便了货主办理货物出境手续。

4. 国际铁路货物运输报关单据填制

国际铁路货物联运的报关手续，由于其运输特性，与其他运输形式相比具有特殊性。除按照“海关进出口货物报关单填制规范”填制外，铁路联运报关单填制有如下需注意的地方。(本文中栏目序号按《2019 年中国海关进出口货物报关单填制规范》排列)

四、进出境关别

本栏目应根据货物实际进出境的口岸海关，填报海关规定的《关区代码表》中相应口岸海关的名称及代码。国际铁路联运进出口货物报关单，填写货物实际进口国(关)境口岸海关名称及海关《关区代码表》代码。

五、进出口日期

进口日期填报运载进口货物的境外铁路车辆申报进境的日期。出口日期指运载出口货物的铁路车辆办结出境手续的日期，本栏目供海关签发打印报关单证明联用，在申报时免予填报。

九、运输方式

铁路国际货物联运，按海关《运输方式代码表》填报海关运输方式代码“3”。

十、运输工具名称及航次号

填报运输工具名称时：

本栏目填报填写载运该批货物进、出境的铁路车辆车号，填报内容应与运输部门向海关申报的舱单(载货清单)所列相应内容一致。

(一)直接在进出境地或采用全国通关一体化通关模式办理报关手续的报关单填报要求；铁路运输填报车厢编号或交接单号；

一份报关单只允许填报一个车号(此处和国际铁路联运货物一车一票对应)。

(二)转关运输货物的报关单填报如下：

1. 进口

(2)铁路运输：直转、提前报关填报“@”+16 位转关申报单预录入号；中转填报铁路车辆车厢号。

2. 出口

(2)铁路运输:报关单填报“@”+16位转关申报单预录入号(或13位载货清单号),如多张报关单需要通过一张转关单转关的,填报“@”。

填报航次号时:

本栏目填报载运货物进出境的运输工具的航次编号。

(一)直接在进出境地或采用全国通关一体化通关模式办理报关手续的报关单:

3. 铁路运输:填写载运该批货物的铁路车辆进、出境日期。

(二)转关运输货物的报关单:

1. 进口货物报关;

(3)铁路运输:填报“@”+8位进境日期。

2. 出口货物报关;

(2)铁路拼车拼箱捆绑出口:免于填报。

十一、提运单号

一份报关单只允许填报一个提单或运单号,一票货物对应多个提单或运单时,应分单填报。因铁路联运是每车一份运单,所以应每车一份报关单。

具体填报要求:

(一)直接在进出境地或采用全国通关一体化通关模式办理报关手续的报关单:

3. 铁路运输:填写运单号。

(二)转关运输货物的报关单

1. 进口:(2)铁路运输:直转、中转填报运单号。提前报关免于填报。

十七、启运港

出口货物启运港填写国内发运车站,进口货物启运港填写境外始发车站。

二十一、经停港/指运港

出口货物指运港指出口货物运往境外的最终运到车站,进口货物指运港指进口货物的国内到达车站。

二十四、件数

本栏目填报有外包装的进出口货物的实际件数。应与国际货协运单

(铁路大票)数量一致。舱单件数为集装箱的,填报集装箱个数。

二十五、毛重(千克)

本栏目填报进出口货物及其包装材料的重量之和,计量单位为千克,不足一千克的填报为"1"。应与国际货协运单(铁路大票)数量一致。

三十二、标记唛码及备注

集装箱体信息填报集装箱号(包括拼箱货物),一个集装箱填一条记录,分别填报集装箱号(在集装箱箱体上标示的全球唯一编号)、集装箱的规格和集装箱的自重。非集装箱货物填报为"0"。应与国际货协运单(铁路大票)数据一致。

在国际铁路运输中,《国际铁路货物联运协定》规定了特种货物的标记唛码,境外铁路接受车站关检对于较大物体要求均需贴附"唛码",并且《国际铁路通用货名表》的货物编码基本与海关税则号码一致,所以此栏填报注意货、单一致。

5. 关于舱单电子数据申报传输的新规定

2018 年 11 月,为便利承运海关监管货物、物品的铁路列车进出境,加强海关对进出境铁路列车及其所载货物、物品的管理,海关总署发布 2018 年第 160 号公告,就进出境铁路列车及其所载货物、物品舱单电子数据有关事项做出如下规定:

(1)进出境铁路列车负责人、海关监管作业场所经营人等相关铁路物流企业,应当严格按照《运输工具办法》、《舱单办法》,在经营业务所在地的直属海关或者经直属海关授权的隶属海关办理相关备案手续。

(2)相关铁路物流企业应当按照《运输工具办法》、《舱单办法》以及 160 号公告关于申报传输时限、数据项、填制规范的规定,向海关申报传输进出境铁路列车动态信息和申报单证、舱单及舱单相关电子数据。

(3)进出境铁路列车负责人应当以运单为单元,一次性申报传输原始舱单/预配舱单的主要电子数据和其他电子数据。

(4)进出境铁路列车未载有货物、物品的,海关不要求申报传输舱单相关电子数据,只需要一次性申报传输进出境铁路列车动态信息和申报单证。

(5)出境铁路列车载有货物、物品的,铁路列车负责人应当一次性申报传输《铁路列车出境申报单》电子数据,装载舱单电子数据。

(6)进出境铁路列车负责人或货运代理企业可根据需要,向海关申请运单的归并和分票。申请归并的运单应当为同一收发货人、同一合同、同一品名、同一车次、同一进出境日期。

(7)启用铁路舱单后，报关单、转关单有关栏目的填制规范要求变更如下：

①“运输工具名称”免于填报。

②“航次号”填报货物预计进出境日期。

③“提运单号”填报运单号。

④铁路口岸准入(出)监管模式的报关单，“进出口口岸”填报内陆海关关区代码。

二、国际铁路国际联运中的出入境检验检疫

1. 进出境检验检疫职责

我国进出口检验检疫是国际经贸往来的重要组成部分。2018 年前，我国的进出口商品检验检疫工作由中华人民共和国国家质量监督检验检疫总局(简称国家质检总局)负责。国家质检总局在全国的 31 省(自治区、直辖市)共设有 35 个直属出入境检验检疫局，海陆空口岸和货物集散地设有近 300 个分支局和 200 多个办事处，国家质检总局对出入境检验检疫机构实施垂直管理。从 2018 年 4 月 20 日起，根据国务院机构改革安排，出入境检验检疫管理职能和队伍划入海关总署。

进出境检验检疫的主要职责为：根据《中华人民共和国海关法》《中华人民共和国商检法》及有关进出口法规，对涉及环境、卫生、动植物健康、人身安全的出入境货物、交通工具和人员实施检验检疫通关管理。凡属国家法定检验范围内的进出口货物，收发货人应当在办理进出境通关手续前，向通关口岸或到达地点的商检机构申请商品检验；实际通关时必须向海关提供商检机构签发的进出口货物验讫单证(《放行通知单》或商检证书副本或者提供加盖商检机构“已接受登记”印章的进出口货物报关单)，在口岸对出入境货物实行“先报验，后报关”的检验检疫货物通关管理模式。

2. 国际铁路货物运输中的商检项目

动植物检疫的验放：凡属应实施动植物检疫的进出口货物，收发货人或其代理人在办理进出境手续前应向动植物检疫机构申请报验，由该机构出具《动植物检疫放行通知单》或在报关单上加盖检疫放行章，海关凭《放行通

知单》或"放行章"接受报关转关运输的进出口货物，除活动物和来自疫情流行国家或地区的检疫物需要在出入境口岸检疫外，其他均由指运地（启运地）动植物检疫机关实施检疫。来自疫区的过境需检物，由承运人或押运人凭货物运输单据和输出国家或地区政府动植物检疫机构出具的检疫证书，在进境时向动植物检疫机关报验，海关凭动植物检疫机关签发的《放行通知单》放行；出境时，出境地动植物检疫机关不再检疫。

对入境动植物、动植物产品和其他检疫物，需调离海关监管区检疫的，海关凭动植物检疫机关签发的《检疫调离通知单》验放，如有疫情，由检疫部门直接处理。进出境检疫物如属国家规定应实施其他进出口管制的，还应办理其他进出境手续。

药品、药材和食品的验放：根据《中华人民共和国药品管理法》和国务院《关于加强医药管理的决定》，进口的药品也被列为法定检验范围。经营单位凭口岸药检所出具的《进口药品报验证明》或者加盖"已接受报验"印章的进口货物报关单向海关报关。如果进口口岸没有药检机构，可以将进口药品作为"海关监管货物"监管至指运地海关验放。出境的中药材，按动植物检疫办法和濒危物种、商品检验的管理规定进行管理。依据《兽药管理条例》，进口兽药须经口岸药检所检验合格后方准进口。

根据《中华人民共和国国境卫生检疫法》及其实施条例，国家质检总局负责在我国口岸对入出境人员、交通工具、集装箱、货物、行李、邮包、尸体骸骨、特殊物品等实施卫生检疫查验、传染病监测、卫生监督和卫生处理。

3. 进口商品的检验检疫手续

列入《出入境检验检疫机构实施检验检疫的进出境商品目录》内和合同规定由检验检疫机构检验出证的进口商品，由检验检疫机构或其指定的检验机构检验。到货后，收货、用货部门或代理接送部门应及时向到达口岸或到达站的检验检疫机构报验。

报验人在填写进口商品检验申请单时，应将品名、数（重）量、商品标记号码、合同号、收货人、发货人、运输工具、货物堆存地点、进口日期和卸毕日期、索赔有效期、货物的单价和总值、报验单位和地址、电话号码等项目填写齐全，采取银行托收检验费的，应在报验单上填明报验单位的开户银行及账号。未列入《出入境检验检疫机构实施检验检疫的进出境商品目录》的进口商品，收货、用货部门应向所在地区检验检疫机构申报后自行检验。进口商品应在口岸或集中储存地点缴纳检验款。

进口商品应按合同规定的质量、重量、数量、包装条款和抽样、检验方法进行检验。合同未规定或规定不明确的，按照生产国标准、国际通用标准或我国的标准检验。国家另有规定的，按有关规定办理。

凡向外提出索赔的进口商品，必须留出足够数量具有代表性的复验样品，对外提出换货或退货的部分，应妥善保管，不得动用。进口商品经检验检疫机构检验对外出证索赔的，外贸经营部门应及时办理对外索赔，并将索赔情况及时告知收货、用货部门和检验检疫机构。

4. 出口商品的检验检疫程序

一切出口商品都必须经过检验。未经验和检验不合格的，不准出口。列入《出入境检验检疫机构实施检验检疫的进出境商品目录》的出口商品和外贸合同规定由检验检疫机构检验出证的出口商品，生产部门、供货部门或对外贸易部门应在出口时向检验检疫机构报验，经检验检疫机构检验合格后签发检验证书或放行单。对列入《出入境检验检疫机构实施检验检疫的进出境商品目录》的出口商品，海关凭检验检疫机构的检验证书或放行单验放，或凭检验检疫机构在报关单上加盖的印章验放。未列入《出入境检验检疫机构实施检验检疫的进出境商品目录》的出口商品，由生产部门、供货部门或对外贸易部门自行检验。

报检时应填写申请单，并提供合同、信用证、厂检单和检验依据等有关资料。凭样成交的，应提供经签封的成交小样。出口商品报验时，报验人必须提供对外贸易合同（或售货确认书及函电）、信用证（或购买证）原本的复印件（或副本、成交小样）。经生产经营部门检验的，应由报验人附加厂检结果单或化验单。同时申请鉴重的，要加附重量明细单（磅码单）。合同、信用证中特殊条款，商检机关一般按《跟单信用证统一惯例》的规定，以信用证规定的品质、规格、包装条件等作为检验的证据依据。按国家商检局统一核定的标准和有关规定进行检验。国家另有规定的按国家有关规定办理。装运出口粮油食品和冷冻品等易腐易变食品的车辆和集装箱，承运人、发货人和装箱部门或代理人，应在装货口岸和集装箱货箱地点申请检验检疫机构检验。经检验符合清洁、卫生、冷藏效能等装运技术条件后，由检验检疫机构发给证书。未取得检验合格证书的，发货人及承运人不得装运。

5. 过境铁路运输

根据《关于货物实行国际转运或过境运输的海关公约》，我国海关准予免检监管过境运输。但对于属于应实施动植物检疫的进出境货物，在办理进出境手续前应向动植物检疫机构申请报检，对来自疫区的过境货物必须实施动植物检疫和卫生检验。由承运人或押运人凭货物运输单据和输出国家或地区政府动植物检疫、卫检机构出具的检疫证书，在进境时向我国海关报检。

三、国际铁路货物联运进出境联检制度

1. 国际铁路货物联运进出境海关商检联检

在国境铁路车站口岸，涉及货物人员进出境手续的单位较多。如铁路车站的交接所、口岸海关、口岸委员会、边检部队等。为保证进出境商品、人员的快速通关，协调国际口岸各有关单位工作。在铁路国境口岸组织联合检验办公成为必要措施。原铁道部颁布的《国际铁路货物联运口岸工作管理办法》中，规定建立口岸站联合办公制度。海关、商检、边检、口岸委员会和铁路交接所联合办公制度是口岸管理工作改革的一项重要措施，对保证口岸畅通具有重要的作用。

由口岸委员会牵头组织车站海关国检边防等相关人员召开，解决目前口岸联检联运作业中存在的突出问题。加强各部门的协调力度，交流联检联运作业的心得做法，实现进出口货物的顺利运输。由国境车站运输主管站长定期组织与驻站海关、边检、企业货主、口岸货代公司及车站有关部门(交接所、有关车间主任)参加的运输协调会。

2. 国际铁路货物联运进出境联检程序

根据我国海关规定：进出境列车(包括客车、货车及其他一切需要进出境的铁路车辆)必须在进出境车站停留，接受海关的监管和检查。进出境列车装卸进出境货物、物品，上下进出境旅客，应当接受海关监管。进境列车自到达进境车站起到海关检查完毕止；出境列车自海关开始检查起到海关放行止，未经海关许可不得移动、解体(客车改轮除外)，或擅自驶离进出境车站。

口岸联检工作的范围包括：进出境列车(机车、客车、货车、邮政车、行李车、发电车、守车和轨道车等)、货物物品(指进出关境列车载运的货物、行李、包裹、邮政物品和其他物品)、转关运输货物、物品(指由进境地入境后，在海关监管下运往另一设关地点办理进口海关手续；或在启运地已办理出口海关手续运往出境地，由海关监管放行的货物、物品)。

海关、商检部门在执行关检工作时，应与国境铁路车站交接所工作人员密切配合。进出境列车驶离进出境车站的时间、车次、停发车地点，车站应

事先通知海关。对进出境货物列车，车站应向海关递交列车编组顺序表和货物交接单。进出境列车装卸进出境货物、物品，上、下进出境旅客，应当接受海关监管。货物、物品装卸交接完毕，国境车站应当向海关递交反映实际情况的交接单据及商务记录。

海关查验进出境货物、物品，发现有走私或走私嫌疑的，可以书面通知车站将货物、物品卸到海关指定地点或将有关车辆调到指定地点进行处理。在国境铁路车站，边检、海关、商检和其他有关部门有权对进出境车辆、集装箱等进行启封检查。根据要求将车辆、集装箱等启封后，应在上述部门代表在场的情况下由铁路工作人员施加新封。关于启封及重新施封的情况应记入启封记录，启封记录应由该铁路车站工作人员签字并加盖车站日期戳证明。启封记录应编制两份，一份连同车辆、集装箱摘下的封印由编制记录的车站留存，另一份附在运单上随货物送至到站交给收货人。此外，编制记录的车站应在运单“铁路记载”栏内记载启封记录编制一事。该记载由车站工作人员签字并加盖车站日期戳证明。编制启封记录或在运单中作出关于车辆、集装箱等启封的记载，仅在进行边防、海关查验及卫生、动植物检疫和其他检疫的情况下方可办理，完成这种检查或检验后，重新施封时需有进行检查和检验的海关、商检和边检等有关人员在场。

海关查验货物时，进出境车站铁路交接所工作人员应当到场，按照海关的要求负责开拆车辆封印、开启车门或揭开篷布；货物的收、发货人或其代理人应当搬移或起卸货物，开拆或重封货物的包装。海关认为必要时，可以自行开验、复验或提取货样。海关应对提取货样的名称、数量出具证明。海关对准予放行的进出境货物、物品，在货物运单或行李包裹运行保单上加盖放行章，铁路方可交付或运往境外。

海关检查列车结束，应及时通知进出境车站。如果在进境旅客列车停留时间内检查不完，海关可以派员随车继续检查，由进境国境站站长按规定提供至最近前方停车站往返免费乘车证和工作条件。海关认为必要的，可以派员对进出境列车值守，列车长应当为海关人员提供方便。

因不符合我国进口管理规定，海关决定退运境外的货物、物品，车站凭海关书面退运通知办理有关手续；因违反国际铁路联运规定的拒收货物，海关凭铁路部门的拒收记录准予退运。进境列车在向海关申报以前，未经海关同意，不得装卸货物、物品，除口岸检查机关工作人员和铁路执行职务人员外不得上下人员。

转关运输货物起运之前，海关对有关单证、货物、物品查核无误后，在货物运单上加盖“海关监管货物”戳记，连同关封退还车站凭以起运。海关关封由车站转交列车负责人，连同运单一起带交指运地或出境地海关。海关监管货物，如果变更国内到站或出境站，办理变更的车站应通知海关。变更后的指运站或出境站必须是设有海关的车站。有关车站应当将海关关封转交列车负责人连同运单一起带交变更后的指运地或出境地车站海关。如果指运地车站没有海关，则只有在变更申请人取得指运地车站就近海关同意的情况下，入境地车站才能受理变更。

对于为修理进出境车辆用而运进的材料、零部件、工具、轮对、转向架，在海关监管之下确实用于进出境车辆维修的，可予以免征关税和产品税（或增值税）。对于为车辆施封用的材料和铁路运送用具（包括篷布），车站应当向海关如实申报，由海关查验免税放行。经铁路运输部门申请，海关核准，铁路车辆可以添加、起卸、调拨下列物资：

保障列车行驶的轻油、重油等燃料，保障列车及所载货物运输安全的备件、垫舱物料和加固、苫盖用的绳索、篷布、苫网等，海关核准的其他物品，进出境车站工作人员和列车乘务人员携带执行职务所必需的公用物品和生活必需的合理数量自用物品（包括粮食、蔬菜等食品）以及进出境旅客列车所带供应旅客途中食用的饮料、食品等，由海关查验免税放行。对需要返还的篷布、空容器等，收、发货人或其代理人应当填写收、发货人的篷布或空容器“免税返还证明书”，送交进出境海关签印发还车站凭以免税返还。

第五节　案例——成都海关支持自贸试验区建设发展

为支持中国（四川）自由贸易试验区建设，成都海关于 2017 年 8 月 11 日召开发布会，对外发布了《关于支持和促进中国（四川）自由贸易试验区建设发展实施办法》，共出台了包括推进贸易便利化、支持外贸转型升级、完善口岸开放功能、构建协同发展机制、支持建设四川特色名片 5 个方面 30 条措施。

一、全力推进自贸试验区贸易便利化，助力打造内陆开放战略支撑带先导区

深入推进海关通关一体化改革。全面落实全国海关通关一体化改革，实施“一次申报、分步处置”新型通关模式。提高系统自动审核放行比率。建立完善通关时间监控机制和考评机制，力争在“压缩货物通关时间三分之一”的基础上通关效率保持在全国海关前列。

深入推进“简化手续，优化流程”改革。继续深化简政放权，审批事项除法律法规规章另有规定外全部下放到基层海关。扩大“信任通关”实施范围，在空港口岸探索试点集约化管理，实行“一个窗口”受理、“一站式”查验放行作业模式。

积极开展海关“互联网+”建设，努力打造“智慧海关”。深化“全域通”建设，从货物通关向旅客、邮件、快件领域拓展。探索推进加工贸易、行邮物品监管、减免税、原产地证书、许可证件验证等领域的无纸化通关改革。在铁路口岸建设 H986 智能机检查验中心。依托“互联网+海关”和 QP 客户端推进网上办事、网上报关、网上预约。

积极推动国际贸易“单一窗口”建设。逐步实现执法部门之间、企业之间、部门与企业之间数据互通共享。深化关检合作“三个一”，建立更紧密的通关协作机制，探索查验结果互认、查获情况依法移交。推动监管现场口岸联检单位实行“一机多屏”。

深入推进“双随机，一公开”。在海关监管全领域深入推进“双随机”改革，及时公开执法结果。

推进税收征管方式改革。支持推动“企业自报、自缴税款”。扩大电子支付范围，实现全程电子缴税。实施属地纳税人管理，优先为高资信企业提供与征税相关的专业技术及个性化服务。全面推广汇总征税模式，创新包括税收担保在内的海关事务担保方式，建立以企业为单元的税收总担保机制，探索第三方专业担保，研究金融创新担保。

深入推进海关特殊监管区域（保税监管场所）监管模式改革。深化“一报一审”改革，实现“一次录入、系统共用”。扩大保税货物“区间结转”范围。探索对以非报关方式进出货物实施“负面清单”管理。全面推广海关特殊监管区域仓储货物按状态分类监管、选择性征收关税、备案智能化等改革。在确保有效监管的前提下，积极争取将部分在海关特殊监管区域适用的创新制度复制推广到保税物流中心（B 型）。

创新加工贸易监管模式改革。在自贸试验区率先推进实施以企业为单元、以账册为主线、定期核销的加工贸易监管模式改革。建立核销方式多元化制度，实施“自主备案、自主核报”管理。探索试行加工贸易龙头企业总部式一体化保税监管模式和以研发设计为主体的全产业链保税监管模式。

构建新型企业管理模式。建立企业协调员制度。落实企业信用信息公示制度，实施企业守信联合激励和失信联合惩戒。试点企业“主动披露”制度。参与自贸试验区企业注册登记“多证合一”改革。简化自贸试验区报关企业注册登记行政许可。支持实行自贸试验区内企业“一地注册、全国申报”。支持海关特殊监管区域(保税监管场所)外法人企业在海关特殊监管区域(保税监管场所)内设立分支机构。

深入推进统计数据分析应用。开展对自贸试验区内重点产业、重点企业、重点商品的动态监测预警和分析;加强与政府其他部门信息共享、数据互通,提供统计数据咨询和服务;加强自贸试验区外贸质量和效益评价。

维护安全有序的进出口秩序。保持打击走私高压态势,重点查缉涉税和粮食、资源性产品走私,严厉打击涉毒、涉枪等走私违法行为,着力查处进出口领域侵权假冒违法行为。

二、全力支持外贸转型升级,助力打造内陆开放型经济新高地

支持跨境电子商务发展。支持打造中西部一流跨境电商物流园区。优化跨境电商出口监管模式,拓展“川货出川”新渠道。综合应用一般贸易和保税政策,创新跨境电商 B2B 供应链监管模式。支持跨境电商保税备货模式发展。支持建立跨境电商平台运营主体、符合条件的外贸综合服务企业、物流服务企业集中代理纳税机制。

支持融资租赁业务发展。允许海关特殊监管区域内企业融资租赁货物按租金分期纳税。对注册在海关特殊监管区域内的融资租赁企业进出口飞机、大型设备等涉及跨关区的,在确保有效监管和执行现行相关税收政策的前提下,按物流实际需要,实行海关异地委托监管。

支持文化对外贸易发展。探索文化产品保税监管新模式,促进文化艺术、数字出版、动漫游戏、艺术品交易等文化产业发展。探索支持文化艺术品保税展示交易业务发展。

支持服务外包业务发展。支持自贸试验区开展国际服务外包进口货物保税监管试点,对经认定的技术先进型服务企业进口的、由国际服务外包业务境外发包方免费提供的机器设备实施保税监管。

支持委内加工业务发展。支持符合条件的海关特殊监管区域内企业接受区外企业的委托开展加工生产业务,充分发挥区内企业生产设备和技术优势,有效利用国际、国内两种资源、两个市场。

支持出境加工业务发展。支持符合条件的企业将自有的原辅料、零部件、元器件或半成品等委托境外企业制造或加工,在规定期限内复运进境,充分利用国外先进技术和市场资源。

支持保税展示交易业务发展。支持海关特殊监管区域、保税物流中心

(B型)内企业将区内(中心内)保税货物凭保后运至区外(中心外)符合规定的场所进行展示销售,并在规定期限内集中申报纳税。探索创新保税展示交易担保模式,不断简化相关手续。支持开展大宗商品国际交易业务。

支持境内外维修、研发等生产性服务业发展。支持符合条件的海关特殊监管区域内企业开展高技术含量、高附加值、环境风险可控的境内外维修业务。探索创新海关特殊监管区域保税研发监管模式。

支持会展经济发展。优化会展商品通关模式,创新会展担保方式,支持会展企业实施总担保,探索引入第三方担保。实行海关提前介入,优先审核、集中查验和驻场监管。调整展会备案管理现场,方便企业就近办理手续。

三、全力推动完善口岸开放功能,助力打造国际开放通道枢纽区

积极提升空港口岸通关效能,打造面向全球的对外开放"战略门户"。进一步完善旅客通关智能化建设。支持通程航班建设,探索推行全委托监管模式。支持空港建立进出口货物、快件、邮件集中监管园区,实施海关、检验检疫等口岸监管单位"一站式"集约化管理。支持国际货物和旅客中转业务,优化监管流程,支持拓展国际转国际航线。试点航空快件国际中转和集拼业务,允许开展国际航班国内段进出境货物和国内货物混装混载业务。支持依托空港口岸打造中西部一流的国际邮件口岸互换局。与地方政府一起创造条件,努力实现24 h通关。

积极推动铁路口岸发展,打造融入"一带一路"的"战略枢纽"。支持成都国际铁路港建设国家级正式对外开放口岸。推动空铁、陆海多式联运,支持建设中欧国际物流分拨转运中心和国际物流园区。支持成都铁路口岸综合服务中心建设,为企业提供多式联运、"一站式"通关的整体物流供应链服务。探索建立平行进口汽车金融担保、通关监管和汽车检测同步运行等监管新机制,推进整车进口口岸功能发挥。支持依托成都铁路保税物流中心(B型)建设跨境电商展示中心。

积极推进港口对外开放,打造对接长江经济带的"战略支撑"。支持川南临港片区申建国家级对外开放口岸,支持建设区域性综合交通枢纽和西南进出口商品集散中心。支持打造川南临港片区宜宾协同改革区,支持探索建立泸州港、宜宾港联动协作监管机制。优化水运进出口监管模式,支持开展内外贸货物同船运输、国轮捎带等业务,探索在船舶抵港前实行预申报,提高船舶抵港后通关效率。支持开展平行进口汽车展示业务。

四、支持构建协同发展机制，助力打造区域协同开放示范区

推进省内协同发展。建立自贸片区海关—管委会联系协调机制。实行自贸试验区内全部海关特殊监管区域、保税物流中心（B 型）之间卡口数据互联互通和与口岸之间的货物流转自行运输。支持自贸试验区创新经验优先在中德、中法、中新、中韩等国别产业园区和各类高新区、经开区复制推广，支持建立共享开放模式。

支持与沿海沿江口岸通关合作和产业协作。深化与沿海口岸海关协作，支持川南港口与日韩台等国家（地区）近洋航线发展。加强与国内其他机场海关的通关协作，扩大成都航空枢纽辐射圈。深化与长江经济带港口合作，推动与中欧班列（成都）物流联动。支持自贸试验区各片区依托开放口岸和平台承接东部和东南沿海地区、长江经济带优势产业转移，打造高端制造业、现代服务业和临港产业基地，以大通道促大流通带大产业，变交通走廊为经济走廊。

深化国际海关合作。推动实施 AEO 制度，在自贸试验区率先明确认证企业 AEO 优惠措施清单；支持和鼓励更多规范经营、诚信守法的企业成为高级认证企业；落实 AEO 互认合作框架下与“一带一路”沿线国家、地区间相关海关监管合作成果。支持推动加入中欧“安智贸”试点。支持探索与“一带一路”沿线国家、地区开展贸易供应链安全与便利合作。

五、支持建设四川特色名片，助力打造西部城市开发开放引领区

支持全面创新改革发展。支持四川全面创新改革“一号工程”建设。支持扩大先进技术设备、关键零部件进口，推动制造业升级改造。加大进出口环节税收政策宣传力度，落实科技创新进口税收优惠政策。支持用好中小企业公共研发平台创新发展。创新海关监管模式，促进信息技术等领域服务外包发展。

支持航空第四城发展。支持天府国际机场口岸功能建设。支持开通更多国际（地区）航线，加快建设“国际多直达”的航空运输体系。支持发展航空制造与维修、航空物流、口岸贸易、跨境电商等临空核心特色产业。支持在海关特殊监管区域内开展飞机发动机等航空零部件境内外维修、检测等业务。创新推动全球航空维修基地建设，依托航材保税仓，支持打造全球航材保障供应链。优化监管模式推动飞机包修转包发展。支持依托成都空港保税物流中心（B 型）建设发展跨境电子商务园区。

支持中欧班列(成都)发展。继续简化中欧班列(成都)境内段海关监管手续,探索班列全程直通监管。支持稳定开行成都至欧洲、中亚、西亚等地区的西向国际铁路货运班列,主要运行指标居全国领先水平。

支持海关特殊监管区域(保税监管场所)功能发挥。推动海关特殊监管区域从加工制造中心向保税物流分拨中心、检测维修中心、研发设计中心、展示销售中心等多元化发展,帮助企业向产业链、价值链高端延伸。支持保税物流中心发挥仓储、分拨配送、转口贸易和国际中转等保税贸易功能,探索功能拓展。鼓励区内企业参与海关"先行先试"改革。深化关地共管,共同促进企业发展。

第三篇　中欧班列国际运输与操作实务

第九章　中欧班列作业流程分析

对于多式联运经营人而言，需要对多式联运网络中不同类型站点的作业流、时间和费用构成，以及不同联运模式的全过程组织流程充分了解和把握，才能基于货主的需求制定合理而有效的运输方案。

第一节　转运站点作业流程、时间和费用构成分析

转运站点不仅是多式联运的起始站点，也是不同运输方式之间的转接站点，还是多式联运的结束站点，是多式联运的重要组成部分。转运站点在整个多式联运的过程中承担着运输方式转接、货流转接、信息流转接、单据转接、资金流转接等重要功能；其作业的流程和内容以及作业时间和费用的构成，直接影响着整个多式联运过程的通畅、时间和费用等。本节主要对参与了中欧班列多式联运过程的三种转运站点进行流程分析。

一、集装箱中心站（陆港）

1. 定义

集装箱中心站是办理铁路集装箱车辆集散和集装箱班列到发的车站。集装箱中心站通常配备包括仓储和装卸等的常规物流设施，还配备了包括充电、清洗和修理等的集装箱日常维护设施。另外，大部分集装箱中心站进驻海关，具备关务、商检等的口岸综合服务功能。目前，大部分中欧班列到发站点都选择了当地的集装箱中心站或依托集装箱中心站设立的陆港，如重庆西部物流依托团结村集装箱中心站组织“渝新欧”班列的开行，成都国际陆港依托城厢集装箱中心站组织“蓉欧”班列的开行，西安国际陆港则依托新筑集装箱中心站组织班列的开行等。

2. 办理作业

集装箱中心站主要办理：(1)集装箱车辆集散；(2)集装箱班列到解集编发；(3)集装箱装卸；(4)集装箱吊装；(5)国际联运：集装箱检测、清洗和加固

等日常维护;(6)冷藏箱等特种箱的日常维护;(7)集装箱存储和空箱调配等作业。

3. 主要设备

铁路集装箱中心站一般设有列车到发场、调车场及海关监管场、综合服务、信息系统、装卸和运输机械维修设施等,并设加油、充电设施。集装箱作业场一般设有装卸场、拆装箱场及仓储设施和装卸及运输机械等。

4. 作业流程

铁路集装箱中心站按照作业场地可将其作业流程大致分为主箱场作业、辅助箱场作业和到达箱场作业。主箱场区主要办理列车装卸车作业、集卡装卸车作业和集装箱站内中转作业;辅助箱区主要办理集卡装卸车作业、海关检查及相关作业、集装箱日常维护和空箱流转等作业;到达箱场主要办理集卡的接发车作业。详细如图9-1所示。

5. 作业费用构成

铁路集装箱中心站的费用通常包含吊装费、站内短驳费、堆存费、海关监管场地费、清洗费、清扫费、代理报关费和代理报检费等。目前,对于能够组织开行中欧班列的集装箱中心站如城厢铁路集装箱中心站和团结村集装箱中心站等,其站内的作业费用包含在统一的物流服务报价里(不含报关、报检代理服务费)。而对于目前暂时没有开行中欧班列的集装箱中心站根据办理业务的不同进行收费。

6. 作业时间构成

对于某一进入铁路集装箱中心站办理业务的货物来说,从进站到出站的时间构成由货物办理不同业务的各项环节的时间总和而得。

二、口岸站(国境站)

1. 定义

铁路口岸站(国境站)是指在两国交界办理国际铁路联运、宽轨和准轨换装、货物装卸以及关务和商检等综合功能的车站。中欧班列西通道通过阿拉山口或霍尔果斯出境;中通道通过二连浩特出境;东通道通过满洲里出境。

2. 办理作业

铁路口岸站(国境站)主要办理的作业包括:(1)国际铁路联运换装作业;(2)国际铁路联运票务交接作业;(3)国际铁路联运查验功能;(4)国际、国内客运功能;(5)客、货列车换轮作业;(6)车辆到解集编发作业;(7)货物

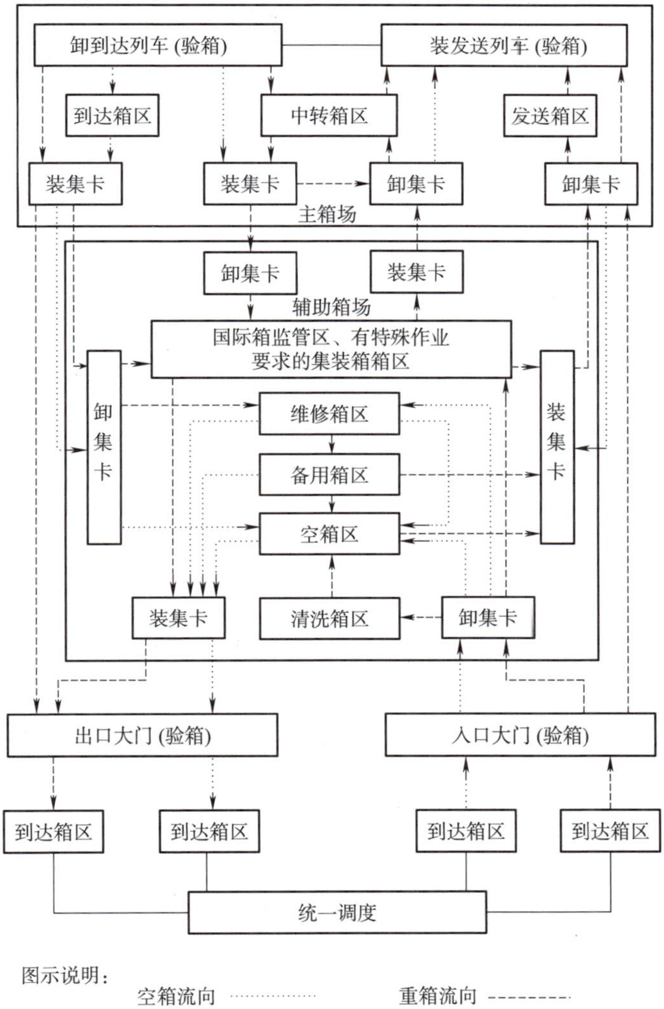

图 9-1　铁路集装箱中心站作业流程图

装卸和堆存作业；(8)车辆和箱体监测。

3. 主要设备

铁路口岸站(国境站)一般设有列车到发场、调车场、换装场、海关监管场，综合服务、信息系统、装卸、换装、运输机械维修设施等，并设加油、充电设施。集装箱作业场一般设有装卸场、拆装箱场、整列换装场及仓储设施，并配备装卸及运输机械。

4. 作业流程

铁路口岸站(国境站)按照作业场地可将其划分为边检场作业、宽轨场作业、换装场作业和准轨场作业和辅助厂区作业。边检场主要办理边检检查及手续；宽轨场主要办理宽轨列车的到发和编组，以及国际联运的票务交接(除集装箱货以外)；换装场主要办理货物换装，换装库办理集装箱整列货物的换装并办理集装箱整车的国际联运票务交接；准轨场主要办理准轨列车的到发和编组；辅助厂区主要办理货物的流通和加工等作业。作业流程如图9-2所示。

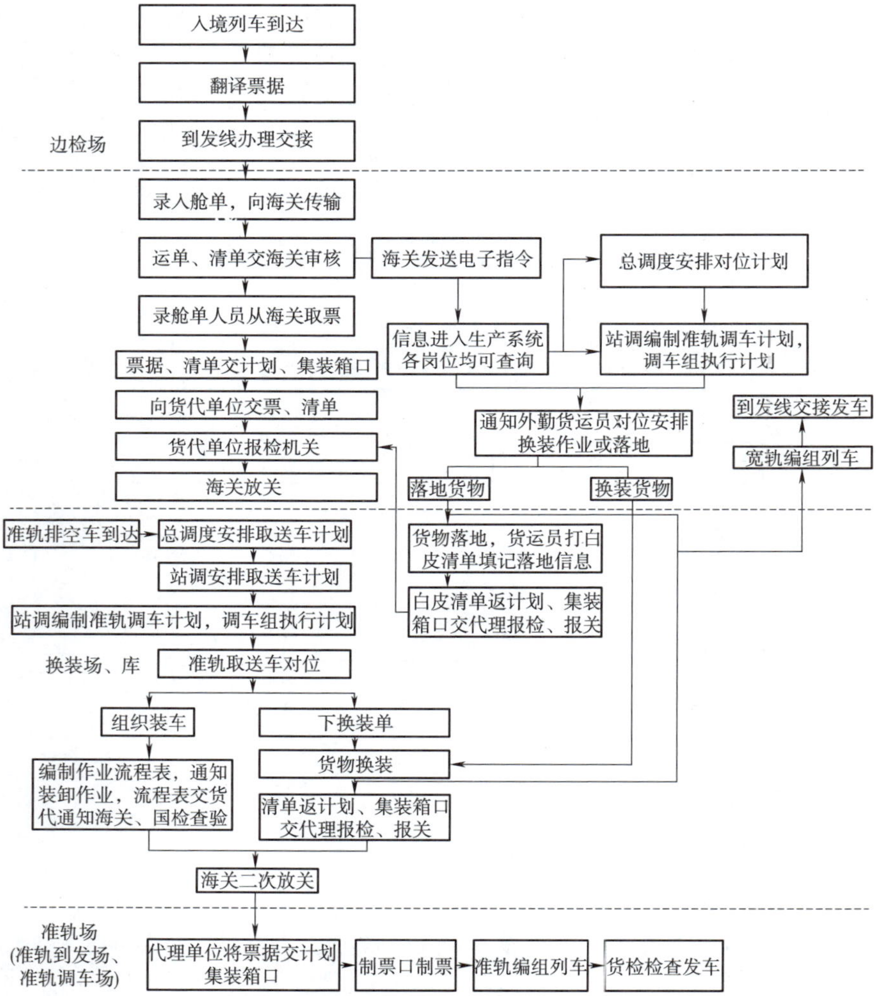

图9-2　阿拉山口宽轨进口货物列车作业流程图

5. 作业费用构成

铁路口岸站(国境站)的常规作业的费用通常包含在组织国际班列运输的铁路局集团公司或班列公司为客户提供的“一口价”报价里，有特殊作业需求的另行收取。

6. 作业时间构成

铁路口岸站(国境站)通常办理集装箱国际联运班列的换装、票务交接、关务和接发车等各项业务,时间总和为1～2天。

三、港　　口

1. 定义

港口指位于海、河等水域沿岸的交通设施,供泊船进出停泊装卸货物或者旅客集散的地方。港口是水陆集结、工农业生产和进出口物资的集散地。目前由"渝新欧"和"蓉欧"班列运营公司推出的中欧班列水铁联运产品主要是通过果园港和钦州港实现。

2. 办理作业

港口主要办理:(1)船舶停靠,以及船舶日常维护和整备;(2)货物装卸;(3)集装箱吊装;(4)集装箱加固、清洗和修理等日常维护;(5)联运票务交接;(6)整垛仓储;(7)流通加工;(8)关务、商检等口岸综合服务;(9)信息交互。

3. 主要设备

港口设施设备主要包括给水和排水设备、驳船设备、各式装卸设备、通信设备、铁路货车和汽车的运输设备等。

4. 作业流程

港口根据作业场地的不同可划分为铁路作业区、集卡作业区、集装箱综合作业区和船舶作业区等。铁路作业区办理铁路的装卸车、接发车、整备和编组等作业;集卡作业区办理集卡的装卸车、接发车和整备等作业;集装箱综合作业区办理集装箱的装掏箱、堆存、日常维修和维护、空箱管理以及海关关务检查等作业;船舶作业区办理船舶的装卸船、引航、移泊、整备等作业。作业流程如图9-3所示。

5. 作业费用构成

港口的作业费用相较于其他站点有较为成熟和标准的体系,根据其完成作业的内容,其费用构成主要包含包干费、引航费、拖轮费、停泊费、驳船取送费、堆存保管费、库场使用费和船舶供应服务费等多项内容,同时各项内容的收费标准又根据内贸、进出口和不同航线而又各不相同。

6. 作业时间构成

港站的作业时间受船舶运量大小和船期波动的影响较大,如对于大运量船舶发运而言,从集装箱重箱返场到船舶发运可能需数十个工作日不等;如果船期波动较大,货物会在港口逗留较长时间。

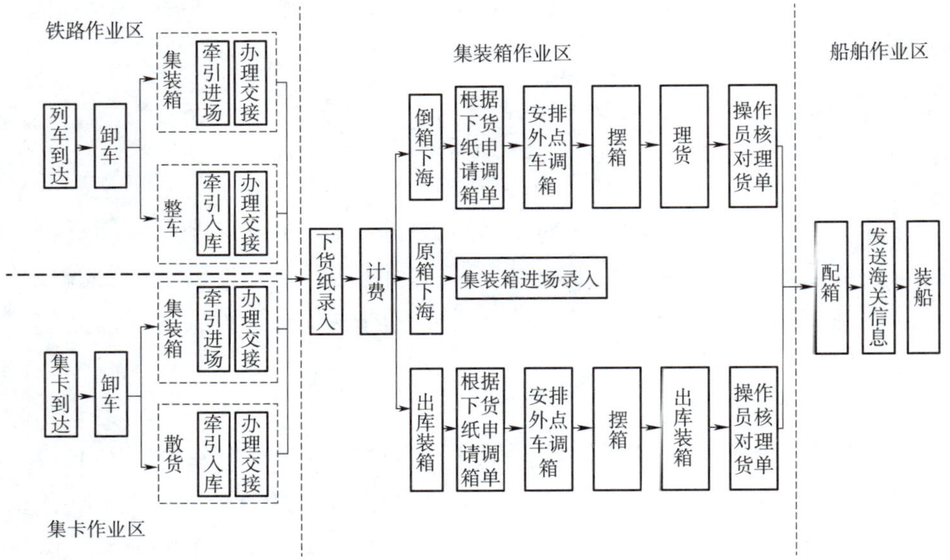

图 9-3 港口卸车装船作业流程图

第二节 中欧班列多式联运流程、时间及费用构成分析

本节将分析以中欧班列为干线运输的多种方式参与的物流运输的全过程流程,但由于航空接驳中欧班列实际运输的情况几乎没有,所以本节不作分析。另外,由于国际班列运输的组织模式、作业流程和设施设备等与国内铁路运输存在差异,本节将“国际班列+国内铁路”定义为多式联运的一类进行分析探讨。

一、中欧班列公铁联运

1. 定义

公铁联运指通过公路运输和铁路运输相互衔接共同完成物流运输过程的联运模式。货主只需签订一份合同,支付一次运费,多式联运经营人负责全程运输组织。

2. 构成要素

作为多式联运的重要形式,主要由以下几个基本要素构成:

(1)由公路运输和铁路运输相衔接；

(2)由多式联运经营人负责整个运输过程的协调和组织；多式联运经营人可将不同区段的运输业务分包至不同供应商；

(3)多式联运经营人需同托运人签订联运合同，明确运费、权利、义务和理赔条款等内容；

(4)联运过程只使用一份单据，在各区段的运输过程中均可使用；

(5)主要以集装箱为标准运载工具。

3. 主要特点

中欧班列公铁联运作为以铁路为干线运输，以公路进行两端接驳的国际多式联运，主要有以下特点。

(1)优点

①模式广泛。公铁联运是目前中欧班列多式联运最为广泛的联合运输形式。

②手续简单。货主只需同多式联运经营人签订联运合同，由其负责整体运输组织。

③环节较少。与中欧班列水铁联运和铁铁联运相比，公铁联运的中间作业环节较少。

④灵活性强。鉴于作为两端接驳的公路运输的特点，公铁联运在运输时间、运输区域和运输组织等都有较强的灵活性。

⑤效率较高。由于铁路运输和公路运输衔接的组织模式、作业流程和设施设备等都较为成熟，因此作业效率较高。同时，选取公路运输作为两端接驳的运输方式，具有灵活性强、速度较快等优势，因此运输效率较高。

(2)缺点

①运量受限。受公路运输的短板影响，公铁联运与水铁联运和铁铁联运相比，运量受到一定的限制。

②成本较高。对于1 000 km以上的里程，公路每单位集装箱的成本为铁路运价的2～3倍；500～1 000 km范围内的里程，公路每单位集装箱的成本约比铁路增加30%；500 km以内，公路每单位集装箱的成本约比铁路增加10%。

③环保性差。据调查，航空、公路、铁路和船舶万公里能耗比为20∶10∶2∶1，因此相较于水铁联运和铁铁联运，公铁联运的能耗较大，排放污染物更多，因此环保性较差。

4. 流程分析

根据运输过程中国际班列开行的前、中、后将中欧班列公铁联运分为前端作业、途中作业和后端作业三个部分。前端作业主要包含订舱、提空、装箱、公路接驳、进场、报关、制票、发运等环节；途中作业包含换轨和国际段运输等环节；后端作业主要包含到达、清关、提货、公路接驳、交付、还空和清算等环节。

另外，需要说明的是：由于流程在去程和回程上是相似且可逆的，且主要差别在关务的申报顺序和手续上，因此在流程分析里就不再分别展开；由于目前所有班列运营公司都无法开具“门到门”的多式联运运单，根据多式联运的定义，所有的班列公司都不能担任多式联运经营人的角色；现实中，几乎百分之九十的客户都选择了国际货代作为多式联运经营人协调全过程的运输情况。因此，下文的流程分析添加了多式联运经营人这一角色。

(1)前端作业

中欧班列公铁联运前端作业流程如图 9-4 所示，主要分为以下几个步骤：

①订舱。货主提出运输需求，多式联运经营人根据需求制定运输方案并提出全过程报价，待货主确认后，由多式联运经营人向供应商预定舱位。

②提空。若使用自备箱，货主自行备箱；若使用铁路箱，货主可自行或委托代理凭提空号等前往指定地点提取空箱。

③装箱。货主自行或委托代理按方案完成装箱并拍照。

④公路接驳。货主自行组织或委托多式联运经营人完成装车地到场站的拖车短驳。

⑤重箱进场。货主自行组织或委托多式联运经营人在规定日期内凭重箱进场号将重箱送进场站指定区域。

⑥报关。货主自行组织或委托多式联运经营人凭借申报要素等完成关务申报，驻站海关进行关检、商检、登记、录入和起封等作业。

⑦提交资料。在规定日期内向班列公司提交箱单、发票、合同和报关、报检委托书等资料。

⑧制票。班列公司起票。

⑨班列开行。场站将货柜吊装至车板，进行发车整备，按计划开行。

(2)途中作业

中欧班列公铁联运途中作业流程如图 9-5 所示，主要分为以下几个步骤：

①国境站作业。列车到国境站，进行联运换轨、票务交接、联运检查、转关、列车编组、整备和开行等作业。以从阿拉山口出境运往德国、波兰等欧洲

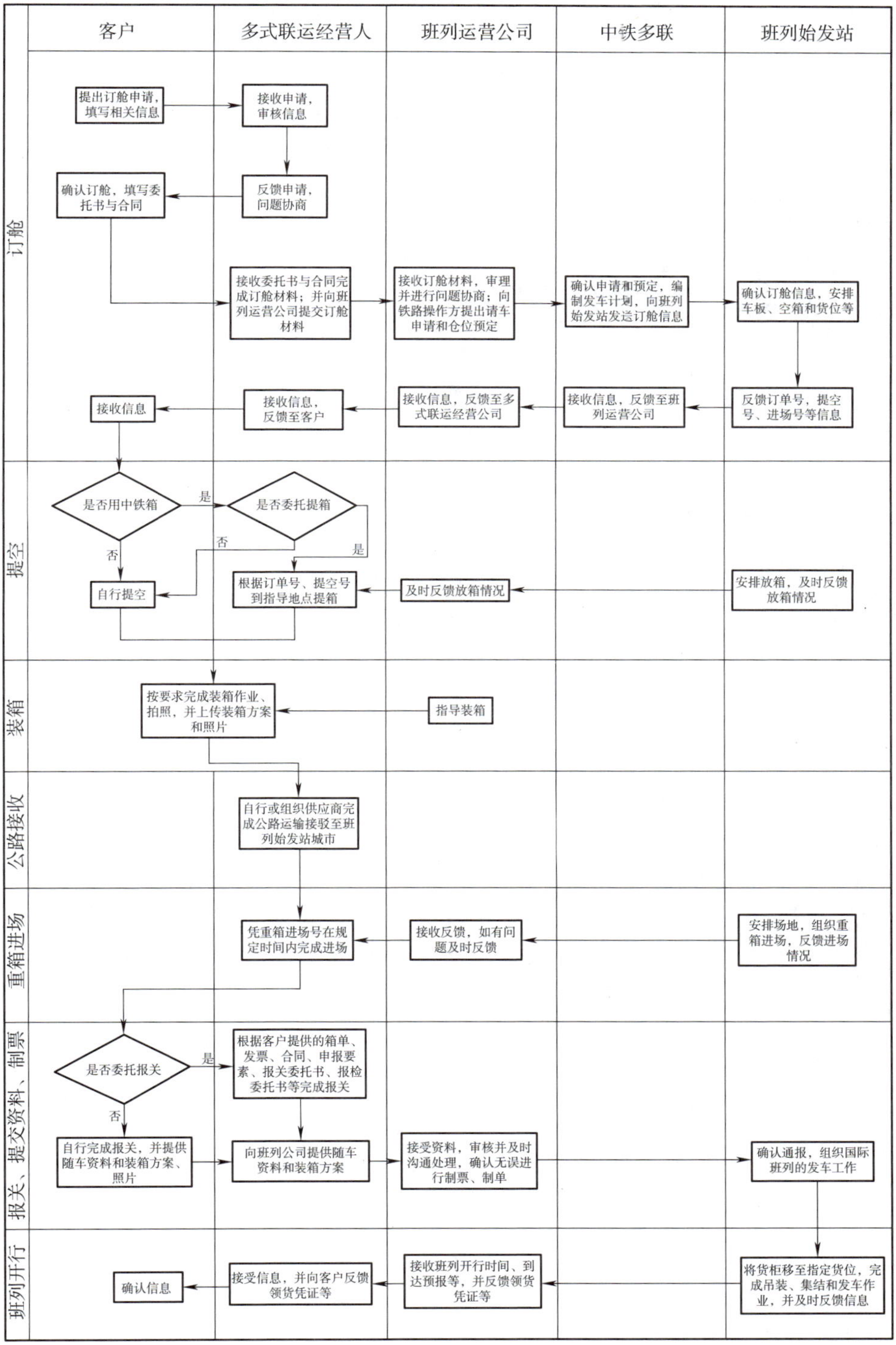

图 9-4 中欧班列公铁联运前端作业流程图

国家货物的出口运输为例，需在阿拉山口和马拉舍维奇两个国境站完成换轨、检查和转关等作业。

②国际段运输。列车在国际段进行运输，由途经国根据协议在其国境范围内完成列车的牵引工作，并定期进行运踪、货物状态等在内的信息反馈。

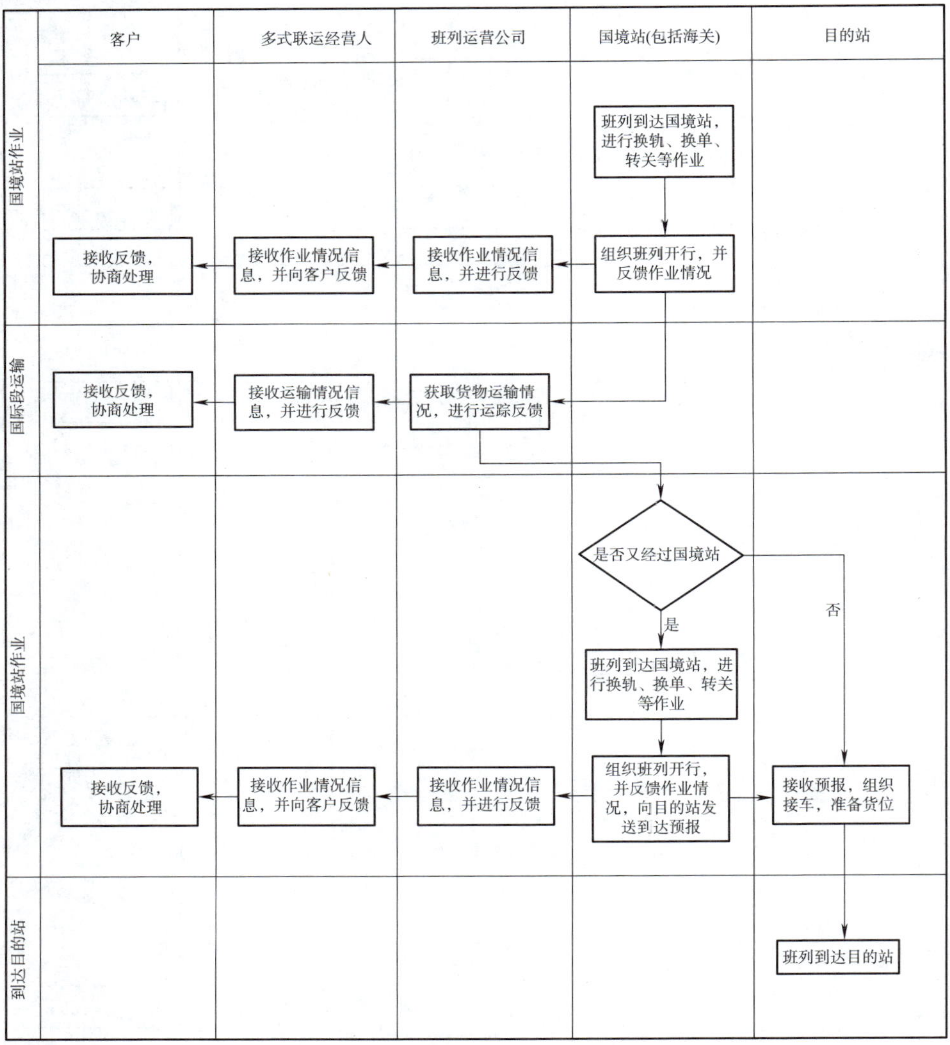

图 9-5　中欧班列公铁联运途中作业流程图

(3)后端作业

中欧班列公铁联运后端作业流程如图 9-6 所示，主要分为以下几个步骤：

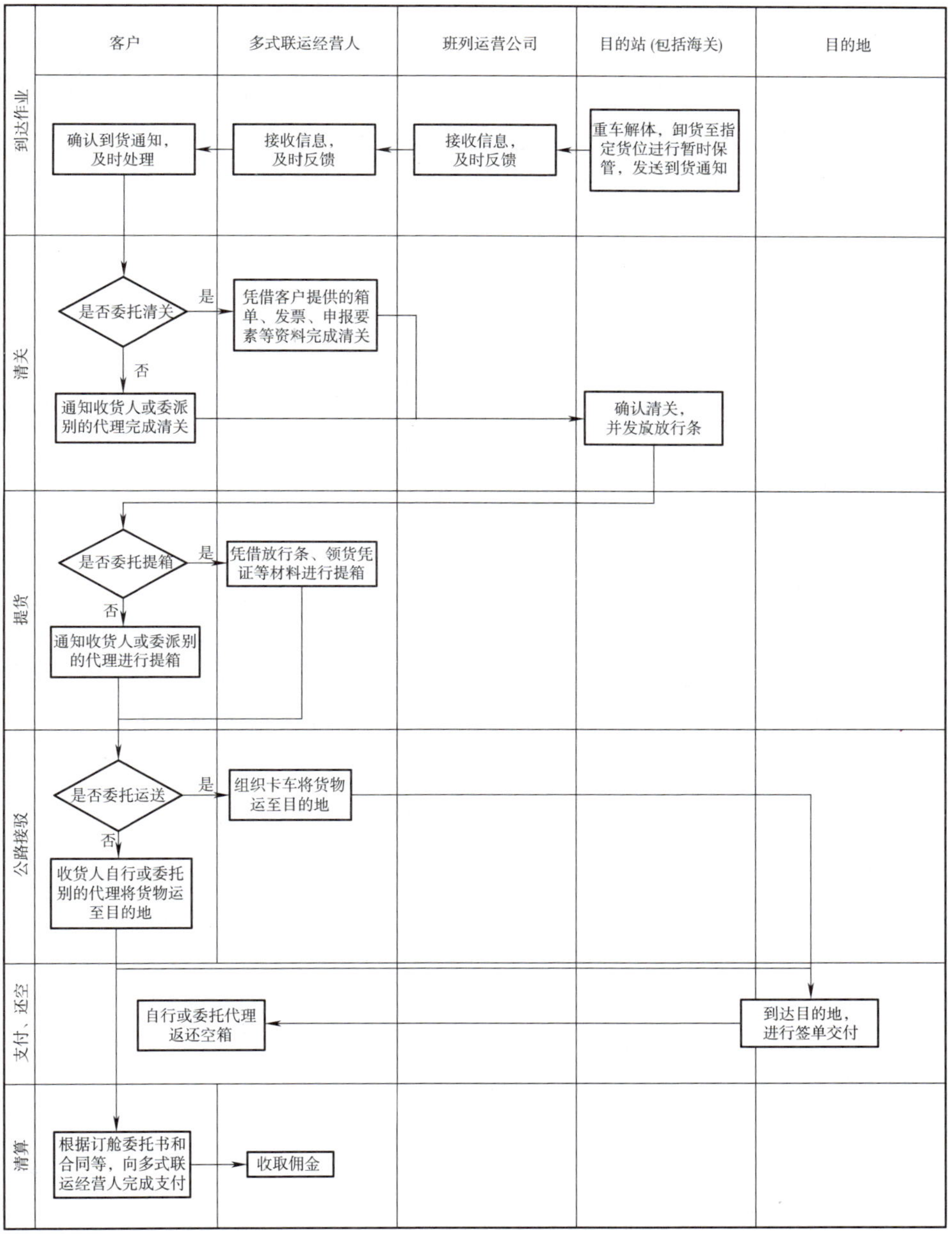

图 9-6 中欧班列公铁联运后端作业流程图

①到达作业。列车到达目的站，目的站接车，并将货柜卸至指定区域暂存，然后发送到货通知。

②清关。收货人自行或委托多式联运经营人凭借领货凭证和申报要素等资料进行清关申报，驻站海关进行验关、核封、信息录入、放行等作业。

③提货。由收货人自行或委托代理凭借海关放行条进行提货。

④公路接驳。根据收获人的需求或协议条款的约定，由收货人自行组织或委托多式联运经营人组织拖车，将货物运至目的地。

⑤交付。货物到达指定目的地，完成交付。

⑥还空。若使用自备箱，卸货后，收货人自行组织；若使用铁路箱，卸货后，收货人自行或委托多式联运经营人将空箱还至指定地点。

⑦清算。对于货主与多式联运经营人，通常运输过程完成后，货主根据协议和补充服务向多式联运经营人支付费用，支付形式（票结、月结等）、支付时间、支付币种和支付方式等根据合同规定进行；对于多式联运经营人与供应商，多式联运经营人根据各供应商（班列公司、拖车公司和报关行等）所承担的服务向其进行费用结算，支付形式（票结、月结等）、支付时间、支付币种和支付方式等按合同规定进行。

5. 运输成本构成

对于多式联运经营人而言，运输成本主要为参与整个多式联运过程的各供应商的服务费用之和。对于中欧班列公铁联运而言，其运输成本构成主要为班列运营公司报价（通常包含两端场站的部分作业费用）、公路运输的接驳费用、关务代理服务费用以及集装箱的使用和维护费用（使用自备箱需考虑租赁或购置箱体的费用，但有运输费用的优惠；使用铁路箱则需考虑提箱和还箱的拖车服务费）等费用之和。

6. 运输时间构成

多式联运运输时间主要由在途运输时间、转运站点作业时间、转运等待时间构成。对于中欧班列公铁联运而言，全过程运输时间主要为班列运输时间（包含中间国境站的作业时间）、班列两端站点的作业时间、衔接公路运输的等待时间和公路运输时间等时间之和。

二、中欧班列水铁联运

1. 定义

水铁联运指通过船舶运输和铁路运输相互衔接共同完成物流运输过程的联运模式。货主只需签订一份合同，支付一次运费，具体运输组织由联运经营人负责。

2. 构成要素

作为多式联运的重要形式，主要由以下几个基本要素构成：

(1)由船舶运输和铁路运输相衔接；

(2)由多式联运经营人负责整个运输过程的协调和组织；多式联运经营人可将不同区段的运输业务下包至不同供应商；

(3)多式联运经营人需同托运人签订联运合同，明确运费、权利、义务和理赔条款等内容；

(4)联运过程只使用一份单据，在各区段的运输过程中均可使用；

(5)主要以集装箱为标准运载工具。

3. 主要特点

中欧班列水铁联运主要有以下特点。

(1)优点

①运量较大。由于船舶运输和铁路运输运量相比于公路较大，因此水铁联运的运量较大。

②成本较低。对于长距离的运输而言，船舶运输的成本仅为铁路运输的一半。

③环保性好。据调查，航空、公路、铁路和船舶万公里能耗比为 20∶10∶2∶1，因此相较于公铁联运和铁铁联运，水铁联运的能耗较小，排放污染物更小，因此环保性较好。

(2)缺点

①模式极少。水铁联运是目前中欧班列多式联运最为少见的联合运输形式。目前国内仅有成都国际陆港和“渝新欧”物流公司能够实现，以及少数实力较强的国际货代组织协调过中欧班列水铁联运。

②手续复杂。目前部分通过中欧班列水铁联运的货物在国内仅仅是过境，因此需要办理多道关务手续，如进/出口转内贸，再转出/进口，手续繁琐冗杂。

③灵活性弱。由于船舶运输和铁路运输的通达性受港口和轨道的限制，同时二者的衔接在不借助公路短驳的情况下，需港口内引入铁路，且具备相应的装卸设备。因此，中欧班列水铁联运只适合“站到站”的运输，灵活性弱。

④时限较长。受制于船舶运输速度较慢的短板，中欧班列水铁联运的时限较长。

4. 流程分析

根据运输过程将中欧班列水铁联运分为前端及船舶运输班列作业、转运作业、国际班列作业和后端作业。前端及船舶运输作业主要包含订舱、提空、装箱、进场、提交资料(票)、发运等环节;转运作业主要包含接船、短驳、报关、提交资料、班列开行等环节;国际班列作业主要包含国境站作业、国际段运输、到达目的站等环节;后端作业主要包含接车、清关、提货、短驳、交货、还空、清算等环节。

(1)前端及船舶运输作业

中欧班列水铁联运前端作业流程如图 9-7 所示,主要分为以下步骤:

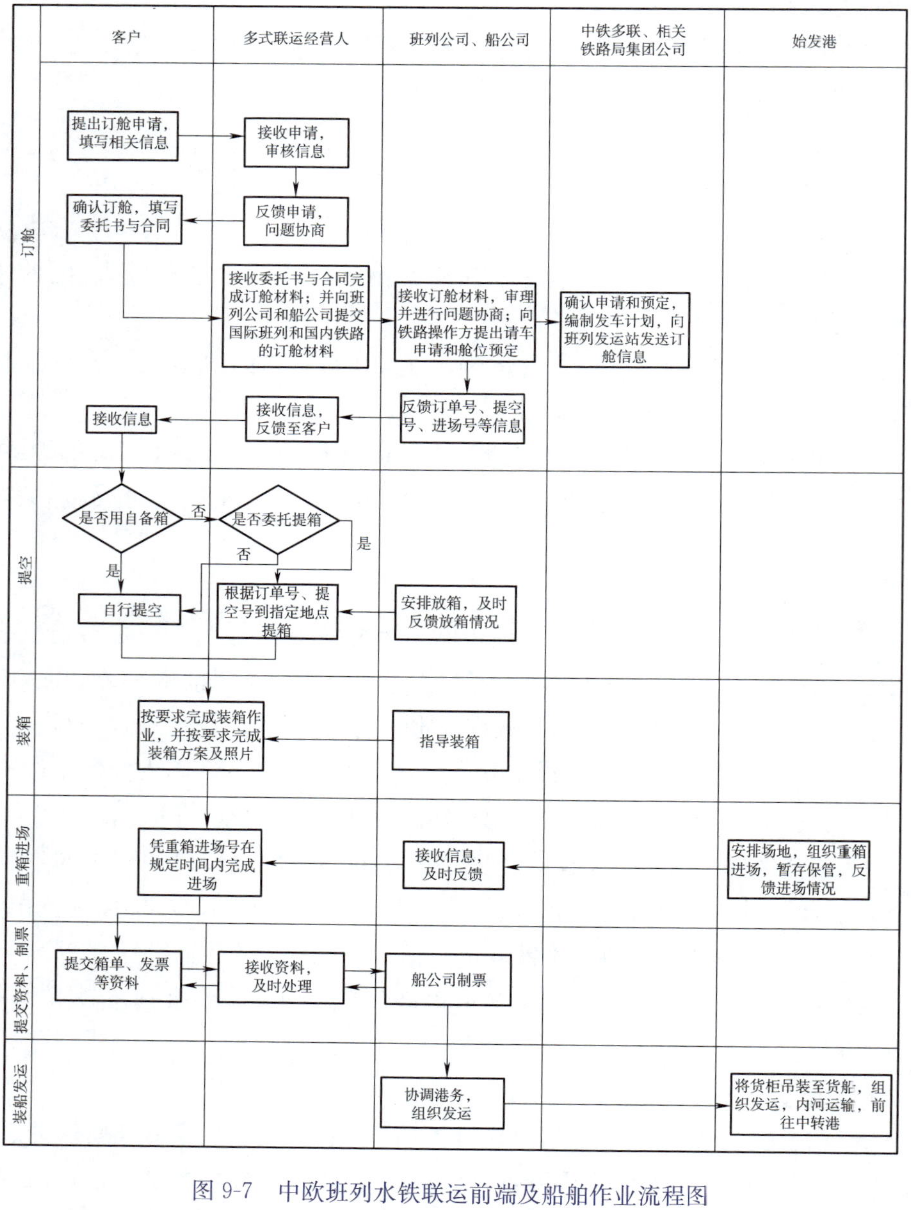

图 9-7　中欧班列水铁联运前端及船舶作业流程图

①订舱。货主提出运输需求，多式联运经营人根据需求制定运输方案并提出全过程报价，待货主确认后，由多式联运经营人向供应商订舱。

②提空。若使用自备箱，货主自行备箱；若使用铁路箱，货主自行或委托代理凭提空号等前往指定地点提取空箱。

③装箱。货主自行或委托代理按方案完成装箱并拍照。

④进场。货主自行组织或委托多式联运经营人在规定日期内凭重箱进场号将装货完毕后的集装箱拖运至港站指定区域。

(2)转运作业

中欧班列水铁联运转运作业详细如图 9-8 所示，主要分为以下步骤：

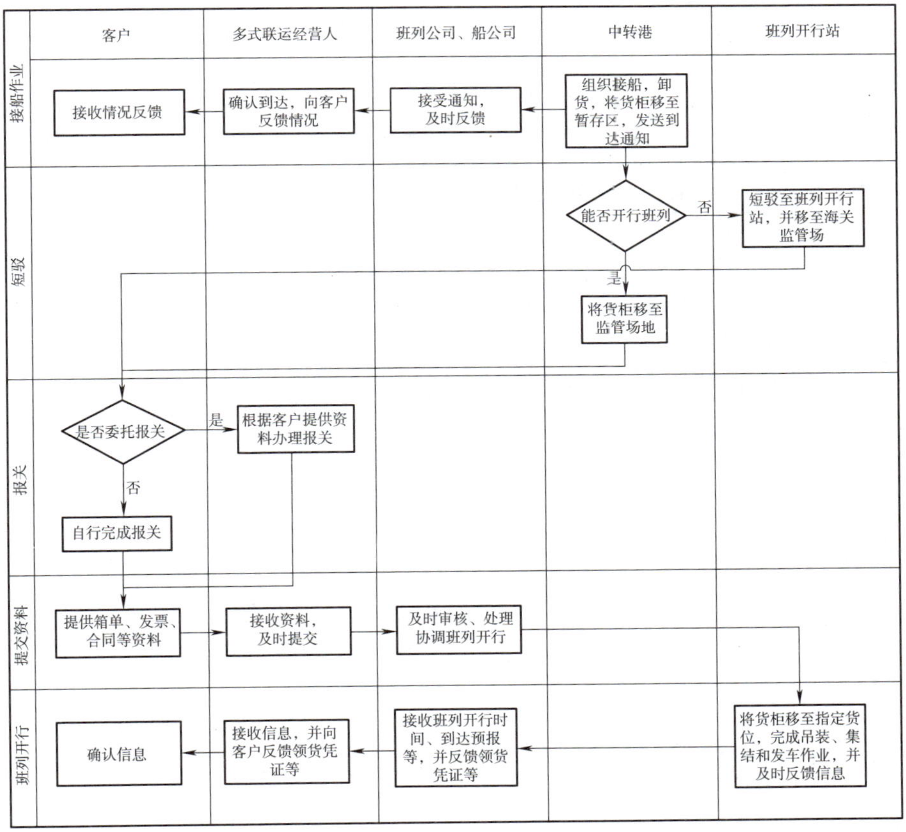

图 9-8　中欧班列水铁联运转运作业流程图

①接船。中转港站进行接船工作，待船停靠港站后，将货柜卸至指定区域暂存。

②短驳。对于可以组织中欧班列的港口（如果园港、天津港等），短驳环节可省略；对于无法组织中欧班列开行的港口，便由多式联运经营人组织公

路运输接驳至班列开行场站。

③报关。货主自行组织或委托多式联运经营人凭借申报要素等完成关务申报，驻站海关进行关检、商检、登记、录入和起封等作业。

④提交资料。在规定日期内提交箱单、发票、报关和报检委托书等资料。

⑤班列开行。场站将货柜吊装至车板，进行发车整备，按计划开行班列。

(3)国际班列作业

中欧班列国际班列作业详细如图 9-9 所示，主要分为以下步骤：

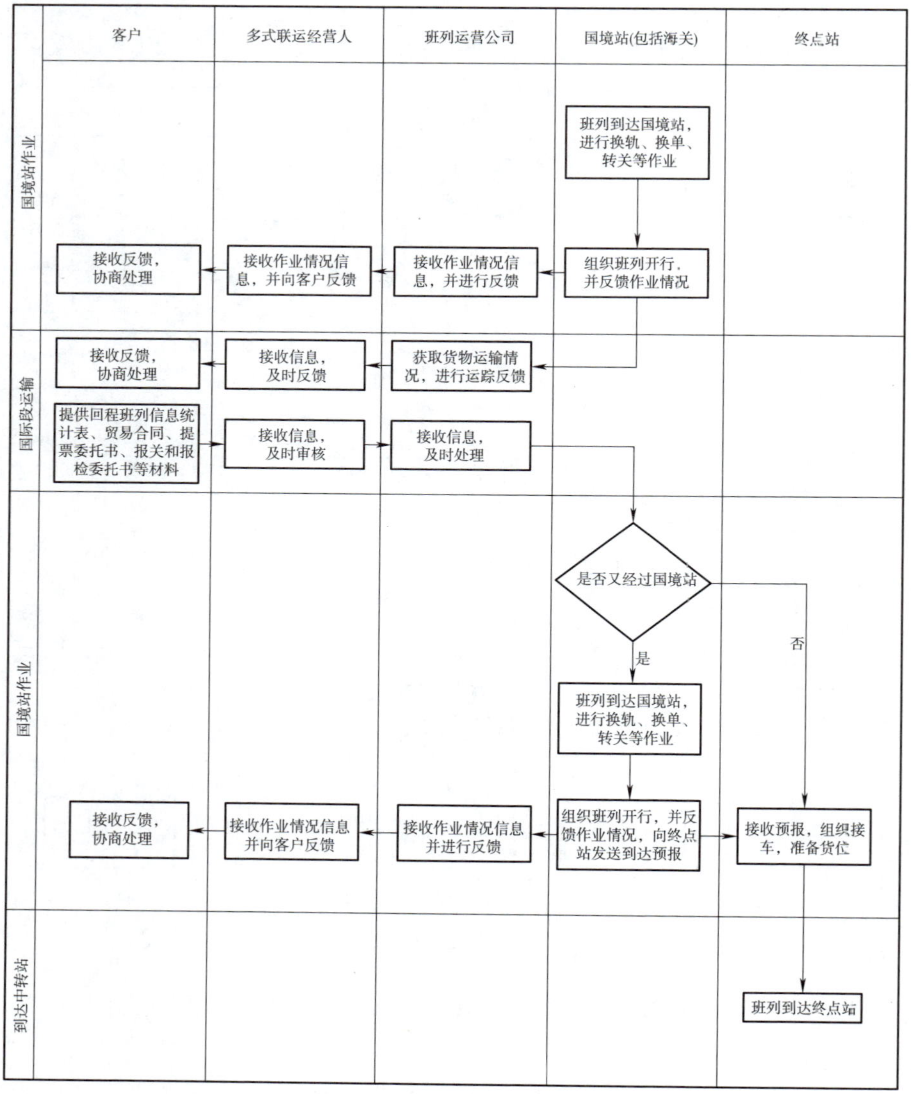

图 9-9　中欧班列水铁联运国际班列作业流程图

①国境站作业。列车到国境站，进行联运换轨、票务交接、联运检查、转关、列车编组、整备和开行等作业。以从阿拉山口出境运往德国、波兰等欧洲国家货物的出口运输为例，需在阿拉山口和马拉舍维奇两个国境站完成换轨、检查和转关等作业。

②国际段运输。列车在国际段进行运输，由途经国根据协议在其国境范围内完成列车的牵引工作，并定期进行货物位置、状态等在内的信息反馈。

(4)后端作业

中欧班列后端作业详细如图 9-10 所示，主要步骤如下：

①接车。列车到达目的站，目的站接车，并将货柜卸至指定区域暂存，然后发送到货通知。

②清关。收货人自行或委托多式联运经营人凭借领货凭证和申报要素等资料进行清关申报，驻站海关进行验关、核封、信息录入、放行等作业。

③提货。收货人自行或委托代理凭海关放行条提货。

④短驳。根据收货人的需求或协议条款的约定，由收货人自行组织或委托多式联运经营人组织拖车将货物运至目的地。

⑤交货。货物在目的地完成交付。

⑥还空。若使用自备箱，卸货后，收货人自行组织；若使用铁路箱，卸货后，收货人自行或委托多式联运经营人将空箱还至指定地点。

⑦清算。对于货主与多式联运经营人，通常运输过程完成后，货主根据协议和补充服务向多式联运经营人支付费用。支付形式（票结、月结等）、支付时间、支付币种和支付方式等根据合同规定进行。

5. 运输成本构成

对于多式联运经营人而言，运输成本主要为参与整个多式联运过程的各供应商的服务费用之和。对于中欧班列水铁联运而言，其运输成本构成主要为班列运营公司报价（通常包含两端场站的部分作业费用）、船代公司的报价（通常包含两端港口作业费用与船舶在途运输费用等）、关务代理服务费用以及集装箱的使用和维护费用（使用自备箱需考虑租赁或购置箱体的费用，但有运输费用的优惠；使用铁路箱则需考虑提箱和还箱的拖车服务费）等费用之和。

6. 运输时间构成

多式联运运输时间主要由在途运输时间、转运站点作业时间、转运等待时间构成。对于中欧班列水铁联运而言，全过程运输时间主要为班列运输时间（包含中间国境站的作业时间）、班列两端站点的作业时间、衔接船舶运

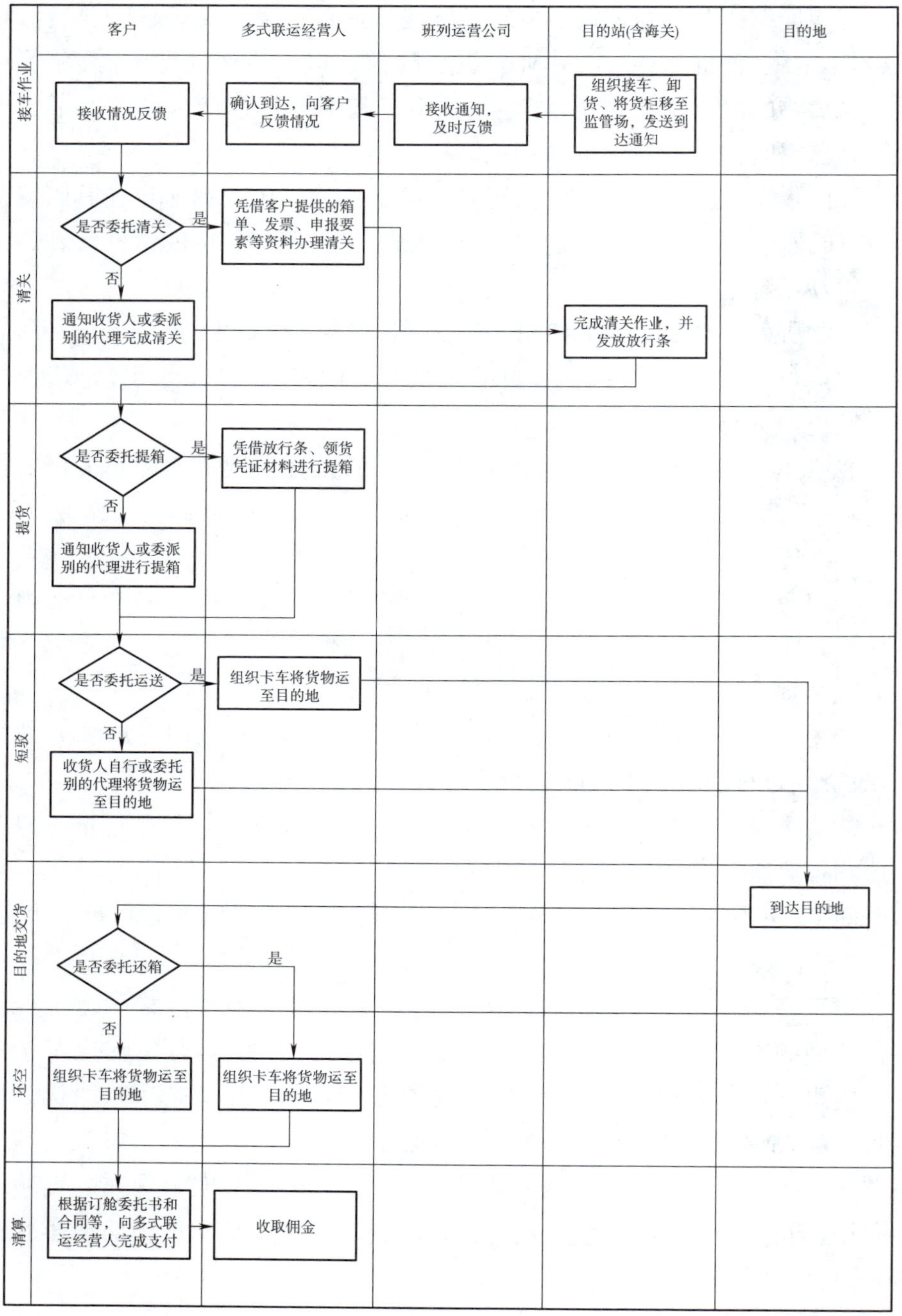

图 9-10　中欧班列水铁联运后端作业流程图

输的等待时间和船舶运输时间等时间之和。

三、中欧班列铁铁联运

1. 定义

铁铁联运是本书为国内铁路接驳中欧班列而特别定义的非标准的多式联运模式，指通过国际铁路和国内铁路相互衔接共同完成物流运输过程的联运模式。货主只需签订一份合同，支付一次运费，具体运输组织由联运经营人负责。

2. 构成要素

尽管作为非标准的多式联运模式，但其基本构成要素是相似的：

(1)由国际铁路和国内铁路相互接驳；

(2)由多式联运经营人负责整个运输过程的协调和组织；多式联运经营人可将不同区段的运输业务下包至不同供应商；

(3)多式联运经营人需同托运人签订联运合同，明确运费、权利、义务和理赔条款等内容；

(4)联运过程只使用一份单据，在各区段的运输过程中均可使用；

(5)主要以集装箱为标准运载工具。

3. 主要特点

中欧班列铁铁联运作为以铁路为干线运输，以公路进行两端接驳的国际多式联运，主要有以下特点。

(1)优点

①运量较大。由于铁路运量比公路大，因此铁铁联运的运量较大。

②成本较低。对于长距离的运输而言，铁路运输的成本仅为公路运输的一半。

③环保性好。据调查，航空、公路、铁路和船舶万公里能耗比为 20∶10∶2∶1，因此相较于公铁联运，铁铁联运的能耗较小，排放污染物较少，因此环保性较好。

(2)缺点

①手续复杂。由于国内铁路运输办理的手续比公路运输多，因此铁铁联运比公铁联运办理的手续复杂。

②灵活性弱。由于铁铁联运的通达性受轨道的限制，因此，中欧班列铁铁联运只适合“站到站”的运输，灵活性弱。

③时限略长。受制于国内铁路的旅行速度，铁铁联运的运输时限较公铁联运的时限略长。

4. 流程分析

由于流程在去程和回程上是相似且可逆的，且主要差别在关务的申报顺序和手续上，因此下文着重分析不考虑公路短驳的“站到站”的中欧班列铁铁联运回程运输流程。由于目前所有班列运营公司都无法开具“门到门”的多式联运运单，根据多式联运的定义，所有的班列公司都不能担任多式联运经营人的角色。现实中，几乎百分之九十的客户都选择了国际货代作为多式联运经营人协调全过程的运输情况。因此，下文的流程分析添加了多式联运经营人这一角色。

根据运输过程将中欧班列公铁联运分为前端作业、国际班列作业、国内铁路作业和后端作业。前端作业主要包含订舱、提空、装箱、公路接驳、进场、报关、制票、发运等环节；国际班列作业包含国境站作业、国际段运输、到达中转站等环节；国内铁路作业包含接车、转关、结算、小运转列车组织、国内列车开行、国内段铁路运输、到达目的站等环节；后端作业主要包含接车、清关、提货、短驳、目的地交货、还空、清算等环节。

(1)前端作业

中欧班列铁铁联运前端作业流程详细如图 9-11 所示，主要分为以下步骤：

①订舱。货主提出运输需求，多式联运经营人根据需求制定运输方案并提出全过程报价，待货主确认后，由多式联运经营人向班列公司预定舱位。

②提空。若使用自备箱，货主自行备箱；若使用铁路箱，货主自行或委托多式联运经营人凭提空号等前往指定地点提取空箱。

③报关。货主自行组织或委托多式联运经营人凭借申报要素等完成关务申报，驻站海关进行关检、商检、登记、录入和起封等作业。

④装箱。货主自行或委托按方案完成装箱并拍摄照片。

⑤重箱进场。货主自行组织或委托多式联运经营人在规定日期内凭重箱进场号装货完毕后的集装箱拖运至场站指定区域。

⑥提交材料。在规定日期内向班列公司提交箱单、发票、装箱方案、MRN、SMGS、报关和报检委托书等资料。

⑦制票。班列公司起票。

⑧发运。场站将货柜吊装至车板，进行发车整备，按计划开行。

(2)国际班列作业

中欧班列国际班列作业详细如图 9-12 所示，主要有以下步骤：

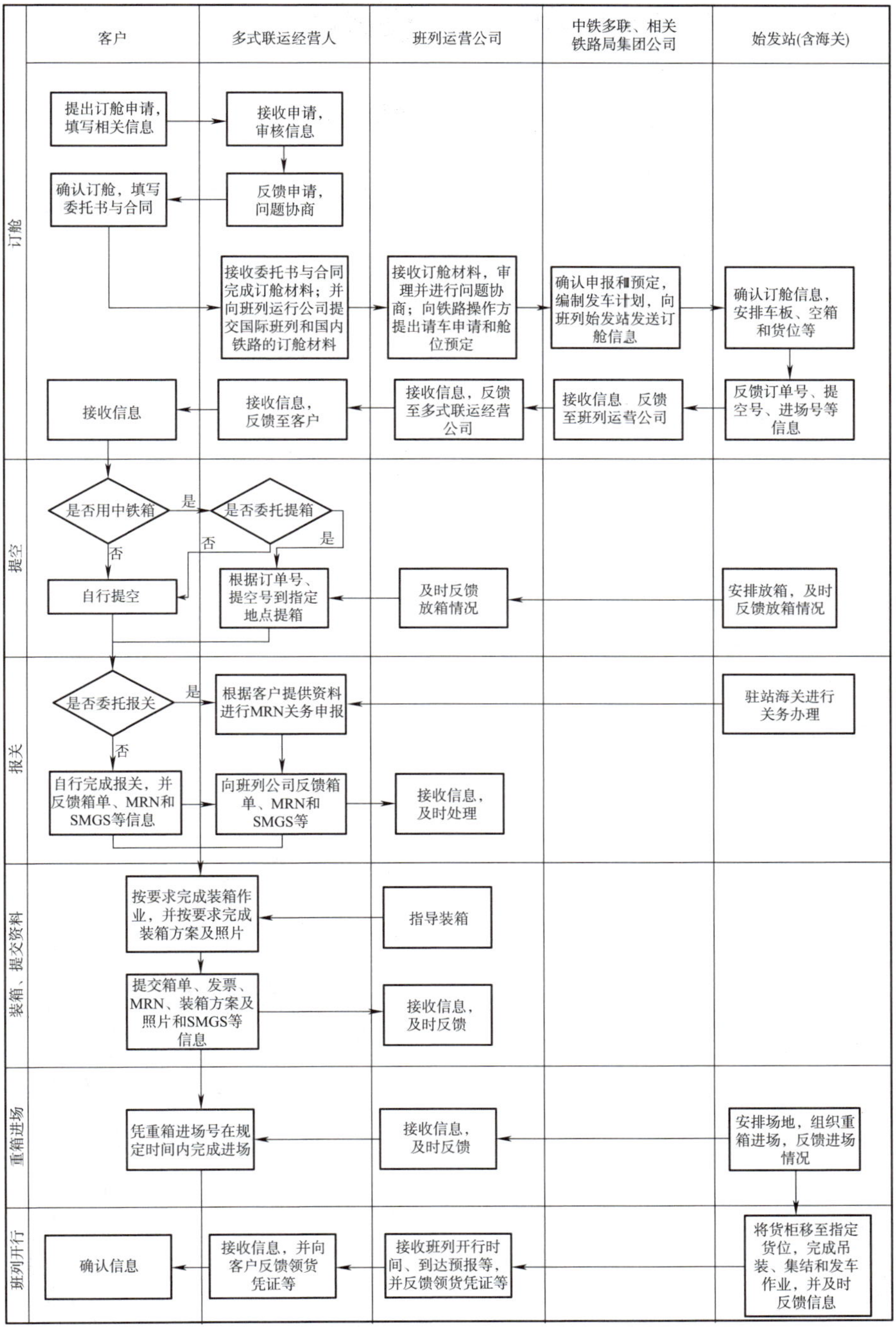

图 9-11　中欧班列铁铁联运前端作业流程图

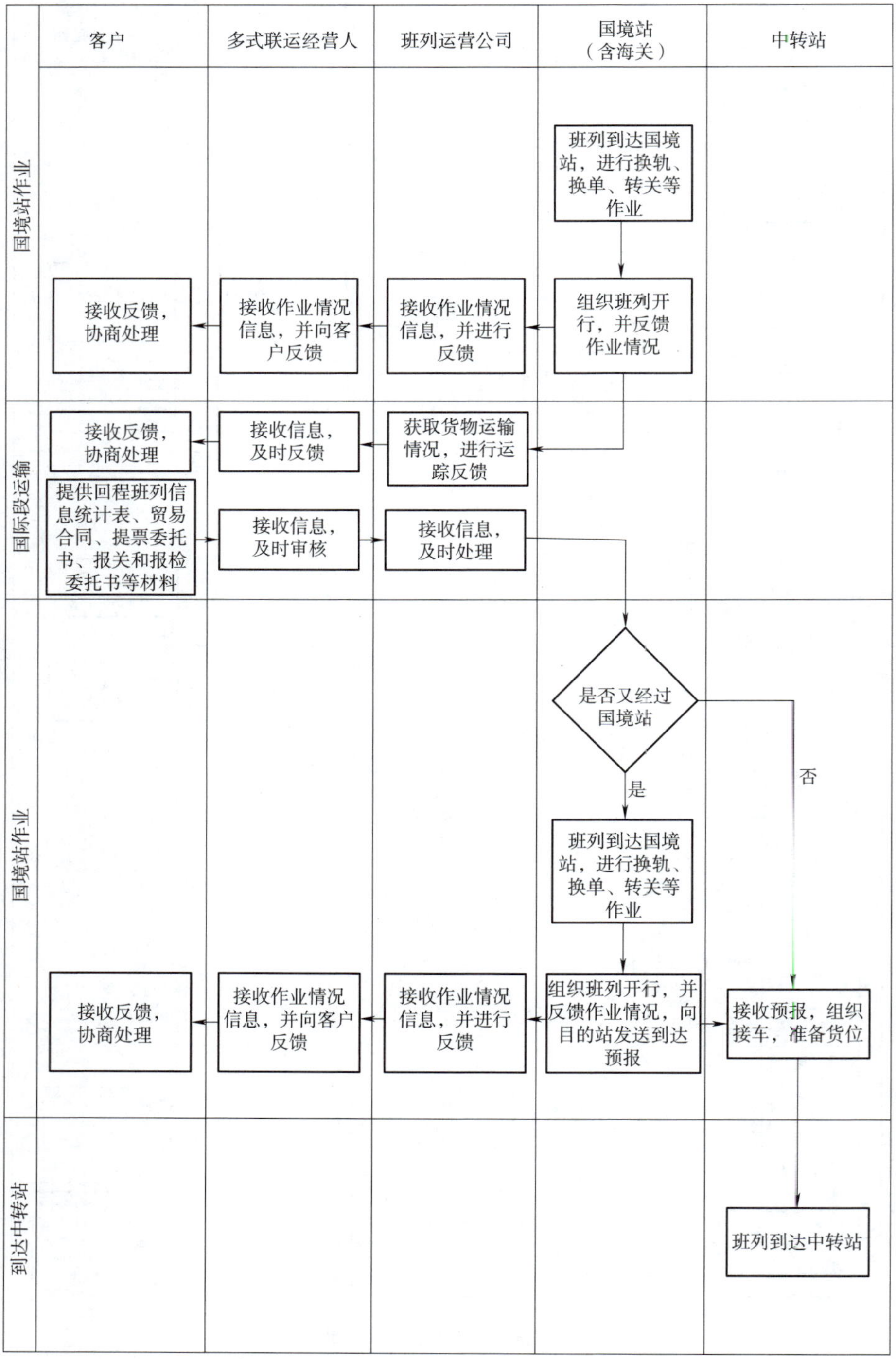

图 9-12　中欧班列铁铁联运国际班列作业流程图

①国境站作业。列车到国境站，进行联运换轨、票务交接、联运检查、转关、列车编组、整备和开行等作业。以从阿拉山口出境运往德国、波兰等欧洲国家货物的出口运输为例，需在阿拉山口和马拉舍维奇两个国境站完成换轨、检查和转关等作业。

②国际段运输。列车在国际段进行运输，由途经国根据协议在其国境范围内完成列车的牵引工作，并定期进行运踪、货物状态等在内的信息反馈。

(3)国内铁路作业

中欧班列国内铁路作业详细如图 9-13 所示，主要分为以下步骤：

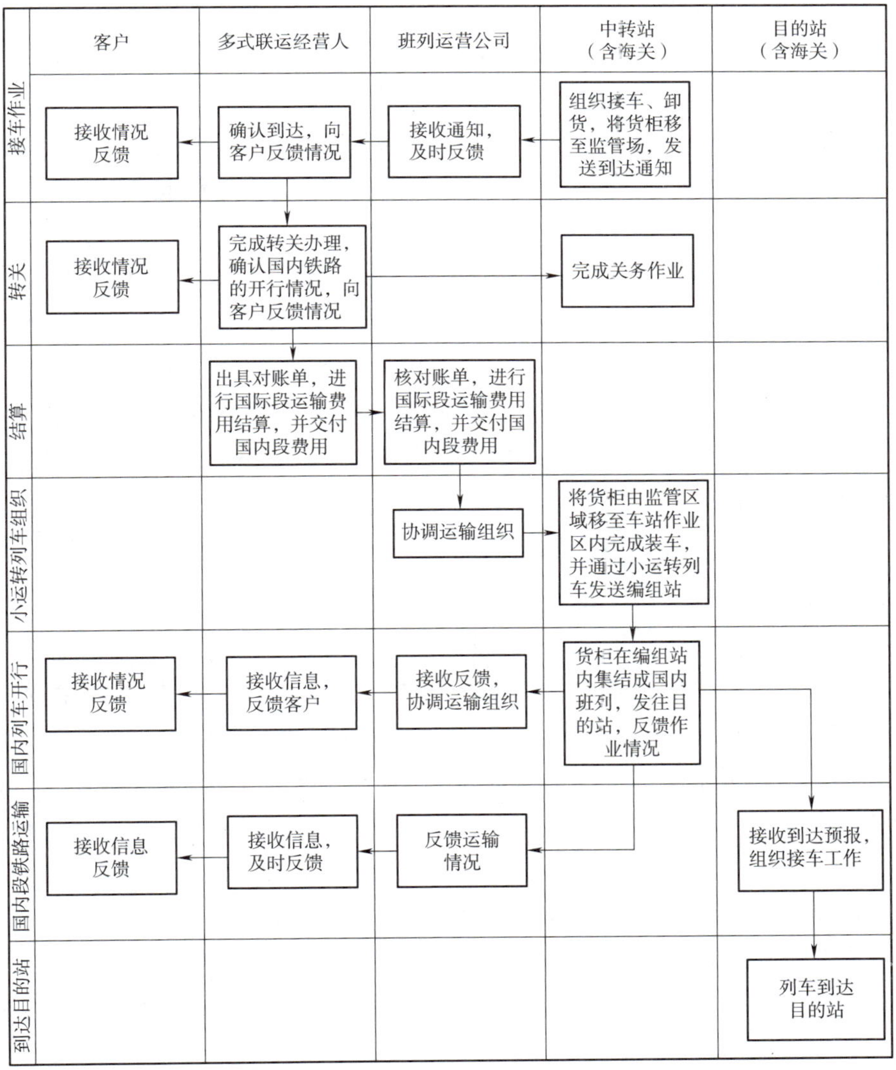

图 9-13　中欧班列铁铁联运国内铁路作业流程图

①接车。列车到达中转站，中转站接车，并将货柜卸至指定区域暂存，然后发送到货通知。

②转关。收货人自行或委托多式联运经营人凭借领货凭证和申报要素等资料进行转关申报，驻站海关进行验关、核封、信息录入、起封、放行等作业。

③结算。由多式联运经营人向国际班列运营公司支付费用，支付形式(票结、月结等)、支付时间、支付币种和支付方式等根据合同规定进行。同时支付国内铁路运输的费用。

④小运转列车组织。转关完成后，由国际班列终到站组织小运转列车将货柜运至附近编组站。

⑤国内列车开行。编组站通过解体、集结和编组等作业流程根据货主的需求组织去往相应方向的国内铁路列车开行。

⑥国内段铁路运输。列车在国境内运行，除直达班列外，在各铁路公司辖区内由其负责列车的牵引，运输过程中定期反馈包括货物状态和运踪等的信息。

(4)后端作业

中欧班列铁铁联运后端作业详细如图 9-14 所示，主要分为以下步骤：

①接车。列车到达目的站，目的站接车，并将货柜卸至指定区域暂存，然后发送到货通知。

②清关。收货人自行或委托多式联运经营人凭借领货凭证和申报要素等资料进行清关申报，驻站海关进行验关、核封、信息录入和放行等作业。

③提货。收货人自行或委托代理凭海关放行条提货。

④短驳。根据收获人的需求或协议条款的约定，由收货人自行组织或委托多式联运经营人组织拖车，把货物运到目的地。

⑤交货。货物在目的地完成交付。

⑥还空。若使用自备箱，卸货后，收货人自行组织；若使用铁路箱，卸货后，收货人自行或委托多式联运经营人将空箱还至指定地点。

⑦清算。货主与多式联运经营人：通常运输过程完成后，货主根据协议和补充服务向多式联运经营人支付费用。支付形式(票结、月结等)、支付时间、支付币种和支付方式等根据合同规定进行。多式联运经营人与供应商：多式联运经营人根据各供应商(班列公司、拖车公司和报关行等)所担当的服务向其进行费用结算，支付形式(票结、月结等)、支付时间、支付币种和支付方式等按合同规定进行。

5. 运输成本构成

对于多式联运经营人而言，运输成本主要为参与整个多式联运过程的

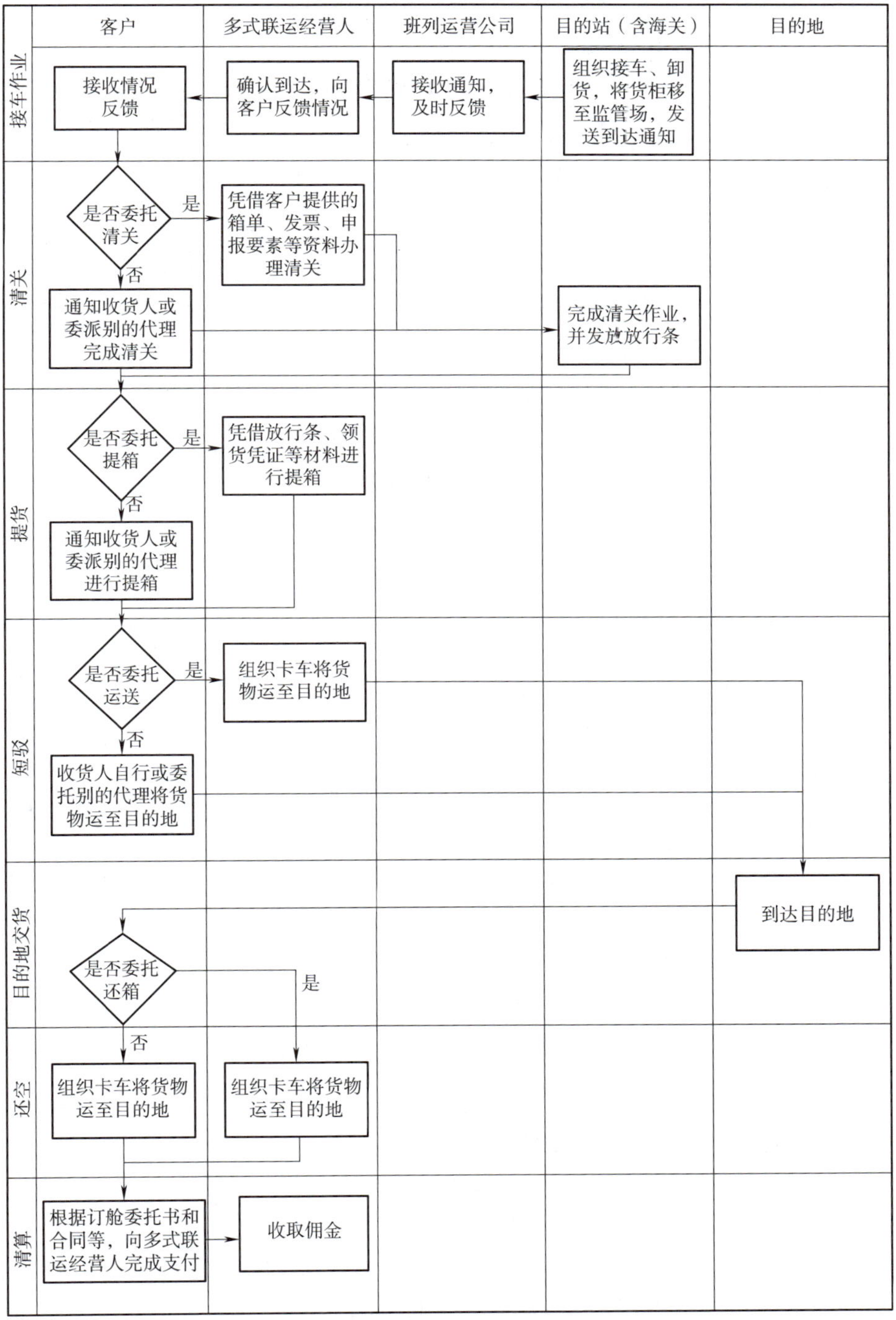

图 9-14　中欧班列铁铁联运回程运输后端作业流程图

各供应商的服务费用之和。对于中欧班列铁铁联运而言,其运输成本构成主要为班列运营公司报价(通常包含两端场站的部分作业费用)、国内铁路运输费用、关务代理服务费用以及集装箱的使用和维护费用(使用自备箱需考虑租赁或购置箱体的费用,但有运输费用的优惠;使用铁路箱则需考虑提箱和还箱的拖车服务费)等费用之和。

6. 运输时间构成

多式联运运输时间主要由在途运输时间、转运站点作业时间与转运等待时间构成。对于中欧班列铁铁联运而言,全过程运输时间主要为班列运输时间(包含中间国境站的作业时间)、班列两端站点的作业时间、衔接国内铁路运输的等待时间和国内铁路运输时间等时间之和。

第三节　铁路运输作业流程

中欧国际班列作业流程如图 9-15～图 9-17 所示,主要分为以下几个步骤:

(1)货源组织。客户、集装箱公司在车站货运营业厅或是铁路 95306 网站"我要发货"模块提报运输需求。

(2)审核制单。集装箱公司进行单证审核(若是发现相关信息不完整,让客户补充确认信息),然后预制联运运单,代理客户要求代办的服务。

(3)95306 审批。铁路局集团公司 95306 审批集装箱公司提报的需求信息,确认相关信息无误后(信息不符合要求时,将相关情况转集装箱公司客户服务中心,再由集装箱公司向客户做出解释说明),向车站和集装箱公司发出受理确认通知。

(4)空箱预定。分两种情况,一是客户自办托运的,直接向车站预定空箱,部分自办托运的客户会选择由集装箱公司代办服务,就由集装箱公司向车站预定空箱。二是通过集装箱公司办理的,使用铁路箱,签订用箱协议并签发提箱单,集装箱公司将提箱单客户联给客户,提箱单车站联提交给车站。向车站预定空箱的过程中,若是车站内没有空箱,铁路局集团公司会进行管内调箱,若是管内没有空箱的话,就由国铁集团跨局调箱。

(5)装箱托运。车站受理需求,开始承运,由客户、集装箱公司提箱、装货,接受海关的查验与监管后,在车站入场检查。

(6)计划装车。车站开始制票,核收国内段运杂费后,集装箱公司提报班列次日装车方案与口岸计划商定需求,国铁集团下达班列日装车计划商定、口岸计划，铁路局集团公司下达次日装车计划，车站按照计划组织装车，按图编车、挂运。

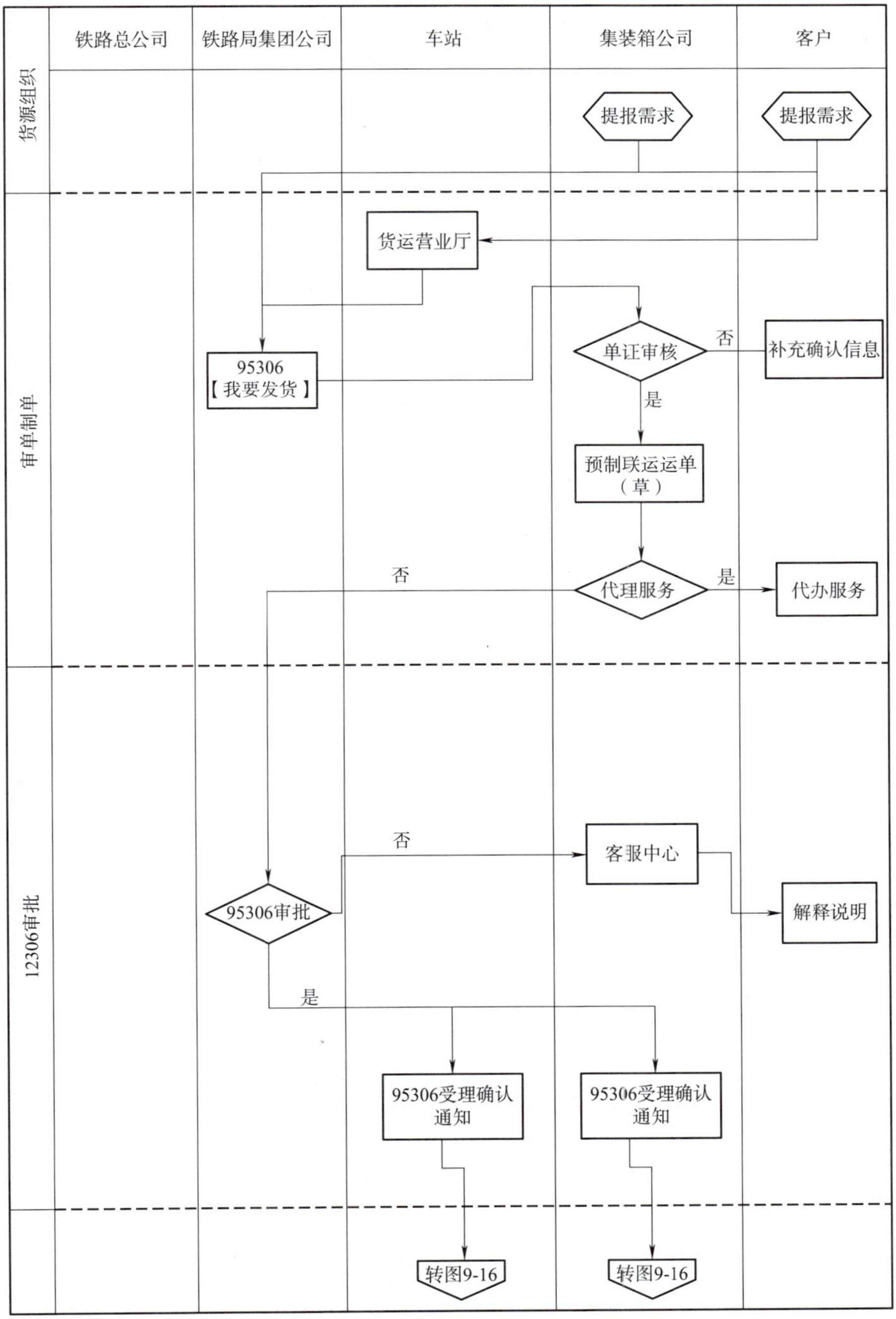

图 9-15　中欧国际班列作业流程图

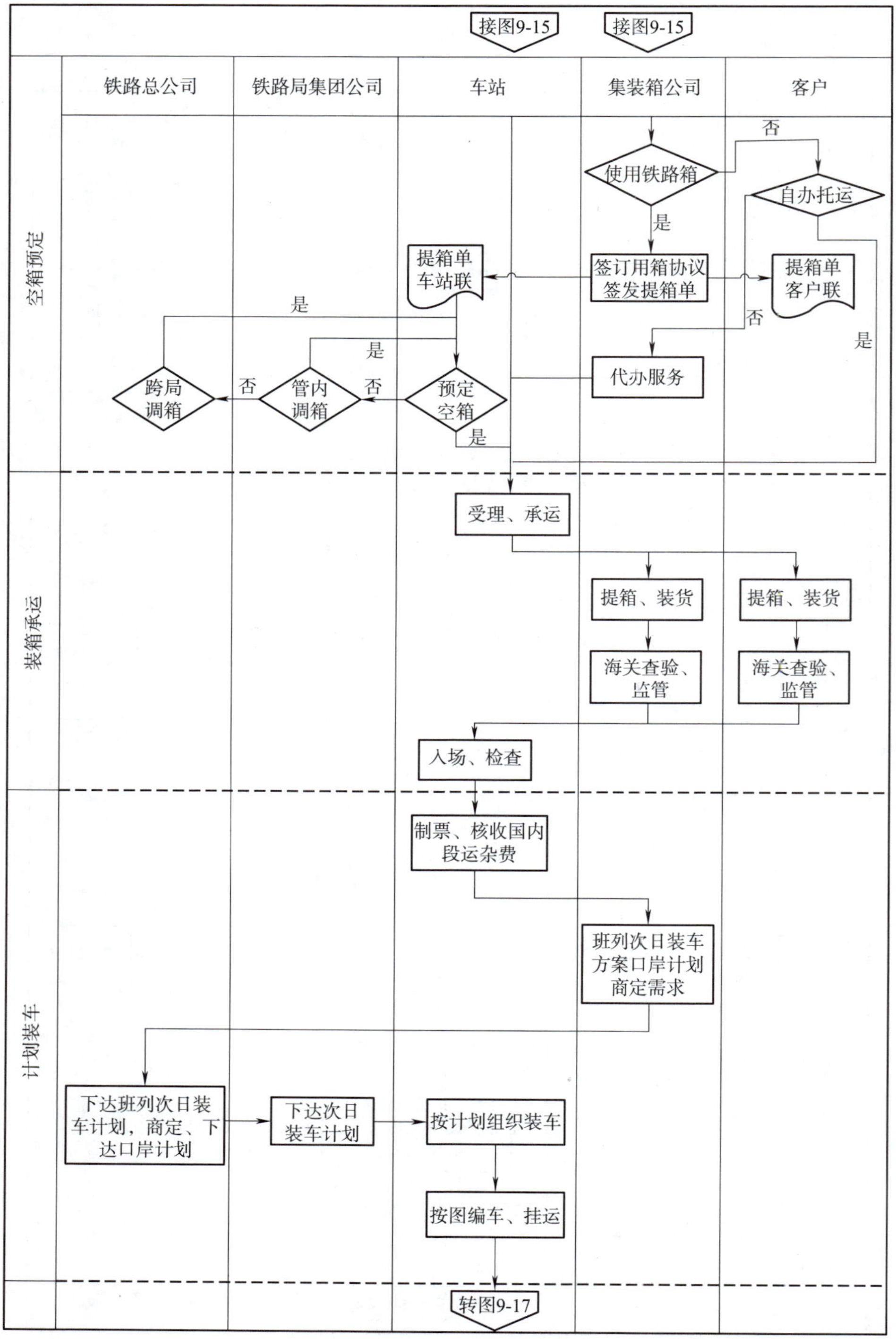

图 9-16　中欧国际班列作业流程图

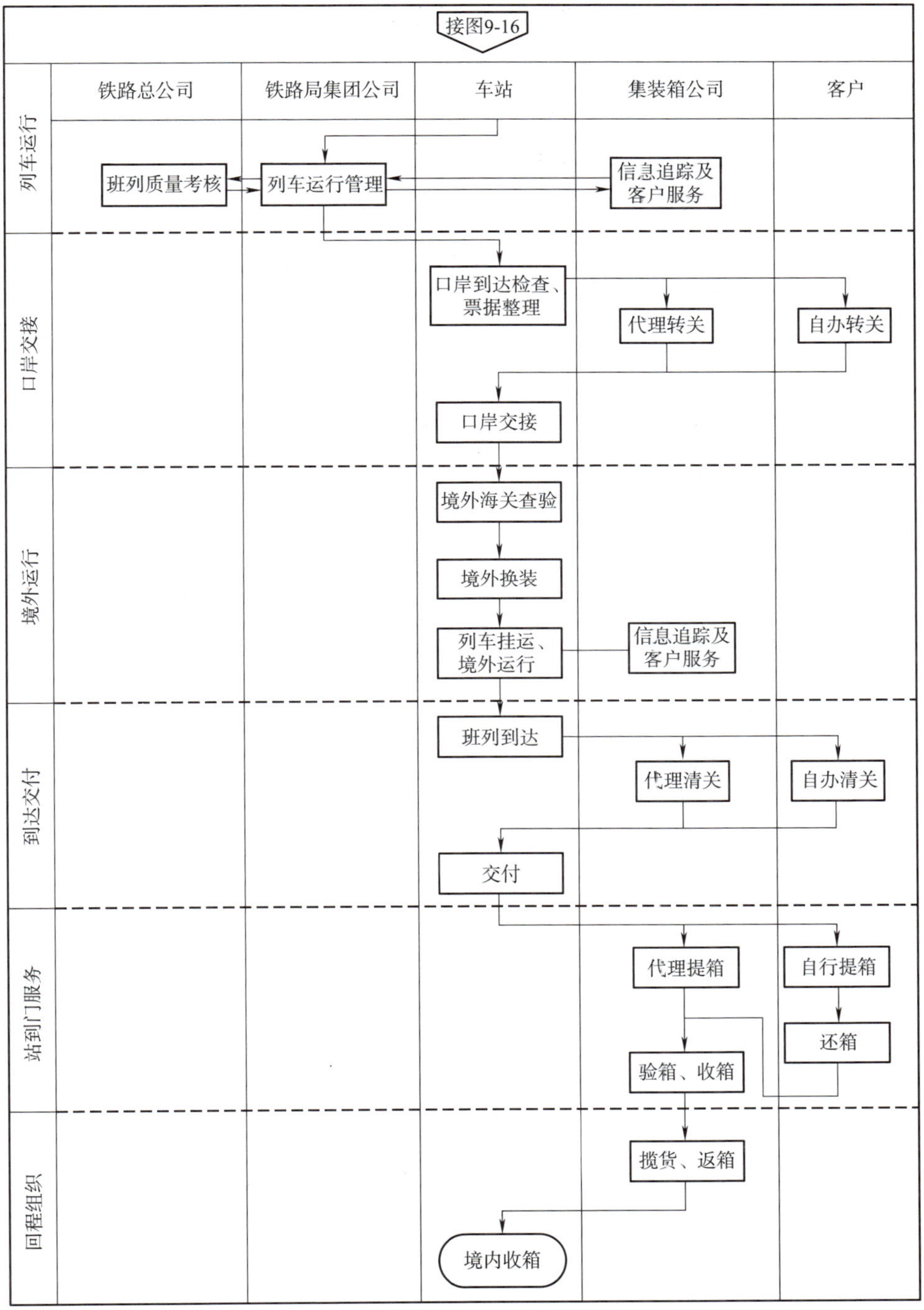

图 9-17　中欧国际班列作业流程图

(7)列车运行。铁路局集团公司负责列车运行管理,集装箱公司对列车运行情况进行信息追踪,并负责相关的客户服务,国铁集团对不同铁路局集团公司担当的班列进行质量考核。

(8)口岸交接。车站负责口岸到达检查与票据整理,办理转关中,一类是客户自行办理转关手续,一类是由集装箱公司代理转关手续,转关手续办理完毕后,由车站负责口岸交接。

(9)境外运行。车站接受境外海关查验后,在国境站进行境外换装、列车挂运,境外运行中,集装箱公司可以继续进行信息追踪,处理客户服务。

(10)到达交付。班列到达目的站,由客户自行办理清关手续或是集装箱公司代办清关手续后,在车站与收货人完成交付。

(11)"站到门"服务。对于"站到门"服务,在车站完成交付手续后,由客户自行提箱(需要还箱给集装箱公司)或是集装箱公司代理提箱,最后由集装箱公司验箱、收箱。

(12)回程组织。集装箱公司在境外进行揽货、翻箱,由国境站负责境内收箱。

第十章　铁路集装箱运输管理

出于安全需要，铁路对于集装箱的运输与管理有详细要求，车站（集装箱中心站或办理站）在完成受理、检查、作业组织、装车等货运作业流程时，要严格按照国铁集团、铁路局集团公司及其他铁路运输企业的规定办理。

第一节　运输基本条件

同时符合下列标准的集装箱为标准集装箱：一是符合《系列 1 集装箱分类、尺寸和额定质量》（ISO 668），二是符合《系列 1 集装箱角件》（ISO 1161），三是符合 ISO 1496-1～5 系列标准。

集装箱办理站在受理集装箱时，应审核托运人提供的装箱前、装箱后照片及相关证书信息，并予以留存。不符合集装箱运输条件的，不能按集装箱办理运输。

集装箱办理站应审核集装箱铭牌和箱体上的信息。确保集装箱铭牌信息与箱体信息完全相符，不符时应予以暂扣并上报铁路局集团公司货运主管部门。

对于符合《国际集装箱安全公约》（CSC）标准的非标自备箱办理海铁联运、国际联运（发站或到站为港口、铁路口岸站）以及管内运输的，由发站上报铁路局集团公司货运主管部门确定运输条件后方可上路运输。上报材料包括：①发站、到站。②箱型、箱主代码、号码。③船级社出具的集装箱证书、按定型设计批准证书及集装箱安全牌照批准证明书原件影印件、研制技术资料。④集装箱照片。共计 4 张照片，照片 1：铭牌照片，照片 2：箱地板照片，照片 3：箱门关闭正面照片，照片 4：箱外侧面照片。⑤集装箱技术参数、结构、扣修条件。⑥集装箱堆存、装卸作业要求。⑦其他与铁路运输有关的特殊要求。

集装箱办理站受理自备集装箱时，应查验集装箱是否到期定检，到期未做定检的集装箱，不能按集装箱办理运输。如实施连续检验计划的自备集装箱，应提供船级社颁发的相关手续，装车站留存。

车站(包括专用线、专用铁路，下同)申请开办集装箱业务时，由站段以书面形式向铁路局集团公司货运主管部门申请开办集装箱业务。专用线(包括专用铁路，下同)申请开办集装箱运输业务时，除按照车站开办业务提供相关资料外，还需提供专用线产权单位申请开办集装箱业务的报告及专用线产权情况书面说明原件或原件影印件。

站段申请开办集装箱业务报告，应包括《铁路集装箱运输规则》第十条、第十一条内容和车站概况、预计运量品类及集装箱人员配备情况。

对申请开办集装箱运输业务的车站，由铁路局集团公司货运主管部门组织相关人员到现场进行实地考察，审核站点的安全、技术、运输条件。

铁路局集团公司审核符合集装箱运输业务开办要求的车站，站段、车站应按照国铁集团和铁路局集团公司相关规定，配备货运人员，制定集装箱运输管理措施和办法，签订相关运输安全协议，确保集装箱运输安全，确保集装箱相关信息上报准确、完整和及时。经铁路局集团公司审核确认满足规定条件后上报国铁集团审核公布。管内新开办的集装箱办理站在第一次装运集装箱时，铁路局集团公司货运主管部门应派员到现场检查，相关站段届时应提前向铁路局集团公司货运主管部门报告。

集装箱办理站申请停办业务前，应将站存铁路箱清查完毕，按照铁路局集团公司集装箱调度命令及时组织回送，并将作业信息及时、准确、完整地录入铁路集装箱运输管理信息系统。站段确认无在站铁路箱、丢失铁路箱后，以书面形式上报铁路局集团公司停办业务。

在一定季节和区域内不易腐烂、变质、冻损的易腐货物，经托运人和集装箱办理站协商一致并签订书面协议后，在保证不影响货物质量的前提下，可使用通用集装箱装运。

专用集装箱和特种货物集装箱运输条件按照国铁集团相关规定办理。

集装箱办理站对理化性质不清、不能确认是否为普通货物的，应要求托运人委托国家安全生产监督管理部门认定的检测鉴定机构进行性质技术鉴定，出具鉴定报告，并在集装箱办理站存查。

第二节　业务办理

集装箱内单件重量超过 500 kg(包含 500 kg，下同)的货物、易造成偏载偏重货物以及使用液体集装袋装载液体的装箱方法由集装箱办理站审核，站段审批。站段须制定货物装箱方法审批办法。装箱方法内容、格式按照《铁路货物装载加固规则》要求制定。

托运人(收货人)在装(掏)箱过程中若有损坏铁路箱箱体情况，须向集装箱办理站提出更换集装箱，集装箱办理站使用“铁路箱出站单”“铁路箱破损记录”等单据与托运人办理相关手续并结清费用后，应予更换箱况良好的铁路箱。发站在接收集装箱时，检查发现箱体损坏危及货物和运输安全的不得接收并按照上述要求办理。

集装箱办理站应严格卡控集装箱装箱质量，确保箱内货物装载符合要求。一是检查箱体箱况是否符合上线运输要求；二是检查箱内货物装载是否均衡稳固；三是检查是否匿报品名和夹带危险品；四是检查集装箱是否超载；五是检查集装箱施封及箱门关闭、加固是否正确有效。

从车站搬出铁路箱时，车站根据运单填写“铁路箱出站单”作为出站和箱体状况交接的凭证。集装箱办理站向托运人(收货人)或其委托单位收取的保证金金额应不低于出站铁路箱灭失的赔偿金额。集装箱办理站收取的铁路箱保证金纳入预付款管理，不得挪作他用。

出站铁路箱原则上在本站发送，在异站发送时须向铁路局集团公司集装箱调度申请调度命令，本站应将调度命令号填记在“铁路箱出站单”内。

铁路箱进站时，集装箱办理站应认真核对、确认铁路箱箱号信息与出站单记载一致，箱体外观、内部良好、无损坏。

铁路箱送回车站时，车站应检查箱体状况。如发现铁路箱有破损情况，车站应编制“铁路箱破损记录”作为责任划分和赔偿依据，由责任者在“铁路箱破损记录”上签认并负责赔偿。

站段、集装箱办理站应对承运的集装箱建立开箱检查制度，并做到箱箱开检和拍照，认真核对品名与运单填记是否相符，防止出现匿报货物品名、夹带危险货物、装载不良等问题。

集装箱办理站在检查、验箱、拍照时，如有货物装载不良的集装箱，应由托运人改善后受理，并审查托运人提供的装箱照片。

装箱前、装箱后集装箱(装箱货物)照片共计 7 张。装箱前照片 3 张：照片 1 为铭牌照片；照片 2 为能够显示箱内箱号的箱地板状态照片；照片 3 为能够显示侧壁板外侧状况和信息的侧壁板照片。装箱中照片 1 张：照片 4 为装箱至一半能够显示箱内箱号和货物装载状态照片。装车站检查照片 3 张：照片 5 为全开门显示集装箱门端货物的装载状态照片；照片 6 为半开门、敞开左侧箱门并关闭右侧箱门显示右侧箱门信息照片；照片7为全关门、显示箱门锁闭、施封锁和铁线拧固状态照片。铁路箱仅拍照照片2和4～7，自备箱拍照照片1～7。

照片显示信息具体要求如下：照片均应显示拍照日期和时间，能够清晰、真实反映所拍物体的信息，能够真实反映实际箱内货物外形（品名）和装载状态。照片1：能够清晰显示所有信息，特别是海关加封货运批准号、安全公约批准号、箱主代码和箱号、集装箱最大总质量和空箱质量等信息。照片2：能够清晰显示箱地板状况和箱内箱号，特别是箱内箱主代码和箱号等信息。照片3：能够清晰显示集装箱侧壁板外侧所有信息，特别是侧壁板外侧状况及集装箱尺寸和箱型代码、集装箱高度标记、国际铁路联盟认证标记、集装箱箱号等信息。照片7：能够清晰显示集装箱箱门上所有信息，特别是集装箱检验单位徽记、箱号、最大总质量、空箱质量等信息。

集装箱办理站留存照片按照箱号建立文件夹，站段、集装箱办理站应建立照片存查制度，照片（电子、书面均可）自集装箱装车后存查不少于3个月。自备箱文件夹内应放入相应的集装箱证书等影印件。

专用箱和特种货物箱的拍照比照通用箱办理。

装运特殊货物集装箱可免予开箱检查。冷藏箱、转关箱、商检箱（施有商检封）、装有特殊货物的集装箱（如：经上级部门批准的军用物资以及抢险救灾等物资）可不开箱检查；煤焦箱可不拍照片4。

下列情况不得按集装箱受理：①不符合国家标准或国际集装箱安全公约的集装箱；②未接受车站安全检查的集装箱；③到期未做定检的集装箱；④无铭牌或铭牌不清的自备集装箱，铭牌有更换痕迹的自备集装箱；⑤箱体标记不清、箱号有异常的自备集装箱；⑥未经铁路局集团公司确定运输条件的非标自备箱。对违规使用不符合CSC或国家标准的自备箱上路运输的托运人，停止其在铁路局集团公司管内集装箱办理站办理集装箱运输业务30天，由铁路局集团公司公布。

集装箱办理站不得承运下列集装箱：①未经确定重量的集装箱；②集装箱总重超过其标记总重的集装箱；③集装箱箱体不良、危及运输安全的集装箱；④箱内货物装载不良、危及运输安全的集装箱。

集装箱办理站受理托运人液袋运输时，必须严格按照国铁集团相关规定办理。液袋要按照国家和铁路的相关标准和技术条件，经安全质量检验合格，满足铁路运输安全要求。装运液袋限使用20英尺通用标准集装箱，液袋容积不得超过24 m^3。液袋须与门挡配套使用。液袋所装液体，体积不得少于液袋容积的95%，袋体、门挡及所装液体总重不得超过21.5 t。凡不具备逐箱称重条件的，不得受理液袋运输。

托运人办理液袋运输时，应向车站提供品名、液体密度、液袋的技术资料（包括液袋规格）、门挡材质、门挡生产企业、购置发票和生产厂家发货单。集装箱办理站须保存上述原始单据（影印）或复印资料备查。

对于装载完毕的液体集装袋装箱后，应由托运人提供箱体状态（箱体前后左右各一张）、箱门关闭施封状态照片，共计5张照片备查。

装运液袋的集装箱，上站后须保证24 h无泄漏方可装车运输。装车时须使用敞车运输。制票时在货票实际品名后加"（液袋）"。

第三节　运 输 管 理

铁路箱进出站使用"铁路箱出站单"进行管理。车站应逐项填记，铁路箱出站、进站项目栏应分别填记，不得一次性填写，无关项目及时抹消；"铁路箱出站单"各联收回后，应顺号按月（旬）装订。

集装箱办理站应对站存铁路箱建立清查制度，每月至少清查一次并做好清查记录。确保站存铁路箱与"铁路集装箱运输管理信息系统"二者数据一一对应，发现账实不符，应立即组织分析、查明原因后上报铁路局集团公司货运主管部门。

集装箱办理站码放的集装箱应当空重分区码放、发送与到达箱分区码放、普通货物箱和特种货物箱分开码放、通用箱和专用箱分开码放，海关监管箱专区码放。

集装箱办理站对发送的集装箱应逐箱称重确定重量、留存磅单，并建立集装箱磅单存查制度，磅单留存6个月。对超过箱体标记总重和办理站限制重量的集装箱，应由托运人进行卸载，符合重量和装载要求后方可承运。

站段、集装箱办理站应加强对货场、专用线集装箱运输安全的检查并建立集装箱运输安全检查制度。站段、集装箱办理站主管领导应加强防止匿报品名、防止夹带危险货物检查工作。对发生匿报现象的托运人，停止其在铁路局集团公司管内集装箱办理站办理集装箱运输业务30天以上，由铁路局集团公司公布。

集装箱办理站装车时，应对票、箱、车进行核对检查，配载集装箱时，两个重箱的重量差不得大于5 t。防止空重集装箱错配装车，造成装车后途中发生偏重。X_{3K}型集装箱专用平车、X_{4K}型集装箱专用平车装载集装箱时，按照国铁集团相关装载技术条件执行。

站段、集装箱办理站应制定集装箱装车防止偏载、偏重措施，制定集装箱装车防止发生集装箱重箱空排、空当重装和空重混装等引发严重超偏载问题的专项措施。

集装箱办理站应严格卡控装车作业。一是确认集装箱内货物装载及加固状态良好，箱顶无杂物；二是检查安全防护是否到位；三是检查选用车辆是否符合使用标准；四是检查集装箱配装是否符合要求；五是检查集装箱专用车和共用平车是否落锁、敞车装载是否居中。

装车完毕后，集装箱办理站应检查集装箱装车质量。集装箱办理站应对装载集装箱的专用平车或共用平车装载情况进行拍照并留存影像资料，影像资料应能清晰、全面、真实地反映平车装载集装箱状态，尤其要显示专用平车或共用平车锁头入位情况。照片和影像资料保存制度由站段确定，影像资料保存 3 个月。

集装箱装车和卸车时，应当核对箱号，检查箱体和施封情况。发现箱号不符或与票据记载不符，装车时应及时更正、卸车时应及时拍发电报告知相关单位和部门。

车站与托运人或收货人交接集装箱发现箱体与铭牌号码不一致时，不得继续使用。自备箱不得接收，铁路箱应立即扣修并拍发电报告知相关单位和部门。在箱修点，车站与修箱单位办理交接；在其他车站，由车站按规定回送箱修点，并在“特殊货车及运送用具回送清单”内填记“修理箱”和“箱体与铭牌号码不一致”字样。

第四节　通用集装箱车站检查技术要求

通用集装箱箱体各部位如图 10-1～图 10-3 所示。

通用集装箱技术检查内容包括以下内容。

(1)箱体外部检查

①侧壁板、端壁及顶板：有无凹陷、裂缝、孔洞或锈蚀；

②角柱：有无弯曲、裂缝或变形；

③前后端上下梁及上下侧梁：有无弯曲、断裂或锈蚀；

④角件：有无裂缝、损坏；

⑤底结构：底槽梁及附件有无弯曲、变形或断裂，与下侧梁及底板是否脱离；

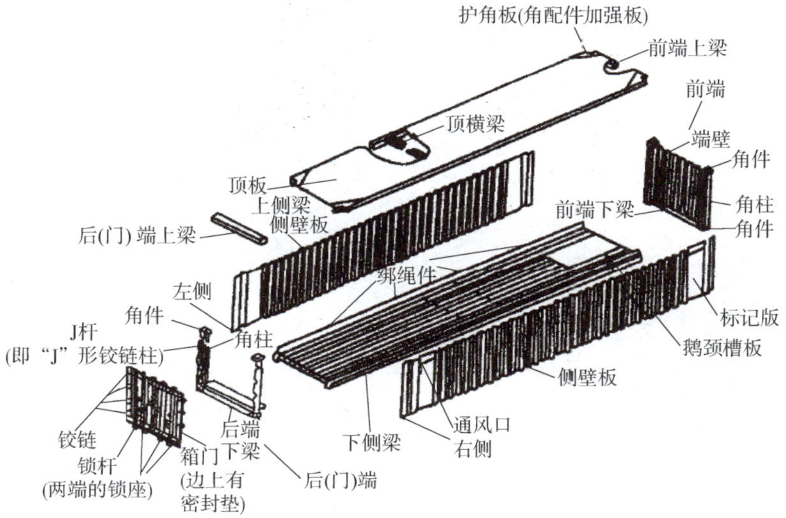

图 10-1　箱体部位图 1

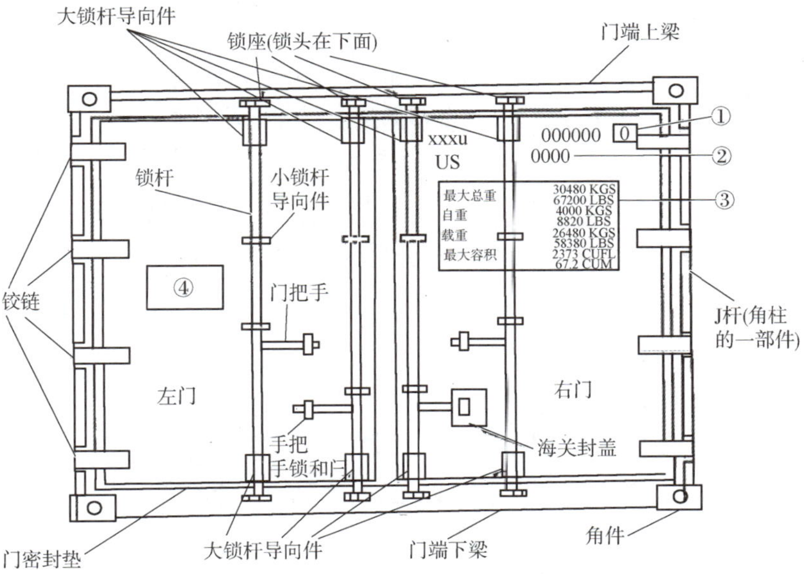

ISO门标记
①箱主代号和箱号(包括查号);
②国家和箱型代号;
③重量标;
④综合铭板(CSC板、海关板等)——任意位置。

图 10-2　箱体部位图 2

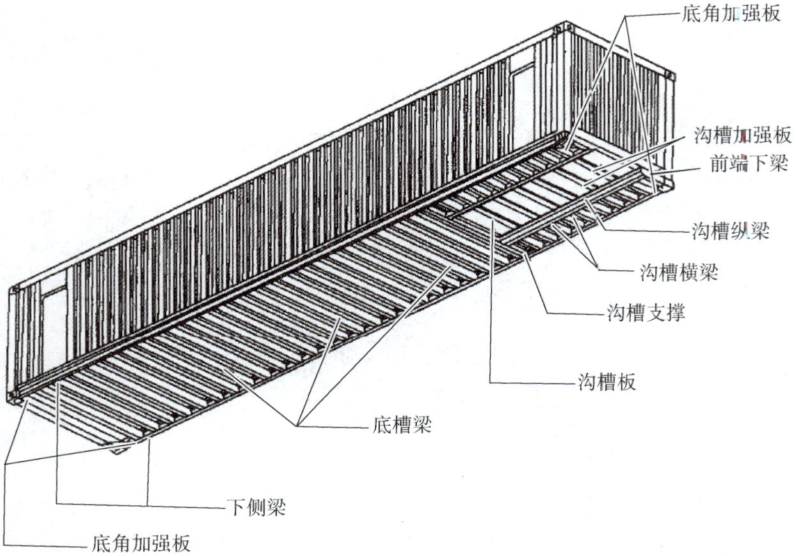

图 10-3　箱体部位图 3

⑥箱门：门板有无锈蚀、裂缝、孔洞或明显变形；箱门各附件是否齐全，有无变形或损坏，箱门密封、锁闭是否完好；

⑦焊缝：箱体各部构件连续焊缝有无开焊或裂缝；

⑧标志：标志有无脱落、模糊不清或失效；

⑨箱号：核对箱体、箱门号是否与牌照一致；

⑩封印：有无损坏或脱落，施封是否有效，封号是否与运单记载相符；

⑪漆表面：是否漆膜受损使金属外露；

⑫清洁状况：有无严重污秽或溢出物。

(2)箱体内部的检查

①侧壁板、端壁及顶板：有无凹陷、裂缝、孔洞或锈蚀；

②护角板：有无弯曲、弓形或凹坑；

③沟槽板：有无孔洞、裂缝透光、曲翘、脏污或凿痕；

④侧壁板、端壁波纹内：是否有污垢、污染物；

⑤漆表面：是否漆膜受损使金属外露；

⑥箱体内(非通风集装箱)：在箱内，关严箱门目测是否有漏光，是否存有发出持久不散异味的残留物。

将不影响集装箱结构完整性、水密性或集装箱基本使用功能的损伤称为容许损伤，具体包括以下内容：①金属构件非因接触外部物质而产生的锈蚀，在擦伤或凹陷部分涂漆或未涂漆；②集装箱表面油漆非因污染而致破坏或褪色；③不影响结构完整性的角件的磨损、表面锈蚀；④未造成零件、紧固件松动，透光、漏水现象发生的门封条及附件老化、锈蚀；⑤标志褪色，但不影响标志内容完整。

影响集装箱结构完整性、箱内外几何尺寸、水密性或检查要求的损伤或可能危及人身、行车、货物或装卸、运输设备和装置安全的损伤为非容许损伤。箱体外部和内部非容许损伤分别见表 10-1 和表 10-2。

表 10-1 箱体外部非容许损伤

序号	构 件	缺陷状况	非容许损伤
1	侧壁板、端壁、顶板门板	个别凹陷、弯曲弓形	变形深度大于 50 mm
2	前后端上下梁及上下侧梁	离角件 250 mm 范围内弯由、凹坑	严重损伤
3	下侧梁、门端上下梁、顶板、门端上梁	弯曲、弓形、凹坑	变形深度大于 50 mm
4	上侧梁	弯曲、弓形、凹坑	变形深度大于 30 mm
5	前后角柱	单个角柱上有两个及以上凹坑	变形深度大于 15 mm
6	门端上梁	弯曲、弓形、凹坑	变形深度大于 30 mm
7	雨水槽、门端上下梁、后角柱、箱门组件	变形	妨碍箱门关闭活动、拴固、锁闭、密封
8	框架、侧壁板、端壁、顶板门板、箱底结构	断裂、撕裂、裂纹、孔洞、磨损、弯曲、凹坑、弓形、锈蚀	影响集装箱结构完整性或水密性
9	侧壁板、端壁漆表面	油漆面受侵蚀造成表面剥落	油漆剥落面积累计超过本板面积 25%
10	箱门附件门锁装置	断裂、缺损或严重变形	无法锁闭
11	焊接的附件焊缝	开焊	目测有可见裂缝
12	零件、紧固件	松动、破损、丢失	影响箱门关闭或水密性
13	牌照	松动、破损、丢失、字迹模糊	牌照丢失或严重损伤
14	标记、标志	箱体标志与牌照箱号不一致	箱体标志与牌照箱号不一致

表 10-2 箱体内部非容许损伤

序号	构 件	缺陷状况	非容许损伤
1	侧壁板、前端壁	沿箱板方向产生弓形变形	箱内尺寸减少量大于 50 mm
2	护角板	弯曲、弓形、凹坑	箱内尺寸减少量大于 50 mm

续上表

序号	构　　件	缺 陷 状 况	非容许损伤
3	底板	孔洞、缝隙透光、曲翘	影响集装箱结构完整性或水密性
		凿痕	深度大于 15 mm，或凿痕宽度大于 150 mm，深度大于 5 mm
4	箱体内清洁	有污垢或污染物	有污垢、污染物或持久不散的异味
5	侧壁板、端板漆表面	油漆遭受腐蚀性货物或溢出物侵蚀，因散装货物的摩擦使漆膜受损而致金属外露，并影响到箱内整块表面	油漆剥落面积累计超过本板面积 25%
6	箱体内	关严箱门在箱内目测有漏光	透光

第十一章　集装箱货运安全风险与损失处理

在中欧班列长途运输中，常会发生货物灭失、货物损失等事故，不同种类的事故处理方式不同。托运人为了减少损失，通常自愿选择保价运输或货物运输保险。

第一节　风 险 类 型

货物自身性质风险：货物的性质和特点不同，在运输时即使遇到同一风险事故，导致的后果往往不相同。如易燃、易爆、易碎、易腐蚀货物以及超高、超宽、超重货物等货物差异很大。

货物包装捆绑固定风险：不同的货物需要采用不同的运输包装和加固方式，比如大型设备和设施应该加固于平车车板，集装箱需要锁定在专用设施上发运，批量化工材料则采用篷车运输比较安全。主要包括自带包装不适、散装物资车板固定不牢、集装箱内物资固定不牢、货物混装玷污几类情况。

铁路运输过程中风险：跟其他运输方式一样，铁路运输业面临着基础设施和人为因素导致的风险。主要包括脱轨、倾覆、火灾、爆炸，道路桥梁坍塌，停靠站点货物被盗，短量、雨淋、渗漏、破损，错发错送几类情况。

货物跨越国境风险：国际货物相对于境内运输，需增加出口报关这一环节，涉及两个国家（或地区）之间的相关法律法规，风险增加。

第二节　损失发生的原因与防范

一、集装箱运输事故发生的主要原因

1. 装箱、封箱不当

集装箱运输必须做到安全积载、合理堆装与适当的封箱，如果操作不当会造成货损。货物除装箱、积载不当会造成货运事故外，还会给集装箱、运

输工具、装卸机械、第三者造成损害。所以，做好箱内货物的安全积载，妥善、适当的封箱工作，对避免和减少货损事故的发生有着密切的关系。

2. 装卸、搬运过程中操作不当

在集装箱运输的整个过程中，货物从装箱地至拆箱地，要经过多次装卸、搬运，而每次操作又都有触及箱体和货物的可能，不可避免地会发生破损或弯曲损。将这种受损的集装箱装在甲板运输时，由于往往不能抵御恶劣环境和海上风浪的侵袭，以致最后不适于继续运输。而因为司机技术不熟练，装卸操作不当，拖拉货箱以及与各种装卸设备或货箱与货箱之间发生碰撞而破损等都是产生货运事故的原因。因此，对集装箱的装卸、搬运操作必须小心谨慎，并使用集装箱装卸专用机械，否则货损责任由装卸部门承担。避免由于违章操作，野蛮作业，使用工具不当等原因致使箱内货物残损，如遭受野蛮装卸会导致箱顶和侧壁形成针尖大小的洞孔，易使箱内进水。若想经受得起一定程度的撞击，必须十分重视货物本身的包装，提高集装箱配载的技术，这是防止破损的关键。

3. 使用集装箱不当

使用不适当货箱造成货运事故有两种情况。一种情况是在集装箱运抵目的地后，不加以检验便在回程中使用，从而造成该回程货物的损害。发货人对于集装箱所装的货物，常常没有充足时间进行检查，同时缺乏现有的专门技术，如对前一航次所装货物残留在集装箱接缝处的残渣不加彻底清除，便装进了其他货物；由于集装箱在运输途中的摇动，造成了货物污损，如将水果与一般杂货装在一起，果汁泄流在货物上会造成污损。此外，冷藏集装箱的内壁安装的隔热材料上的黏着剂，因溶化使箱内货物产生污损的事件也时有发生。另一种情况是集装箱所有人没有对集装箱进行全面、正确的修理，因集装箱本身状态不佳，如存在箱顶有孔，箱体连接处变形、裂缝等问题却继续使用而造成货运事故。安装在集装箱门上的各种开关器具，如箱门把手、门锁、门锁杆、门钩、门铰链等，从集装箱箱体中突出来，在与其他物品接触时，极易产生货物破损。通常情况下集装箱箱底的破损比箱顶和侧壁的破损更难以被发现。在集装箱多式联运过程中，尽管最终承运人交付给收货人的是一个外表状态良好、铅封完整的集装箱，但有时却发现箱内货物已经受损，且难以确定货损区段及货损原因。因此，在集装箱交接方面，交接的集装箱应保证完整无损，清洁干燥，并且要有合格的检验证书，以避免货损事故的发生。

4. 箱内货物被盗

集装箱运输过程中，把集装箱砸开或者把集装箱端门打开，或伪造铅封盗走箱内货物的事件屡有发生。现在，在一些先进国家的集装箱堆场，都具有齐全的管理体制。所以，集装箱堆场一般不会发生盗窃事件。而美国、意大利等国家在内陆运输过程中，常常发生类似盗窃事件，特别是装有贵重物品的大型集装箱。有的盗窃分子在集装箱运输过程中或其他场所，使用切割工具在集装箱顶部将其割开后进入箱内盗窃。所以，利用一切可能方法检查箱子顶部很有必要。

5. 船方积载不当

集装箱船舶结构要求是将大量的集装箱装在甲板运输，装在甲板上运输的集装箱风险较大。货箱在运输工具上绑扎要牢固，特别是当集装箱装在船甲板运输，集装箱可能被海浪打入大海或打破，甚至甩入海中而致货物灭失、损害的事故也时有发生。经事故调查证明，造成这类事故的主要原因是船方在积载时经验不足，又缺乏谨慎处理，没有牢固的装置设备等原因所致。目前，尚无统一的有关集装箱损坏检验、维修的标准规定，各国做法不一，对集装箱的正常运输带来很多困难。

6. 货物本身缺陷

在造成集装箱货物事故的原因中，也存在货物本身或包装上的缺陷，如货物含水量超过标准，质量不符合要求，包装材料强度不足等，如提单上已有注明的残损，属"原残"，由发货人负责；也有卸货港的码头、仓库（场/站）对集装箱及拆箱后箱内货物的堆放、保管不善，造成货损，属"港残"，是港方责任范围；或者风浪及恶劣天气造成的货运事故。

7. 危险货物瞒报

近年来，由于危险货物瞒报引发事故时有发生。危险货物瞒报现象的发生责任在危险货物的托运人。无论何种原因，瞒报对托运人来说都是一种冒险，如果被发现或引发事故，不仅会面临国家海事主管机关的重罚，还会引发承运人对其的巨额索赔。

二、货运事故防范的主要措施

1. 加强货运设备的管理和养护维修工作，清除设备隐患，使设备经常保持完好。

2. 重视对职工的教育，有计划地开展岗位技能培训，组织学标、对标、达标和岗位练兵、安全生产竞赛等活动。进一步提高货装人员的业务素质，增强实际操作能力。

3. 严格执行货装各项规章制度和管理，建立废、修、补、建的正常制度。认真落实各项工作制度和标准，实行定量与定性相结合的安全工作考核办法，促使全体货装职工按岗位作业标准进行作业。

4. 加强专用线管理，落实专用线装卸车质量监控措施，严格执行路企检查交接制度，杜绝事故隐患。

5. 加强货场、站场的治安、消防管理和货物运输途中的防范工作，严防犯罪分子盗窃、哄抢运输物资和破坏运输设备。公安和运输部门要加大对货盗的打击力度，对货盗严重地区，实行集中整治，对内外勾结、监守自盗的要从严惩处。

6. 努力减少货损。认真落实装卸作业标准和货物堆码标准，机械作业要运行平稳，不刮不碰。装卸作业要轻拿轻放，保证货物完好无损。各检查单位必须真正负起责任，对配件残缺的车辆和破损篷布及时进行整修，减少因车辆和篷布状态不良引发的货损事故。认真做好车辆清扫、洗刷和消毒工作，为货主提供状态良好的设备。各技术站要严格执行规定的车辆连挂速度，减少由此引发的货损事故。

7. 强化货运安全。装车站应严格按方案装车，严防超重、偏重、集重、超限和坠落。严格执行装车质量签认交接制度。技术作业站要加强货检工作，杜绝因装载不良而引发的事故。

8. 认真分析货运事故，及时总结经验教训，掌握事故发生规律，有针对性地制定和落实防范措施。

第三节　损 失 处 理

一、货损货差处理

货损货差是货物运输中经常发生的，这就产生了受损方向责任方要求损失赔偿，责任方根据受损方提出的赔偿要求进行处理的索赔和理赔工作。货物的索赔和理赔是一项十分重要的工作，应根据贸易合同、运输合同、双方订立的协议，并参阅有关国际惯例，正确处理货损货差事故。

1. 索赔原则

货物的索赔理赔是一项政策性较强、涉及面较广、情况复杂、并具有一定法律原则的涉外工作。因此，在实际工作中，应坚持实事求是，有根有据，合情合理，区别对待，讲究实效。

实事求是，就是应根据所发生事故的实际情况，分析造成事故的原因，确定损失程度和金额。也就是说该索赔的，必须坚持原则行使索赔权利。

有根有据，是处理货物索赔的基础，在向承运人或其他有关当事人提出索赔时，应掌握造成货损事故的有力证据，并依据合同有关条款、国际惯例提出索赔。

合情合理，就是从所发生的事故中合理确定责任方应承担的责任和赔偿金额，必要时也可作出一些让步，其目的主要能使货损事故合理地、尽早地得以处理。

区别对待，就是应根据我国的对外政策，对方的态度和有关业务往来，根据不同对象，有理、有利、有节，采取不同方式区别处理。

讲究实效，是指在货损事故索赔中注重实际效果，充分注意保护自身的经济利益、政治利益，以及对外影响和业务发展。

国际贸易、运输中货物索赔的提出一般有这样几种情况：货物数量或件数的缺少或货物残损、灭失；货物的质变或货物实际状况与合同规定的要求不符；承运人在货物运输途中没有适当地保管和照顾货物；货物的灭失、损害属保险人承保的责任范围内等。因此，根据货物发生灭失或损害的不同原因，受损方提出索赔的对象也是不同的。

如果货物是由于下列原因造成灭失或损坏，收货人凭有关部门、机构出具的鉴定证书向发货人（卖方）提出索赔：

（1）原装货物数量不足；

（2）货物的品质与合同规定不符；

（3）包装不牢致使货物受损；

（4）未在合同规定的装运期内交货等；

（5）唛头不清。

如果货物是由于下列原因造成灭失或损坏，由收货人或其他有权提出索赔的人凭有关部门，机构出具的鉴定证书向承运人提出索赔：

（1）在卸货港交付的货物数量少于提单中所记载的货物数量；

（2）收货人持有正本清洁提单提取货物时，货物发生残损、缺少，且系承运人的过失；

（3）货物的灭失或损害是由于承运人免责范围以外的责任所致等。

如果货物的灭失或损害属下列范围，由受损方凭有关证书、文件向保险公司提出索赔：

（1）承保责任范围内，保险人应予赔偿的损失；

(2)承保责任范围内,由于自然灾害或意外原因等事故使货物遭受损害;

(3)在保险人责任期限内。

不论是哪一种原因发生的索赔案,也不管是向谁提出索赔,一项合理地索赔必须具备下列原则:

(1)提赔人要有正当提赔权。

提出货物索赔的人原则上是货物所有人,或提单上记载的收货人或合法的提单持有人。此外,还可能是货运代理人或其他有关当事人。

(2)责任方必须负有实际赔偿责任。

事实上,索赔方提出索赔并非都能得到赔偿,如属于承运人免责范围之内的,或属保险人承保责任外的货损,在很大程度上是不能得到赔偿的。

确定或证明责任方负有实际赔偿责任的文件通常有:①卸货记录;②检验报告;③交货记录;④残损记录;⑤合同责任条款等。

2. 索赔时应具备的单证

(1)索赔申请书。索赔申请书系表明受损方向责任方提出赔偿要求,主要内容包括:①索赔人的名称和地址;②船名、抵港日期、装船港及接货地点名称;③货物有关情况;④短缺或残缺情况;⑤索赔日期、索赔金额、索赔理由。

(2)提单。提单是划分责任方与受损方责任的主要依据,在提出索赔时,索赔人应出具提单正本或其影印本。

(3)货物残损检验证书。该证书是受损方在所发生的货损原因不明或不易区别时,向检验机构申请对货物进行检验后出具的单证。

(4)货物残损单。该单是对货物运输、装卸过程中货物残损所做的实际记录,受损方依据经责任方签署的货物残损单提出索赔。

(5)索赔清单。索赔清单主要列明货损事故所涉及的金额,通常按货物的到岸价计算。

另外,提出索赔时应出具的单证还有商业发票、短损单、修理单等。

3. 赔偿金额的合理性

合理的赔偿金额是以货损实际程度为基础。但是,在实际中责任方则往往受赔偿责任限额的保护,如:承运人的赔偿可享受提单中的赔偿责任限额,保险人的赔偿以保险金额为基础。

4. 在规定的期限内提出索赔

一项有效的索赔必须在规定的期限内提出,这就是通常所说的“索赔时效”。否则,货物的损害即使确由责任方的过失所致,索赔人提出的索赔在时效过后很难得到赔偿。

二、货运损失处理

在铁路货物运输中,凡涉及铁路与发货人、收货人之间,或参加运送铁路间、铁路内部各单位间发生货物损害时,应在损失发生当日编制记录,作为分析原因、确定责任的原始证明和处理赔偿的依据。

1. 货物损失记录编制

在国际货物联运中,货物损失记录分商务记录、普通记录、技术记录三种。

(1)商务记录

商务记录在货物运送过程中对发生的货损、货差或其他不正常情况的如实记载,是具体分析货物损失原因、责任和请求赔偿的基本文件。在商务记录中,应确切地记载货物的实际情况和运送当时发现的不良状况,以及发生货物损失的原因。记录中应列举事实,而不应包括关于责任问题和发生损失原因的任何判断。同时,对商务记录各栏内容应逐项填记。

遇有下列问题之一,应编制商务记录:

①发现货物的名称、重量、件数等同运单和运行保单中所记载的事项不符;

②货物发生全部或部分灭失或损害,或包装破损;

③有货无票或有票无货;

④由国境站开启装有危险货物的车辆时。

商务记录必须在发现货物损失的当日编制,并按每票货物分别编制。如果运送同一发货人和同一收货人的同一种类的货物时,准许在到达站对数批货物编制一份商务记录。

接受商务记录的铁路部门,如对记录有异议,则应从收到记录之日起45天内,将异议通知编制商务记录的人。超过这一期限则被认为记录业已接受。

(2)普通记录与技术记录

货物运送过程中,如发现上述属商务情况以外的情况时,如有需要,车站应编制普通记录,普通记录不作为赔偿的依据。

当查明货物损失原因系车辆状况不良所致,除编制商务记录外,还应按该受损情况编制有关车辆状态的技术记录,并附于商务记录内。

2. 货物损失赔偿

(1)赔偿请求的提出与受理

发货人、收货人均有权根据运输合同提出赔偿要求。发货人必须以书面形式向发送站提出赔偿要求时,该代理必须出示发货人或收货人的委托书,以证明这种赔偿请求权是合法的。委托书应该根据赔偿请求按铁路的法令和规章办理。

自赔偿请求提出之日(凭发信邮局戳记或铁路在收到提出的赔偿请求书出具的收据为凭)起,铁路必须在 180 天内审查此项请求,并对赔偿请求人给予答复。

(2)索赔的依据及有关文件

索赔人在向铁路部门提出赔偿要求时,必须同时出具下列文件:

①一旦货物发生全部灭失,由发货人提出赔偿时,发货人应出具运单副本,如由收货人提出赔偿时,则应同时出具运单副本或运单。

②货物发生部分灭失或变质、毁损时,收货人、发货人均可提出索赔,同时应出具运单以及铁路到达站给收货人的商务记录。

③货物发生运输延误时,应由收货人提出赔偿,并提交运单。

④对于承运人多收运送费用的情况,发货人可按其已付的款额向承运人追回多收部分的费用,但同时应出具运单副本或铁路规定的其他有关文件。如由收货人提出追回多收费用的要求,则应根据其支付的运费为基础,同时还需出具运单。

在提出索赔的赔偿请求书上,除应附有运单或运单副本外,在适当情况下还需附商务记录,以及能证明货物灭失、损坏和货物价值的文件。

(3)索赔请求时效

凡根据运输合同向铁路部门提出的索赔,以及铁路对发货人、收货人关于支付运费、罚款的赔偿要求应在 9 个月内提出,有关货物运输延误的赔偿,则应在 2 个月内提出。上述时效的计算方法是:

①关于货物损坏或部分灭失以及运输延误的赔偿,自货物交付之日或应交付之日起计算。

②关于货物全部灭失的赔偿,自货物按期运到后 30 天内。

③关于补充支付运费、杂费、罚款的要求,或关于退还此项款额的赔偿要求,则应自付款之日起计算。如未付款时,从货物交付之日起计算。

④关于支付变卖货物的货款要求,则自变卖货物之日起计算。

第四节 保险和保价

一、国际货物运输保险的概念

随着国际物流业的迅速发展，国际物流保险业务也得到了更大的发展。由于在国际物流过程中可能遭遇的风险越来越多，货主为了在风险发生后能够得到一定的经济补偿，都会去办理货物运输保险。在14世纪的欧洲地中海沿岸的国家中由于海上交易的扩大，当时就已经出现了承保火灾、恶劣气候、抛弃等内容的保险。我国的国家保险机构——中国人民保险公司(PICC)，负责办理国际货物的运输保险事宜。现在在我国的保险公司主要分为国有保险公司和股份制保险公司。

总的来说，国际货物运输保险是指被保险人(买方或卖方)向保险人(保险公司)按一定金额投保一定的险别，并交纳保险费；而保险人(保险公司)在承保后，对于被保险货物在运输途中遭遇承保范围内的风险而遭受的损失会根据被保险货物的价值给予一定的经济补偿。

二、国际货物运输保险的性质

国际货物运输保险具有以下性质：(1)国际货物运输保险是商业保险，主要是指商业保险公司为获取经营利润而按商业经营原则经营的保险业务。(2)国际货物运输保险是财产保险，主要是指以各种有形的财产以及因财产而产生的利益作为标的的保险。(3)国际货物运输保险是以运输途中货物为保险标的的保险。

三、国际货物运输保险的承保范围

随着国际贸易的范围越来越广，路程越来越长，遥远的目的给收发货人带来的运输风险也越来越大。尤其随着海洋运输所占国际物流运输方式的比重越来越大，它所带来的运输风险也日益显现，海上运输货物保险应运而生。在海运保险的基础上，才陆续开办了陆运、空运、邮包运输保险。

根据我国的《陆上运输货物保险条款》规定，陆运保险分为陆运险、陆运一切险两种。

1. 陆运险(Overland Transportation Risks)

陆运险的承包范围和海上运输保险中的水渍险的承保范围类似。陆运保险不区分全部损失和部分损失，只要是承保范围内的风险所致的损失，保险人均予以赔偿，仅限于铁路和公路运输。

陆上运输保险的责任起讫也采用“仓至仓”条款，即自被保险货物运输保险单所载明的启运地，即发货人的仓库货储存处所开始运输时生效，包括正常陆运和其他有关的水上驳运在内，直至该项货物运交保险单所载明的目的地收货人仓库或储存处或被保险人指定的保存地点为止。但最长不超过被保险货物到达最后卸载的车站后 60 天内。

2. 陆运一切险(Overland Transportation All Risks)

陆运一切险的承保范围和海上货物运输保险中的一切险大抵相同。陆运一切险的责任起讫也是采用“仓至仓”条款，即被保险货物运输单所载明的启运地，即发货人的仓库或储存处所开始运输时生效，包括正常陆运和其他有关的水上驳运在内，直至该项货物运交保险单所载明的目的地收货人仓库或储存处或被保险人指定的保存地点为止。但最长不超过被保险货物到达最后卸载的车站后 60 天内。

四、铁路保价运输与保险的区别

1. 保价运输

保价运输是指运输企业与托运人共同确定的以托运人声明货物价值为基础的一种特殊运输方式，保价就是托运人向承运人声明其托运货物的实际价值。凡按保价运输的货物，托运人除缴纳运输费用外，还要按照规定缴纳一定的保价费。保价运输有以下特点：

(1)风险承担人：由承运人承担风险，个别情况下，承运人甚至可以武装押运以保证安全。

(2)委托人：由托运人或相当于托运人的其他方(如托运人的代理人、运杂费支付人)委托保价运输，支付保价运费。

(3)受益人：在保价运输中，一般由托运人或收货人提出索赔，由到站受理。

(4)应用范围：保价运输主要用于境内铁路运输。在跨境铁路运输中，由于各国各地区运输规章制度难以达成一致，因此多运用运输保险的方法应对风险。

(5)牵涉的法律法规：保价运输只涉及国内有关运输法律法规，如《中华人民共和国铁路法》《铁路保价运输规则》等。

(6)标的：保价运输中承运人只对所承运的货物承担约定的风险。

(7)费率:保价运输的费率变化范围较小,多在1‰~15‰之间。

(8)保额:一般情况下,保价运输的保额以托运人声明的货物实际价格为准。

由保价运输的特点可以看出,保价运输是托运人在托运货物时,向承运人声明货物价值的运输,一旦货物在运输过程中出现意外情况,承运人将按照约定好的价格赔偿。但是保价运输在中国境内是可以选择的,因为各国对于保价运输的风险承担是不一样的,因此各国的铁路运输公司也没有统一的保价协同机制。在国际贸易铁路运输中,托运人通常很难选择保价运输,而选择整条线路的运输保险,也可以在国内段选择保价运输,在国外段购买运输保险。

2. 运输保险

运输保险是以处于流动状态下的财产作为保险标的的一种保险,包括运输货物保险和运输工具保险。这种保险的共同特点是,保险标的处于运输状态或经常处于运行状态,与火灾保险的保险标的要求存放在固定场所和处于相对静止状态有区别,因此不能被火灾保险包容。运输保险业务的内容包括运输货物保险、机动车辆保险、船舶保险、航空保险、摩托车保险等,在整个财产保险业中占有十分重要的地位。保险运输的特点如下:

(1)风险承担人:由保险公司承担保险合同或保险单中约定的风险。

(2)委托人:在运输保险中,投保人可以是货主,也可以是相当于货主的其他方(如按约定将购买货物的买方)为货物投保,还可以是承运人或相当于承运人的其他方(如承运人的代理人、租用运输工具进行营业者等)为到付运费和运输工具投保。

(3)受益人:货物保险单可以随货物所有权转让,即货物保险单的保险权益受益人事先并不确定。

(4)应用范围:运输保险可以承保各种运输方式,例如海运、空运、陆运、铁路运输等的各个阶段。

(5)牵涉的法律法规:运输保险除了涉及国内运输法律法规外,有时还涉及国内其他法律法规及规章、国际公约及惯例、国外法律法规,如《中华人民共和国保险法》"中国保险条款"、英国《海上保险法》《伦敦保险协会货物条款》《设立亚洲再保险公司的协定》《商品名称及编码协调制度的国际公约》《2000年国际贸易术语解释通则》等。

(6)标的:保险人除了对约定的货物承担约定的风险外,还可对到付运费进行保险——由于约定的风险使承运人无法收取到付运费,保险人将按约定赔偿承运人的有关损失。有时承运人还可为自有资产或代货主保管的货物到保险公司投保有关风险。

(7)费率:在运输保险中,有关费率变化范围较大,在形势动荡的国际货运航线上,运输保险费用可能会临时上涨很多,保险公司甚至可能拒保货物。而在风险较小的国际货运航线上或对重要客户,保险公司可能将运输保险费用打折。

(8)保额:运输保险中,保额通常以货物的到岸价格再加成10%为准。

从以上运输保险的特点可以看出,运输保险承保的范围广、承保险种多等方面都比保价运输要有优势,尤其是在铁路运输国际贸易中,由于保价运输不能承保国外段的风险,因此出口商可以选择全程的运输保险来使自己的风险降到最低。

第五节　国际物流保险实务

一、投保的基本程序

1. 选择投保险别

国际货物保险的投保是指投保人向保险人订立保险合同的意愿,提出投保申请,将自己所面临的风险和投保要求告知保险人,向保险人发出要约或询价,保险人表示对此询价提出包括保险条件及费率的要约。

保险公司承担的保险责任是以险别为依据的,不同的险别所承保的责任范围并不相同,其保险费率也不同。在国际货物运输保险中,选择何种险别一般应考虑下列因素。

投保人也就是被保险人应该本着安全为首,再考虑投保成本,根据货物的属性和包装,以及货运方式选择合适自己需求的保险险别。在面对众多的保险险别时,应着重考虑以下几个方面。

(1)货物的性质与特点

若所托运的货物为危险品,应该提前告知保险人。否则由此产生的损失和后果由被保险人自己承担。

(2)货物的包装

散装货物由于货物包装不会太坚固,一般以麻袋包装为主,为了防止运输中出现到达目的地时数量短缺或与其他货物混杂在一起,事先向保险公司投保短量险、混杂玷污险;裸装货一般没有外包装,在运输中容易遭受碰撞至损，所以一般要投保碰损、破碎险；袋装货物是有运输包装的，那么在运输中为了保证包装完好一般要事先投保钩损险、包装破裂险。

(3)货物的用途与价值

我国是农产品的出口大国，由于运输路途遥远，到达目的地时包括黄豆在内的很多农产品极易产生黄曲霉素，而黄曲霉素含量又是很多欧美国家检验农产品是否合格的标准，所以一般出运农产品通常都要向保险公司加投黄曲霉素险；贵重物品由于价值太高，一旦出险对货主的损失较大，所以一般需要向保险公司投保一切险。

(4)运输方式及其交通工具

根据产品的特点对运输路线进行分段选择，容易有风险的地点选择相应的保险，比如途径索马里海域时，就应加投战争险。

(5)运输路线及其港口(车站)

运输路线长短、途经地区自然环境；途经地区政治环境、港口(车站)运送能力、装卸设备、安全设施、管理水平、治安状况。

2. 确定保险金额

保险金额是保险合同中不可缺少的项目，是保险人对保险标的承担的最高赔偿金额，也是保险人计算保险费的依据。所以投保人在投保时要依据保险标的物的价值申报保险金额。

(1)出口业务中保险金额的确定

在国际货运保险中，保险金额一般是以 CIF 或 CIP 的发票价格为基础确定的，除应包括的商品价值、运费、保险费外，还应加上被保险人在经营过程中已支付的经营杂费、逾期的利润，所以保险金额的计算方法是：CIF(CIP)货价×(1+投保加成率)。

关于投保加成率，在合同没有明说的情况下，默认为一成，一般加成率的范围是10%～30%，通常情况下被保险货物价值越高，投保加成率越高，但最高不会超过30%。

(2)进口业务中保险金额的确定

在进口业务中，通常先依据销售确认书里所确定的买方或卖方去办理保险业务。比如，采用 FOB 术语就应该由进口商办理保险业务，但如果是采用 CIF 或 CIP 等贸易术语，就应该由出口商办理保险业务，按实际需要加成确定。

3. 填写投保单

投保单是被保险人在投保时对货物的有关事实如实告之保险公司的单

据，也是保险人和被保险人建立起保险合同的依据，也是被保险人交纳保险费的依据。

在我国无论出口业务还是进口业务都必须填写进出口保险单，并且被保险人为了保障自己的效益应该在货物运输开始之前办理相关的保险业务。

中国人民保险公司的保险单具体内容有如下几点：被保险人、发票号码、合同号码、包装数量、保险货物项目、保险金额、装载运输工具、航次、航班、开航日期、运输路线、承保险别、赔款地点以及投保人的公司名称地点等具体信息，以上内容均应如实填写，否则产生的所有后果由投保人自行承担。

4. 支付保险费

在保险单填完后，按照保单上的保险费进行支付，是投保人应履行的基本义务，也是保险公司履行赔偿义务的开始。

5. 被保险人的索赔

当保险标的物出现保险范围的损失后，被保险人应该按照规定办理索赔手续，向保险人办理索赔手续。而保险公司在收到被保险人的索赔要求后，应该及时对保险标的物的赔偿要求进行处理。

6. 保险理赔

保险理赔是指保险人在接到投保人的损失通知后，通过对损失的检验和必要的调查取证后，对造成损失的原因和责任进行责任归属的认定，直至计算保险赔偿金额并进行最终赔付的过程。

二、保费的计算与核收

一般情况下，保险费的计算主要包含三个因素：保险金额、投保加成率和保险费率（我国的保险费保留整数，凡小数点后面的数都要进位）。要计算保险费，投保金额、投保加成率、保险费率这几个是必要条件。

1. 保险金额

保险金额是指在被保险货物发生保险范围内的损失时，保险人给予的最高赔偿金额范围，一般以 CIF 或 CIP（或称发票金额）为基础，另加 10%作为保险金额。

2. 投保加成率

根据保险市场上的惯例，投保加成率若在保险合同中没有规定一般默认为 10%，加成率的范围在 10%～30%，主要根据货物的易损率或货物的价值来判断使用何种加成率，容易产生保险范围内损失的货物或价值很高的商品（艺术品、珠宝等奢侈品）投保加成率一般在该货物 CIF 或 CIP（或称发票金额）价格的基础上加成 30%，使得投保人在投保时缴纳更多的保险费，也可以在货物受损后获得更多的赔偿。

3. 保险费率

投保不同的险别，有不同的保险费率，一般来说在基本险中，承保范围越大保险费率越高；每增投一个附加险需单独缴纳一定的保险费率。

4. 保险费

保险费一般指交给保险公司的费用。

保险费＝保险金额×保险费率＝CIF（CIP）×（1＋投保加成率）×保险费率

三、保险单的填写

办理投保业务，首要任务就是要填写投保单，必须填的项目如下：

（1）发票号码和合同号。

出口：发票号码；

进口：贸易合同号码。

（2）保单号次：保险单编号。

（3）信用证号：如用信用证作为支付方式则需要填写信用证号码。

（4）被保险人：办理此次投保业务的人，可以是收发货人或货运代理。

（5）标记：又称唛头，应与运输单据上所填的唛头一致，包含了商品基本信息及收货人信息。

（6）包装及数量：有包装的填写最大包装件数及包装材料，有包装但以重量计价的，应把包装重量与计价重量都注上；裸装货物要注明本身件数；煤炭、石油等散装货注明“IN BULK”再填净重；如以单位包装件数计价者，可只填总件数；以集装箱装运的除注明最大包装件数以外还要注明“IN CONTAINER”以及集装箱的数量。

（7）保险货物项目：此次投保的标的物，一般填写货物名称，应与合同发票或运输单据上一致。

（8）保险金额：除了金额还要加上相应币种，一般为此次投保出险后保险公司可能赔偿的最高金额。

（9）总保险金额：将此张保险单中所有货物的保险金额相加填于此处。

（10）保费：此次投保交与保险人的费用。

(11)启运日期:被保险货物开始运输的日期。

(12)装载运输工具:填写运输工具的名称,如船名+航次。

(13)自:填写启运地/港;经:填写中转地/港;至:填写目的地/港。

转船:运输途中不能直接运到目的地而需要中途转换另一艘船的情况。

(14)承保险别:投保险别的名称。

(15)赔付地点:发生货损时的赔款地点,一般为收货人所在地。

(16)出单日期:一般为投保日期。《跟单信用证统一惯例》(UCP 500)规定,银行有权拒收保险单日期迟于货物装船或发运日期的保险单。

第十二章　中欧班列集装箱货物装载加固

中欧班列的主要货物品类有：手机、汽车、鞋帽、机械零配件、粮食、食用油以及电商邮包等。集装箱运输作为高效、便捷的货物运输组织方式，成为中欧班列的开行主体。集装箱内货物的装载与加固是保证集装箱运输安全的前提，然而在国际货物运输中，因相关各国的铁路技术条件以及对于集装箱内货物装载加固技术要求不尽一致，可能在运输中造成不便，甚至形成安全隐患。

第一节　我国集装箱货物装载加固相关规定

国铁集团及交通行业对国内集装箱货物装载加固相关规定主要包括：

(1)中国铁路总公司《铁路集装箱运输规则》(铁总运〔2018〕222 号)；

(2)中国铁路总公司《铁路货物装载加固规则》(铁总运〔2015〕296 号)；

(3)交通部《中华人民共和国海上国际集装箱运输管理规定实施细则》，1992 年；

(4)中华人民共和国交通行业标准《海运危险货物集装箱装箱安全技术要求》(JT 672—2006)。

《铁路集装箱运输规则》对集装箱内货物装载加固的要求为：装箱时应码放稳固，装载均衡，不超载、不集重、不偏重、不偏载、不撞砸箱体，采取防止货物移动、滚动或开门时倒塌的措施，保证箱内货物和集装箱运输安全。

《铁路货物装载加固规则》规定了装于铁路货车上的货物装载的基本技术条件、特殊规定、装载加固方案管理、装载加固材料及装置管理等内容，未规定专门针对于集装箱内所装货物的装载加固要求。条文摘录如下：

第十二条　装车后货物总重心的投影应位于货车纵、横中心线的交叉点上。必须偏离时，横向偏离量不得超过 100 mm；纵向偏离时，每个车辆转向架所承受的货物重量不得超过货车容许载重量的二分之一，且两转向架承受重量之差不得大于 10 t。

第十三条　重车重心高度从钢轨面起，超过 2 000 mm 时应按表 12-1 的规定限速运行。

表 12-1　重车限速规定

重车重心高度 H (mm)	运行限速 (km/h)	其中：通过侧向道岔限速 (km/h)
$2\,000 < H \leqslant 2\,400$	50	15
$2\,400 < H \leqslant 2\,800$	40	15
$2\,800 < H \leqslant 3\,000$	30	15

第二十一条　装载成件包装货物时，应排列紧密、整齐。当装载高度或宽度超出货车端侧墙（板）时，应层层压缝，梯形码放，四周货物倾向中间，两侧超出侧墙（板）的宽度应一致。袋装货物袋（扎）口应朝向车内。

第二十二条　装载货物时，应使用必要的装载加固材料及装置。

禁止使用菱苦土（菱镁混凝土）、水泥、砖、石等材料作为装载加固材料和制作装载加固装置。

篷布、篷布绳网、篷布支架不能作为装载加固材料。

第二十三条　常用加固方法有拉牵加固、挡木或钢挡加固、围挡加固、掩挡加固、腰箍下压式加固、整体捆绑等。

加固的一般要求：

（一）拉牵可采用八字形、倒八字形、交叉、又字形、反又字形或兜头等方式。

（二）使用多股镀锌铁线、盘条加固时，需用绞棍绞紧，绞紧程度不能损伤铁线、盘条。

（三）使用钢丝绳加固时，应采用配套的钢丝绳夹。使用紧线器或钢丝绳紧固器作连接装置时，紧线器或钢丝绳紧固器中的紧固装置与钢丝绳的强度应匹配。

（四）使用挡木或钢挡加固时，其高度不宜过大，与车地板之间要有足够的联结强度。

（五）掩挡的有效高度应符合要求，掩挡与车地板的联结强度必须足以保证掩挡自身不发生移动或倾覆。

（六）使用腰箍下压式加固时，每道腰箍的预紧力必须达到设计要求。

（七）必要时，加固线与货物、车辆棱角接触处应采取防磨措施。

第四十五条　圆柱形货物可选用适当规格和材质的凹木、三角挡、座架等材料和装置，并采取腰箍下压、拉牵等方式进行加固。

第四十六条　球形货物应选用适当规格、具有足够强度、能保证货物稳定的座架，货物底部不得与车地板接触。对无拴结点、加固较为困难的球形货物，可在球体上部采用套圈，套圈四处拉牵牢固。

《铁路货物装载加固规则》附件 2 对于运输过程中（$v \leqslant 120$ km/h，调车连挂速度$\leqslant 5$ km/h）作用于货物上的力提供了如下相应的计算公式。

1. 纵向惯性力

$$T = t_0 \times Q \qquad (\text{kN})$$

式中　t_0——每吨货物的纵向惯性力，kN/t；

Q——货物重量，t。

（1）采用刚性加固时：

$$t_0 = 26.69 - 0.13Q_{总} \qquad (\text{kN/t})$$

其中　$Q_{总}$——重车总重，t；当 $Q_{总} > 130$ t 时，按 130 t 计算。

（2）采用柔性加固时：

$$t_0 = 0.001\,2Q_{总}^2 - 0.32Q_{总} + 29.85 \qquad (\text{kN/t})$$

其中　$Q_{总}$——重车总重，t；跨装运输时，按跨装车组总重计算。

当 $130\ \text{t} < Q_{总} \leqslant 150$ t 时，$t_0 = 6.78$ kN/t；当 $Q_{总} > 150$ t 时，$t_0 = 5.88$ kN/t。

2. 横向惯性力

$$N = n_0 \times Q \qquad (\text{kN})$$

式中　n_0——每吨货物的横向惯性力，kN/t。

$$n_0 = 2.82 + 2.2\frac{a}{l} \qquad (\text{kN/t})$$

其中　a——货物重心偏离车辆横中心线的距离，mm；跨装时，为货物转向架中心销偏离车辆横中心线的距离，mm。

l——负重车转向架中心距（具有多层转向架群的货车为底架心盘中心距），mm。

3. 垂直惯性力

$$Q_{垂} = q_{垂} \times Q \qquad (\text{kN})$$

式中　$q_{垂}$——每吨货物的垂直惯性力，kN/t。

（1）使用敞车和普通平车装载时：

$$q_{垂}=3.54+3.78\frac{a}{l} \qquad (kN/t)$$

(2)使用长大货物车装载时：

$$q_{垂}=4.53+7.84\frac{a}{l} \qquad (kN/t)$$

4. 风力

$$W=qF \qquad (kN)$$

式中 q——侧向计算风压；受风面为平面时，$q=0.49\ kN/m^2$，受风面为圆球体或圆柱体侧面时，$q=0.245\ kN/m^2$；

F——侧向迎风面的投影面积，m^2。

5. 摩擦力

纵向摩擦力：$F_{摩}^{纵}=9.8\mu Q$ (kN)

横向摩擦力：$F_{摩}^{横}=\mu(9.8Q-Q_{垂})$ (kN)

式中 Q——货物重量，t；

$Q_{垂}$——货物的垂直惯性力，kN；

μ——摩擦系数。

交通部1992年颁发的《中华人民共和国海上国际集装箱运输管理规定实施细则》中，第五章规定了装箱管理，其中第三十七条至第四十五条规定了集装箱的检查项目及货物的装载基本要求等，条文摘录如下：

第三十七条 装箱人应按规定认真检查箱体，发现集装箱不适合装运货物时，应拒绝装箱，并立即通知集装箱所有人。集装箱所有人有责任继续提供适合货物装运的集装箱，以保证货物装船。

第三十八条 承运人在接收集装箱时，如发现集装箱损坏并明显影响货物安全，可拒绝接收。

第三十九条 集装箱的目测检查：

(一)外部检查。检查集装箱外表有无损伤、变形、破口等异样。

(二)内部检查。对箱内侧六面进行察看，是否漏水、漏光、水迹、油迹、残留物、锈蚀。

(三)集装箱的箱门检查。检查箱门有无变形，能否270°开启。

第四十条 使用集装箱装载普通货物时应做到：

(一)根据货物的体积、重量、性质、包装强度、运输要求进行配载；

(二)货物在箱内的重量分布应均衡并根据货物包装强度决定堆码

层数；

（三）货物装载应严密整齐，货物与箱体之间如有空隙，应加适应的衬垫器材，防止货物移动；

（四）不同种类货物拼箱时，应注意物理、化学性质，避免发生异味造成货损；

（五）箱内的货物种类不得超出该箱允许的额定载重量。

第四十一条　使用集装箱装载液体货物应做到：

（一）罐式集装箱本身结构、性能、箱内面涂料适合货物的运输要求；

（二）货物的比重与罐式集装箱的容积和强度相近；

（三）使用排罐时，具有必要的设备和阀门；

（四）安全阀应处于有效状态。

第四十二条　使用冷冻、冷藏集装箱装载冷藏货物应做到：

（一）集装箱具有集装箱所有人出具的集装箱合格证书或文件；

（二）集装箱的起动、运转、停止装置处于正常状态；

（三）集装箱通风孔处于所要求的状态，泄水管保持畅通；

（四）货物达到规定的装箱温度；

（五）货物装箱时，不能堵塞冷气通道，天棚部分应留有空隙；

（六）装载期间，冷藏装置停止运转。

第四十三条　使用集装箱装载危险货物应做到：

（一）集装箱有正确的标记、标志，并有“集装箱装运危险货物证明书”；

（二）集装箱清洁、干燥，适合装货；

（三）货物符合“国际危险货物运输规则”的包装要求，有正确的标记、标志，并经国家规定的有关部门检验认可；

（四）每票货物均应有危险货物申报单；

（五）与危险货物性质不相容的货物禁止同装一箱；

（六）与普通货物混装时，危险货物不得装在普通货物的下面，并应装载于箱门附近；

（七）包件装箱正确，衬垫、加固合理；

（八）装载后，应按《国际危险货物运输规则》要求在集装箱外部每侧张贴危险货物类别标志。

第四十五条　集装箱装箱完毕后应：

（一）使用合适的方法进行固定、绑扎，并关闭箱门；

（二）如对货物加固的材料系木材，且目的地是澳大利亚、新西兰等国家则应在箱体外表明显地方贴上有关部门出具的木材经免疫处理证明；

（三）装箱人编制集装箱装箱单；按有关规定施加铅封，并应在有关单证上做好货物装载的记录。

中华人民共和国交通行业标准《海运危险货物集装箱装箱安全技术要求》(JT 672—2006)中规定了集装箱装运危险货物的装箱安全基本要求、装载操作规则等内容。

（一）一般积载的要求

1. 装箱前应计划好集装箱中危险货物的装载和系固方法。

2. 计划装载的重量应不超过集装箱的允许净载重量。装货后集装箱总重应不大于集装箱安全认可铭牌所表明的总重并满足航线集装箱总重限制要求。

3. 货物在箱内应均匀分布，60%的货重不得装于半个箱长范围内。

4. 危险货物与普通货物拼箱时，危险货物应坚持后装先卸，并装于箱门口易卸处。

5. 对于与箱底接触面较小的重物，应考虑箱底的局部强度，增大其接触面。

6. 应做到重货装于轻货下面，固体货物不应装于液体货物下面。

7. 箱内所装货物的重心应在或靠近货物运输组件纵向中心线投影应尽可能在箱底的几何重心，并在组件空间货物高度的下半部分。

8. 选择合适的堆码方式，如交替式、垛墙式等。

9. 选择适合货物性质的衬垫方式及衬垫材质。

10. 货物与箱体有空间的应制定系固、绑扎方式，选用合适材料。

（二）集装箱的检查

1. 外部检查

(1)集装箱主框架完整，无明显迹象表明其结构强度不够。

(2)箱壁、箱底和箱顶应状况良好，无任何明显变形。

(3)外表面有弯曲、凹痕、褶痕、擦伤等痕迹时，应在这些损伤处的附近严加注意，防止破口存在，并在该损伤处的内侧也要进行特别仔细的检查。在外板连接处，防止铆钉松动或断裂产生漏水。

(4)检查箱顶部分气孔等损伤情况，确认无积水。

(5)对于已进行过修理的部分，检查并确认其处于良好状况，无漏水现象。

(6)集装箱外表的检查合格标记应显示清晰、内容有效。

(7)无关的标志、标记和铭牌应予以清除。

2. 内部检查

(1)检查集装箱内应清洁干燥,无先前所装货物的残留物和持久性气体。

(2)曾经修补过的部位应仔细检查,看有无破漏之处。可在箱外有人协助情况下,将集装箱密闭,箱内未见漏光处。确认箱顶、箱壁四周无气孔。

(3)检查箱内地板和箱体内壁不得留有可能导致包件破损的突出物。

(4)箱壁内衬板上应无水湿痕迹,发现有水湿痕迹时,应在水迹四周严加检查,追查产生水迹的原因。

(5)用于固定货物的角钩和系固环应处于良好可用状态。

3. 箱门检查

(1)箱门应能顺利开启。

(2)箱门周围的密封垫应紧密,并能保证密闭。

(3)箱门把手应能灵便操作,箱门能完全锁上并加封标志。

(4)箱门的锁闭结构方式能保证在紧急情况下,不会延误开门。

(三)危险货物装载操作规则

1. 装载要求

(1)按积载计划装箱。

(2)装载过程中应轻拿轻放,禁止肩扛、背负、冲撞、摔碰、翻滚,以防包装破损。

(3)装载包装的桶盖、瓶盖应朝上,不准倒置。包装通气孔向上,不被堵塞。

(4)应符合所装载物质的其他特殊要求。

2. 衬垫要求

(1)箱内不同货物或采用不同包装形式时,货物之间应用有效衬垫材料作为间壁。

(2)桶装危险货物上下层间应用有效衬垫材料衬垫,以分散上层货物负荷。

(3)装载货物与箱壁之间可用有效衬垫材料塞紧,防止货物发生移动。

(4)衬垫应有足够防护强度,其使用应能有效避免货物在运输过程中在集装箱内发生垂直或水平方向上的位移而引起的损坏。

(5)衬垫的类型包括托盘、胶合板、木条和木板等。使用时,应尽量支撑在角柱、角件、端柱和侧柱上,要避免侧壁板、箱门板损坏。

(四)危险货物在集装箱内的系固

1. 充分考虑海上运输过程中造成箱内货物移动的因素,应对集装箱内的货物加以系固,防止移动。同时,货物系固方法本身也不应导致货物或集装箱的损坏或变坏。

2. 用于系固的材料应有足够的强度,能消解由于运输加速度的变化而产生的各种应力,并且不至于在运输中给箱内危险货物带来安全隐患。

3. 系固的材料主要有钢丝绳、纤维索、钢带、尼龙带、气袋等。

4. 必要时,应使用集装箱内的系固设备来防止货物移动。用于集装箱内的紧固件应具有紧固后的固定装置,系固完毕后,所有紧固件都应处于固定位置,或能起到同样效果,以防在运输途中因车、船的振动和摇摆等因素的影响,使紧固件松动而降低系固效果。

5. 气袋使用应符合下列要求:使用气袋应认真遵守制造商关于冲灌压力的指导,考虑到集装箱内部温度升高的可能性,装货时应留有余量;气袋在集装箱门口处使用时,应采取相应的防护措施。

第二节　中欧班列货物装载加固基本情况

一、存在问题

1. 出境班列

(1)集装箱内货物装载加固缺乏统一的标准。目前集装箱内货物种类繁多,状况复杂,国铁集团未公布箱内货物在运输过程中的受力模型及计算公式,工作人员只能依据经验制定加固方案,亟需一套明确具体、可操作性高的装载加固标准。一些铁路局集团公司虽制定了很多集装箱货物的装载加固方案,但标准不统一,安全性也有待检验。

(2)进出口对危险品的限定不同。我国铁路规定电池属于危险品,因此部分中心站发送的笔记本电脑等货物不允许配备电池,造成部分货源流失。与此相对,进口的汽车整车均带有电池,并没有相关标准和机构进行约束。

(3)箱体质量检查没有明确标准,且在货主/货代装箱后箱底情况难以掌握,工作人员只能依据经验对箱体质量做粗略判断。集装箱没有报废年限,出于安全考量,部分老旧箱中心站不予放行。

(4)铁路水路装载加固要求不同阻碍中欧班列吸引铁水联运货物。港口周边的铁路港站组织开行的中欧班列中有大量铁水联运集装箱货源,然而海运装载方式较为粗放，严格程度不及铁路，成为发展铁水联运式中欧班列产品的主要障碍之一。

（5）人员的专业素质不够。铁路中心站部分工作人员缺乏专业的装载加固知识，遇到集装箱中货物装载加固存在问题时，无法提出合理的整改措施；作业随意性较大，追求装箱方便，容易埋下安全隐患。

（6）中欧班列的纸箱货物和袋装货物经过长途运输，纸箱和包装袋容易破损，尤其是包装袋破损后会导致码放货物的倒塌、散落。

2. 回程班列

（1）与我国相比，境外各国对装载加固的要求不够严格。一是除我国外，中欧班列途经各国均未配备轨道衡和超偏载检测仪，对于货物装载加固没有要求，因此回程班列进入我国国境站后出现大量超偏载问题，受中欧班列时限要求和海关限制，问题处理较为困难。二是中欧、中亚回程班列出现过因集装箱箱门处未做必要的拦护，而导致打开箱门时货物倒塌的情况。三是进口货物尺寸过大，难以卸下。

（2）沟通协调难度大。进口或者过境的集装箱内货物装载不符合铁路运输标准时，必须与海关、客户沟通才能开箱检查货物，通常难以处理。

二、装载加固规定

目前国铁集团对集装箱箱内货物装载加固没有具体明确的规定，与箱内货物装载加固相关的内容只在《铁路集装箱运输规则》第三章第二十三条中提到：装箱时应码放稳固，装载均衡，不超载、不集重、不偏重、不偏载、不撞砸箱体，采取防止货物移动、滚动或开门时倒塌的措施，保证箱内货物和集装箱运输安全。

在实际运输中，各铁路局集团公司根据实际情况自行规定。乌鲁木齐局于 2016 年 9 月下发《关于规范集装箱成件货物装箱装载加固方案管理的通知》及 2016 年 11 月《乌鲁木齐铁路局集装箱运输管理实施细则（试行）》对集装箱内货物装载加固提出要求，一是对成件货物必须制定集装箱装载加固方案，二是对工程机械设备、钢材、车辆及其他易移动、易滚动或外形不规则货物的装箱，各单位要组织专业管理人员，现场根据货物重量、重心等，研究确定最佳装箱方案。防止货物偏载、偏重问题。集装箱箱内货物装载加固方案由各货运中心严格按照《铁路货物装载加固规则》等有关规定审批执行，并将批复的电子版按月报铁路局集团公司货运处备案。其中，霍尔果斯站对中欧、中亚班列抽检 30%，阿拉山口对偏载 30 mm 即开箱检查。

成都铁路集装箱中心站规定，单件货物重量超过 100 kg 就必须制定装载加固方案。货主要如实上报货物品名、规格及货物详细照片资料，中心站会根据货物情况提供必要的装箱指导。对于途经中心站的转运箱，货主在装箱时，也必须提供装载加固方案及装箱照片，以确保满足中心站的装载加固要求。所有集装箱进站时都要进行超偏载检测，成都中心站要求货物偏重不能超过 5 t，出现偏重、偏载情况时，要及时开箱整改，符合要求后方可放行。另外，各品类货物装载加固都有相应要求。

重庆铁路集装箱中心站规定，装箱前货主需提供货物品名、重量、尺寸、三视图等详细信息，中心站根据货物情况制定装载加固方案，或者提供装载方案模板指导货主装载。所有集装箱进站时都要进行超偏载检测。中心站每天会用同一集装箱检验各吊机的工作状态，以确保超偏载检测正确无误，并对集装箱箱内货物装载加固提出了基本要求。

郑州中心站集装箱内货物装载加固基本原则是保证货物重量均衡分布在集装箱地板上，不超载、不偏重、不偏载。郑州班列在欧洲有数家代理公司，有常驻的业务人员和操作人员，会按照中心站要求对货物装箱进行指导监督。各品类货物有明确的装载加固要求。

可见，集装箱箱内货物装载加固的基本要求按照《铁路货物装载加固规则》和《铁路集装箱运输规则》等有关规定执行，各铁路局集团公司为保证集装箱内货物和集装箱运输安全，分别进行了细化。

三、装载加固材料与装置

各铁路局集团公司对集装箱货物装载加固材料与装置也做出了不同规定：

乌鲁木齐局规定在集装箱运输中使用 10 号镀锌铁线将箱门把手锁件拧固；对未安装 F-TR 型锁的集装箱专用平车或共用平车装运空集装箱时，必须使用 4 股以上 8 号镀锌铁线捆绑。气囊、蜂窝板、门挡、支撑装置等应为货物使用集装箱运输时的辅助材料。

成都铁路集装箱中心站使用的装载加固材料与装置主要有钢丝绳、尼龙带、滑托板、木质托盘、铁托盘、缠绕膜、木框架、三角木、木条、木块、气囊等。中欧班列的大部分货物都是由货主自行装箱，中心站对于集装箱内加固材料没有强制性要求，但由于“蓉欧＋”的大多数货物的附加值较高，货主通常会选择气囊、尼龙带等成本较高的加固材料。

重庆铁路集装箱中心站使用的装载加固材料与装置主要有钢丝绳、钢带、托盘、草垫、缠绕膜、三角木、方木、尼龙带、气囊等。装载加固材料与装置主要用于防止货物在运输过程中在集装箱内发生位移而造成偏载偏重。中欧班列的出口货物使用气囊填充货物(托盘)间隙较多,加固带的使用也较多。

郑州铁路集装箱中心站使用的装载加固材料与装置主要有镀锌铁线、钢带、木质托盘、缠绕膜、挡木、三角木、方形木条等,装载卷钢时还会使用钢座架。中欧班列由客户自行装箱,会使用尼龙带、气囊、蜂窝板、泡沫等材料。

由上可见,集装箱内货物常用的装载加固材料与装置有:镀锌铁线、钢丝绳、钢带、尼龙带、滑托板、木质托盘、铁托盘、草垫、缠绕膜、木框架、三角木、挡木、木条、木块、气囊、蜂窝板、门挡、支撑装置、钢座架等。

第三节　箱内货物装载加固总体方案

运输过程中,集装箱内货物受到各种力的作用,为保证货物在集装箱内不发生移动、滚动、倾覆、倒塌或坠落等情况,需对其采取相应的装载加固措施,同时需要使用装载加固材料。由于中欧班列集装箱途经各国对于铁路运输装载、加固力值计算等要求有所不同,现阶段难于统一,因此可协调各国执行统一的基本原则和最低要求,在此基础上细化补充规定。

一、总体要求

1. 遵循“安全、可靠、规范、合理”原则

铁路货车运输集装箱时,必须保证车辆运行安全。车辆运行过程中只有轮轨处于正常接触状态才能保证安全。如果货物在集装箱内装载不均衡,重心出现纵向、横向偏移则可能导致车辆前后转向架负重不同、左右侧轮压不同,严重情况可能导致车辆脱轨。如果运行过程中由于车辆的振动导致货物在集装箱内发生位移、倾覆、滚动或者货垛倒塌、货物坠落等情况,则使得集装箱总重心发生偏移而出现危险隐患甚至车辆脱轨,因此需要采取必要的加固措施,将货物与集装箱联结为一体,以使当车辆运动状态发生变化时,货物和集装箱能够随之同时变化。同时,必要的加固措施也是对货物和集装箱本身的保护。

因此,货物装载加固应遵循“安全、可靠、规范、合理”的原则,载荷在集

装箱内合理分布，采取必要的加固措施，避免货物在集装箱内的位置变化，保证行车安全、货物完整、集装箱不受损伤。

2. 有效保护集装箱箱体

在掏装箱及运输全过程中不得污染、损坏、腐蚀箱体。掏装箱过程可能会使用装卸机械、工具，如叉车、紧固器等，在此过程中需保证装卸机械、工具等不对集装箱本身造成损伤或破坏。个别货物还可能对集装箱本身有腐蚀作用，在装卸和运输过程中需注意不得撒漏。

3. 采取适当的包装和集装形式

为保护货物、提高装卸效率，可采取适当的包装和集装形式。包装、集装件的形式及规格应尽可能适应集装箱内部尺寸，减小间隙，提高装载的稳固性。从实际情况看，大部分货物的包装尺寸或托盘尺寸与集装箱尺寸不匹配，例如某托盘货物，在集装箱内装载两列，通用箱内部最小宽度为 2 330 mm，如所用托盘尺寸为 1 200 mm×1 000 mm，则横向间隙达到 330 mm，为防止运输过程中货物移动造成重心偏移量过大，需要对间隙进行填塞或采取加固措施。如货物包装尺寸或托盘尺寸适应集装箱内部尺寸，既可增加货物运输稳定性，又可降低加固成本甚至不需进行加固。

4. 合理选用装载加固方案

货物装箱前应有装载加固计划，并对集装箱和货物等进行检查，根据货物的规格特点选择装载方式、加固方法，合理选用装载加固材料与装置。为使集装箱尽可能达到巧装满载、均衡稳固，引导装箱责任方预先制订合理可行的装载加固方案。同时制定装载加固计划还可防止掏装箱过程中损坏货物及设备，只有做好充分的安全操作准备才可进行装载。装箱责任方在装箱前需保证集装箱具有干净完好的顶部、端壁、侧壁，平整干净的地板，开合良好的箱门，同时需确保集装箱没有明显的破损、薄弱部位等，以确保运输过程的安全。

二、装箱前的检查内容

1. 集装箱外部检查

(1)集装箱框架及角件：有无变形、裂缝或锈蚀。

(2)侧壁、端壁及顶板：有无变形、裂缝、孔洞或锈蚀。

(3)底梁：有无变形或断裂，与下侧梁及底板是否脱离。

(4)箱门：门板有无锈蚀、裂缝、孔洞或明显变形；箱门各附件是否齐全，有无变形或损坏，箱门密封、锁闭是否完好，开关是否灵活。

(5)焊缝:有无开焊或裂纹。

(6)标志和标记:集装箱标志有无脱落,标记是否正确完整,是否已清除之前装运货物的相关标志。

其中(1)～(5)为针对集装箱强度的检查,任何部件变形、孔洞、焊缝开裂等都可能造成集装箱强度下降而产生安全隐患。对于(6),国际国内集装箱运输中不同种类货物都可能粘贴或悬挂标志标记,如危险货物标志、内装液袋标志等,在装箱前均应清除之前粘贴或悬挂的标志标记,以免造成混乱。集装箱标记是指为了便于对集装箱在流通和使用中识别和管理,便于单据编制和信息传输,所以国际标准化组织制定了集装箱标记,分为必备标记和自选标记。必备标记和自选标记都包括识别标记和作业标记。

①必备标记

识别标记包括箱主代号、顺序号和核对数字:

a. 箱主代号。国际标准化组织规定,箱主代号由四个大写的拉丁文字母表示,前三位由箱主自己规定,第四个字母一律用 U 表示。

b. 顺序号,又称箱号,由 6 位阿拉伯字母组成。如有效数字不是 6 位时,则在有效数字前用"0"补足 6 位。如"053842"。

c. 核对数字。核对数字是用来核对箱主代号和顺序号记录是否准确的依据。它位于箱号后,以一位阿拉伯数字加一方框表示。

作业标记包括以下三项内容:

a. 额定重量和自定重量标记。额定重量即集装箱总重,自重即集装箱空箱质量(或空箱重量),ISO 688 规定应以公斤(kg)和磅(lb)同时表示。

b. 空陆水联运集装箱标记。由于该集装箱的强度仅能堆码两层,因而国际标准化组织对该集装箱规定了特殊的标志,该标记为黑色,位于侧壁和端壁的左上角,并规定标记的最小尺寸为:高 127 mm,长 355 mm,字母标记的字体高度至少为 76 mm。

c. 登箱顶触电警告标记。该标记为黄色底黑色三角形,一般设在罐式集装箱和位于登顶箱顶的扶梯处,以警告登顶者有触电危险。

②自选标记

识别标记包括:

a. 国家和地区代号,如中国用 CN;美国用 US。

b. 尺寸和类型代号(箱型代码)。

作业标记包括:

a. 超高标记。该标记为在黄色底上标出黑色数字和边框，此标记贴在集装箱每侧的左下角，距箱底约 0.6 m 处，同时应贴在集装箱主要标记的下方。凡高度超过 2.6 m 的集装箱应贴上此标记。

b. 国际铁路联盟标记。凡符合《国际铁路联盟条列》规定的集装箱，可以获得此标记。该标记是在欧洲铁路上运输集装箱的必要通行标志。

2. 集装箱内部检查

集装箱内壁必须完好，否则可能影响货物运输安全。内部无污染物，否则可能影响所装运货物的品质。内部应清洁，无突出物，不得对货物或包装物造成损伤。内部拴结点的数量和损伤情况需要确认不影响货物的拴结加固。集装箱的密封性是保证运输过程中货物不被外来灰尘、雨水等污染。干燥性和无异味也是保证运输中货物品质不被影响的重要因素。检查项点包括以下内容：

(1)侧壁、端壁及顶板：有无变形、裂缝、孔洞、锈蚀，有无污染物。

(2)底板：是否完好并已清扫，有无突出物及污染物。

(3)护角板：有无弯曲、弓形或凹坑。

(4)拴结点：数量是否完整，有无变形及损伤，焊接是否牢固，有无之前使用的加固材料。

(5)漆表面：是否漆膜受损使金属外露。

(6)密封性：进入集装箱内并关门锁闭，检查是否有光线射入。

(7)干燥性及气味：是否有水珠及结霜，是否存在持久不散、可能污染货物的异味。

集装箱整体结构如图 12-1 所示，地板结构如图 12-2 所示。

3. 集装箱铭牌检查

1972 年，联合国和国际海事组织及欧洲经济委员会共同起草了《集装箱国际安全公约》(Convention for Safe Containers，简称 CSC)。公约宗旨：保证集装箱在运输和起吊过程中对人员的高度安全，同时提供统一的安全规范，以方便集装箱的国际运输。CSC 是真正适用于国际货运集装箱的全球性法规。公约制定了统一的集装箱安全规范，对用于国际货运的集装箱必须由公约的成员国或其授权机构进行安全认可，并授权生产厂家对其认可的集装箱安装标有相关内容及技术数据的安全认可铭牌。由任何一个公约成员授予的安全认可铭牌，将得到所有成员国的认可。

铭牌必须标有如下内容：认可国家及认可号码；生产日期；集装箱号码(工厂号码或箱东号码)；总重；允许堆码重量(1.8 g)；横向刚性试验载荷；端壁强度试验载荷；侧壁强度试验载荷；第一次检验日期(年，月)及相应的空白位置，以备打印随后的检验日期(年，月)或 ACEP 认可日期。

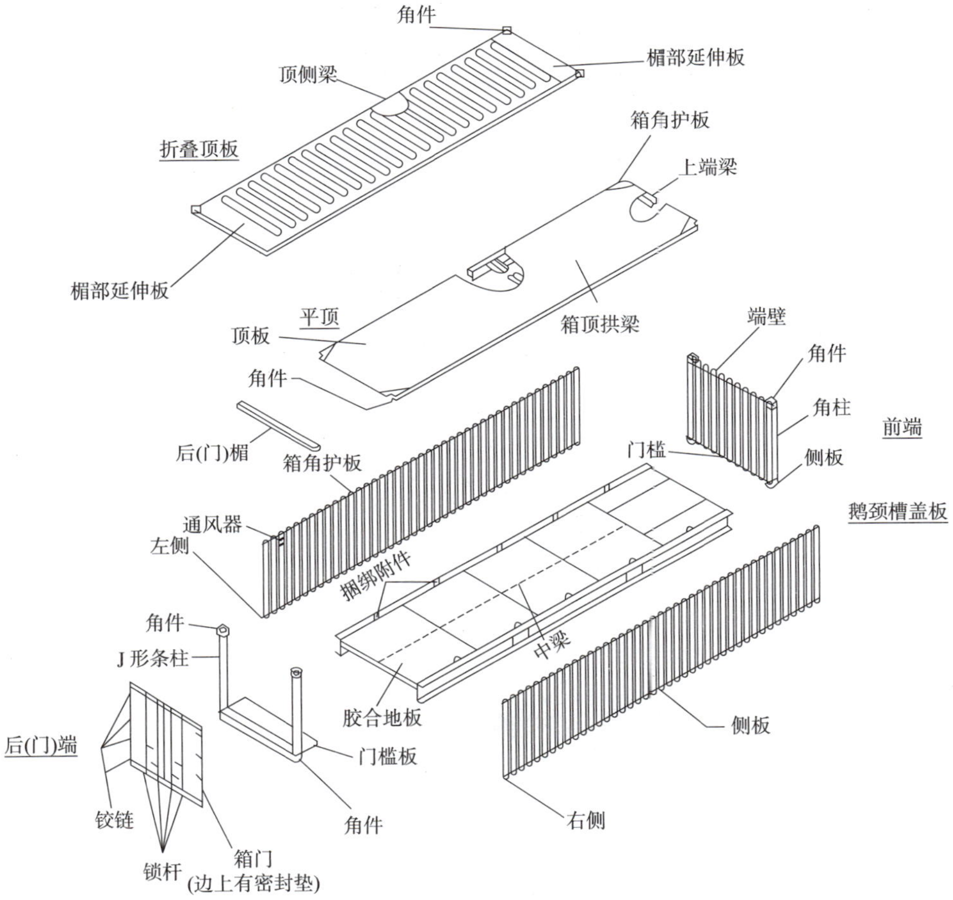

图 12-1 集装箱整体结构图示

新箱第一次检验日期必须标注在安全铭牌上，从生产日期至第一次检验的间隔为 5 年，其后的间隔为 2.5 年，下一次检验日期必须用适当的方式标注在安全铭牌上或尽可能地靠近铭牌部位。定期检查的方式可用“被认可连续检验程序”——ACEP 来代替。因此，集装箱铭牌检查时要包括以下内容：

(1)铭牌内容是否完整，箱号和额定质量等是否与集装箱标记一致。

(2)是否有批准的连续检验计划标识(ACEP，图 12-3)；若无该标识，则应检查铭牌上是否有下一次检验日期(图 12-4)，并确认能否在该日期前完成运输。

4. 货物包装及集装件

货物包装是指商品运输包装和销售包装的总称，通常指产品的容器、包

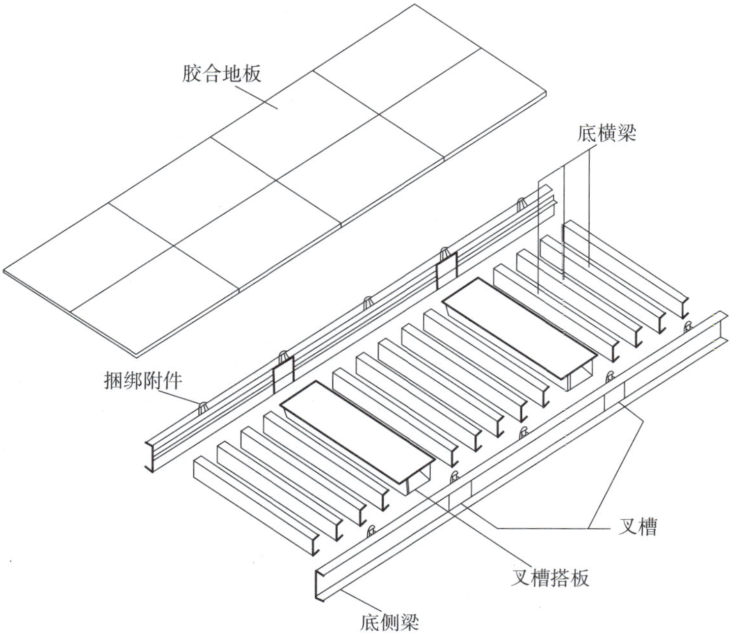

图 12-2　集装箱地板结构图示

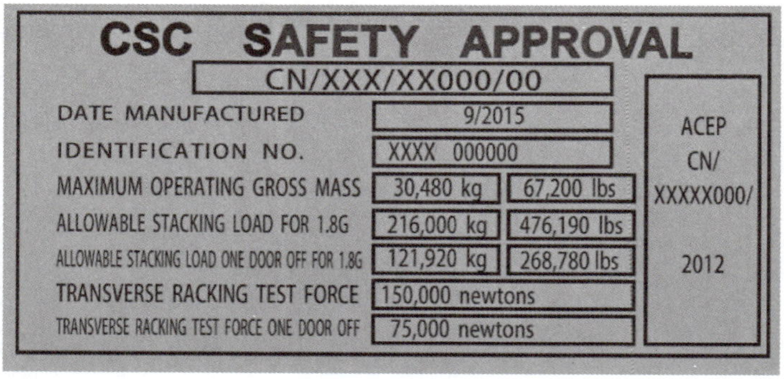

图 12-3　具有 ACEP 标识的 CSC 铭牌

装物和装潢的设计等。货物运输包装主要目的是确保货物经过运输、多次搬运和储存完整无损地到达目的地，保护货物在流通过程中品质完好和数量完整。因此对货物包装的检查显得尤为重要。

货物本体在包装内部，或货物在集装器具上也需进行固定。如托盘类货物，如果装箱后存在间隙，则需确保货物在托盘上不会发生倒塌、位移等不利运输安全的情况。货物包装及集装件检查包括以下内容：

(1)包装是否完好，有无破损，货物是否撒漏。

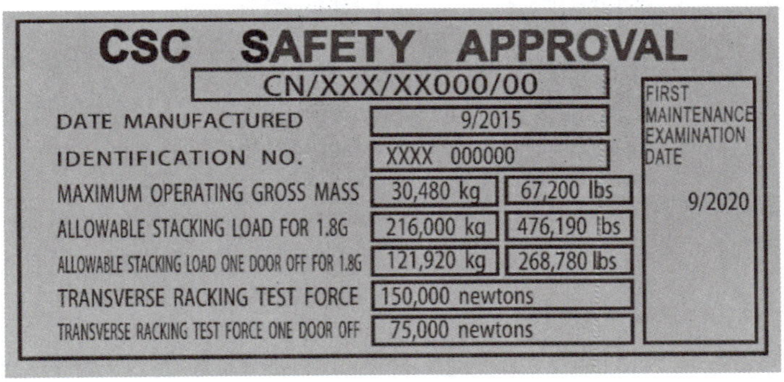

图 12-4　具有下一次检验日期标识的 CSC 铭牌

(2)包装强度能否满足运输安全要求。

(3)包装形式与货物状态是否具有适应性。

(4)包装上是否有正确的包装标志。

(5)货物或包装件与集装器具间是否可靠固定。

三、装载加固基本要求

1. 货物装箱后，集装箱的总质量不得超过其额定质量。

集装箱门上涂打有集装箱的最大总质量（MAX GROSS）和自重（TARE），额定重量指集装箱的最大总质量，包括集装箱自重和所装载货物、所使用装载加固材料和装置等的重量。货物装箱后，集装箱总重应有基本要求，各国在执行过程中还需根据自身铁路运输的相关规定对集装箱总质量进行限定。

2. 根据货物的体积、重量、性质、包装强度、运输要求等因素，充分利用集装箱内容积，使货物均衡、稳固、合理地分布于集装箱内，不偏载、不偏重。货物重心高度不应超过集装箱高度的二分之一。

以上是对集装箱内货物装载的原则性规定，不限定货物种类、形式。目的是为保证货物装箱并集装箱落于铁路车辆上后，对铁路车辆的作用力均衡，不致出现铁路车辆偏载偏重问题。为保证重箱的稳定性，应尽可能降低重箱总重心高度，国外通行的规定是货物重心高度应低于集装箱半高。

3. 根据货物特点选择合理的装载加固方式，货物装箱后能够经受集装箱装卸作业、调车作业以及列车运行中各种力的作用，在运输全过程，集装箱内货物不发生危及行车安全、货物安全、装卸安全的移动、滚动、倾覆、倒塌或坠落等情况。

货物在集装箱内的加固不仅是为了保证运输过程中货物在集装箱内不发生危及行车安全的情况，同时还需考虑装卸机械、铁路调车作业中集装箱内货物的受力情况。如果货物在集装箱内发生位移、滚动、倾覆、倒塌、坠落等情况，不仅会危及行车安全，如果在装卸过程中发生此类情况，有可能造成集装箱破损，货物冲出集装箱，甚至造成人身安全事故。

4. 常用的装载方法有：顺装、横装、立装、卧装、分行堆码、压缝装载、骑缝装载等。

根据单件货物的外形尺寸可选用不同的装载方法，以确保装箱后货物的稳固性，上述装载方法如图 12-5～图 12-11 所示。

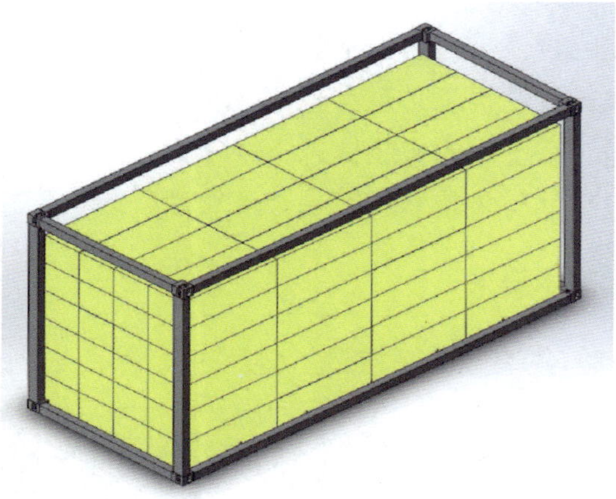

图 12-5　顺装

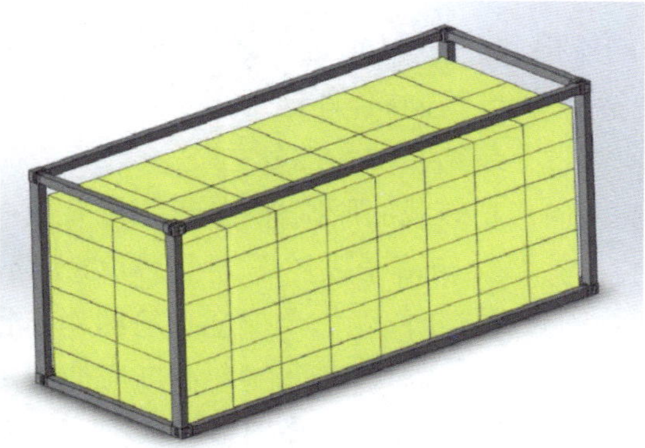

图 12-6　横装

图 12-7 立装

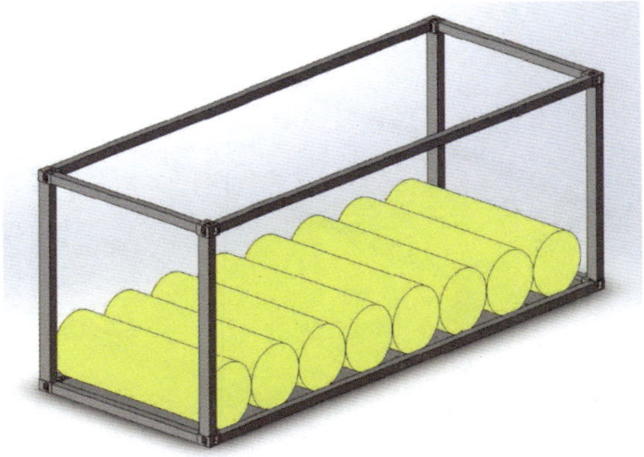

图 12-8 卧装

图 12-9 分行堆码

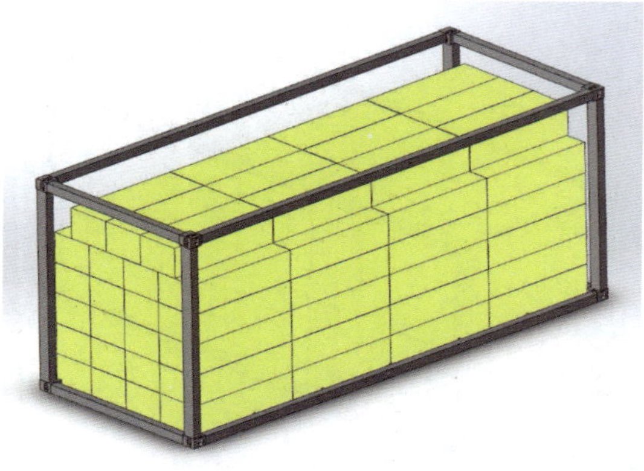

图 12-10　压缝装载(图中的顶层货物)

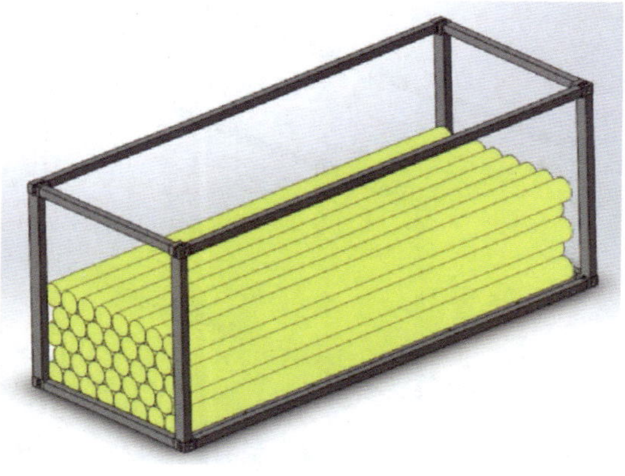

图 12-11　骑缝装载

5. 装箱时，一般采取由内而外、从两侧向中间装载的方式。箱门口处货物装载必须稳固，必要时采取拦护措施，防止卸箱时可能发生的货物倒塌或坠落。

按照货物装箱前制定的装载计划，采取由内而外、从两侧向中间的装载方式，可保证装箱过程依序进行。装箱完毕后，如箱门口处货物在打开箱门时可能出现货物倒塌或坠落，则需采取挡壁、尼龙带等拦护措施，以防止打开箱门时货物倒塌或坠落造成货物损伤和人身伤害，如图 12-12～图 12-14 所示。

6. 货物应尽可能紧密装载，若货物间、货物与箱体间存在空隙，应采用适当的装载加固方式防止货物移动。

图 12-12　铁线拦护

图 12-13　挡壁拦护

图 12-14　尼龙带拦护

装箱后，货物间、货物与箱体间如存在空隙，则在运输过程中货物可能发生位移而造成重心偏移，影响行车安全。此时需要通过一定的加固方法对货物进行固定，可以是通过拉牵捆绑固定，也可通过填塞物将空隙填满以限制货物位移。国外一般规定横向间隙达到 150 mm 时需采取填塞措施，小于 150 mm 时可不予填塞。

7. 多层装载时，根据货物重量及包装强度确定堆码层数。

由于集装箱总重的限制，对于多层装载货物需合理计算确定层数，在计算中注意尽可能让每层货物装载面积都可达到集装箱地板面积，以减少加固材料的使用。尤其最上层货物，如果达到集装箱总重限制而未满层，则需对未满层部分进行加固，以防止最上层货物发生位移。同时还需注意货物包装上对堆码层数的限制，超过最大堆码层数可能对货物包装产生损伤，而导致货损、货垛倒塌等危及运输安全的情况。

8. 装运易集重货物时，须采用纵、横垫木以及支(座)架等避免集重措施，尽量使集装箱地板在长度和宽度方向上均匀承载。

成都局集团公司按照以下要求限定集装箱的集重能力："箱内发生局部承载时，通用集装箱地板面每延米负重数值按以下控制值执行：沿集装箱纵向长度方向，20 尺箱每延米负重控制值不超过 4 t/延米，40 英尺箱控制值不超过 2 t/延米。"

《系列 1 集装箱——技术要求和试验方法　第 1 部分：通用货物集装箱》(ISO 1496-1：2013)中对集装箱地板的试验方法为："使用一辆轮胎式试验车辆进行试验，后轴负荷为 7 260 kg，即每轮为 3 630 kg，每个车轮与箱底面的接触点应在 185 mm (与轮轴平行方向)×100 mm 所形成的矩形范围内，每个轮胎与地板的接触面积不得超过 142 cm^2，轮胎的宽度为 180 mm，轮距为 760 mm。试验时，使车辆在集装箱的整个地板面上往复移动，此时四个底角件放置在四个同一水平支座上，且箱底结构可自由变形。"

9. 为有效保护货物免受损伤，货物混装时应遵守下列规定：较重的货物不应装在重量较轻的货物上；较重的货物不应装在易碎货物上；边缘锋利的货物不应装在表面易损伤的货物上；液体货物不应装在固体货物上；污秽品不应装在干净且易被污染的货物附近；易挥发水分的货物不应装在对潮湿敏感的货物附近；有异味的货物不应装在易吸收气味的货物附近；性质不兼容的货物只有被正确隔离或有效防护后才能装在同一集装箱内；箱内装载不同货物或采用不同包装形式时，若紧密装载可能造成货物或包装的破损，则应在不同货物或不同包装之间加垫有效分隔材料。

10. 常用的加固方法有:阻挡加固、掩挡加固、间隙填充、拉牵加固、下压式加固、整体捆绑等。

根据货物种类、包装形式等可选用不同的加固方法,以确保集装箱和货物受到各种作用力时货物的稳固性,上述加固方法如图 12-15～图 12-22 所示。

11. 货物在集装箱端壁和门端的投影面积较小时,需采取阻挡或防护措施,防止端壁和门端局部受力过大。

ISO 1496-1:2013 中对集装箱端壁和门端的强度要求为:“端壁和箱门应承受的荷载为集装箱载重量的 40%。”因此如货物与端壁和门端的接触面积较小会造成较大的压强,此时需要对端壁和门端进行防护,防止其受力过大造成端壁和门端的永久变形。

图 12-15　端部阻挡加固

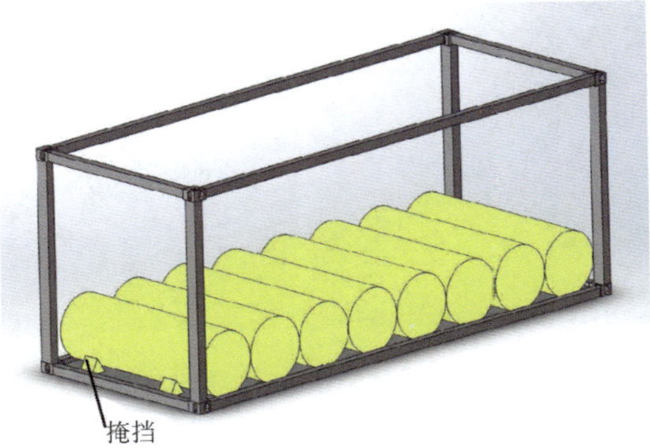

图 12-16　掩挡加固

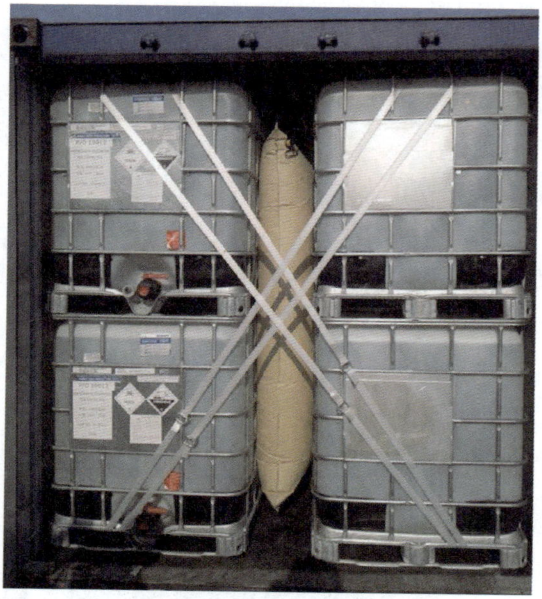

图 12-17　间隙填充(空气袋)

图 12-18　间隙填充(木质填充)

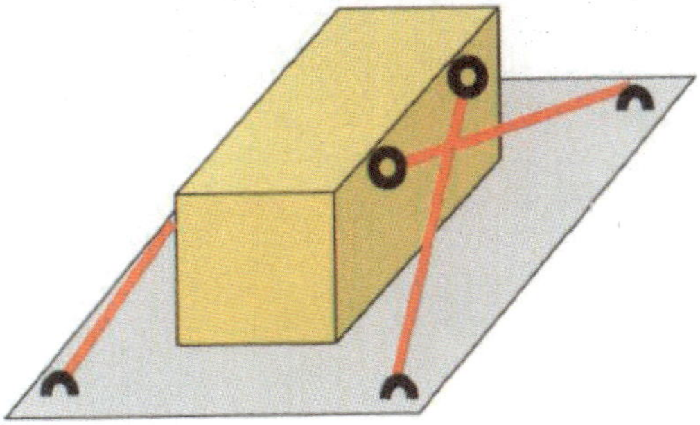

图 12-19　拉牵加固示意图

图 12-20　拉牵加固

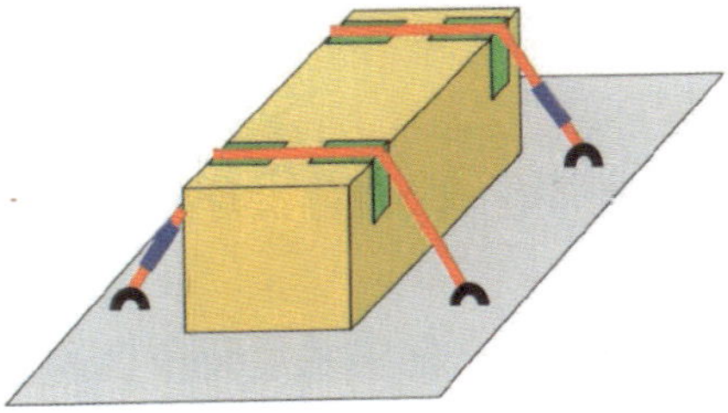

图 12-21　下压式加固示意图

图 12-22　整体捆绑

12. 禁止在集装箱地板上采取钉固等损伤地板的加固措施。

国际劳工组织和联合国欧洲经济委员会联合制定的《货物运输组件装载实操规则》(CTU)中规定，通用集装箱地板不宜采取钉固措施。集装箱地板材质为木或复合材料，厚度为 28 mm 左右，相比中国铁路平车木地板厚度 70 mm 来说，对钢钉的握裹力较差，且反复钉固对集装箱地板损伤较大。

13. 装载应考虑便于卸载，加固不应导致货物或集装箱的损坏。

装载时应同时考虑到卸载的方便性，以提高集装箱运输的效率。在加固作业中需同时考虑货物和集装箱的承受能力，如采用拉牵加固时，货物上的加固点和集装箱自身的拴结点能够承受相应的拉力。ISO 1496-1：2013 中对通用集装箱内拴结点的承受能力要求为："安装在集装箱侧壁与地板结合部的拴结点应能承受不小于 1 000 kgf(10 kN)的荷载，而侧壁和顶梁结合部的拴结点应能承受不小于 500 kgf(5 kN)的荷载。"

四、常用的装载加固方法

1. 纸箱包装货物

(1)装载时，应根据货物规格、包装标志、堆码要求及集装箱容积等确定货物堆码层数。

(2)根据货物规格合理配载，充分利用集装箱容积紧密、均衡装载；货件之间间隙较小时，一般不需要对货物进行加固，可采取压缝装载保持稳固；间隙较大时，视具体情况进行加固，如图 12-23 所示。

(3)货物不足以装满集装箱容积时，应将集装箱底层占满，堆码高度尽可能相同。最上层不能满层装载时，应对最上层货物进行加固，如图 12-24 所示。

(4)装载尺寸较小的货物时，为防止货物倒塌，可采用纵横交错的堆码方法。

图 12-23　装载后中部间隙填充加固

图 12-24　上层货物不满层进行填充加固

2. 木箱包装货物

(1)根据集装箱容积及货物规格可顺装或横装。

(2)可采用分行堆码或压缝装载，若集装箱门端留有较大空隙，应采用阻挡加固等措施。最上层不能满层装载时，应对最上层货物进行加固。

(3)若横向不能装满集装箱宽度，可居中或交错装载，底部横向应采用阻挡加固等措施，如图 12-25 所示。

（4）货物重心较高时，除底部采取防止移动的措施外，还应另外采取防止倾覆的措施。

图 12-25　木箱包装货物交错装载

3. 托盘货物

（1）托盘规格宜考虑尽可能装满集装箱的长度和宽度。

（2）因托盘规格尺寸所限，在集装箱内只能单排装载时，可沿集装箱纵中心线居中或交错装载，货物与集装箱壁的间隙应采取加固措施。

（3）双排装载托盘时，应紧靠集装箱侧壁装载，根据横向间隙可采取填充、阻挡等措施。

如托盘尺寸适应集装箱内部尺寸，降低装箱后的横向间隙，既可增加货物运输稳定性，又可降低加固成本甚至不需进行加固，如图 12-26 所示。如某托盘货物，在集装箱内装载两列，通用箱内部最小宽度为 2 330 mm，如所用托盘尺寸为 1 200 mm×1 000 mm，则横向间隙达到 330 mm，按照《货物运输组件装载实操规则》规定横向间隙总和超过 150 mm 即需要进行填塞或采取加固措施。

12-26　托盘货物靠两侧装载，填充中部间隙

4. 袋装货物与捆包货物

(1)应紧密堆码,各层装载均衡,避免倒垛。

(2)吨袋包装货物第一、二层均应直立装载,若装箱后有横向间隙应采取填充措施,防止偏载,如图 12-27、图 12-28 所示。

(3)若袋装货物因堆装过高可能倒塌时,应采取适当的加固措施,如图 12-29 所示。

(4)捆包货物可横装或顺装,应充分利用集装箱容积。

图 12-27　两层吨袋货物装载

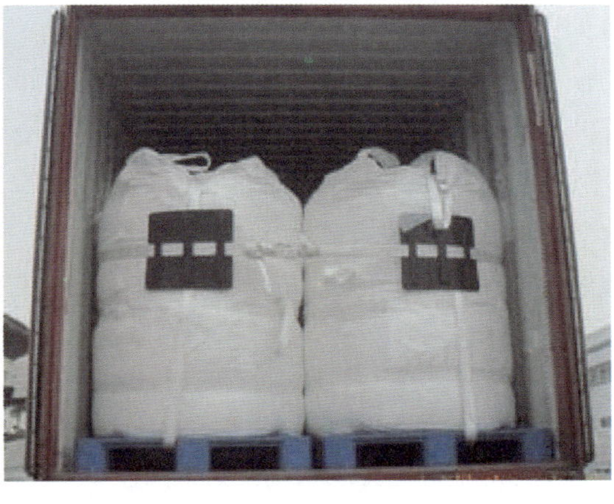

图 12-28　单层吨袋货物装载

5. 桶装货物

(1)装载前必须检查包装是否变形、货物有无泄露。

图 12-29　袋装货物装载

（2）根据桶身材质、桶内货物状态、包装标记等，桶装货物应尽量桶口向上立装。装载形式根据桶装货物规格及集装箱内尺寸确定。不能紧密装载时，货件间隙应填充。

（3）桶口在腰部的鼓形木桶原则上应卧装。卧装时应将木桶两端垫高，使木桶中部不接触集装箱地板，避免木桶腰部受力。

（4）多层立装时，层间采取有效衬垫措施，防止桶底沿咬边磨损后渗漏，并有效分散载荷，如图 12-30 所示。

（5）桶装货物横向卧装时，应在集装箱门口进行拦护或采取与内层相邻货件捆为一体等防止倒垛的措施。

6. 圆柱形货物

（1）可采取立装、卧装等装载方式。

（2）货物装载时应确保不集重，若货物重量较大，可采用座架等装置避免集重。

（3）货物立装时应紧密装载，有间隙时需进行填充，货物间采取捆绑加固措施，如图 12-31 所示。

（4）货物卧装时，应采取加装座架、掩挡等有效的防滚动措施。装载方式应避免对集装箱侧壁产生过大的压力，如图 12-32 所示。

（5）货物与集装箱箱壁间隙较大时，应采取防止货物移动的加固措施，并在箱门处采取阻挡等措施。

图 12-30　桶装货物两层立装

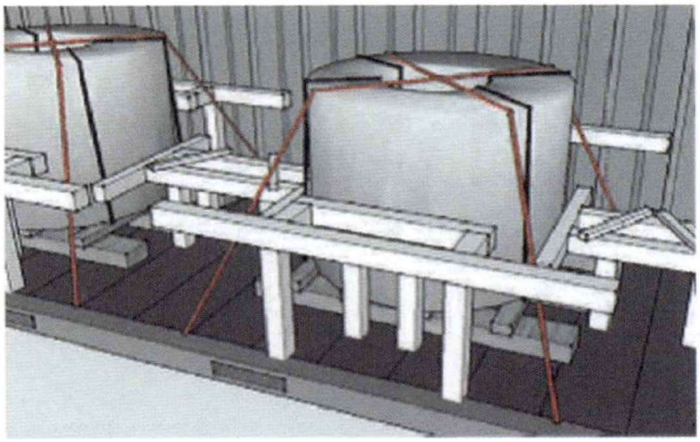

图 12-31　圆柱形货物立装

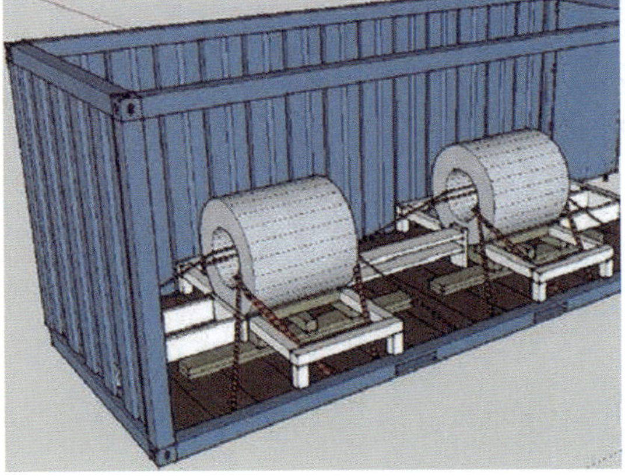

图 12-32　圆柱形货物卧装

五、常用的装载加固材料与装置

1. 衬垫材料与装置

衬垫材料与装置铺垫于货物下方，主要功能是便于集装和装卸，避免集重，增加摩擦力，防潮防湿，防止腐蚀和污染。衬垫应有足够的防护强度，本身不能受潮以及被污染，应与货物具有相容性。衬垫材料与装置主要包括：托盘、滑托板、木质衬垫、钢质衬垫、橡胶垫等。

(1)托盘和滑托板

托盘和滑托板主要用于纸箱和各种小件货物的集装及快速装卸。货物一般通过缠绕膜、打包带等固定在托盘上。常用托盘有木质托盘(图 12-33)、塑料托盘(图 12-34)和金属托盘，其规格一般依据相关标准和货物规格确定，与叉车配合使用。常用滑托板有塑料滑托板(图 12-35)和纸质滑托板(图 12-36)，其规格一般根据货物规格确定，与具有专用推拉装置的叉车配合使用。滑托板较薄，可有效降低集装后的货件高度，充分利用集装箱空间。

图 12-33　木质托盘

图 12-34　塑料托盘

图 12-35　塑料滑托板

图 12-36　纸质滑脱板

(2)木质衬垫

木质衬垫包括方木(图 12-37)、木板、木质座架(图 12-38)等,主要用于防止应力集中,避免集重。

图 12-37 方木衬垫

图 12-38 木质座架

(3)钢质衬垫

钢质衬垫包括钢垫梁、钢质座架等,通常用于装载大型或重型货物。在钢与钢直接接触时,由于两者间摩擦系数较低,必要时可使用防滑材料。

(4)橡胶垫

橡胶垫主要用于增加货物与集装箱地板间及货物层间的摩擦力。橡胶垫应具有较高的抗压强度、适中的硬度。

2. 拉牵捆绑材料

拉牵捆绑材料用于固定货物,防止货物发生水平位移和倾覆。加固同一件(组)货物时应使用同一类型的拉牵材料。拉牵加固的主要方式有:八字形、倒八字形、交叉、又字形、反又字形等。各种拉牵方式可单独使用,也可两种或两种以上组合使用。拉牵应尽可能对称,应合理选择货物上的拉牵位置。用于防止货物水平移动时,拉牵位置应尽量低些;用于防止货物倾覆时,拉牵位置可适当高些。各拉牵加固方式如图 12-39～图 12-43 所示。

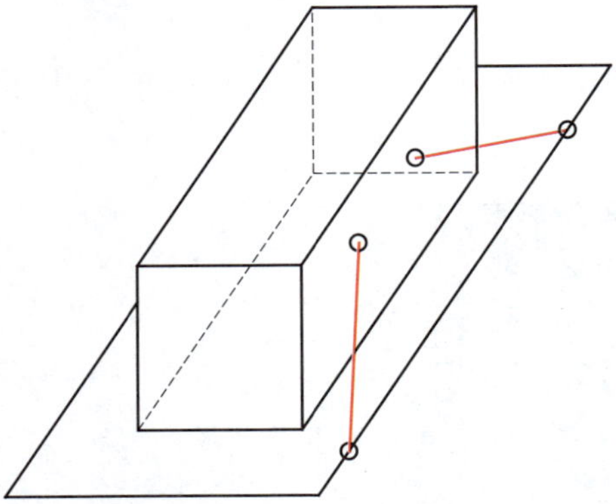

图 12-39　八字形拉牵

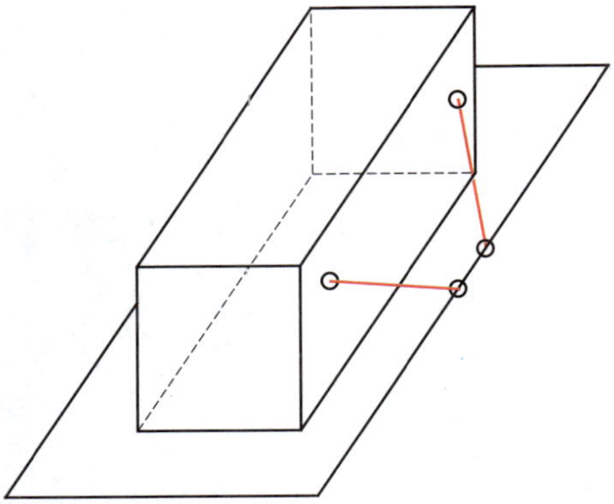

图 12-40　倒八字形拉牵

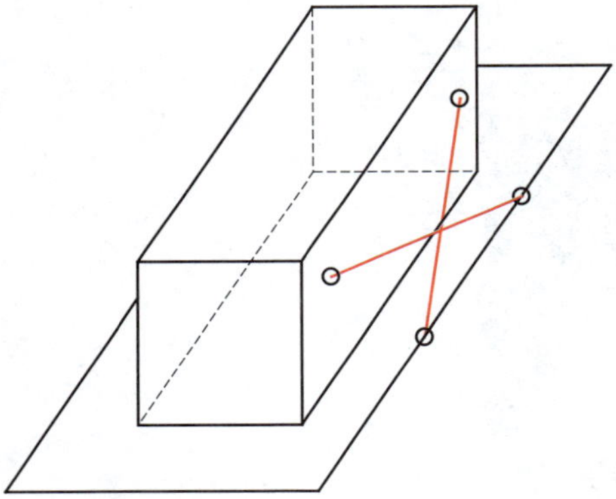

图 12-41　交叉拉牵

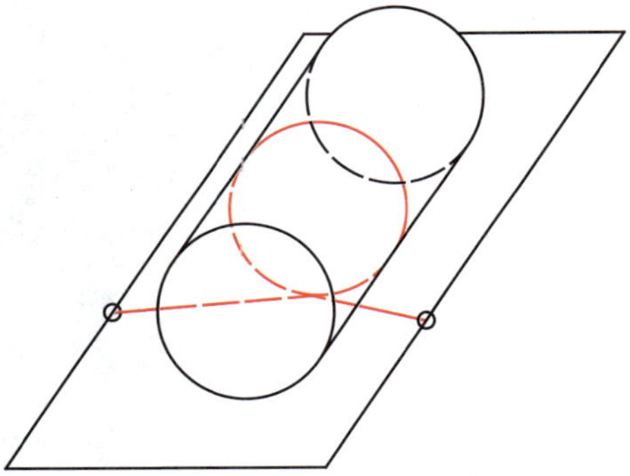

图 12-42　又字形拉牵

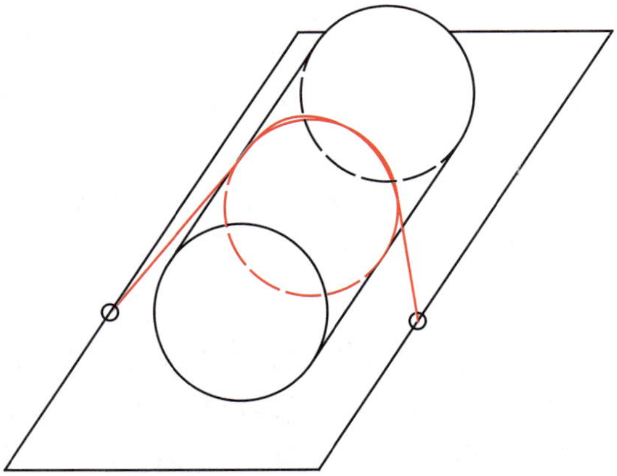

图 12-43　反又字形拉牵

(1)镀锌铁线

拉牵用镀锌铁线直径不得小于 4 mm,捆绑用镀锌铁线直径不得小于 2.6 mm。拉牵加固时,将单股或双股镀锌铁线在货物和集装箱拴结点间往返缠绕,并应拽紧镀锌铁线使各股松紧度尽量一致,剩余部分穿插缠绕于自身绳杆后,使用绞棍绞紧,绞紧时不得损伤镀锌铁线。禁止使用受损和使用过的镀锌铁线。

(2)尼龙带

使用尼龙带前,应检查其状态,禁止使用破损或打结的尼龙带。使用尼龙带拉牵捆绑时,应保持尼龙带平顺,不得扭转和打结,在锋利的边角处必须采取保护措施。紧固装置不得置于棱角处。自带紧固装置时,紧固过程中不得使用延长杆,避免产生过大的拉力损伤货物、尼龙带及紧固装置(图 12-44)。紧固后应锁定紧固装置。无自带紧固装置时,紧固扣件的强度应与尼龙带相匹配。自带紧固装置和拉钩的尼龙带,应检查紧固装置和拉钩状态是否良好。

图 12-44　自带紧固装置尼龙带

(3)钢带

钢带可用于货物间捆绑,不用于拉牵及下压式加固。不能在锋利的棱角处直接捆绑。禁止使用受损和使用过的钢带。钢带如图 12-45 所示。

(4)钢丝绳、螺旋式紧线器、卸扣和钢丝绳夹

钢丝绳可用于拉牵加固、下压式加固和整体捆绑,主要用于加固重量较大的机械设备等无包装货物,但考虑到集装箱内拴结点的容许负荷有限,不宜使用过高强度的钢丝绳。禁止使用受损的钢丝绳。

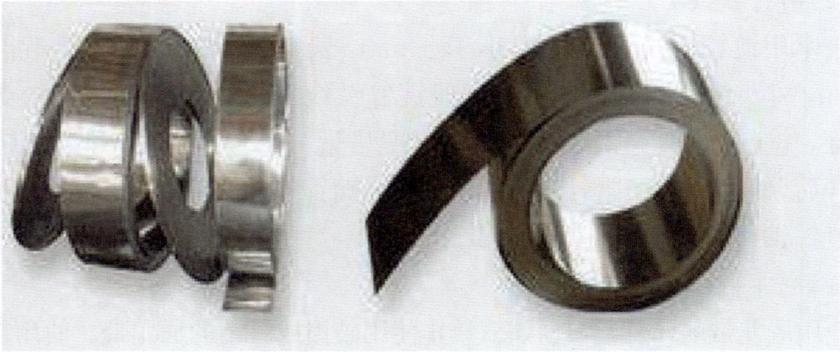

图 12-45　钢带

用钢丝绳加固时，通常要与螺旋式紧线器、卸扣和钢丝绳夹配合使用。螺旋式紧线器、卸扣的强度应与钢丝绳强度匹配，钢丝绳夹的规格应与钢丝绳直径相适应。

使用螺旋式紧线器时，应优先选用“OO 形”（图 12-46）和“OU 形”（图 12-47）螺旋式紧线器；使用“OC 形”（图 12-48）或“CC 形”（图 12-49）螺旋式紧线器时，须采取措施防止钢丝绳从紧线器开口处脱出。

使用卸扣（图 12-50）时，应检查扣体和插销，不得有严重磨损、变形和疲劳裂纹。

固定单股钢丝绳端头时，使用钢丝绳夹的数量不得少于 3 个，并按图 12-51(a)所示进行布置；两根钢丝绳搭接时，并列绳头应拉紧，用不少于 4 个钢丝绳夹正反扣装并紧固，如图 12-51(b)所示。钢丝绳夹间的距离 A 等于 6～7 倍钢丝绳直径。

图 12-46　OO 形螺旋式紧线器

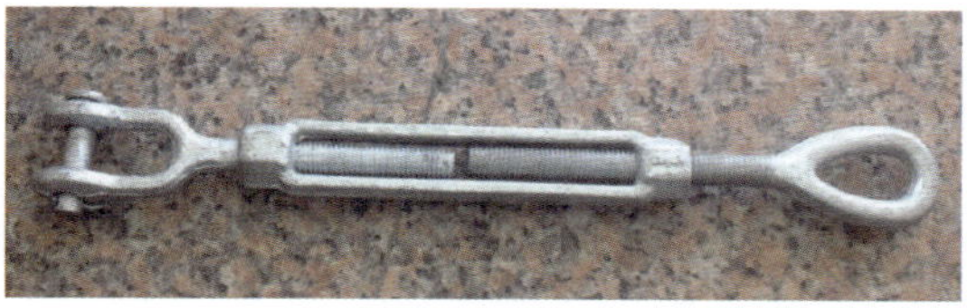

图 12-47　OU 形螺旋式紧线器

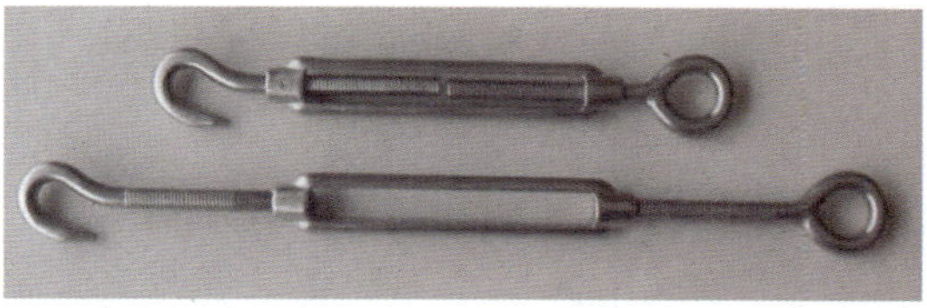

图 12-48　OC 形螺旋式紧线器

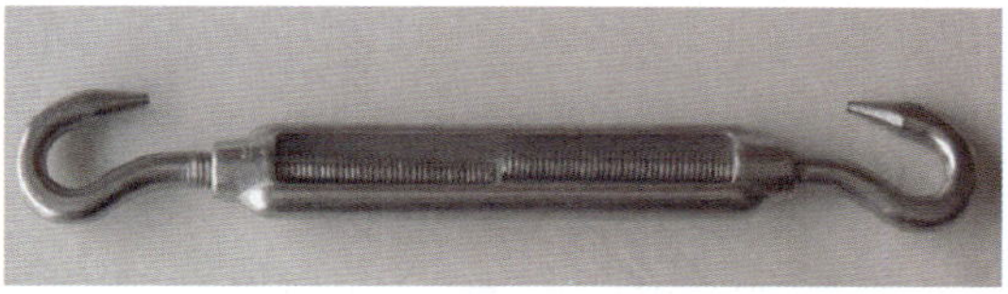

图 12-49　CC 形螺旋式紧线器

图 12-50　卸扣

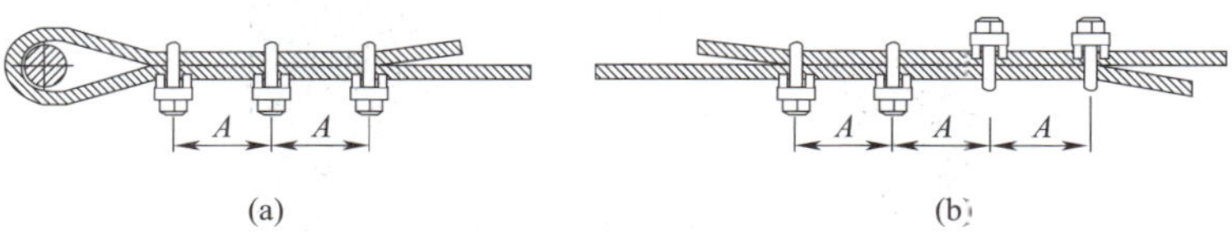

图 12-51　钢丝绳夹使用示意

(5)黏性紧固带

黏性紧固带为宽度较大的自黏胶带，由三部分组成，包括两段黏固于集装箱侧壁的部分和一段用于黏固以上两段紧固带的部分。

使用时，裁剪两条长度合适的黏性紧固带，分别黏贴在集装箱两侧壁上，并与波纹板紧密贴合。货物装好后，在货垛端部使用专门工具拉紧两条紧固带并用另一条紧固带黏固。如图 12-52 所示。

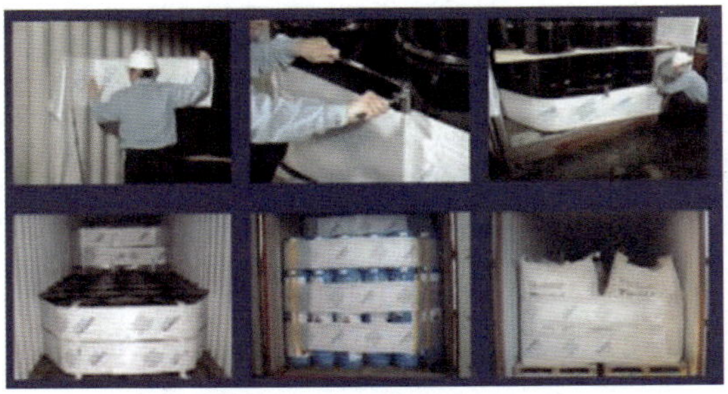

图 12-52　黏性紧固带加固

3. 填充材料

填充材料用于填充货物与集装箱侧壁间以及货物间的空隙，其强度应能满足货物运输安全要求，并不得导致集装箱侧壁和货物承受过大的压力。

(1)气囊(图 12-53、图 12-54)

图 12-53　PP 材质气囊

图 12-54 牛皮纸材质气囊

根据货物的规格、特点及装载间隙，选择相应规格、具有适当充气压力及最大填充间隙的气囊。使用时，将空的气囊放置在间隙处后，再进行充气；也可先将气囊适量充气后，放置在间隙处再继续充气。气囊应牢牢顶紧货物。

气囊不得与锋利的边缘及粗糙的表面相接触。如果货物包装有尖锐的棱角，须在气囊的两面放置瓦楞纸板或其他平整板材，有效保护气囊不被扎破。气囊不得重复使用。充气时不得超过气囊上标记的最大充气压力。

(2)木材(图 12-55、图 12-56)

图 12-55 木框架加固卧装货物

根据货物规格及间隙大小，可选用相应规格的木板、方木、木框架等填充间隙。木框架的结构形式及钉固连接强度应保证其结实稳固。

图 12-56　木框架加固箱式货物

(3)纸板(图 12-57、图 12-58)

根据货物规格及间隙大小，选择相应规格的硬纸板、瓦楞纸板、蜂窝板等填充间隙。纸板可独立使用，也可与气囊等配合使用。

图 12-57　木框架加固卧装货物

4. 分隔材料

当货物混装时，若相邻货物可能因运输过程中的作用力及相对位移造成货物或包装破损，可使用分隔材料进行防护。分隔材料的选用应能保证运输过程中货物间的防护始终有效，且不得对货物和包装造成损伤。常用的分隔材料有木板、胶合板、纤维板、纸板、帆布等，如图 12-59～图 12-62 所示。

图 12-58　木框架加固箱式货物

图 12-59　胶合板分隔材料

图 12-60　纤维板分隔材料

图 12-61　纸板分隔材料

图 12-62　帆布分隔材料

5. 阻挡、掩挡材料与装置

阻挡材料与装置用于防止货物间以及货物在集装箱内的位移(图12-63、图 12-64),掩挡材料与装置用于防止卧装圆柱形货物及轮式货物的滚动(图 12-65)。阻挡、掩挡材料与装置多为木质或钢质,其结构形式根据货物特点、间隙大小以及强度要求确定。

货物间的阻挡措施应牢固可靠。货物与集装箱间的纵向阻挡、掩挡材料与装置应固定在集装箱角柱处,横向阻挡、掩挡材料与装置应保证其与集装箱侧壁有足够大的接触面积。

图 12-63　木质阻挡(固定在集装箱角柱)

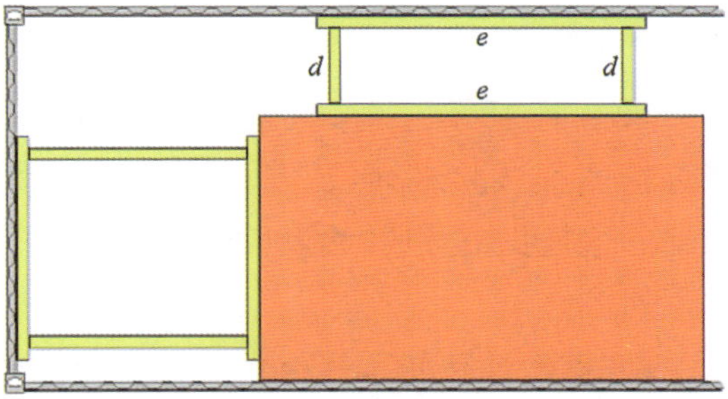

图 12-64　货物与集装箱间纵、横向阻挡

图 12-65　木质掩挡

附件 1

中欧班列首趟开行报道

1.“渝新欧”班列

(1)“渝新欧”首趟回程凸显重大意义(来源:大陆桥物流联盟)

(首趟开行部分)2011 年 1 月 28 日,“渝新欧”国际铁路联运试验专列从重庆团结村铁路货运中心站开出,走海运,重庆到欧洲一般要 40 多天,而“渝新欧”只要 13 天。这条从重庆出发到欧洲的国际铁路货运班列,途经新疆进入哈萨克斯坦、俄罗斯、白俄罗斯、波兰,至德国杜伊斯堡,连接起中国与德国亚欧两大经济体和增长极,并串联起“丝绸之路经济带”沿途各国,对推动“丝绸之路经济带”建设发挥着越来越重要的作用。

(回程部分)2013 年 3 月 18 日下午,随着一声汽笛长鸣,从德国杜伊斯堡发车的“渝新欧”首趟回程试验班列(长安福特专列),缓缓驶进重庆团结村铁路集装箱中心站。这是我市开通“渝新欧”国际铁路联运大通道两年多来的首趟回程货运班列。

这条消息可以说是“重磅性新闻”,其重大意义十分凸显,简单说就是启动了中国与欧洲经济的直通车。

(2)“渝新欧”铁路处理应急突发情况的措施(来源:中国新闻网)

“渝新欧”横跨亚欧多个国家,货物每到一个国家的海关都要开箱检查,时间成本高昂;全程运行 1 万多 km,途中温差极端时上下可达 70℃,电子产品无法承受;全程运行时间长达 10 多天,途中的安全问题也是货主的一大担忧。

这些难题没有难住“渝新欧”,而是引发了一次次“华丽升级”:重庆通过与沿线国家沟通,实现了沿途海关监管互认,一次申报、一次查验、一次放行;针对沿途低温难题,重庆研发出 15 cm 厚的保温材料,给货物穿上“水背心”,还研发出集装箱卫星定位跟踪系统,解决了货物运输的安全问题。

2.“蓉欧”快铁

(1)“蓉欧”快铁首趟返程班列正式开行(来源:火车网)

2013 年 4 月 26 日,中国西部到欧洲最快捷的货运大通道——蓉欧国际快速铁路货运直达班列(以下简称“蓉欧”快铁)正式开行。41 个集装箱装载着“四川制造”,在成都海关铁路口岸青白江铁路集装箱中心正式启运。

成都海关相关负责人表示,“蓉欧”快铁的开通标志着四川拥有了一条快速通往欧洲大陆的陆路国际货运通道,对四川加快西部内陆开放经济高地的建设有战略意义。

“蓉欧”快铁线路:成都出发,经宝鸡、兰州到新疆阿拉山口出境,途经哈萨克斯坦、俄罗斯、白俄罗斯等国直达波兰罗兹站;全长:9 826 km;时间:14天,可缩短至12天。昨日,41个集装箱“四川制造”从青白江铁路集装箱中心装车后,一路向西,预计经过14天抵达波兰罗兹,可在1至3天内通过欧洲铁路或公路网络快速分拨至欧洲任何地方。这条货运铁路快线是目前中国西部到欧洲最快的货运大通道。

据成都海关现场业务处副处长周敏介绍,首次装车的41个集装箱内的货物大部分为四川本地制造,包括了笔记本电脑、女鞋、汽车零部件、运动器材、小商品五大类别。“其中,笔记本电脑就是双流综保区生产的戴尔笔记本,有两个集装箱。这批商品的量都不是很大,因为作为企业都还是要有一个试探性的过程。”

此外,周敏还透露,“蓉欧”快铁运输到波兰罗兹的集装箱将直接就地留在当地的堆存区暂存,作为备货的集装箱,等联系到货源再装货回到成都。据“蓉欧”快铁运营公司相关负责人介绍,今年7月,“蓉欧”快铁将从波兰开返程班列,“我们运过去的集装箱,会装欧洲的进口货物再返回青白江集装箱铁路中心站”。

(2)“蓉欧”快铁首趟返程班列正式开行(来源:国际商报)

在各界关注中,“蓉欧”快铁返程班列从波兰罗兹车站开出,途经波兰、俄罗斯、哈萨克斯坦等国,于2015年9月6日抵达成都青白江铁路口岸。回程班列搭载41个集装箱,包含来自欧洲的食品酒类等特色商品,价值45万美元,总货重590余t。在去程班列稳定开行的基础上,首趟回程班列的顺利运抵,标志着“蓉欧”快铁这一中欧货运大通道将加足马力促进中国和欧洲两大市场实现良性互动。“蓉欧”快铁自2013年4月开行以来,已发送班列106班,累计货值7亿美元,货运量2.6万t。成都海关副关长倪藻介绍,“回程班列正式开通后,将形成定时发车规律,即将通过验收的整车和冻品进口口岸也将吸引数量更大、品种更多的回程货物,有效对欧洲货源形成集聚效应,使得‘蓉欧’快铁返程班列的货源更加丰富”。成都以及西南地区的企业将享受到便捷的物流通道和更低的物流成本,通过返程班列,成都与欧洲往来贸易将更为活跃和紧密,有助于成都产业升级。

作为促进西部地区与中亚、中东、欧洲经贸往来的一条稳定、快捷、安全的陆上货运大通道，“蓉欧”快铁享受到了“掏拼箱”和关检“三个一”两项特殊的通关服务，成为目前国内所有经阿拉山口出境开往欧洲的货运班列中唯一采用“掏拼箱”作业模式的班列。成都海关借鉴沿海港口的先进做法，建立了完善的掏拼箱作业机制，在“蓉欧”快铁率先试点的基础上，分步推进“一般贸易掏拼箱”、“转关运输货物拼箱”和“特殊监管区域货物拼箱”，为中小型企业降低物流成本，提供了更多的物流选择。2014 年，成都铁路口岸开展掏拼箱作业 241 标准箱，货值 1 638.5 万美元，其中“蓉欧”快铁采取掏拼箱作业搭载货物最高占到单列集装箱总量的 25%。同时，“蓉欧”快铁也是成功使用海关商检“三个一”作业模式的班列。成都铁路口岸率先在整个成都关区开展“一次申报、一次查验、一次放行”试点，并将其应用在“蓉欧”快铁的通关过程中。依托共同制定的软件，成都海关和四川出入境检验检疫局将原有的报关报检数据项进行整合，共计 20 余项。企业在报关报检时，只需通过申报界面一次输入，即可同时完成报关和报检的录入工作，并由企业自行选择报关、报检，企业一次开箱便可同时接受两个部门的货物查验，减少重复开箱、重复吊柜费用，集装箱的候查时间平均可减少 4 个小时，节约费用 600 元。

目前海关正积极配合地方政府综合利用整车口岸、多式联运监管中心、保税物流中心等口岸功能和跨境电商新型业态，丰富铁路口岸的业务门类和商品结构，增加新货源，加大对外地货源的吸引力度，拓展与沿海、沿江、沿边地区的物流合作。值得一提的是，此前一个月，首趟“厦蓉欧”班列的顺利开行，使路上丝绸之路与海上丝绸之路正式实现无缝对接。

3.“郑欧”货运班列

(1)首趟“郑欧”货运班列抵达汉堡(来源:河南商报讯)

2013 年 7 月 18 日 10 时 46 分，随着鸣笛声响，编号为“80601”的首班“郑欧”国际铁路货运班列从郑州开出。7 月 21 日通过阿拉山口出境，途经 6 个国家，历经两次转关、两次换轨，走过 10 214 km。

德国汉堡一向被当作进入欧洲的大门。8 月 2 日 18 时，“郑欧”国际铁路货运班列抵达目的地——德国汉堡市比尔沃德货运中转站，车上载着焦作风神轮胎、温州女鞋、广东机电等 41 个标准集装箱，正式敲开了欧洲的大门。

(2)首趟郑欧返程班列正式发车(来源:人民日报)

2014 年 9 月 1 日“郑欧”国际铁路货运班列在德国汉堡举行发车仪式，首趟载有工业机器人等货物的“郑欧”货运返程班列从汉堡比尔沃德车站开出，驶往中国河南，标志着“郑欧”返程班列迈向常态化运行。

此趟班列载有41个集装箱，行程10 200 km，将于17天后到达中国郑州，比海运快20天，成本比空运低。去年7月18日，中国郑州至德国汉堡的“郑欧”国际铁路货运班列成功开通，并实现了每周两班的常态化运营。

4.“湘欧”班列

“湘欧”班列首发（来源：火星在线—长沙晚报）

2014年10月30日，随着长沙海关现场业务处监管科关员对最后一批申报出口货物的签章放行，两列满载汽车配件、瓷器、茶叶等湖南特色产品的“湘欧”国际货运班列，在湖南长沙火车新北站鸣笛启运，驶向广袤的欧洲和中亚地区。

“湘欧”国际货运班列首发两列班列，运行线路分别为湖南—新疆阿拉山口—哈萨克斯坦—乌兹别克斯坦，湖南—内蒙古满洲里—俄罗斯—德国杜伊斯堡，将于11月11日至18日运抵目的地，比传统海运时间缩短12～18天时间。

为大力支持“湘欧”国际货运班列的开行，长沙海关为企业量身打造快速通关模式。对“湘欧”国际班列出口货物运抵长沙铁路新北站后，企业自主选择远程申报或委托代理报关方式向霞凝港通关现场申报。在确保有效监管的前提下，适度降低出口货物查验比例，实现货物运抵监管场所8 h内办结查验放行手续。

5.“辽满欧”班列

连港“辽满欧”班列正式开通　加速融入“一带一路”倡议（来源：辽宁日报）

2015年4月29日9时58分，运往俄罗斯、欧洲的50车集装箱班列，准点驶出大连铁路集装箱中心站。本次班列从大连铁路集装箱中心站始发，经国铁哈大线、滨州线至满洲里口岸，然后经俄罗斯抵达德国等欧洲国家。这一班列的正式开通并进入常态化运营，意味着大连港集团融入国家“一带一路”倡议迈出了重要一步。

大连港目前拥有17条日本航线、15条韩国航线、10条东南亚航线和4条台湾航线，不仅可以将内地、台湾地区、日、韩、东南亚的机电产品、生活用品、汽车产品，通过大连过境中转出口到中亚、俄罗斯及欧洲，从欧洲进口的汽车配件也可通过大连港中转，运往国内或直接中转出口到日韩。

大连港“辽满欧”过境集装箱班列此前已投入运营，并在2014年实现爆发式增长。此次正式开通，改变了以往零散运输的运行模式，初步计划每周开通两班，实现常态化运营。同时，大连至满洲里国际班列的时间缩短到36 h，较传统海运可节省时间20到30天，较普通零散运输可节省时间5到10天。大连港集团表示，正在着力构建对俄、对欧的“点对点”班列运行模式，进一步缩短运行时间，降低物流成本，打造具备核心竞争力的“辽满欧”国际物流大通道。大连口岸海关、检验检疫、铁路和港口等相关单位为“辽满欧”国际班列开辟了“绿色通道”，客户可以独享通关的便利性。

借助“一带一路”、东北振兴的东风，大连港集团正在举全港之力，构筑“辽满欧”“辽蒙欧”“辽海欧”三大国际陆海大通道，打造“21世纪海上丝绸之路”新起点。为保证“辽满欧”国际班列稳定运营，大连港将全面深化与铁路、过境专业物流企业的战略合作，着力加强班列作业组织和货源市场开发，积极参与通道物流节点建设与合作，促进跨境物流贸易蓬勃发展，为辽宁省加快形成陆海统筹、东西互济的全方位开放格局提供支持保障。

6.“营满欧”班列

“营满欧”告别回程放空历史（来源：辽宁日报）

2016年4月9日，“营满欧”海铁联运大通道的首趟回程班列抵达营口港，此趟班列是3月30日从俄罗斯新西伯利亚·克列西哈发出，经满洲里口岸入境。班列满载45个40英尺集装箱的木制品，将以营口港为分拨中心，在鲅鱼圈口岸清关后，通过海运的方式分拨至天津、上海、广州等地。

“营满欧”回程班列将与营口港开行的7条去程中欧班列线路形成往返循环，有效降低空集装箱调配的成本，增强对俄罗斯中东部地区大宗回程货源的吸引力，拉动“营满欧”中欧班列线路的货运量，提升全程物流的市场竞争力。

7.“苏满欧”班列

首列“苏满欧”铁路集装箱班列开行省时一半以上（来源：内蒙古新闻网）

2013年9月30日凌晨2点20分，一列满载电子产品的铁路集装箱班列从苏州西站出发驶向满洲里口岸。这趟列车将经满洲里口岸进入俄罗斯，而后抵达波兰华沙。至此，“苏满欧”铁路集装箱班列正式开行。

该班列开通是落实自治区“8337”发展思路和打造向北开放桥头堡的具体工作举措，标志着满洲里口岸过境运输迈上了一个新台阶，对于提高满洲里口岸货值、增加口岸货运量具有重要意义。

该班列全程11 800 km，运输时间预计18天，运输费用约7 200美元/大柜，与“渝新欧”线路9 300美元/大柜的运输费用相比，具有显著优势。借助

“苏满欧”这条新的物流通道，苏州周边生产的大量电子产品经满洲里口岸直达欧洲，运输时间比海运节省一半以上，成本比空运又大大降低，这是性价比最高的一条出口通道。

据悉，在开通“苏满欧”班列的牵动下，满洲里市口岸委将充分发挥满洲里口岸欧亚第一大陆桥的通道优势，多方联系开展集装箱出口业务，扩大陆海联运合作，以提高口岸货值，增加口岸货运量，力争在今年第四季度实现每周发送2列集装箱专列经满洲里口岸出境，明年初形成集装箱班列，实现年出口量20 000标准箱。另外，10月中旬，自治区口岸办将率满洲里市口岸委专程赴广东省和河南省进行实地考察调研，加强自治区口岸与广东和河南两省口岸办的合作，共同推动“豫满欧”和“粤满欧”集装箱班列开行，促进满洲里口岸物流发展，加快建设向北开放桥头堡步伐。

8.“长安号”班列

(1)陕西首趟国际货运班列“长安号”开行(来源：中证网)

2013年11月28日上午10点，陕西首趟国际货运班列“长安号”列车开行。在西安市出台的建设“丝绸之路经济带”实施方案中，明确要求加快开通“长安号”国际货运班列，把西安打造成“丝绸之路经济带”物流枢纽和集散地口岸。陕西首趟国际班列“长安号”今日开行6天后到达。

(2)首趟“长安号”分两天出发(来源：华商报)

过去我省的货物运往中亚、欧洲等地，通常选择海运或公路运输，如果走铁路，整个过程会相当麻烦，每到一个口岸都要重新报关，但是有了“长安号”，就能免除这些麻烦了。

“长安号”分为从西安到哈萨克斯坦阿拉木图、西安到哈萨克斯坦热姆、西安到荷兰鹿特丹、西安到俄罗斯莫斯科四条线路。西安国际港务区管委会副主任韩玲冰昨天介绍，“长安号”是我省建设“丝绸之路经济带”新起点和向西开放战略中，开通的第一趟国际货运班列。

西安陆港大陆桥国际物流有限公司总经理赵建军说，首趟“长安号”货源共90车，其中集装箱班列货品主要为机械配件、重晶石粉和工业盐等，共计41车；整车班列货物为50型号石油钻机，共计49车。明日，满载大型石油装备的“长安号”整车班列将在上午10点发车，直达热姆。

“长安号”出国走的啥线路?

“长安号”国际货运班列顾问武靖宇介绍说，从西安到阿拉木图整个行程6天左右，西安到新疆阿拉山口73个小时中间不停留，从阿拉山口再到哈萨克斯坦的多斯特克口岸再分路线走，不过列车到那里后将以最快的速度把货物换装到哈萨克斯坦的列车上。

而且“长安号”所有货物的通关也比普通列车便捷，所有进出口货物在西安办完通关手续后，由西安海关转到阿拉山口办出关手续，那边的海关只需要对西安海关发出的转关单据确认，无需再次报关。

货物搭“长安号”有啥好处？

过去陕西出口中亚的货物走公路的话可以直接送到门口，但途经沙漠地带，沿途地形复杂，安全风险较大。而走铁路的话，沿途每到一个车站就要等待编组，还有大量时间耗在等待出境、报关手续上。

中外运空运发展股份有限公司西北分公司总经理宋新梅告诉记者，过去西安到阿拉木图的货物走铁路通常要走 25 天左右，到热姆需要 30 天左右。而现在到阿拉木图只需 6 天，到热姆仅需 11 天左右。

西安会开通国际客运班列吗？

今后西安到中亚或欧洲会不会开通一趟类似的客运专列呢？武靖宇认为，未来，随着“丝绸之路经济带”建设的不断发展，不排除会出现这样一趟客运专列，但目前，铁路途经的中亚地区大部分区域仍是沙漠地带，如果沿线国家能尽力开发出更多的旅游景点，开通一条专门的客运专线将会更有看头。

9.“义新欧”班列

“义新欧”首趟货运班列昨鸣笛开行(来源：金华新闻网)

2014 年 11 月 17 日，由义乌国际商贸城“出品”的一个装满箱包、陶瓷工艺品及生活日用品的 82 个标准箱，在铁路义乌西站海关监管场所装载上车后，一路向西直奔 13 052 km 之遥的西班牙马德里市。大约 21 天后，它们就能出现在马德里的各大超市，相比之前传统的运输途径，节省了一半以上的时间。与其他中欧班列相比，创下了多个纪录。

首先是运输线路最长，原来线路最长的是苏州至波兰华沙的“苏满欧”班列，全程 11 200 km，“义新欧”班列比它长 1 852 km。其次是穿越省份最多，途经国家最多。在国内，它从浙江出发横贯东西，经过安徽、河南、陕西、甘肃、青海，在新疆阿拉山口口岸出境，共计 6 个省(自治区)；出境后，除了哈萨克斯坦、俄罗斯、白俄罗斯、波兰、德国外，还增加了法国、西班牙，共计 7 个国家，几乎横贯整个欧洲。另外，境外铁路换轨次数最多，其他中欧班列在哈萨克斯坦、波兰两次换轨，“义新欧”中欧班列(义乌—马德里)还需在法国与西班牙交界的伊伦进行第三次换轨。除此之外，与第一批列入中欧班列序列的重庆、成都、郑州、武汉、苏州等 5 个城市相比，义乌是唯一一个开通中欧班列的县级城市。

“义新欧”中欧班列(义乌—马德里)具有运送的中国商品元素鲜明、辐射范围广、货源支撑强劲、综合运输成本较低等优势和特点,未来发展潜力巨大,这是中国梦与世界梦交融的一条新丝路,将有效促进浙江乃至全国商品更好地走向世界,让世界商品更好地汇聚浙江,推动义乌市场向“买全球、卖全球”发展,也将进一步促进中国与西班牙以及整个欧洲之间的贸易往来。

10.“哈欧”班列

(1)“哈欧”班列首次从德国返程(来源:大陆桥物流联盟)

2015年7月14日,经过17天的漫长行程,挂着“东方红”车头,装着印着的“CRONOS”德文标识等字样的41个集装箱“洋货”的“哈欧”班列缓缓驶入香坊火车站。这是“哈欧”班列首班返程列车,标志着“龙江陆海丝绸之路经济带”中最为重要的哈欧通道实现了双向贯通。

(2)“哈欧”班列开启中欧经贸新纪元(来源:中央电视台)

2015年6月13日10时,伴随着一声火车汽笛的长鸣,首班“哈欧”国际货运班列X86805满载货物从哈尔滨香坊火车站开出,直抵德国汉堡。该班列每周发一班,实现常态化运行,标志着一条现代丝绸之路顺利贯通。

“哈欧”班列的开行为中欧经贸往来架起了一座新桥梁,串起了一条新纽带,作用和意义是巨大而长远的。它会同已有的8条中欧班列,不仅源源不断的把国内货物优质快速的送到欧洲,更能够把国内需要的重要物资及时拉回来。给国内商家提供便捷的同时,也让欧洲客商对亚洲、对中国的商贸产生更大兴趣,带动双边贸易和产业的发展,助推各地经济蓬勃雄起。

(3)“哈欧”班列打开龙江对接世界的窗口(来源:东北网)

“哈欧”班列2015年6月13日从哈尔滨首发,6月26日从汉堡首发,截至2015年12月中旬已往返开行36班,满载率为65.39%,零货损率,取得很好的经营效果。省发改委巡视员、龙江丝路带建设领导小组办公室副主任彭介林在接受记者采访时说,“哈欧”班列一经开通即实现常态化运行,目前是东北及华北地区经俄罗斯至欧洲的唯一的“周周班”国际货运班列,突显了我省连接亚欧主通道和运输枢纽的重要地位,对加快建设中蒙俄经济走廊、发展我省外向型经济产生了积极的推动作用。

11. 新疆—乌克兰

新疆开行首趟至乌克兰的中欧班列(来源:新华社)

2017 年 10 月 29 日 12 时许，一列搭载着石油钻井设备的货物列车驶离中欧班列乌鲁木齐集结中心，驶向乌克兰东部城市波尔塔瓦。这是新疆开行的首趟发往乌克兰的中欧班列。

目前，新疆中欧班列已形成常态化开行，班列从最初的每周开行一列增加到每天开行两列，货物运输品类扩大到石油机电设备、建材、农副产品、日用百货等 200 多个品类，其中六成货物发往中亚国家，四成货物发往欧洲国家，预计全年将实现开行 700 列中欧班列的新目标。

12. 江西中欧班列

江西首趟中欧班列开行，全程运行 12 000 余 km(来源：大江网)

2015 年 11 月 24 日 10 时 28 分，一列满载太阳能组件的集装箱货运班列在南昌横岗站开出，将经满洲里站过境去往荷兰鹿特丹，这是江西红土地上开出的第一趟中欧(南昌—鹿特丹)国际铁路货运班列。据悉，首趟中欧班列全程运行 12 000 余 km，全程运输时间约 17 天。

据了解，首趟中欧(南昌—鹿特丹)班列全程运行 12 000 余 km，全程运输时间约 17 天，从江西南昌横岗站始发，途经俄罗斯、白俄罗斯、波兰、德国，终到荷兰鹿特丹。这趟班列载有 40 英尺集装箱 48 个，货物主要为江西赛维 LDK 太阳能高科技公司生产的太阳能组件，货值约 500 万美元。

据南昌铁路局货运营销中心工作人员介绍，中欧(南昌—鹿特丹)国际铁路货运班列的开通运行，构建了一条连接欧亚大陆的物流大通道，对江西省改善投资发展环境，扩大物流集聚效应等将发挥积极的推动作用。同时，班列的开行，有利于推动江西省融入国家“一带一路”和长江经济带发展战略，加快物流网络现代化建设，全面提升对外开放水平；对节约物流成本，提高国际市场竞争力，促进江西经济社会发展具有积极意义。

中欧班列具有比海运节省约 28 天、比公路更安全的运输优势，采取整列运输方式，途中不进行解挂作业，可最大限度压缩货物运输时间，并提供联运单证处理、信息跟踪、“门到门”运输、集装箱使用、代理报关等服务，极大的降低企业物流成本，使江西省物资出口海外更加便捷。

13. 广州中欧班列

广西首趟中欧班列开行，连接东盟及欧洲(来源：中国新闻网)

2018 年 1 月 17 日 11 时 30 分许，随着声声汽笛长鸣，载着电器包材、精细板材等货物的 31 个集装箱搭乘中欧班列从广西钦州港火车东站驶出，前往波兰马拉舍维奇。这是首趟由广西发出的中欧班列，是继“渝桂新”“陇桂新”“蓉欧+”东盟国际海铁联运班列贯通后，又一条国际贸易新通道。

中欧班列(钦州—波兰马拉舍维奇)(简称“中欧班列”)以广西中欧铁路物流有限公司作为平台公司运营。该公司负责人方曼荻表示,班列从钦州港东站始发,阿拉山口出境,最终抵达波兰马拉舍维奇。班列全程 11 000 多 km,运行时间 18～20 天,相对海运节省 12 天以上,具有明显的时效性和稳定性优势,费用方面不到空运的五分之一,将为东盟国家及中国华南地区货物出口到中亚、俄罗斯、东欧等国家和地区提供新的便捷通道。

方曼荻介绍,中欧班列近期货源约 3 230 标准箱/年,主要出口产品为通信、家电、运动装备、电子、3C 类配件等产品。随着越南等东盟国家的服装、鞋帽、电子产品等出口加工业的兴起,以上产品可通过该班列出口至中亚、俄罗斯、东欧等地,这些地区对东盟国家热带水果的需求,也可通过中欧班列冷链运输完成。二者叠加,班列远期货源将达到 1 万标准箱/年。“目前班列处于试运行阶段,计划到今年 4 月份左右,将实现常态化运行”。

“中欧班列开辟了一条从东盟国家经广西,连接中国西南中南地区,直至中亚、欧洲的国际陆海贸易新通道,对于充分发挥广西对东盟陆海相连的独特优势,实现‘一带一路’沿线国家有机衔接,增进中国与东盟、中亚、东欧等地区交流,实现‘五通’具有重要意义。”广西钦州保税港区管理委员会副主任王文远在接受记者采访时表示。

他进一步指出,中欧班列的开行将有利于扩大钦州保税港区集装箱吞吐量,吸引深圳、广州等华南地区及越南、泰国、马来西亚等东盟国家的货物通过保税港区出口至中亚、俄罗斯、东欧等地区。有利于平衡中新互联互通南向通道上下行货源,发掘巨量贸易附加值,发现和吸引有关产业落地。此外,班列的开行还将有利于在促进沿线各国、各地区商贸物流互联互通的同时,探索以实体贸易为载体,供应链金融为手段,扩大人民币国际化的空间。

钦州市长黄海昆表示,下一步,钦州作为“一带一路”南向通道陆海枢纽节点,将以首发班列成功开行为契机,更加主动融入南向通道建设,加快完善海铁联运“最后一公里”,进一步提升通关便利化服务,加强与铁路沿线地区沟通协作,全力推动中欧班列常态化运行。

附件 2

中欧、中亚班列开行方案

序号	班列种类	车次	发局	装车组织站	始发（技术）站	到达（技术）站	卸车组织站	到局	编组内容	运行径路	开行周期（列/周）	速度标尺（km/h）	备注
1	中欧	X8028	哈	满洲里（境）	满洲里（境）	长春北、哈尔滨南	长春北、新香坊、香坊	哈/沈	同一到站整列卸，30～50 辆，2 500 t，70.0	兰棱	2	120	主线
2	中欧	X8030/29	哈	满洲里（境）	满洲里（境）	吴家山	吴家山	武	到站整列卸，30～50 辆，2 500 t，70.0	泰来、山海关、安阳、孟庙	3	120	主线
3	中欧	X8031	哈	新香坊、香坊、让湖路、卧里屯	哈尔滨南、让湖路	满洲里（境）	满洲里（境）	哈	满洲里（境）整列出境，2 500 t，41～50 辆，70.0		3	120	主线
4	中欧	X8034/3	哈	满洲里（境）	满洲里（境）	兴隆场、新丰镇	团结村、新筑	成/西	同一到局卸车站整列卸，30～50 辆，2 500 t，70.0	泰来、山海关、安阳、太要、达州	2	120	支线，X8030/29 郑州北分线
5	中欧	X8058	哈	满洲里（境）	满洲里（境）	苏家屯	沈阳东、鲅鱼圈北	沈	沈阳东、鲅鱼圈北到站成组，沈阳东挂尾部，30～50 辆，2 500 t，70.0	泰来	1	120	
6	中欧	X8408/7	哈	满洲里（境）	满洲里（境）	苏州西、南京北	苏州西、南京北	上	同一到站整列卸，30～50 辆，2 500 t，70.0	泰来、山海关、德州、利国	2	120	主线

续上表

序号	班列种类	车次	发局	装车组织站	始发(技术)站	到达(技术)站	卸车组织站	到局	编组内容	运行径路	开行周期(列/周)	速度标尺(km/h)	备注
7	中欧	X8057	沈	鲅鱼圈北、金港	鲅鱼圈北、金州	满洲里(境)	满洲里(境)	哈	满洲里(境)整列出境,41~50辆,2 500 t,70.0	泰来	0.5	120	主线
8	中欧	X8059/60/59	沈	沈阳东	沈阳东	满洲里(境)	满洲里(境)	哈	满洲里(境)整列出境,41~50辆,2 500 t,70.0	泰来	3	120	主线
9	中欧	X8209/10/09	沈	沈阳东	沈阳东	二连(境)	二连(境)	呼	二连(境)整列出境,41~50辆,2 500 t,70.0	通辽北	1	120	主线
10	中欧	X8212/1	京	新港、新港北、塘沽	新港、北塘西	二连(境)	二连(境)	呼	二连(境)整列出境,41~50辆,2 500 t,70.0	友谊水库	2	120	集宁接X8205
11	中欧	X8204/1	呼	二连(境)	二连(境)	吴家山、郑州北	圃田、吴家山	郑/武	到站整列卸,30~50辆,2 500 t,70.0	友谊水库、安阳、孟庙	3	120	主线
12	中欧	X8205	呼	包头西、沙良、七苏木、乌海西、临河	集宁	二连(境)	二连(境)	呼	二连(境)整列出境,41~50辆,2 500 t,70.0		1	120	主线
13	中欧	X8206	呼	二连(境)	二连(境)	集宁	七苏木、沙良、包头西、乌海西、临河	呼	同一到站整列卸,30~50辆,2 500 t,70.0		1	120	主线

续上表

序号	班列种类	车次	发局	装车组织站	始发（技术）站	到达（技术）站	卸车组织站	到局	编组内容	运行径路	开行周期（列/周）	速度标尺（km/h）	备注
14	中欧	X8216/5	呼	二连（境）	二连（境）	东孚、赣州东	东孚、南康	南	同一到站整列卸，30～50 辆，2 500 t，70.0	友谊水库、临清、梁堤头、王楼、淮滨、蔡山	2	120	X8206 集宁分线
15	中欧	X8226/5	呼	二连（境）	二连（境）	新丰镇	新筑	西	到站整列卸，30～50 辆，2 500 t，70.0	新街	1	120	X8206 集宁分线
16	中欧	X8306/5	呼	二连（境）	二连（境）	兴隆场、成都北	团结村、城厢	成	同一到站整列卸，30～50 辆，2 500 t，70.0	友谊水库、安阳、部营、胡家营、达州	2	120	X8204/1 在郑州北分线
17	中欧	X8011/2/1	武	吴家山	吴家山	阿拉山口境	阿拉山口境	乌	阿拉山口境整列出境，41～50 辆，2 500 t，70.0	部营、商南、天水、安北	1	120	新丰镇接 X8001
18	中欧	X8017/8/7	武	吴家山	吴家山	阿拉山口（境）	阿拉山口（境）	乌	阿拉山口（境）整列出境，41～50 辆，2 500 t，70.0	部营、商南、天水、安北	2	120	新丰镇接 X8003
19	中欧	X8406/5	武	吴家山	吴家山	满洲里（境）	满洲里（境）	哈	满洲里（境）整列出境，41～50 辆，2 500 t，70.0	孟庙、安阳、山海关、泰来	2	120	南仓接 X8074/3
20	中欧	X8432/1	济	临沂、济南南、朱保	临沂、济西	满洲里（境）	满洲里（境）	哈	满洲里（境）整列出境，41～50 辆，2 500 t，70.0	德州、山海关、泰来	1	120	济西接 X8402

续上表

序号	班列种类	车次	发局	装车组织站	始发（技术）站	到达（技术）站	卸车组织站	到局	编组内容	运行径路	开行周期（列/周）	速度标尺（km/h）	备注
21	中欧	X8024/3	上	义乌西、宁波北、合肥北、南京北、芦潮港	合肥东（乔司）	阿拉山口（境）	阿拉山口（境）	乌	阿拉山口境整列出境，41～50 辆，2 500 t，70.0	叶集、小林、商南、天水、安北	3	120	新丰镇接 X8003
22	中欧	X8066/5	上	义乌西、合肥北、南京北、苏州西、杨浦	合肥东	阿拉山口（境）	阿拉山口（境）	乌	阿拉山口境整列出境，41～50 辆，2 500 t，70.0	叶集、小林、商南、天水、安北	3	120	新丰镇接 X8005
23	中欧	X8072/1	上	南通东	徐州北	霍尔果斯（境）	霍尔果斯（境）	乌	霍尔果斯境整列出境，41～50 辆，2 500 t，70.0	虞城县、太要、天水、安北	1	120	主线
24	中欧	X8074/3	上	义乌西、南京北	乔司（南京北）	满洲里（境）	满洲里（境）	哈	满洲里（境）整列出境，41～50 辆，2 500 t，70.0	利国、德州、山海关、泰来	2	120	主线
25	中欧	X8082/1	上	连云港港口	云台山	阿拉山口（境）	阿拉山口（境）	乌	阿拉山口境整列出境，41～50 辆，2 500 t，70.0	虞城县、太要、天水、安北	1	120	徐州北接 X8003
26	中欧	X8088/7	上	义乌西、合肥北	乔司（合肥东）	霍尔果斯（境）	霍尔果斯（境）	乌	霍尔果斯境整列出境，41～50 辆，2 500 t，70.0	叶集、小林、商南、天水、安北	1	120	新丰镇接 X8072/1 次

续上表

序号	班列种类	车次	发局	装车组织站	始发（技术）站	到达（技术）站	卸车组织站	到局	编组内容	运行径路	开行周期（列/周）	速度标尺（km/h）	备注
27	中欧	X8402/1	上	苏州西	苏州西	满洲里（境）	满洲里（境）	哈	满洲里（境）整列出境，41～50 辆，2 500 t，70.0	利国、德州、山海关、泰来	3	120	主线
28	中欧	X8410/09	上	苏州西、南京北、义乌西	南京东、南京北、乔司	二连（境）	二连（境）	呼	二连（境）整列出境，41～50 辆，2 500 t，70.0	虞城县、安阳、友谊水库	1	120	郑州北接 X8202/3
29	中欧	X8098/7	南	东孚	东孚	阿拉山口（境）	阿拉山口（境）	乌	阿拉山口境整列出境，东孚出发计长 51.0，铁山洋补轴，41～50 辆，2 500 t，70.0	西河村、小林、商南、天水、安北	1	120	新丰镇接 X8005
30	中欧	X8208/7	南	东孚、横岗	东孚、九江西	二连（境）	二连（境）	呼	二连（境）整列出境，东孚出发计长 51.0，铁山洋补轴，41～50 辆，2 500 t，70.0	蔡山、淮滨、王楼、梁堤头、临清、友谊水库	1	120	集宁接 X8205
31	中欧	X8218/7	南	东孚、南康、横岗、鹰潭南	东孚、赣州东、九江西、鹰潭	满洲里（境）	满洲里（境）	哈	满洲里整列出境，2 500 t，41～50 辆，70.0；东孚出发计长 51.0，铁山洋补轴后，2 500 t，70.0	香隅、利国、德州、山海关、泰来	3	120	南京东接 X8402/1
32	中欧	X8422/1	广	石龙、长沙北、大朗、平湖南	石龙、江村、长沙北	二连（境）	二连（境）	呼	二连（境）整列出境，41～50 辆，2 500 t，70.0	蒲圻、孟庙、安阳、友谊水库	3	120	集宁接 X8205

续上表

序号	班列种类	车次	发局	装车组织站	始发（技术）站	到达（技术）站	卸车组织站	到局	编组内容	运行径路	开行周期（列/周）	速度标尺（km/h）	备注
33	中欧	X8426/5	广	石龙、长沙北、大朗、平湖南、怀化西	石龙、江村、长沙北、怀化西	满洲里（境）	满洲里（境）	哈	满洲里（境）整列出境，41～50辆，2 500 t，70.0	蒲圻、孟庙、安阳、山海关、泰来	7	120	主线
34	中欧	X8428/7	广	石龙、长沙北、大朗、平湖南	石龙、江村、长沙北	阿拉山口（境）	阿拉山口（境）	乌	阿拉山口（境）整列出境，41～50辆，2 500 t，70.0	蒲圻、部营、商南、天水、安北	3	120	吴家山接X8011/2
35	中欧	X8013	成	团结村、重庆南	兴隆场	阿拉山口（境）	阿拉山口（境）	乌	阿拉山口（境）整列出境，41～50辆，2 500 t，70.0	羊木、安北	1	120	主线
36	中欧	X8062/1	成	城厢、普兴	成都北	霍尔果斯（境）	霍尔果斯（境）	乌	霍尔果斯境整列出境，41～50辆，2 500 t，70.0	羊木、安北	1	120	主线
37	中欧	X8064/3	成	城厢、普兴	成都北	霍尔果斯（境）	霍尔果斯（境）	乌	霍尔果斯（境）整列出境，41～50辆，2 500 t，70.0	羊木、安北	1	120	兰州北接X8072/1
38	中欧	X8075	成	团结村	兴隆场	霍尔果斯（境）	霍尔果斯（境）	乌	霍尔果斯（境）整列出境，41～50辆，2 500 t，70.0	羊木、安北	3	120	兰州北接X8069
39	中欧	X8078/7	成	城厢	成都北（城厢）	霍尔果斯（境）	霍尔果斯（境）	乌	霍尔果斯（境）整列出境，41～50辆，2 500 t，70.0	羊木、安北	3	120	兰州北接X8069

续上表

序号	班列种类	车次	发局	装车组织站	始发（技术）站	到达（技术）站	卸车组织站	到局	编组内容	运行径路	开行周期（列/周）	速度标尺（km/h）	备注
40	中欧	X8083	成	团结村	兴隆场	阿拉山口（境）	阿拉山口（境）	乌	阿拉山口（境）整列出境，41～50 辆，2 500 t，70.0	羊木、安北	7	120	主线
41	中欧	X8086/5	成	城厢、普兴	成都北	阿拉山口（境）	阿拉山口（境）	乌	阿拉山口（境）整列出境，41～50 辆，2 500 t，70.0	羊木、安北	7	120	主线
42	中欧	X8090/89	成	城厢、普兴	成都北	阿拉山口（境）	阿拉山口（境）	乌	阿拉山口（境）站整列出境，41～50 辆，2 500 t，70.0	羊木、安北	7	120	主线
43	中欧	X8412/1	成	团结村、重庆南、城厢	兴隆场、成都北	满洲里（境）	满洲里（境）	哈	满洲里（境）整列出境，41～50 辆，2 500 t，70.0	达州、胡家营、部营、安阳、山海关、泰来	2	120	支线，郑州北接X8406/5
44	中欧	X8434	成	团结村、城厢	兴隆场、成都北	二连（境）	二连（境）	呼	二连（境）整列出境，41～50 辆，2 500 t，70.0	达州、胡家营、部营、安阳、友谊水库	3	120	郑州北接X8202/3
45	中欧	X8002	乌	阿拉山口（境）	阿拉山口（境）	郑州北	圃田	郑	到站整列卸，30～50 辆，2 500 t，70.0	安北、天水、太要	1	120	主线
46	中欧	X8008	乌	阿拉山口（境）	阿拉山口（境）	郑州北	圃田	郑	到站整列卸，30～50 辆，2 500 t，70.0	安北、天水、太要	3	120	主线

续上表

序号	班列种类	车次	发局	装车组织站	始发（技术）站	到达（技术）站	卸车组织站	到局	编组内容	运行径路	开行周期（列/周）	速度标尺（km/h）	备注
47	中欧	X8040	乌	阿拉山口（境）	阿拉山口（境）	兴隆场	团结村	成	到站整列卸，30～50 辆，2 500 t，70.0	安北、羊木	4 列/周	120	X8002 在兰州北分线
48	中欧	X8042/1	乌	阿拉山口（境）	阿拉山口（境）	成都北（城厢）	城厢	成	到站整列卸，30～50 辆，2 500 t，70.0	安北、羊木	2	120	X8002 在兰州北分线
49	中欧	X8044/3	乌	阿拉山口（境）	阿拉山口（境）	吴家山	吴家山	武	到站整列卸，30～50 辆，2 500 t，70.0	安北、天水、商南、部营	2	120	X8008 在新丰镇分线
50	中欧	X8050	乌	霍尔果斯（境）	霍尔果斯（境）	兴隆场	团结村	成	到站整列卸，30～50 辆，2 500 t，70.0	安北、羊木	1	120	主线
51	中欧	X8054/3	乌	阿拉山口（境）	阿拉山口（境）	乔司、合肥东	义乌西、合肥北	上	同一到站整列卸，30～50 辆，2 500 t，70.0	安北、天水、商南、小林、叶集	2	120	X8008 在新丰镇分线
52	中欧	X8092/1	乌	阿拉山口（境）	阿拉山口（境）	成都北（城厢）	城厢	成	到站整列卸，30～50 辆，2 500 t，70.0	安北、羊木	7	120	主线
53	中欧	X8220/19	乌	阿拉山口（境）	阿拉山口（境）	成都北（城厢）	城厢	成	到站整列卸，30～50 辆，2 500 t，70.0	安北、羊木	7	120	主线
54	中欧	X8308/7	乌	霍尔果斯（境）	霍尔果斯（境）	成都北（城厢）	城厢	成	到站整列卸，30～50 辆，2 500 t，70.0	安北、羊木	1	120	X8050/49 羊木分线
55	中欧	X8001	上/郑/西	圃田、新筑	徐州北、郑州北、新丰镇、新筑	阿拉山口（境）	阿拉山口（境）	乌	限同一发局装车，阿拉山口（境）整列出境，41～50 辆，2 500 t，70.0	虞城县、太要、天水、安北	2	120	主线

续上表

序号	班列种类	车次	发局	装车组织站	始发（技术）站	到达（技术）站	卸车组织站	到局	编组内容	运行径路	开行周期（列/周）	速度标尺（km/h）	备注
56	中欧	X8003	上/郑	圃田	徐州北、郑州北	阿拉山口（境）	阿拉山口境	乌	阿拉山口（境）整列出境，41～50辆，2 500 t，70.0	虞城县、太要、天水、安北	1	120	主线
57	中欧	X8005	上/郑	圃田	徐州北郑州北	阿拉山口（境）	阿拉山口境	乌	阿拉山口（境）整列出境，41～50辆，2 500 t，70.0	虞城县、太要、天水、安北	1	120	主线
58	中欧	X8069	郑/西	圃田、新筑	郑州北、新筑、新丰镇	霍尔果斯（境）	霍尔果斯境	乌	限同一发局装车，霍尔果斯（境）整列出境，41～50辆，2 500 t，70.0	太要、天水、安北	1	120	主线
59	中欧	X8202/3	郑/武	圃田、吴家山	郑州北、吴家山	二连（境）	二连（境）	呼	限同一发局装车，二连（境）整列出境，41～50辆，2 500 t，70.0	孟庙、安阳、友谊水库	2	120	主线
60	中欧	X8312/1	哈	满洲里（境）	满洲里（境）	牡丹江	牡丹江	哈	到站整列卸，30～50辆，2 500 t，70.0		1	120	支线，X8028哈尔滨南分线
61	中欧	X8102/1	哈	满洲里（境）	满洲里（境）	新丰镇、成都北（城厢）	新筑、城厢	成	同一到站整列卸，2 500 t，30～50辆，70.0	泰来、山海关、安阳、太要、达州	7	120	主线

续上表

序号	班列种类	车次	发局	装车组织站	始发（技术）站	到达（技术）站	卸车组织站	到局	编组内容	运行径路	开行周期（列/周）	速度标尺（km/h）	备注
62	中欧	X8316/5	哈	满洲里（境）	满洲里（境）	赣州东	南康	南	到站整列卸，30～50 辆，2 500 t，70.0	泰来、山海关、德州、利国、香隅	1	120	支线，由 X8408/7 南京东分线
63	中欧	X8103	沈	兴隆山、远达	长春北	满洲里（境）	满洲里（境）	哈	限同一装车站，满洲里（境）整列出境，41～50 辆，2 500 t，70.0	兰棱	2	120	支线，哈尔滨南接 X8031
64	中欧	X8106/5	成	团结村	兴隆场	满洲里（境）	满洲里（境）	哈	满洲里（境）整列出境，41～50 辆，2 500 t，70.0	达州、胡家营、部营、安阳、山海关、泰来	3.5	120	主线
65	中欧	X8010	乌	阿拉山口（境）	阿拉山口（境）	新丰镇、郑州北、新筑	新筑、圃田	西/郑	同一到站整列卸，30～50 辆，2 500 t，70.0	安北、天水、太要	1	120	主线
66	中欧	X8014	乌	阿拉山口（境）	阿拉山口（境）	兴隆场	团结村	成	到站整列卸，2 500 t，30～50 辆，70.0	安北、羊木	4	120	支线，X8010 兰州北分线
67	中欧	X8052	乌	霍尔果斯（境）	霍尔果斯（境）	新丰镇、新筑	新筑	西	到站整列卸，30～50 辆，2 500 t，70.0	安北、天水	1	120	主线
68	中欧	X8236/5	呼	二连（境）	二连（境）	济西	济南南、朱保	济	同一到站整列卸，2 500 t，30～50 辆，70.0	友谊水库、德州	1	120	支线，X8206 集宁分线

续上表

序号	班列种类	车次	发局	装车组织站	始发(技术)站	到达(技术)站	卸车组织站	到局	编组内容	运行径路	开行周期(列/周)	速度标尺(km/h)	备注
69	中亚	X9202/1	京	新港、新港北	新港、北塘西	二连(境)	二连(境)	呼	二连(境)整列出境,3 500 t,70.0	友谊水库	7	普通货车	主线
70	中亚	X9053	呼	包头东、包头西、七苏木、临河、沙良	包头东、临河	霍尔果斯(境)	霍尔果斯(境)、阿拉山口(境)	乌	霍尔果斯(境)/阿拉山口(境)整列出境;到站为阿拉山口(境)时,4 000 t,70.0;到站为霍尔果斯(境)时,3 200 t,70.0	梧桐水	1	普通货车	哈密东接X9021,到站为阿拉山口(境)时,乌西接 X9401
71	中亚	X9204/3	呼	二连(境)	二连(境)	新港	新港	京	到站整列卸,4 500 t,70.0	友谊水库	3.5	普通货车	主线
72	中亚	X9021	郑	圃田	郑州北	霍尔果斯(境)	霍尔果斯(境)	乌	霍尔果斯(境)整列出境,3 200 t,70.0	太要、天水、安北	1	普通货车	主线
73	中亚	X9003	西	新筑	新筑、新丰镇	阿拉山口(境)	阿拉山口(境)	乌	阿拉山口(境)整列出境(货源不足时可以出口整车货补轴),4 000 t,70.0	天水、安北	2	普通货车	主线
74	中亚	X9006/5	济	青岛(港)、胶州、济南南、农中、日照、王木匠	济西	阿拉山口(境)	阿拉山口(境)	乌	阿拉山口(境)整列出境,4 200 t,70.0	德州、赛鱼、吴堡、定边、安北	2	普通货车	主线
75	中亚	X9008/7	济	青岛(港)、胶州、济南南、威海南、日照、农中	济西	霍尔果斯(境)	霍尔果斯(境)	乌	霍尔果斯(境)整列出境,3 200 t,70.0	德州、赛鱼、吴堡、定边、安北	3	普通货车	乌西接 X9403

续上表

序号	班列种类	车次	发局	装车组织站	始发（技术）站	到达（技术）站	卸车组织站	到局	编组内容	运行径路	开行周期（列/周）	速度标尺（km/h）	备注
76	中亚	X9010/09	上	义乌西、宁波北、合肥北、南京北、苏州西、芦潮港	合肥东（乔司）	阿拉山口（境）	阿拉山口（境）	乌	阿拉山口（境）整列出境，4 200 t，70.0	叶集、小林、商南、天水、安北	3.5	普通货车	主线
77	中亚	X9014/3	上	连云港港口、连云港东、铜山	墟沟北	霍尔果斯（境）	霍尔果斯（境）	乌	霍尔果斯（境）整列出境，3 200 t，70.0	虞城县、太要、天水、安北	7	普通货车	主线
78	中亚	X9016/5	上/西	连云港港口、连云港东、铜山、新筑	墟沟北、新筑、新丰镇	霍尔果斯（境）	霍尔果斯（境）	乌	限同一发局装车，霍尔果斯（境）整列出境，3 200 t，70.0	虞城县、太要、天水、安北	4	普通货车	主线
79	中亚	X9018/7	上	杨浦、芦潮港、苏州西、无锡南、义乌西、金华南	南京东（乔司）	霍尔果斯（境）	霍尔果斯（境）	乌	霍尔果斯（境）整列出境，3 200 t，70.0	叶集、小林、商南、天水、安北	2	普通货车	新丰镇接X9021
80	中亚	X9038/7	上	连云港港口、铜山	墟沟北	霍尔果斯（境）	霍尔果斯（境）	乌	霍尔果斯（境）整列出境，3 200 t，70.0	虞城县、太要、天水、安北	3	普通货车	乌西接X9403
81	中亚	X9032/3	南	东孚	东孚	阿拉山口（境）	阿拉山口（境）	乌	东孚始发 3 200 t，52.0，允许鹰潭以空车或阿拉山口境车流补轴，4 500 t，70.0	西河村、部营、商南、天水、安北	3 列/月	普通货车	新丰镇接X9003
82	中亚	X9238/7	南	南康	赣州东	霍尔果斯（境）	霍尔果斯（境）	乌	霍尔果斯（境）整列出境，3 200 t，70.0	西河村、小林、商南、天水、安北	1	普通货车	新丰镇接X9038/7

续上表

序号	班列种类	车次	发局	装车组织站	始发（技术）站	到达（技术）站	卸车组织站	到局	编组内容	运行径路	开行周期（列/周）	速度标尺（km/h）	备注
83	中亚	X9024/3	广	黄埔、平湖南、石龙、长沙北、大朗	江村	霍尔果斯（境）	霍尔果斯（境）、阿拉山口（境）	乌	霍尔果斯（境）/阿拉山口（境）整列出境；到站为阿拉山口（境）时，4 000 t，70.0；到站为霍尔果斯（境）时，3 200 t，70.0	蒲圻、部营、商南、天水、安北	1	普通货车	新丰镇接X9021，班列编组终到口岸站应唯一。到站为阿拉山口（境）时，乌西接X9401
84	中亚	X9101	宁	南宁南、柳州南	南宁南、柳州南	凭祥（境）	凭祥（境）	宁	凭祥（境）整列出境，12～24辆，1 000 t，40.0		1	普通货车	主线
85	中亚	X9102	宁	凭祥（境）	凭祥（境）	南宁南、柳州南	南宁南、六景、金城江	宁	同一到站整列卸，12～24辆，1 000 t，40.0		1	普通货车	主线
86	中亚	X9121/3	昆	十里村	开远	山腰（境）	山腰（境）	昆	山腰（境）整列出境，不少于15辆，760 t，20.2		14	35	主线
87	中亚	X9122/4	昆	山腰（境）	山腰（境）	开远	十里村	昆	十里村整列卸车，不少于15辆，760 t，20.2		14	35	主线
88	中亚	X9079	兰	白银市、武威南、银川南、中川北、兰州东川、迎水桥	兰州北、武威南	阿拉山口（境）	阿拉山口（境）	乌	阿拉山口（境）整列出（境）（货源不足时可以出口整车货补轴），4 200 t，70.0	安北	4	普通货车	主线

续上表

序号	班列种类	车次	发局	装车组织站	始发（技术）站	到达（技术）站	卸车组织站	到局	编组内容	运行径路	开行周期（列/周）	速度标尺（km/h）	备注
89	中亚	X9055	兰	白银市、武威南、银川南、中川北、兰州东川、迎水桥	兰州北、武威南	霍尔果斯（境）	霍尔果斯（境）	乌	霍尔果斯（境）整列出境（货源不足时可以出口整车货补轴），3 200 t，70.0	安北	2	普通货车	兰州北（武威南）接X9016
90	中亚	X9020	乌	阿拉山口（境）	阿拉山口（境）	乌西、新丰镇、新筑	乌西、新筑	乌/西	限同一到站整列卸，4 000 t，70.0	安北、天水	1	普通货车	主线
91	中亚	X9028/7	乌	霍尔果斯（境）	霍尔果斯（境）	成都北（城厢）	城厢	成	到站整列卸，3 200 t，70.0	安北、羊木	1	普通货车	X9036/5兰州北分线
92	中亚	X9036/5	乌	霍尔果斯（境）	霍尔果斯（境）	墟沟北、新筑、新丰镇	连云港港口、新筑	上/西	同一到局卸车站整列卸，3 200 t，70.0	安北、天水、太要、虞城县	1	普通货车	主线
93	中亚	X9081	乌	乌西、石河子、乌北、乌苏、布列开、三葛庄	乌西	阿拉山口（境）	阿拉山口（境）	乌	阿拉山口境出（境）（货源不足时可以出口整车货补轴），4 500 t，70.0		7	普通货车	中欧、中亚西线集结班列
94	中亚	X9091	乌	乌西、库尔勒、石河子、奎屯、奎屯西、布列开、伊宁	乌西	霍尔果斯（境）	霍尔果斯（境）	乌	霍尔果斯境整列出境（货源不足时可以出口整车货补轴），3 200 t，70.0		2	普通货车	主线。中欧、中亚西线集结班列

续上表

序号	班列种类	车次	发局	装车组织站	始发（技术）站	到达（技术）站	卸车组织站	到局	编组内容	运行径路	开行周期（列/周）	速度标尺（km/h）	备注
95	中亚	X9401	乌	乌西、库尔勒、石河子、奎屯、乌北、奎屯西	乌西	阿拉山口（境）	阿拉山口（境）	乌	阿拉山口境整列出境（货源不足时可以出口整车货补轴），4 500 t，70.0		7	普通货车	中欧、中亚西线集结班列
96	中亚	X9403	乌	乌西、石河子、乌北、奎屯、乌苏、布列开、三葛庄、伊宁	乌西	霍尔果斯（境）	霍尔果斯（境）	乌	霍尔果斯境整列出（境）（货源不足时可以出口整车货补轴），3 200 t，70.0		7	普通货车	中欧、中亚西线集结班列
97	中亚	X9206/5	京	塘沽、新港、新港北	新港、北塘西	二连（境）	二连（境）	呼	二连（境）整列出境，3 500 t，70.0	友谊水库	7	普通货车	主线
98	中亚	X9041	西	新筑	新筑	霍尔果斯（境）	霍尔果斯（境）	乌	霍尔果斯（境）整列出境，3 200 t，70.0	天水、安北	7	普通货车	主线
99	中亚	X9040/39	乌	阿拉山口（境）	阿拉山口（境）	墟沟北	连云港港口	上	到站整列卸，4 000 t，70.0	安北、天水、太要、虞城县	5	普通货车	支线，X9020在新丰镇分线
100	中亚	X9089	乌	乌西、石河子、乌北、乌苏、奎屯、三葛庄	乌西	阿拉山口（境）	阿拉山口（境）	乌	阿拉山口（境）整列出境（货源不足时可以出口整车货补轴），4 500 t，70.0		7	普通货车	主线。中欧、中亚西线集结班列
101	中亚	X9093	乌	乌西、石河子、乌苏、布列开、三葛庄、伊宁	乌西	霍尔果斯（境）	霍尔果斯（境）	乌	霍尔果斯（境）整列出境（货源不足时可以出口整车货补轴），3 200 t，70.0		1	普通货车	主线。中欧、中亚西线集结班列

附件 3

集装箱专用平车主要技术参数

序号	车型	载重（t）	自重（t）	换长	速度（km/h）	车辆长度（mm）	车辆宽度（mm）	承载面高（mm）	空车重心高（mm）
1	X_{6A} X_{6AT} X_{6AE}	50	18.2	1.3	80	13 938	3 180	1 160	720
2	X_{6B} X_{6BT} X_{6BK}	60	22.5	1.5	120	16 338	3 170	1 166	753
3	X_{6C} X_{6CT} X_{6CK}	60	20	1.5	120	16 338	3 170	1 174	740
4	X_{1K}	61	19.5	1.3	120	14 738	3 170	1 160	730
5	X_{2K} X_{2H}	78	22	1.8	120	19 466	2 920	290	650
6	X_{3K}	61	21	1.8	120	19 388	2 926	1 145	690
7	X_{4K}	72	21.8	1.8	120	19 416	2 870	1 140	685
8	X_{6K}	61	18.1	1.2	120	13 230	2 850	1 140	695

附件 4

铁路箱有关技术参数

箱　型	箱　类	箱主代码	起始箱号	截止箱号	自重(t)	箱体标记最大允许总重(t)	外型尺寸(mm)		
							长	宽	高
1 t	通用集装箱	TJ1	200000	304000	0.18	0.82	900	1 300	1 300
20 英尺	通用集装箱	TBJ	300011	301710	2.24	30.48	6 058	2 438	2 591
			350001	361914	2.24	30.48	6 058	2 438	2 591
			361915	362414	1.86	30.48	6 058	2 438	2 591
			362415	362748	2.24	30.48	6 058	2 438	2 591
			370001	390000	2.24	30.48	6 058	2 438	2 591
			400001	400500	2.98	30.48	6 058	2 438	2 591
			400501	400800	2.18	30.48	6 058	2 438	2 591
			400801	401187	2.13	30.48	6 058	2 438	2 591
			402708	403907	2.18	30.48	6 058	2 438	2 591
			403908	404231	2.21	30.48	6 058	2 438	2 591
			404232	404431	2.23	30.48	6 058	2 438	2 591
			404432	404731	2.52	30.48	6 058	2 438	2 896
			404732	405231	2.41	30.48	6 058	2 438	2 591

续上表

箱型	箱类	箱主代码	起始箱号	截止箱号	自重(t)	箱体标记最大允许总重(t)	外型尺寸(mm)		
							长	宽	高
20 英尺	通用集装箱	TBJ	405232	405931	2. 18	30. 48	6 058	2 438	2 591
			510001	575000	2. 21	24. 00	6 058	2 438	2 591
			580000	629999	2. 24	30. 48	6 058	2 438	2 591
			900001	900002	—	30. 48	6 058	2 550	2 896
		TBF	950000	950019	2. 70	20. 00	6 058	2 438	3 200
			950020	950039	2. 72	24. 00	6 058	2 438	3 200
			950040	950231	2. 42	24. 00	6 058	2 438	3 200
	弧型罐式集装箱	TBG	500000	500001	6. 30	30. 48	6 058	2 438	2 896
			500052	501999	6. 30	30. 48	6 058	2 438	2 896
	干散货集装箱	TBB	500000	511149	3. 10	30. 48	6 058	2 438	2 591
	散装水泥罐式集装箱	TBG	540001	543050	4. 95	30. 48	6 058	2 438	2 896
	水煤浆罐式集装箱	TBG	520001	520100	4. 25	30. 48	6 058	2 438	2 591
	折叠式台架集装箱	TBP	200001	210000	2. 50	30. 00	5 610	3 155	3 400
	框架罐式集装箱	TBG	510001	511000	4. 64	30. 48	6 058	2 438	2 591
			530000	530049	4. 40	30. 48	6 058	2 438	2 591
			530050	530199	4. 00	30. 48	6 058	2 438	2 591
			530200	530699	4. 40	30. 48	6 058	2 438	2 591
			550000	550099	4. 50	30. 48	6 058	2 438	2 591

续上表

箱 型	箱 类	箱主代码	起始箱号	截止箱号	自重(t)	箱体标记最大允许总重(t)	外型尺寸(mm)		
							长	宽	高
25 英尺	板架式汽车集装箱	TBP	000087	000088	4.30	28.30	7 675	3 180	348
			100000	100831	4.30	28.30	7 675	3 180	348
			101000	101999	4.30	28.30	7 675	3 300	348
40 英尺	通用集装箱	TBJ	300003	300005	3.88	30.48	12 192	2 438	2 896
			700000	700119	3.79	30.48	12 192	2 438	2 896
			710000	715999	3.88	30.48	12 192	2 438	2 896
45 英尺	冷藏集装箱	TBL	920001	920500	7.18	30.48	13 716	2 438	2 896
50 英尺	双层汽车集装箱	TBQ	800000	801599	10.53	30.48	15 400	2 500	3 200
			801600	801899	11.61	30.48	15 400	2 500	3 200
	板架式汽车集装箱	TBQ	200000	200399	10.90	60.00	15 400	3 300	270

参考文献

[1] 崔艳萍,武靖宇,车探来. 亚欧国际铁路联运[M]. 北京:中国铁道出版社,2017.

[2] 高柏,甑志宏等. 中欧班列——国家建设与市场建设[M]. 北京:社会科学文献出版社,2017.

[3] 杨志刚,邬丽君,汪媛媛. 国际物流运输实务与法规指南[M]. 北京:化学工业出版社,2014.

[4]《2015 版国际铁路货物联运操作实务》编写组. 2015 版国际铁路货物联运操作实务[M]. 北京:中国铁道出版社,2015.

[5] 崔艳萍."一带一路"倡议背景下推动国际运输便利化的研究[J]. 铁道运输与经济,2017,39(10):89-93.

[6] 崔艳萍. 交通运输国际公约对比研究[J]. 铁道运输与经济,2017,39(7):53-57.

[7] 崔艳萍. 中欧国际铁路运输通道规划布局研究[J]. 铁道经济研究. 2018,(4):1-5.

[8] 崔艳萍,武靖宇. 利用亚欧铁路运输通道提升中欧班列运行品质的研究[J]. 铁道运输与经济,2017,39(5):68-72.

[9] 崔艳萍. 中欧国际铁路运输通道系统分析[J]. 中国铁路,2017,(11):41-45.

[10] 崔艳萍. 中欧国际铁路运输通道概念内涵与系统构成[J]. 中国铁路,2017,(5):7-11.

[11] 张晓东."丝绸之路经济带"铁路通道构成规划研究[J]. 铁道运输与经济,2016,38(5):36-40.

[12] 何剑,董春风,董丹丹. 丝绸之路经济带区域物流发展水平评价研究[J]. 铁道运输与经济,2015,37(9):7-12.

[13] 张中理. 新疆丝绸之路西行国际货运班列的组织与实施[J]. 铁道货运,2014,32(10):13-17.

[14] 王争鸣."丝绸之路经济带"铁路通道发展战略研究[J]. 铁道工程学报,

2014,184(1):24-31.
[15] 马欣然,崔艳萍. 中亚铁路通道发展对策研究[J]. 铁道运输与经济,2017,39(3):85-89.
[16] 康颖丰. 中欧中亚铁路运输南部通道构建情况以及发展前景[J]. 大陆桥视野,2016(3):44-48.
[17] 杨雷. 中亚新跨国铁路的建设及其利益协调[EB/OL]. (2016-04-12)[2017-01-10]. http://opinion. hexun. com/2016-04-12/183244556. html.
[18] 王杨堃. 中欧班列发展现状、问题及建议[J]. 综合运输,2015,37(S1):70-75.
[19] 李佳峰."一带一路"战略下中欧班列优化对策研究[J]. 铁道运输与经济,2016,38(5):41-45.
[20] 许英明."一带--路"战略视角下中欧班列发展路径探讨[J]. 西南金融,2015(10):70-73.
[21] 李耀华. 中欧班列的运行现状与发展对策[J]. 对外经贸实务,2015(2): 91-93.
[22] 孙彬. 中欧班列国际铁路联运采用多式联运提单对策的研究[J]. 铁道运输与经济,2016,38(4):68-72.
[23] 陈蓉. 关于"汉新欧"在"中欧班列"整合中的 SWOT 分析研究[J]. 综合运输,2016,38(1):91-96.
[24] 王艳波. 中欧班列建设发展规划研究[J]. 铁道运输与经济,2017, 39(1):41-45.
[25] 张超,蒋芮. 基于 SWOT 的中欧班列发展现状与策略分析[J]. 中国市场,2016(41):148-149.
[26] 韩雪. 中欧班列开行方案研究[D]. 北京交通大学,2017.
[27] 李灿. 新时代"一带一路"倡议下中欧班列运输规则体系的构建[J]. 西南政法大学学报,2017,19(6):63-69.
[28] 黄森才. 以国家战略提升中欧班列货物联运竞争力[J]. 科技视界, 2016(01):211.
[29] 尹震. 促进中欧班列与国内经济融合发展的建议[J]. 港口经济, 2017(03): 9-10.
[30] 林备战."一带一路"倡议下的中欧班列现状与建议[J]. 中国远洋海运,2017(03):60-62.
[31] 刘航. 关于"一带一路"战略下中欧班列优化对策研究[J]. 中国新通信,2017,19(23):146.

[32] 陈迎."中欧班列"沿线国家贸易效率评价与比较研究[D].四川外国语大学,2018.

[33] 陈莉.中欧班列拓宽国际物流市场[N].现代物流报,2018-03-12(A1).

[34] 覃娜,张坚."一带一路"倡议下我国国际铁路货物联运探析[J].对外经贸,2017(09):30-32.